DAS ZEITALTER
DES SONNENGOTTES

DAS ZEITALTER DES SONNENGOTTES

VON

LEO FROBENIUS

*

ERSTER BAND

BERLIN

DRUCK UND VERLAG VON GEORG REIMER

1904.

Inhalt.

Drittes Buch: Göttinnen.

Druckfehler:

Auf Seite 57 ist Krokodilmythe in Drachenmythe umzuändern.

Vorwort.

„Wenn sich dagegen die Darlegungen von Frobenius als haltbar erweisen sollten, dann kann er uns zwingen, ein Zeitalter des Sonnengottes anzuerkennen und die Akten unserer eigenen alten Mythologie in diesem Sinne zu revidieren“ — sagte ein wohlwollender Rezensent, nachdem er sich darüber ausgesprochen hatte, daß in meinem damals der Öffentlichkeit übergebenen Buche „die Weltanschauung der Naturvölker“ für außerordentlich vieles eine gründliche Textnachprüfung wünschenswert sei, die doch nicht scharf genug hervortrete, und daß der Verfasser auf jeden Fall noch einmal, und zwar ohne Voreingenommenheit, die immensen Stoffe unter Berücksichtigung der europäischen und südasiatischen Parallelen revidieren müsse. — Was jener Gelehrte wünschte, ist geschehen. Es trieb mich selbst dazu, jenem in seiner ganzen Anlage und in seiner ganzen Ausdrucksform sich als jugendlich verfrühtes Opus dokumentierenden Werk eine ernsthaftere und reifere Studie folgen zu lassen. Ich bemühte mich, meine Kenntnisse zu erweitern, und weiß, daß es mir doch nicht gelungen ist, vollständig zu sein; — nicht etwa jenes „vollständig“ im Sinne des menschlichen Wissens, sondern das „vollständig“ im Sinne einer gewissen Materialaufhäufung meine ich.

Ich bin den Spuren jenes Gedankens gefolgt und habe dem daraus entsprechenden Grundgedanken zufolge auch den Namen des Buches gewählt. Es ist aber nicht meine Aufgabe, die sich aufdrängende Frage zu beantworten, sondern es ist meine Aufgabe, die Möglichkeit in der Antwort zu erwägen. Ich gehe aus von der

Behauptung. Das erste Buch dieses Bandes stellt die Summe der Behauptungen dar. Der Leser wird beim Weiterlesen auf manchen Widerspruch in den Texten stoßen, die von vornherein eine Modifizierung der Behauptung herbeiführen werden. Und dennoch, trotzdem ich selbst die Widersprüche schon empfunden hatte, hielt ich es für richtig, eine möglichst klare, wenn auch nicht in allen Punkten genau richtige Behauptung in den Vordergrund zu stellen. Indem wir selbst die kleinen Fehler nachweisen, lernen wir am leichtesten die großen Wahrheiten anzuerkennen.

In diesem Sinne habe ich hier schon auf den Inhalt des zweiten Bandes hinzuweisen. Ich bitte keine endgültige Lösung zu erwarten. Dies Buch ist ein Buch der Fragen. Ich will das so erklären: Man sagt, der Soldat müsse gehorchen lernen, ehe er befehlen könne; für die Wissenschaft möchte ich den Satz dahin abändern, daß der Gelehrte das Fragen lernen müsse, ehe er antworten darf. Ich habe mich fünf Jahre lang bemüht, diesem Satz gründlich zu folgen, und gehe deshalb jetzt daran, dies Werk als ein Buch der Fragen in die Welt zu senden.

Denn die größten Fragen einer vorhistorischen Weltgeschichte treten uns entgegen. Und Fragen wollen geformt sein.

Es sind Fragen der Entwicklungsgeschichte des Geisteslebens und es sind Fragen der geographischen Ausdehnung des Menschengeschlechtes. „Geographische Geschichte“ bedeutet an sich einen Widerspruch und doch ist diese geographische Geschichte ein Ziel, welchem viele Zweige der Wissenschaft entgegenwachsen. — Der erste Band beschäftigt sich mehr mit dem äußeren Reichtum und Sinnwert des Geisteslebens, der zweite Band mehr mit der Entwicklung nach inneren und geographischen Gesichtspunkten.

Außer sicherlich mancherlei anderen Schwächen sind verschiedene Druckfehler zu erwähnen. Die Bogen wurden zum teil auf dem Krankenbett gelesen.

Und noch ein Wichtiges: Bei der Niederschrift dieses Werkes war mir nur der erste Teil von Eduard Stuckens Astralmythen bekannt geworden. Derselbe enthielt mancherlei Anregung, zunächst aber für mich nichts Ausschlaggebendes. So glaubte ich denn diesen Wegen fern bleiben zu dürfen. Erst nachträglich werde ich darauf aufmerksam gemacht, daß die weitere Arbeit Stuckens gar manches bringt, was meinen Ergebnissen entspricht. Ich habe das jetzt angesehen. Und ich bereue nicht. Allerdings sind die Ergebnisse teilweise gleiche. Aber die Untersuchungsstoffe, die Ausgangspunkte und die Schlüsse sind doch verschiedene. Es ist hoch wertvoll und von nicht zu unterschätzender Bedeutung, daß der Semitologe und der weitausschauende Ethnologe, jeder für sich, zu gleichem Resultat kommt. Allerdings hätte ich es nicht gewagt, Stuckens Wege zu gehen, denn von den vielen hundert Quellen der Naturvölkermythologie kennt er nur einen Bruchteil. Jedenfalls war für ihn eine Berücksichtigung der geographischen Gesichtspunkte nicht möglich.

Und doch liegt in den geographischen Gesichtspunkten die gewaltige Bedeutung dieses Stoffes.

Man denke: Alle Wege über die weite Erde hin klar legen zu können, das ist das Endziel.

Aber ich schließe mit dem Satz, den Stucken dem letzten Hefte seiner Astralmythen vorgesetzt hat:

„Bis vor kurzem wurden Übertragungen auf enger begrenztem Gebiet (z. B. Vorderasien) freilich nicht geleugnet. Aber als wahnwitzig wäre der verfehmt worden, der gewisse Übereinstimmungen polynesischer und griechischer Mythen durch Wanderung oder Übertragung hätte erklären wollen. Niemand fand den Mut, das Nächstliegende auszusprechen! Da aber die Analogien nicht wegzuleugnen waren, wählte man als Ausweg die Elementargedankenlehre, derzufolge räumlich weit voneinander getrennte Völker unabhängig voneinander nicht nur zu gleichen Erfindungen und sozialen Bildungen, sondern auch zu gleichen übersinnlichen Vorstellungen durch gewisse der Menschheit angeborene Fähigkeiten (Elementargedanken) gelangt sein sollen. — Diese Erklärungsweise genügt heute nicht mehr. Wir wollen den Mut haben, es endlich klar und deutlich auszusprechen, daß die Mythen nicht nur auf engerem Gebiet, sondern über die ganze Erde gewandert sind."

Das ist die Frage, für mich eine Frage an Gelehrte und Laien, und hoffe ich, daß das Erstaunliche nicht von dem Unwahrscheinlicheren verdrängt wird, weil das Wahrscheinliche keinen Stützpunkt in der historischen Wissenschaft hat und somit dem Menschen leider allzuhäufig unmöglich deucht.

Berlin, Februar 1904.

Leo Frobenius.

ERSTES BUCH

KULTURFORMEN UND KULTURZEITEN

DIE MYTHE

I.

Zeiten und Formen der Kultur.

Der Mensch lebt mit seinem ganzen Schaffen, seinem ganzen Wesen und Werden in engster Verknüpfung mit der ihn umgebenden Natur. Je primitiver seine Gesittung und sein Kulturapparat, desto enger schließt er sich dem Rahmen seiner Umgebung an. Aus der Natur greift er die materiellen Hilfsmittel seiner Unterhaltung, seines Schutzes und aller seiner Tätigkeit heraus und schafft so mit den Stoffen der Natur die materielle Kultur. Aber dieser materiellen Verknüpfung entspricht eine geistige im selben Sinne. Denn aus der Verwertung entspringt bei fortschreitender Entwicklung ein sich immer selbständiger und selbständiger gestaltendes geistiges Leben, dessen verschiedene Stufenleitern zu verfolgen uns interessant genug erscheint. Indem wir auf die vollständige Verknüpfung des menschlichen Kulturwerdens mit der Natur hinweisen, greifen wir sogleich zu einem weit vom Anfang fortgelegenen Grundzuge — zu dem historischen Denken hinüber. Hier haben wir zwei Punkte oder zwei, in verschiedenen Gegenden der Entwicklung sich herausstellende Charaktereigentümlichkeiten aus dem Gebiete der Geschichte der geistigen Kultur. Dort im Anfang jene Menschen, denen kein Zeitbegriff, es sei denn der von Nacht und Tag, als interessierendes Moment innewohnt, und hier die vorgeschrittenen Menschen, die die Entwicklung ihres Daseins nach klar vorgeschriebenen Zeiträumen berechnen. Dort bei den primitiven nur Anknüpfung an die Formen, Notwendigkeiten, Spenden und Gefahren der umgebenden Natur und hier ein ständiges Abmessen und Erwägen in allen Dingen der Tätigkeit nach dem Maßstabe der Zeit, den wir allerdings auch aus den Grundelementen der Naturerscheinungen gewonnen haben. —

Und ebenso könnten wir darauf hinweisen, daß wie jede rückwärts oder vorwärts gehende Betrachtung dort fehlt, ebenso nur der augenblickliche Lebenszustand Interesse erregt, während wir bis auf eine gewisse Genußfreudigkeit die Augenblicksbewertung verloren haben und dafür uns zumeist im Zurück- und im Vorwärtsschauen ergehen.

Wollen wir uns nun das Wesen jener primitiveren Schichten der Menschheit — und das ist gleichzeitig das Wesen der primitiven Kulturformen, in denen wir uns auf der einen Seite die innige Verknüpfung des primitiven Menschen mit der Natur und auf der andern Seite die wesentlichsten Eigenarten unserer kritischen Betrachtungsweise — klar machen! Denn es kommt nicht nur darauf an, festzustellen, welchen Faktoren jene unterworfen sind, sondern wir müssen auch sehr wohl darauf achten, ob wir nicht bei der Betrachtung dieser einfachen Zustände Eigenarten unterschieben, die nicht dem Entwicklungswesen jener, wohl aber unserer Betrachtungsweise eigentümlich sind. Indem ich diesen Satz niederschreibe, sehe ich schon das Kopfschütteln meiner Leser, die es natürlich finden, daß die Wissenschaft objektiv tätig ist und objektiv arbeitet. Aber die meisten übersehen wohl, daß die Zeit gar nicht so fern liegt, wo wir gänzlich falsche Schlüsse zogen, weil wir aus der Eigenart unserer Form des Denkens heraus Schlüsse zogen. Ich werde im folgenden sogleich einige Beispiele hierfür bringen, welche aus der jüngsten Literatur noch mit Leichtigkeit außerordentlich vermehrt werden könnten. Viele Fehler, die wir z. B. noch gar nicht ganz überwunden haben, beruhen darin, daß wir unsere historische Betrachtungsweise den Werken der niederen Völker zugrunde legten. Unsere Betrachtungsweise, wie ich sie im Gegensatz zu der der primitiveren Menschen oben charakterisierte, bezeichne ich als die historische. — Ich vermeide es also zunächst, die Ausdrücke Naturvölker und Kulturvölker zu verwenden.

Sehen wir uns diese historische Betrachtungsweise einmal näher an. Die historische Betrachtungsweise ruht mit ihren Wurzeln in der Schrift. Es wäre ganz falsch, zu sagen, daß die Schrift etwa entstanden wäre, um zeitliche Ereignisse dem Gedächtnis zu erhalten. Man würde mit dem Schlusse übersehen, daß die Schrift eine doppelte Wirkung hat, eine räumliche und eine zeitliche. Die einfachen Bilder- und Zeichenschriften, wie sie uns bei den Neuholländern, den primitiveren Nordindianern oder den Westafrikanern erhalten ist, hat zunächst nicht den Zweck, Ereignisse auf lange Zeit dem Gedächtnis lebendig zu erhalten, sondern sie hat den ausgesprochenen Zweck, Nachrichten über weitere Gegenden, auf große Entfernungen hin zu übermitteln. Dieser Bilderschrift entspringt nach Ablauf einer längeren Entwicklungsreihe unsere Schrift, die dementsprechend dem räumlichen Zweck der Schriftgründung entspringt. Die Knotenstricke und Kerbhölzer, die daneben hergehen, haben allerdings den Zweck, bestimmte Zahlen oder Ereignisse dem Gedächtnis zu erhalten, haben also einen zeitlichen Zweck. Aus der Entwicklung dieser Erscheinungen ist aber unsere Schrift nicht hervorgegangen. — Nichtsdestoweniger hat diese Schrift ihren mächtigsten kulturellen Einfluß in zeitlichen Fragen und in ihrem zeitlichen Zweck erreicht. Denn diese Schrift hat die ganze Denkweise der Menschheit so gründlich umgebildet, daß eine neuartige Art der Weltanschauung und Zeitkritik aus ihr entsprungen ist. Es ist dies die historische Anschauungsweise. Diese historische Anschauungsweise, welche die Gedächtnistätigkeit des Menschen in geradezu großartiger Weise entlastet hat, charakterisiert sich in ihrer klarsten, aber auch äußerlichsten Form in der Geschichtsschreibung. Die historische Erinnerung wurde vordem lediglich von der Gedächtnistätigkeit aufgespeichert. Solche Aufspeicherung läßt sich aber in primitiveren Formen der Kultur, in Kulturformen, die mit einem verhältnismäßig jungen Kulturzuge und seiner Verbreitung über die Erde nicht in Zusammenhang zu bringen sind, nicht nachweisen.

Indem wir nun historisch denken, suchen wir die Geschichte der Menschheit nach Möglichkeit weit zurück zu verfolgen. Besonders seitdem die allgemeinen Umrisse der uns zunächst liegenden paar tausend Jahre im großen und ganzen ziemlich offen und klar ersichtlich und übersehbar geworden sind, streben wir danach, die geschichtliche Tiefe noch weiter zu verfolgen. Aber wo liegt nun noch Material? Jenseits einer gewissen Grenze wurde noch nicht geschrieben; es fehlen also die Dokumente und die

Wissenschaft schaut schon lange emsig danach aus, welche Materiale etwa einen Aufschluß geben könnten.

Und man fand die Materiale. Der heimatliche Boden und eine alte Literatur boten sie. Reich gesegnet sind unsere Länder durch allerhand Gräberstätten und die Reste alter — wie wir sagen „uralter“ — Wohnstätten. Da fand man denn Reste der menschlichen Tätigkeit, die davon zeugen, daß die Menschen zu einer bestimmten Zeit Bronzegeräte verwandten. Dann fand man die Reste von Steingeräten; ja zweierlei Sorten von Steingeräten fand man, die offenbar verschiedenen Perioden angehörten, wie aus der Art des umgebenden Erdreiches hervorging. Man verglich dazu die Berichte der Alten und schon war die große Tat vollendet. Man ließ aus der Vergangenheit die Zeugnisse der verschiedenen Perioden emporsteigen: man sprach von einer Steinzeit, einer Bronzezeit, einer Eisenzeit — und da haben wir den ersten Fehler unserer historischen Betrachtungsweise! Es waren keine Zeiten, die vor uns emporstiegen, sondern es waren Formen! Es ist schon sprachlich falsch, wenn wir von einer Steinzeit reden und etwa davon sprechen, daß wir ja schon lange Völker kennen, die „noch“ in der Steinzeit leben. Wir können höchstens sagen, daß sie noch Steinwerkzeuge verwenden, können aber nicht behaupten, daß sie in der Steinzeit leben.

Und man schaute weiter um sich, wo sich denn etwa noch Dokumente aus den Zeiten „vor der Geschichtsschreibung“ fänden! Mit beiden Händen griff man zu einem andern Materiale, zu den Geschichten, die die Völker selber von ihrer Vergangenheit erzählen und mit der sie das Werden ihrer Kultur erklären: zu den Mythen. Und indem man diese Mythen wirklich als historische Dokumente auffaßte, begingen wir den zweiten Fehler, der unserer historischen Betrachtungsweise entspringt. Denn was wir hier als bare historische Münze nehmen, das sind umgemünzte alte Mythen, die die Völker selbst einst gestanzt haben, um im Aufkeimen der historischen Betrachtungsweise für sich selbst eine historische Perspektive zu gewinnen. — Für wie viele Völker ist das nicht schon nachgewiesen! Von den sogenannten historischen Mythen der Städtegründer und Kulturheroen Griechenlands und Roms will ich gar nicht erst sprechen. Weniger bekannt ist es, daß Schirren schon gegen die Mitte des vorigen Jahrhunderts nachgewiesen hat, daß die sogenannten historischen Mythen der Südseevölker nichts als zu historischer Vertiefung geprägte Materiale religiöser Göttergeschichte sind. Aber hat man etwa diese Beispiele berücksichtigt? Hat man etwa die hier geschöpften Erkenntnisse überall zu verwerten gesucht? — In einzelnen Punkten wohl, aber wie kommt es denn, daß heute noch in den Schulen das Alte Testament als historische Weisheit gepredigt wird? Liegt dies lediglich an unserer Feigheit, die sich davor scheut, den historischen Anstrich von den göttlichen Schöpfungen herunterzukratzen? Oder sucht man nicht heute noch die Ursprungsstätte der alten Mexikaner, das Tullan, trotzdem es auch für den weniger in dieser Spezialwissenschaft eingeführten Mythologen klar ist, daß diese alte Wandersage der Azteken die Bahn des Sonnengottes über die vier Kardinalpunkte des Weltbildes schildert? — Die historischen Fehler, die wir hier begehen, lassen sich in Kürze nicht aufzählen; sie werden auch noch lange Zeit gemacht werden. Wie weit wir sündigen, das können wir ja daran erkennen, daß wir uns überall bemühen, wo wir auch immer eine alte Kulturstätte finden, diese mit irgend einer historisch erwiesenen oder überlieferten Tatsache in Zusammenhang zu bringen. Wenn z. B. in Südafrika die Trümmerreste einer alten Kulturstätte, vielleicht einer Goldabbaukolonie gefunden werden, dann erscheinen gleich auf dem Büchermarkte die Ungeheuer unserer historischen Verknüpfungssucht. Der eine findet in dieser Stätte das alte Ofir, der andere das alte Tarschisch, der dritte eine phönizische Kolonie, die vierte eine arabische, der fünfte eine altindische und der sechste — dem Herrgott sei's geklagt! — eine altchinesische Kulturburg! Und welche Mühe gibt man sich, die somit aufgefundenen Altertümer recht genau historisch festzunageln! Ich will nicht davon reden, was alles die armen Normannen unter genau bezeichneten Häuptlingen in Amerika gesündigt haben und noch viel weniger von dem einen verlorenen Stamm der Juden, der so ungefähr auf der ganzen Erde anzutreffen ist.

Das sind so einige von unseren üblichsten Fehlern, hervorgegangen aus der historischen Betrachtungsweise und aus dem Bestreben, vorgefundene Kulturformen historisch mit uns zu verknüpfen. — Und doch, hat uns die Zeit nicht so viel anderes gelehrt?

Ich sprach oben von dem zweiten Material, aus dem man historisches Baugerät gewinnen zu können glaubte. Wir haben jetzt den dritten Stoff zu erwähnen, das sind die Kulturformen, die wir bei den sogenannten Naturvölkern finden, welche nicht in ausgesprochener Weise in unsere geschichtliche Buchführung eingetragen sind. Man hatte ja schon die Reste der auf unserem Boden früher einmal stationiert gewesenen Kulturformen vermittelst des Schemas Steinzeit—Bronzezeit—Eisenzeit angeleimt. In dieses Schema schob man nun allerhand Naturvölker. Lebten doch auf den Inseln des großen Ozeans noch Völker, die nur Steinwerkzeuge verwerteten; fand man doch in Südamerika gleiche Erscheinungen, und entdeckte das forschende Auge doch zuletzt auch in Afrika verschiedentliche Reste dieser alten Periode. Und wie groß war die wissenschaftliche Seligkeit, als man in einem, Bronzegeräte gießenden Zigeunertrupp auch noch das Bronzezeitalter lebendig erhalten vorfand. Das war sehr schön.

So verband man denn zunächst alle diese Materien, bis man entdeckte, daß dieser Leim nicht recht haltbar sei, und daß das ganze Gerüst an Roheit nichts zu wünschen übrig ließe. Denn die Zentralamerikaner, die doch kein Mensch aus der Reihe der Kulturvölker herauszudrängen vermochte, lebten ostentativ in der Steinzeit, wenn es auch nicht an Versuchen mangelt, sie infolge der Verwertung von Kupfergegenständen in die Bronzezeit zu schieben. Wie gesagt, war das Gerüst auch bald als zu roh erkannt, denn wohl entdeckte die französische Wissenschaft allerhand feine, ganz zarte Differenzierungen der Steinzeitkultur; diese ließen sich aber nicht mehr in der gewünschten Weise zum historischen Bau verwerten. Was nun? Die alten Zeiten, in denen der verloren gegangene Stamm der Juden zivilisatorisch über die Erde gejagt wurde, verklangen eigentlich ergebnislos. Eine Völkerkunde als eine an die Geschichte anschließende Wissenschaft vermochte man nicht zu gewinnen. Die Völkerkunde ging gründlich bankrott. Wohl stellten sich verschiedene Zweige wie z. B. die Linguistik ein, die auf vereinzelten Gebieten große Ergebnisse erzielten — die Verknüpfung der gesamten Menschheit zu historischer Einheitlichkeit vermochte sie aber natürlich nicht herbeizuführen.

Da tauchte im vorigen Jahrhundert eine Anschauungsweise auf. die einen großartigen Siegeszug durch die zivilisierte Welt begann. Eine neue Anschauungsweise, die schon im Altertum gegründet, aber nicht weiter durchgeführt war, die naturwissenschaftliche Denkweise hielt ihren Einzug. Mit verblüfften Augen sah die ganze Welt das Bild der Entwicklung der Natur, zunächst in großen Zügen gezeichnet, vor sich auftauchen. Im Altertume hatte man viel von dem „Spiel der Natur“ gesprochen, die hier und dort dieselben Formen zeitigte, seien es Schnecken oder sonstige Tiere oder Pflanzen. Nun aber erkannte man die Verwandschafts- und Abstammungsprobleme. Indem sich ein Geschöpf von einer Art mit einem solchen von einem andern Typus verband, zeugte es eine dritte Variante. Und wo diese Varianten hinkamen, da erlebten sie unter dem Einfluß der verschiedenen Umgebungen Umbildungen. Mag man nun auch heute die äußersten Konsequenzen noch nicht gewonnen haben, mag man über die verschiedensten Grundfragen noch streiten, gleichgültig, die Hauptsache ist: Wir haben ein Verständnis für das Werden der Natur gewonnen. Wir haben eine Wissenschaft der Formen, der Formen der anorganischen, der organischen Wissenschaft. Lassen wir die Einzelheiten den Fachleuten; uns ist es entscheidend, daß wir nun die Naturwelt in ihrem Werden verstehen können. Der Naturwissenschaft verdanken wir die Herauslösung des Zeitmotives und die Deszendenzlehre der Formwelt.

Die naturwissenschaftliche Betrachtungsweise ward nun auch auf dem Gebiete der Entwicklungsgeschichte der Menschheit angewendet. Was die historische Wissenschaft nicht erreicht hatte, das konnte vielleicht die naturwissenschaftliche Methode bieten. Daß man den menschlichen Körper der Prüfung zunächst unterwarf, versteht sich von selbst. Es wäre ja möglich gewesen, daß die Menschenrassen in gleicher Weise eine verschiedene Abstammungsform noch erkennen ließen. Es ist schade, daß die Wissenschaft bis jetzt nicht zu einem Resultat gelangt ist. Darauf versuchte man es mit dem Geistesleben des Menschen, und hier erblühte zunächst die Theorie der Elementargedanken. Diese Theorie ist der historischen Auffassungsweise genau gegenüber entstanden. Sie sucht festzustellen, daß der Mensch genau schrittweise die selben Stufen der Kultur hinaufklettern muß und zwar lediglich ein wenig abhängig von der umgebenden Natur. Also gesetzmäßiges Arbeiten der Gehirnmaschine. Die Konsequenz dieser Theorie ist natürlich, daß die Kultur überall auf der Erde die Geschichte von Schema F durchmachen muß, und daß dementsprechend die Kultur an verschiedenen Ecken ohne geographischen Zusammenhang in derselben Weise entstehen und sich entwickeln muß. Der jüngste Vertreter dieser Schule ist so weit gegangen, daß er die Parallele zu der Naturgeschichte der Tiere in der Geschichte der menschlichen Gedanken in ihrer Entwicklung unter einem Schädeldache ohne äußere Anregung tabellarisch und gleichsam zahlenmäßig aufzustellen versucht, um zu beweisen, daß jeder jedes erfinden kann. So wie dieser Schritt aber getan war, sehen wir aber auch den Fehler: Denn die Natur schafft nicht am Nordpol und am Südpol je einen selbständigen Bären oder in Zentralamerika und Zentralafrika je einen Löwen oder in Indien und Afrika je ein Elephantenpärlein, sondern in der Natur bildete sich je eine Gattung nur einmal aus. Sie war ein feststehender Gewinn aus vielen Versuchen. Von vielen sicherlich gleichartigen Varianten blieb eine übrig und pflanzte ihre Art fort.

In diesem Punkte beginnt nun auch eine neue Beurteilungsweise hinsichtlich der Völkerkunde. Besonders, wenn wir bedenken, daß das Festhalten in der Kulturgeschichte der primitiven Menschheit die weitaus größere Tatsache ist, daß das Erfinden überhaupt im Sinne unserer Zeit, nämlich nach logischen Zweckdienlichkeitsüberlegungen psychologisch unmöglich ist, werden wir immer mehr dahin gedrängt, die Kulturgeschichte des Menschen in derselben Weise nachzuprüfen, wie die Deszendentaltheorie dies mit der Naturgeschichte der Lebewesen gemacht hat. — Es liegt mir daran, den Unterschied der Elementargedankenlehre und der kulturellen Deszendentallehre ganz genau festzulegen, weshalb ich den Gegensatz hier noch in einigen Worten zu charakterisieren versuche. Nach der ersteren Lehre spielt sich das ganze Entwicklungsproblem in der Gedankenwelt ab, die von außen nur befruchtet wird. Unter der Gehirndecke wird ein Gerät aus dem andern geboren. Unter der Gehirnschale spielt sich ein Entwicklungsprozeß ab, der überall genau der gleichen Gesetzmäßigkeit unterworfen ist. Würde ich die äußerste Konsequenz dieser Lehre ziehen, dann müßte ich annehmen, daß drei auf einsame Inseln gesetzte Menschenpaare im Laufe der Zeit in ihrer Kinderwelt genau die gleichen Kulturformen hervorbringen, ohne daß eine Berührung mit der Außenwelt stattfände. — Anders dagegen die kulturelle Deszendentaltheorie, welche von dem Gesichtspunkte ausgeht, daß die Umbildung auf dem Verkehrswege vor sich geht. Kommen zwei Völker mit etwas verschiedenen Kulturgeräten zusammen, dann bildet sich eine neue Variante des Kulturgerätes heraus. Diese Theorie beruht also hauptsächlich auf dem Grundsatze, daß die Paarung der Gedanken, die durch den Verkehr der Menschen herbeigeführt wird, den Fortschritt und die Entwicklung der Kultur mit sich bringe.

Während wir auf diese Weise mit Zugrundelegung des naturgeschichtlichen Paarungsgesetzes zunächst einmal einen Boden für den Begriff der Weiterentwicklung finden, können wir mit Zugrundelegung des Gesetzes von der geographischen Umbildungskraft einen weiteren Kreis der Erkenntnis erreichen. Wenn ein Volk, das aus einer wärmeren Zone stammt, in ein kaltes Klima verdrängt wird, dann wird sich unbedingt z. B. die Kleidung umbilden. Die Leute werden schon deswegen ein anderes Material wählen müssen, weil das von ihnen früher verwertete nicht mehr vorhanden ist. Haben sie vor dem Baumwollwebstoffe zu Jacken verarbeitet, so können sie das im kalten Klima nicht mehr, einmal, weil die Baumwolle fehlt und zweitens, weil auch ein Baumwollenhemd nicht mehr warm genug hielte. So würde denn dieses Volk gezwungen sein, dieselben Gegenstände etwa aus Fellen von Tieren herzustellen. Zunächst würden sie natürlich die alte Form ihres Hemdes beibehalten, allmählig würden sie aber jedenfalls praktischere Formen, Formen, die sich aus Pelzen leichter herstellen lassen, erwählen. Das wäre so ein Beispiel von geographischer Umbildung. — Wer von meinen Lesern in Berlin wohnt, dem empfehle ich folgendes an: er gehe in das Museum für Völkerkunde und zwar in den Teil, der die Gegenstände aus dem nördlichsten Amerika birgt. Infolge der außerordentlich geschickten Aufstellung fällt sein Auge auf der einen Seite auf lauter Gerät im buntesten Farbenschmuck, das rot, blau, weiß usw. in fröhlichster Mischung zeigt. Auf der andern Seite, wenige Schritte daneben, treten ihm einförmige Bilder entgegen; in diesen Schränken finden sich nur graue und weiße Gegenstände. — Die beiden Regionen, aus denen diese verschiedenartig gefärbten Sammlungen stammen, liegen nicht allzu weit voneinander. Die Gegenstände selbst sind in beiden Schrankgegenden annähernd die gleichen. Und der Unterschied? Die eine Gegend bietet die Farben des ewigen Winters in ihrer Landschaft, während die andere aus ihrer Erde mannigfache Farbenpracht hervorbringt, eine Farbenpracht, in der sogar ein kleiner roter Kolibri sein Leben fristet. Da haben wir die kulturelle Mimikry.

Derartige Erscheinungen, hervorgegangen aus der geographischen Umbildungskraft, wie wir sie nennen können, lassen sich zahlreiche auffinden. Sie zeigen uns alle, daß wir es in den Kulturen um Gebilde zu tun haben, die in ihrem Formwesen ähnlichen Gesetzen unterworfen sind wie die organischen Geschöpfe. Aus dieser Erkenntnis nun ist mit Leichtigkeit ein falscher Schluß zu ziehen, dem wir unsere Beachtung nicht versagen dürfen, da er außerordentlich leicht zu Irrtümern führen kann. Wenn es wahr ist, daß der geographische Boden eine starke umbildende Kraft hat, so wird man eventuell weiter schließen können, daß gleiche geographische Böden auch dieselben Kulturformen zutage fördern könnten. Tatsächlich ist mir denn diese Antwort auf verschiedene Fragen, die ich der Wissenschaft vorgelegt habe, schon gegeben worden. Entsprechend dieser Schlußfolgerung müßte dann ein Indianerstamm, der im südlichsten Amerika wohnt, etwa dieselben Kultursymptome zeitigen, wie ein Indianerstamm, der unter den gleichen nördlichen Breiten wohnt oder wie ein Volk, das in einem anderen Erdteile unter denselben Verhältnissen lebt. Dieser Schluß ist falsch, wie einen jeden eine Vergleichung der Kulturgeräte und der Anschauungswelt, der Sitten und Gebräuche lehrt. Der Irrtum in dem Schluß beruht darin, daß das Gesetz der Umbildung infolge geographischer Verschiedenartigkeit mit dem Gesetze der Neupaarung verwechselt worden ist. Eine Neubildung kann im allgemeinen und abgesehen von direkter

Belehrung durch die Natur nur (wie ich das ja oben schon sagte) infolge Zuführung neuer Elemente, also im Verkehr stattfinden. Da nun aber die Südamerikaner einem viel geringeren und unbedeutenderen Verkehrszufluß ausgesetzt sind als die entsprechenden Nordamerikaner, so stagniert die Neu- und Weiterbildung ihrer Kulturelemente. — Doch ich darf mich hier nicht zu weit in diese theoretischen Fragen verlieren und will mich deshalb beeilen, zu unserem Hauptthema zurückzukommen.

Wenn es nun also auch ausgeschlossen ist, daß wir das historische Wissen in Dingen der Geschichte der Menschheit mit Hilfe der Völkerkunde auch etwa vertiefen könnten, so ist es doch wohl auf der andern Seite nicht nur möglich, sondern sogar sicher, daß wir, von der historischen Auffassung und Grenze rückwärts schreitend, eine großartige Vertiefung der Kulturgeschichte der Menschheit zu erreichen vermögen: — nicht eine Vertiefung, die sich in Jahreszahlen ausdrücken läßt, wohl aber eine solche, welche die Aufeinanderfolge von Formen darstellt. Das Bild, das sich so uns enthüllen wird, ist kaum weniger großartig als dasjenige der historischen Vergangenheit der Menschheit. Müssen wir doch bedenken, daß die historische Wissenschaft uns höchstens eine Geschichte der Vollendung der höheren Kultur vom Beginne des historischen Datierens an zu geben vermag, während unsere Völker- oder Kulturkunde uns einst die ganze Geschichte vom Werden der einfacheren Kulturformen an bis zum Gipfel und Grenzpunkt der Schrift wird darlegen können. Somit wird die Kulturkunde der Naturkunde würdig und ebenbürtig zur Seite treten.

Unter jenen Kulturformen, deren Werden rückwärts gehend die Geschichte ergänzen soll, interessiert uns heute diejenige, aus der die historische Menschheit auftaucht. Es wird aber wünschenswert sein, daß ich im Nachfolgenden noch einige Worte den wesentlichsten Typen der älteren Kulturgeschichte widme.

Ich sagte schon oben, daß man einen Fehler begangen hat, indem man die Kulturformen, die durch die Verwendung von Steingerät, Bronzegerät und Eisengerät charakterisiert sind, als Zeiten bezeichnete. Der zugrunde liegende Gedanke dieser Einteilung war, wenn wir von dem Bestreben der historischen Anknüpfung absehen, jedoch richtig. Es gibt Erscheinungen, die wir als Leitmomente in den Vordergrund stellen dürfen. Solche Leitmomente sind ja auch in der alten Stufenfolge Jägertum, Nomadentum und Ackerbauerntum angedeutet, und wenn man die Formel heute auch in der Weise umschreiben muß, daß man vom Jägertum, Gartenbauerntum und Hackbauerntum resp. Ackerbauerntum spricht, wobei man das Nomadentum als Verwilderungsform aufzufassen hat, so wird man doch im wesentlichen eine solche Einteilung, die das wichtigste wirtschaftliche Werden der menschlichen Kultur charakterisiert, immer beibehalten. Ebensogut wie man aber auf solche Weise die Leiterscheinung sei es des Gerätes oder sei es der Wirtschaftsform ins Auge faßt, ebensogut kann man auch die Weltanschauung in den Vordergrund schieben und sie zum Ausgangspunkt der Gesamtkritik wählen.

Tun wir dies, so erhalten wir etwa die Stufenfolge: Animalistische Weltanschauung, manistische Weltanschauung und solare Weltanschauung. Jede derselben charakterisiert eine bestimmte Kulturperiode ebensogut wie eine entsprechende Wirtschaftsform, ja wir können die Wirtschaftsformen sogar in gewissem Sinne mit den Weltanschauungsformen parallelisieren, so daß wir schon die Erkenntnis des gruppenweisen Auftretens von Erscheinungen zeitigen.

Die Träger der animalistischen Weltanschauung sind zunächst Jäger. Wir dürften in den primitiveren Gruppen der animalistischen Völker die niederste Kulturstufe repräsentiert finden, die wir überhaupt noch nach dem Leben zu betrachten vermögen. Die animalistische Weltanschauung ist dadurch charakterisiert, daß der Mensch einen wesentlichen Unterschied zwischen Mensch und Tier nicht zu machen vermag. Jedenfalls steht er nicht höher. Wenn der Buschmann z. B. erzählt, daß ein Büffel gerade so gut zu schießen vermöge wie der Mensch, wenn er einen Bogen habe, so spricht schon hieraus der Grundzug dieser alten Anschauungswelt. Der alte Heckewelder hat uns einige Reden aufbewahrt. aus denen hervorgeht, daß die roten Krieger ein absolutes Verständnis und dieselben Begriffe von Ehre, die ihre Jäger- und Kriegernatur auf jeden Fall bedingte, auch für die Tiere voraussetzten. Aus Neuholland hören wir merkwürdige Geschichten, aus denen mit aller Entschiedenheit hervorgeht, daß die Wilden sich davor hüten, daß Tiere etwa heimliche Verabredungen hören, weil sie die Nachrichten weiter verbreiten könnten, daß sie den Tieren zumuten, sie könnten, wenn in richtiger Weise angegangen, einen andern bezaubern, und daß die Tiere ähnliche Ehegesetze haben müßten wie sie selbst. Im Tiere vereinigt sich alles Interesse dieser Weltanschauung. Dem Tiere entstammen die Namen, die sich die Menschen geben; die Tiere ahmen sie in ihren Tänzen nach; an die Tiere richten sie zeremonielle Vorführungen; Tierfiguren zu zeichnen ist ihre größte Kunst und Freude.

Ganz anders die Vertreterschaft der manistischen Weltanschauung. Diese sind vor allen Dingen nicht herumschweifende Jäger, sondern fest ansässige Gartenbauern. Während der unbeeinflußte Animalist oder Animalide sich damit begnügte, die unangenehm werdenden Kadaver toter Angehöriger fortzuwerfen und zu verscharren, bewahrt der Manist den Schädel des Verwandten ängstlich auf, quält sich mit Fragen nach der Todesursache und nach dem Aufenthalt der Seele des Verstorbenen ab. Dem Manisten ist erst die Frage aufgetaucht, weshalb wohl ein Mensch stirbt, wenn es ihm auch noch nicht bewußt geworden ist, daß der Mensch sterben muß. Und wenn den Toten nicht ein Raubtier zermalmt, ein feindlicher Pfeil niedergestreckt oder sonst ein Unfall ums Leben gebracht hat, dann muß es ein Zauberer gewesen sein, ein Feind und Neider, der dem armen Schlucker die Möglichkeit raubte, in seinem Körper weiter zu leben. — Wir sehen deutlich die Unterschiedlichkeit, die zwischen diesen ersten beiden Gruppen herrscht. Der Animalide, der im Ringen um das tägliche Brot stets hinter dem Tiere hereilt und der bei seinem schwankenden Leben den Gefahren, die die Tierwelt bietet, sehr ausgesetzt ist, wird in allem seinen Treiben auf die Beobachtung der Tiere geführt. So wie er es lernt, unter der Maske des Wolfes sich dem Bison zu nähern, oder unter der Maske des Straußes sich an einen Straußentrupp heranzuschleichen, so lernt er auch sonst genau alle Eigenarten der Tiere kennen. Er weiß sicher in der Biologie der Tiere besser Bescheid als unsere gelehrtesten Gelehrten. Der Gartenbauer dagegen, dessen Frau die ganze Arbeit der Ernährung im wesentlichsten auf ihre Schultern genommen hat, und der oftmals nur in sportlichen Vergnügungen der Jagd nachgeht, der Mann, der durch die Gartenbautätigkeit seiner Frau an die Scholle gefesselt ist, sieht die Gräber seiner Ahnen immer vor Augen, und da er sonst nicht mit Tätigkeit überlastet ist, drängen sich ihm die aus den hohlen Augenhöhlen der Menschenschädel grinsenden Fragen immer und immer wieder auf. Natürlich hat der Manist nicht die Probleme des Animalismus vergessen; auch er lebt noch im engen Zusammenhange mit der Tierwelt, die ihm aber immer fremder wird. Typische Vertreter des Manismus finden wir vor allem in Melanesien und im westlichen Afrika, Der Manismus hat aber sein Leben mit den Kulturformen der Gartenbauern nicht aufgegeben, sondern wird immer wieder frisch befruchtet, wenn ein Volk lange an einem Platze lebt. Und wenn die Schrift zur Kultur höherer Völker hinzutritt, dann entwickelt sich aus dem Manismus die Geschichtsschreibung.

Der Manismus hat aber auch direkt zur nächsten Kulturform hinsichtlich der Weltanschauung geführt. Die solare Weltanschauung, der wir ja dieses Werk gewidmet haben, ist nur zu verstehen in dem Hervorgehen aus dem Manismus. Bei allen alten solaren Völkern können wir zwei Leitsätze der Weltanschauung finden: 1. Die Seelen der Verstorbenen folgen der Sonne ins Jenseits. 2. Die Fürsten der Menschen und alle alten Träger der solaren Weltanschauung stammen vom Sonnengotte ab.

Aber was ist solare Weltanschauung? — Natürlich sind in den beiden soeben aufgeführten Leitsätzen nicht alle Merkmale dieser dritten Periode der menschlichen Weltanschauung enthalten. Es ist auch außerordentlich schwer, eine genaue Beschreibung zu bieten, und will ich demnach nicht wagen, was ich in zwei Bänden auch nur zu skizzieren versuchen kann, hier erst in einigen Sätzen zusammenzufassen. Wir werden sehen, ob es wahr ist, daß alle Mythologie der solaren Weltanschauung entspringt. Faßt man die alten animalistischen Geschichten als Mythen auf, dann ist dies schon sicher nicht der Fall. Versteht man darunter aber überhaupt die Geschichte von Göttern oder Geschichten, die von Göttermythen abstammen, dann, können wir sagen, stammt alle

Mythologie aus diesem Zeitalter. Denn diese Form der Weltanschauung ist es gewesen, in der der Mensch die Vorstellung eines Gottes schuf. Diese Zeit war es, in der der Mensch begann, sich mit der umgebenden größeren Natur abzufinden. In dieser Zeit entstand das Zeitproblem und das Raumproblem.

Indem wir also die Zeitalter des Animalismus, des Manismus und des Solarismus, oder statt letzterem das Zeitalter des Sonnengottes einfügen, legen wir uns zum Schluß die Frage vor, ob wir es denn wirklich mit Zeitaltern zu tun gehabt haben, oder ob die drei Formen der Weltanschauung etwa unabhängig voneinander entstanden und abgeblüht sind. War es eine solche Stufenleiter, auf der die menschliche Kultur in engem Zusammenhange emporschritt? oder haben wir es hier, um mit der veralteten Naturwissenschaft zu reden, mit „Naturspielen" zu tun — ich habe fürs erste hierzu nichts weiter zu sagen, denn die Anregung zur Beantwortung liegt schon in den vorhergehenden Zeilen und ein Versuch der endgültigen Antwort wird als Ergebnis unserer nachfolgenden Forschungen und Schilderungen im zweiten Bande versucht werden.

II.

Wesen und Werden der Mythenbildungen.

Wir wollen die Mythenbildungen also als Bausteine bei der Errichtung oder Rekonstruktion des Kulturgebäudes verwerten. Da müssen wir uns doch sehr fragen, ob dies Material auch haltbar oder ob es etwa unfähig, irgend einen Widerspruch zu ertragen, sei. Die Zeit ist für unsere Arbeit nicht günstig, und wir müssen uns darüber klar werden, das von allen möglichen Seiten Windstöße heranfahren werden, deren Gewalt nicht zu unterschätzen ist. Wir dürfen es nicht vergessen, daß eigentlich jede ältere Mythenkunde zusammengebrochen ist. Es hat noch keine einzige Mythenforschung, die mehr wollte als sammeln und vergleichen, ein längeres Leben gehabt, und wenn wir einem so bedeutenden und scharfsinnigen Manne wie Hermann Usener das Wort erteilen, so müssen wir hören, daß die Mythologie um so mehr leisten würde, je weniger sie nach Erklärung der Tatsachen strebe. Aus solchem Munde solches Wort schreckt zurück. Und es gehört ein ganzer Mannesmut dazu, den uralten Kampf um die Geschichte der Mythenbildungen wieder aufzunehmen, wenn man bedenkt, wie jedes ganze, ja jedes halbe Jahrhundert mit seinen Anschauungen in diesem Punkte gründlich bankrott gemacht hat. Das muß ich voraussenden, um es zu zeigen, daß ich mir der Schwierigkeit der Situation vollständig bewußt bin. Wenn ich dennoch hoffe, daß es endlich gelingen wird, in das ewige Hin- und Herstreiten, Versuchen und Zermalmen ein wenig Ordnung bringen zu können, so geschieht es, weil ich mich nicht ganz allein weiß, und weil ich aus vielen Charakterzügen, die die Beurteilungen der letzten Jahre auszeichnen, herauslesen zu dürfen glaube, daß sich von den verschiedensten Seiten her die Anschauungen in einem Punkte zu einer Überzeugung vereinigen werden, wenn auch die bei weitem meisten Arbeiten, die ich im Auge habe, die von mir verwendeten Materiale gar nicht oder doch nur in geringem Maße verwerten. — Der Punkt des Zusammentreffens ist bezeichnet durch die von verschiedenen Seiten herannahende Überzeugung, daß den weiter ausgebauten Mythenbildungen die Sonnenverehrung zugrunde liege. Nachdem Siecke schon seit Jahren diese Anschauung für die Indogermanen energisch verteidigt, ist jüngst etwas Gleiches für die Ostasiaten behauptet worden, und Eduard Stucken wird, wenn er seine Stoffe erst weiter durchgearbeitet hat, folgerichtig zu derselben Überzeugung kommen müssen.

Ich sagte, daß die meisten Autoren die Stoffe, die hier hauptsächlich Verwendung finden sollen, nicht verwertet haben. Im allgemeinen nimmt die Mythologie ihre Stoffe aus den Bereichen der indogermanischen, alles in allem der arioiden und der semitoiden Völker. Philologen haben sich die Mühe gegeben, das Material der amerikanischen Kulturvölker zu verarbeiten, aber die eigentlichen Amerikanisten selbst haben unsere Marschruten in jenen Ländern nicht verfolgt. Brach liegen die weit ausgedehnten Mythologien der Südafrikaner, der Melanesier, der amerikanischen Naturvölker, der Neuholländer, der Mikronesier, der Japaner und obendrein all der epische Reichtum Innerasiens. Nur einmal ist einer unsere Wege gegangen. Das war nach der Mitte des vorigen Jahrhunderts und jener Pfadfinder hatte einen Kopf, wie er seitdem für unsere Ziele nicht wieder gearbeitet hat. Wenn ich richtig unterrichtet worden bin, dann ist dieser Karl Schirre, der die Wandermythen der Neuseeländer bearbeitete, als ein kaum beachteter Mann in ziemlicher Einsamkeit gestorben. Und doch hat er, trotzdem ihm durch die vorhergehenden wunderlichen Blüten der deutschen Mythologie das klare Ausschauen arg erschwert wurde, den ersten wesentlichen Satz gefunden, daß nämlich in den Mythen der Naturvölker keine historischen Erinnerungen, sondern Mythenbildungen zu suchen sind. Dieser Satz, der uns heute teilweise als selbsverständlich erscheint, ist seitdem nicht wieder gründlich an anderen Stoffen erprobt worden.

Also die fast unberührten Materien der Mythen der Naturvölker ziehen wir als Materiale heran. Sie sind deswegen von so außerordentlichem Werte, weil wir hier lebendige Zungen reden hören, weil wir hier nicht aus kalter Schrift und totem Stein zu lesen brauchen.

Indem wir dieses junge Material dem alten Stoffe zufügen und es sogar soweit bevorzugen, daß wir die althergebrachten Stoffe nur zum Vergleich heranziehen, glauben wir in eine neue Entwicklungsstufe der Wissenschaft in unserem Sinne hineinzuführen. Und bei diesem Vorgehen dürfte es wünschenswert sein, sich über die Bedeutung und den Wert der Stoffe Klarheit und auf unsere Fragen Antworten bei den Naturvölkern, in dem Geistesleben der Naturvölker zu suchen.

1. Die Entstehung und das Wesen der Mythe.

Die Frage, wie eine Mythe entstehe, ist in den letzten Jahren zweimal in derselben Weise und zwar unabhängig voneinander beantwortet worden.

In seinem zweiten großen Reisewerke schreibt Karl von den Steinen: „In einem am Amazonas sehr verbreiteten Märchen macht der Geier mit der Schildkröte eine Wette, wer rascher nach dem Himmel, wo gerade ein Fest gefeiert wurde, gelangen könne. Die Schildkröte schmuggelt sich in den Proviantkorb des Geiers ein, kommt glücklich an und empfängt den Geier, als dieser von einem Spaziergang durch das festliche Treiben zurückkehrt, mit der Behauptung, daß sie bereits seit langer Zeit oben sei und auf ihn warte. Die Wette ist unentschieden, man erneuert sie für die Rückreise, wer zuerst auf der Erde ankomme. Der Geier fliegt herunter, aber die Schildkröte läßt sich fallen und gewinnt. Im Falle hat sie sich abgeplattet und ihre Schale ist geplatzt, wie man noch heute sieht. — Wie hat man sich diese Erfindung zu denken? Sie ist die Antwort auf die Frage: „Wie kommt die Schildkröte zu der Spalte, aus der wir das Fleisch mühsam hervorholen?" Heute haben alle Schildkröten diese Spalte, es muß lange her sein, daß sie entstanden ist. Damals muß der Stammvater der Schildkröten einen schweren Fall getan haben; die Schale ist ja auch davon unten ganz abgeplattet.

Dann ist die Schildkröte aber, meint einer bedenklich, mindestens vom Himmel heruntergefallen. Ja, aber wie ist sie dahin gekommen? Nun, der Geier hat sie mitgenommen. Aber wie? — Man hat die Schildkröte in eine Situation gebracht, die von allen Erfahrungen aus dem Leben der Schildkröten abweicht, aber die dahin führenden Schlüsse sind zwingend und jetzt erst beginnt die Erfindung, der wiederum aus dem entgegengesetzten Wesen der beiden in eine gemeinsame Situation gebrachten Tiere, des schnellen Vogels und des langsamen Reptils, ein deutlicher Weg zu dem beliebten Auskunftsmittel der Wette gewiesen ist. Wenn der Indianer nun obendrein einen Wesensunterschied zwischen Tier und Mensch nicht kennt, so stößt die Lösung des Problems mit Hülfe des menschlichen Wettens und des menschlichen Proviantkorbes nicht auf die geringste Schwierigkeit, zumal die Geschichte in der berühmten alten Zeit spielt, wo es anders war als heute. Der Proviantkorb des Indianers, der die Schildkröte zum Himmel bringt, ist gerade so berechtigt, wie unser Äther, in dessen Wellen sich das Himmelslicht fortpflanzt. Wenn wir durchaus unser Kausalbedürfnis befriedigen wollen, so müssen wir in beiden Fällen, jeder auf seiner Stufe, uns ein Transportmittel schaffen, dessen Eigenschaften der Erklärung angepaßt werden.“

In einer Arbeit, die Heinrich Schurtz vor mehreren Jahren über die Tierfabel in den „Grenzboten“ geschrieben hat und auf die wir später des näheren in einem anderen Punkte eingehen werden, sagt derselbe: — „Kann uns die Tierfabel zugleich lehren, wie ungeschickt der Naturmensch zunächst seine geistige Waffe braucht. Das Nachdenken ist ihm eine harte, ermüdende Arbeit, viel unwillkommener als ein erfrischender Kampf mit Faust oder Keule, und er erlahmt dabei sehr rasch. Eine Erklärung freilich möchte er für alles haben, aber er begnügt sich auch gern mit der ersten besten, die ihm gerade einleuchtet, oder die ihm einmal der Zufall bietet. Man kann vermuten, daß gerade jene Erklärungen tierischen Eigentümlichkeiten, wie sie die primitive Fabel gibt, in der Regel nicht durch eigentliches Nachdenken gefunden worden sind, sondern mehr einem plötzlichen, durch irgend ein Ereignis angeregten Einfalle ihre Entstehung verdanken. Das entspräche ganz der Art, wie Kinder noch jetzt auf ihre oft so wunderlichen Erklärungen kommen. Ein Vogel fliegt ins Feuer und wird verkohlt wieder herausgezogen. „Jetzt weiß ich auch," — mag da einer der Umsitzenden ausrufen — „warum der Rabe so schwarz ist. Er ist auch einmal ins Feuer geflogen und hat sich verbrannt." „Ja" — fügt vielleicht ein anderer hinzu, — „das mag damals geschehen sein, als wir noch kein Feuer hatten. Er wird uns das Feuer gebracht haben und hat dabei seine Federn versengt." Da ist denn gleich eine mythologische Fabel entstanden, wie sie noch heute dieser Art in Nordwestamerika erzählt wird. Die Erfinder der Geschichte sind sich vielleicht noch bewußt, daß das Ganze nur eine phantastische und willkürliche Deutung ist, aber schon die nächsten, denen sie erzählt wird, nehmen sie als gegeben hin, und mit überraschender Schnelligkeit gewinnt die neue Erzählung eine Art künstlicher Patina und läuft als alte, anerkannte Wahrheit um."

Wir sehen: diese beiden großen Gelehrten sind zu genau der gleichen Anschauung hinsichtlich der Entstehung von Mythen gekommen. Sie gehen von der Erklärung einer Eigenschaft aus. Also soll hier aus der Tatsache, daß die Schildkröte einen Spalt hat und aus der Tatsache, daß der Rabe schwarz ist, je eine Mythe entstanden sein. Wie stellt sich das nun zu der allgemeinen Erscheinung der beiden Mythen? Karl v. d. Steinen hat zu seiner Darlegung just so wie Heinrich Schurtz einen weitbekannten und verbreiteten Stoff gewählt, und gerade aus den anderweitigen Vorkommnissen glaube ich zeigen zu können, daß die Schlußfolgerungen beider Gelehrter falsch sind. Die Geschichte, die hier Karl v. d. Steinen erwählt hat, ist die berühmte Fabel vom Tierwettlauf. Schon um die Mitte des vorigen Jahrhunderts hat Benfey darauf hingewiesen, daß dieselbe in einer ähnlichen Form im alten Griechenland, in Armenien, in Arabien, in Ceylon, sowie in der indischen Literatur sich nachweisen lasse. Eine Variante dieser Fabel kursiert bei uns unter dem Titel „Vom Wettlaufen des Hasen und des Swinegels". Später hat Andree (ohne die Arbeit von Benfey zu kennen) gezeigt, daß sie in verschiedenen Punkten Afrikas heimisch sei und bei den Tupi vorkomme, zu denen er sie durch Neger tragen läßt. Dieselbe

Geschichte nun haben die Russen, bei denen ein Fuchs und ein Krebs den Wettlauf annehmen; bei den Tinne sind Reste vorhanden, bei den Creek, bei den Tschirokki, sowie in ostasiatischen Ländern. Auch in Oceanien scheint sie nicht zu fehlen. Die beiden Tiere, die wettlaufen, sind meistens auf der einen Seite der Hase und auf der andern Seite die Schildkröte. Wir haben aber auch für den Hasen den Wolf, den Geier, den Tiger, das Rebhuhn, den Elephanten, den Fuchs und den Leoparden gefunden. Für die Schildkröte tritt die Kröte, der Krebs, das Chamäleon usw. ein. Die Pointe der Geschichte ist immer die, daß das langsame Tier durch eine Pfiffigkeit (indem es sich an den Schwanz des schnelleren hängt, oder indem es seine Frau oder seine Genossen am Wege oder am Ziele schon vorher aufstellt) das unendlich viel schnellere besiegt. Die Pointe ist überall so stark ausgedrückt und der Schlußsatz, der bei Steinen in den Vordergrund geschoben wird, steht so absolut vereinzelt da, daß wir uns daran gewöhnen müssen, festzuhalten, daß die Grundidee des Sieges des Plumpen, aber Pfiffigen über den Schnellen, aber Betörten, das Hauptinteresse bietet und wahrscheinlich nicht nur die Erhaltung der Geschichte im Gedächtnis, sondern auch ihre Entstehung erklären muß. Es liegt der Geschichte eine humorvolle Schilderung zugrunde, und ich kann nicht umhin, zu behaupten, daß die Bildung der Geschichte aus dem Vergleich der Verschiedenartigkeit beider Tiere entstanden ist. Wie solche Geschichten entstehen, läßt sich ja in dem reichen Tierfabelwesen der Afrikaner mit Leichtigkeit nachweisen. Da haben wir z. B. ein ganz ähnliches Wettfressen zwischen Elephant und Hahn. Der Elephant frißt sich satt und muß dann schlafen. Der Hahn pickt immer weiter. Als der Elephant aufwacht, pickt der Hahn immer noch, und endlich wacht der Elephant sogar abermals auf, weil der Hahn auf seinen Körper gesprungen ist und sich zwischen seinen Haaren das Ungeziefer herauspickt. Da muß sich der Elephant als besiegt erklären. Diese Geschichte, die eine absolute Parallele zum Tierwettlauf ist, zeigt uns recht deutlich, daß der Gegensatz resp. der Unterschied zwischen beiden Tieren die Anregung zur Fabelbildung gegeben hat.

Gehen wir nun auf Schurtz' Erklärung ein, so müssen wir zunächst betonen, daß fast alle, überhaupt eine Mythologie besitzenden Völker auch eine Geschichte haben, in der ein Vogel das Feuer für die Menschen stiehlt. Wir haben eine uralte Mythe vor uns, zu der die schwarze Eigenschaft des angeblich verkohlten Raben nicht unbedingt gehört. Nachgehend werde ich zeigen, wie diese Mythe entstanden ist, daß nämlich im Sonnenaufgang der Feuerdiebstahl zu suchen ist, und daß man sich das Hinschweben der Sonne am Himmel nicht anders vorstellen konnte, als daß ein Vogel die Sonne trägt. oder aber den Sonnenhelden, oder aber daß die Sonne selbst ein Vogel sei.

Wir haben also in beiden Geschichten, wie sie uns hier als Mythenquellen vorgeführt werden, den Ausgangspunkt der beiden Forscher als einen Anhang, eine Ergänzung zu bezeichnen. Solche Ergänzungen, die bewußte Naturerklärungen enthalten. lassen sich bei den meisten mythenumbildenden Völkern nachweisen; sie treten bei einigen sogar so massenhaft auf, daß man sie als Mode bei diesen erklären kann. Wir können nun den Zusammenhang dieser angehängten Naturerklärungen immer als einen sehr lockeren feststellen. Diese Naturerklärungen gehören nie in den ursprünglichen Bereich der betreffenden Mythe. Ich will einige Beispiele zeigen. Als die Spinne in Westafrika das Feuer gestohlen hat, bekommt sie so lange Schläge, bis ihr eine große Anzahl von Beinen wächst, die sie heute nun noch hat. Nun sage man mir, wie will man da einen ursprünglichen Zusammenhang herausfinden! Nach unseren Begriffen ist diese Anfügung sogar unsinnig. — In einer Mythe Mikronesiens steigt der Sonnenheld, nachdem er die Fischangel verloren hat, in das Wasser und kommt auch glücklich zu dem Mondmädchen. „Unterwegs kamen ihm die Fische entgegen, und da er Betel kaute und es aus seinem Munde nehmend, einigen gab, so bekamen diese die roten Flecken des Mundes, die man bei vielen antrifft." Diese Geschichte ist ohne irgend einen Zusammenhang eingeflochten. Bis hinauf zu den höchsten Völkern reicht diese wunderliche Einflechtungsweise. Wir erkennen sie noch in der letzten Erscheinung des Namengebens. Wenn irgend ein Tier einem Helden geholfen hat, dann bekommt es zur Belohnung einen schönen Namen. Wenn nun dieser Name in seiner Grundbedeutung irgend eine Beziehung zu der Mythe hätte, dann würde ich mich eines besseren belehren lassen. Da aber eine solche Erklärung sich nicht auffinden läßt, muß ich sagen, daß sie als modische Spielerei dazwischen geschoben ist. Als Beispiel lese man z. B. die altägyptische Geschichte vom Kampfe Ras gegen seine Feinde durch, wo derartige linguistische Erklärungseinschiebungen in gehäufter Weise auftreten.

Aber können wir aus dieser Erscheinung der Naturerklärungsanhängsel nicht vielleicht einen andern Schluß ziehen? — Ich glaube, ja. Und ich will auch gerne zeigen, welch' wesentlichen Schluß wir gewinnen können.

Der Hauptwert der oben erwähnten Abhandlung von Heinrich Schurtz über die Tierfabel beruht darin, daß er nachgewiesen hat, daß die in äsopischen Fabeln so häufigen Moralergänzungen mit dem Ursprunge der Fabeln nichts zu tun haben. Bekanntlich hat noch Lessing für den wesentlich moralisch tendenziösen Ursprung der Fabel eine Lanze gebrochen. Wir verdanken Heinrich Schurtz den Beweis, daß die ursprüngliche Fabel die Moralsentenz nicht kennt, und daß derartige Schlüsse erst später angefügt sind. — Ich kann hinzufügen, wie wir eine Erklärung für die Anfügung erkennen können. Die Tierfabel hatte in ihrer kursierenden Form kein Interesse mehr für den geistigen Boden einer höheren Kultur. Ohne daß es den Menschen bewußt worden war, hatte sich eine ethische Wertschätzung als für die Kulturverhältnisse ausschlaggebende Form der Kritik eingestellt. Sobald nun diese ethischen und moralischen Grundsätze bewußter wurden, fand der Kulturgeist seine Freude daran, dieselben möglichst weit in den Vordergrund zu bringen und sie den alten Dichtungen unterzuschieben. Wir können also als Grundsatz eine geistige Eigenschaft des Menschen dahin festlegen, daß wir sagen, er bemühe sich immer, die aufgefundenen neuen Erkenntnisse als möglichst alte hinzustellen und das Neue mit dem Alten auf solche Weise zu verbinden. So bemühen sich ja alle Religionen, den Zusammenhang mit der Vergangenheit zu schaffen.

Indem wir den so weit verfolgten Faden aufrollen, erkennen wir folgende Knotenpunkte:

1. Als jüngste Stufe der Geschichtenumbildung ist das Bestreben zu bezeichnen, alten Geschichten eine Moralsentenz anzufügen.

2. Als eine ältere Stufe charakterisiert sich das Bestreben. in altererbte Geschichten Naturerklärungen einzufügen.

Wir haben bis dahin nur jüngere Schichten aufgedeckt. Wir sind damit zunächst noch nicht zu der Beantwortung der Frage, wie eine Mythe entsteht, gekommen. Ohne daß wir es wollten, haben wir aber schon aus dem vorhergehenden ein Resultat herausgelöst, über dessen Wert wir uns hier klar werden müssen. Ich versuchte zu zeigen, daß der ethischen Auslegungsbestrebung eine Naturerklärungsbestrebung voranging, die sich auch in den ältesten Formen der Geschichtenerzählung, nämlich in den Fabeln, dokumentiert. Die Fabel haben wir allem Anscheine nach als das älteste Produkt der Geschichtenerzählungskunst und Geschichtenaufbewahrungskunst zu bezeichnen. Da sie zumeist Tiere verwendet, dürfte sie aus der Anschauungsweise des Animalismus stammen. Der Grundzug des Animalismus beruht aber auf jeden Fall in der Beobachtung und in der Beschreibung. Wenn der naive innerafrikanische Jäger erzählt, daß eines Tages das Krokodil und das Nilpferd ein Bündnis geschlossen hätten, indem sich das Nilpferd dazu verpflichtete, die Boote der Menschen umzustoßen, und so dem Krokodil die Menschen in den Fluß resp. in den Rachen zu werfen, wogegen das Krokodil sich verpflichtete, das Nilpferd an seinen Ufern unbeirrt grasen zu lassen, — so liegt hierin der Ausdruck einer reichen Naturerfahrung. Da ist nichts Erdachtes, sondern nur Erfahrenes darin. Das Krokodil, das den Menschen, wo es ihn findet, frißt, läßt das Nilpferd ungestört in seinem Bereiche grasen. Der zweite Teil der Geschichte beruht in der sicher sehr häufigen Erfahrung, die wir auch in unseren Afrikareisewerken in trauriger Weise angeführt finden, daß nämlich gar oft das Nilpferd unversehens unter dem Boote der Menschen auftaucht, dasselbe umstößt und dadurch die armen Neger den Krokodilen in den Rachen jagt. Das ist, so weit ich es verfolgen kann, die einfachste und natürlichste

Bildungsform von Geschichten, die sich deswegen im Gedächtnis des Menschen leicht aufbewahren, weil sie so außerordentlich häufig durch die Erfahrung bestärkt wird.

Als älteste Form der Geschichtenerzählung haben wir demnach die schildernde Fabelerzählung zu buchen, der erst später die Naturerklärung eingefügt wird.

Ich fasse nochmals die Stufenfolge und unsere Erkenntnisse zusammen und gebe sie in folgender Formel wieder.

1. Als älteste Form der Geschichtenbildung müssen wir die einfachen Naturschilderungen und die in Geschichtenform konzentrierte Anhäufung der Naturerfahrung bezeichnen.

2. Wenn wir im Auge behalten, daß späterhin dieselben Geschichten mit Anfügung einer bewußten Naturerklärung uns entgegentreten, dann sind wir zu der Annahme berechtigt, daß in dieser zweiten jüngeren Form der Geschichtenbildung das Motiv der Naturerklärung zur schöpferischen Kraft geworden ist.

3. Wenn wir bedenken, daß in der jüngsten Periode der höheren Kulturvölker dieselben Geschichten erhalten werden, in denen ihnen als Lebenskraft und appetitanregendes Mittel eine bewußte Moralsentenz angefügt wird, so können wir daraus schließen, daß in dieser jüngsten Periode die Moral und die Welt der ethischen Begriffe den bewußten Ausgangspunkt der Geschichtenbildung dargestellt haben.

Alles weitere ist außerordentlich einfach. Nicht nur die Alten, sondern auch jetzt noch lebende Naturvölker sagen, soweit sie Mythologien besitzen, direkt aus, daß dieselben eine gewisse Naturerklärung enthielten. Die Mythologien stellen also den geistigen Niederschlag aus der unter 2 aufgeführten Formwelt dar. Daß die Naturerklärung im Beginne der Mythenbildung ebenso selbstverständlich eine unbewußte war, wie die Moralbasis in einer späteren Periode, versteht sich von selbst. Ich werde aber auf diesen Punkt doch noch näher eingehen müssen und werde nun zu zeigen versuchen, unter welchen Gesichtspunkten wir die Mythologien als Naturerklärungen verstehen und bewerten können, welche Eigenschaften der geistigen Beschaffenheit und geistigen Tätigkeit ihre Bildung hervorgerufen haben. — Gleichzeitig muß ich aber darauf hinweisen, daß wir unter gleichen Gesichts-

punkten die einheitliche Entwicklung der Mythenbildungen erkennen lernen müssen.

2. Die einheitlichen Grundzüge und Grundlagen aller Mythologien als Beweise für die Einheit der Entstehung nach Zeit und Raum.

Folgendermaßen möchte ich die Aufgabe der kulturgeschichtlichen Mythologie oder wenn man es lieber so nennen will, der vergleichenden Mythologie im Rahmen der Kulturkunde fixieren: Sie soll die Mythen aller Völker auf ihre einfachsten Formeln zurückführen und dieselben nach ihrer geographischen Verbreitung einerseits, nach ihren Umbildungen, sei es auf dem Wege der Verkümmerung oder sei es auf dem Wege des Ausbaus und der weiteren Vertiefuug verfolgen. Soll das gelingen, so sind dazu notwendige Voraussetzung klar ausgeprägte Eigenschaften der Mythen, und es ist hier unsere Aufgabe, festzustellen, ob sie dieselben besitzen. Wenn es sich zeigen läßt, daß alle Mythen aus demselben Wesenszuge des Entwickelns entstanden sind, dann ist schon viel gewonnen, und es wäre dann nur noch herauszufinden. ob nicht etwa nach den Prinzipien der oben erwähnten Elementargedankenlehre eine Entwicklung resp. Entstehung von verschiedenen Punkten der Erdoberfläche ausgegangen sein könne. Nun geht aus den Grundgesetzen der nachfolgend aufgestellten Entwicklungsprinzipien die Einheitlichkeit der Mythenbildung nur hinsichtlich der einheitlichen Schöpfungsweise, nicht aber hinsichtlich des einheitlichen Schöpfungsortes hervor. Der weiterhin folgende Abschnitt über die Unterschiede der verschiedenen Mythologien bietet in dieser Hinsicht schon mehr, indem er uns zeigt, wie auch niedere Völker, die bis zur Schöpfung der Mythologie noch nicht vorgedrungen sind, nach ihrer Art die Mythen umbilden. Es ist erst die Aufgabe des nächsten Kapitels, aus der Eigenart des Stoffes heraus es wahrscheinlich zu machen, daß ein ganz begrenzter, durch geographische Eigenarten ausgezeichneter Raum der Mythologie das Leben gegeben haben kann. Im zweiten Bande werden wir dann die Wahrscheinlichkeit oder Unwahrscheinlichkeit unserer Theorie erörtern. — Doch treten wir nunmehr in die Betrachtung der Grundprinzipien der Entwicklung ein.

1. Die symbolisch ergänzende Denkweise in der Naturbeschreibung. Die Naturmenschen denken: es schläft jemand wie Wassergetier im Fluß, daher ist er ein Wassertier. Es frißt jemand Menschen wie ein Jaguar, daher stammt er vom Jaguar ab. Es sind Menschen so schwarz wie die Affen, daher sind sie Affen. — Solche Beispiele bietet uns die Literatur in großen Mengen. Die Erfahrung, daß etwas diesem oder jenem ähnlich sei, führt schon zur Identifizierung. Typisch ist ein Beispiel, welches in Südafrika passierte. Ein Neger wurde mit einer weißen Flüssigkeit in der Krankheit behandelt und es wurde ihm dabei streng ans Herz gelegt, ja nichts davon zu trinken, da es giftig sei. Der Mann war in Zukunft nicht mehr zu bewegen, Milch zu trinken, weil dieselbe genau so weiß war wie jene Medizin, und weil der Arzt ihm gesagt hatte, daß diese schädlich sei. — Die Sonnenstrahlen erscheinen wie lange Fäden, die vom Glutballe aus herniederfallen. Daraus werden unbedingt Stricke gemacht. Bald hat der Sonnengott einen Strick herniedergelassen, an dessen Ende sich ein Angelhaken befindet, um zu fischen, bald hat ein hinter dem Horizont sitzender Gott seine Schlinge nach der Sonne geworfen, um sie in der Mittagszeit zu langsamerem Gehen zu veranlassen. — Taucht die Sonne im Morgen an der Kante des Horizontes auf, so ist dies, wie wenn die rote Scheibe die schwarze Dunkelheit zerschneide, und demnach trennt der Heros mit einem roten Obsidian am Morgen die dunkle Nacht. „Quat zerschneidet die Nacht mit einem roten Obsidian,“ sagt der Melanesier. — Dieses Parallelisieren, Symbolisieren und Ergänzen stellt die eigentliche Quelle der Mythenbildung dar.

2. A priori- und Konsequenzmythen. Gar oftmals werden Menschen in den Meeren verschlungen, während andere, ohne helfen zu können, zusehen müssen. Geht nun den Naturvölkern die Sonne im Meere unter, so liegt die Annahme gar nahe, daß sie verschlungen wird. Das ist eine ursprüngliche Auffassung, an die sich nun die Erzählung ganz einfach angliedert. Die Sonne befindet sich nunmehr im Bauche des Fisches, und da sie am nächsten Morgen wieder auftaucht, hat derselbe sie offenbar wieder ausgespien, oder sie hat den Bauch des Tieres aufgeschnitten und kommt nun fröhlich wieder zum Vorschein. Derartige Bildungen

nenne ich a priori-Mythen. Das sind Mythen, die sich ohne weiteres aus dem Erfahren und nächstliegenden Schlüssen ergeben. — Tritt nun für den blutigen Sonnenaufgang etwa die Anschauung auf, daß hier eine Geburt stattfindet, die Geburt der jungen Sonne, so schließt sich hieran unbedingt die Frage, woher denn die Vaterschaft komme, wie dies Weib zu der Schwangerschaft gelangt sei. Und da nun dies Weib dasselbe symbolisiert wie der Fisch, nämlich das Meer (indem wir von einer Annahme ausgehen, daß die Sonne sowohl im Meere untergeht, als aus dem Meere emporsteigt), so ist die urmerkwürdige Antwort, daß dies Meer ja vordem die alte Sonne verschluckt habe. Es bildet sich demnach die Konsequenzmythe, da das Weib „Meer“ vordem die Sonne verschluckt hat und jetzt eine neue Sonne zur Welt bringt; so ist sie offenbar schwanger geworden. Das ist eine Konsequenzmythe.

3. Anthropomorphisierende Gestaltung. Das Naturvolk legt unwillkürlich allen Geschöpfen dieselben Fähigkeiten und dieselben Beweggründe ihrer Handlungsweisen zugrunde, die ihrem eigenen Innern entspringen. Deshalb lassen sie ja in der Zeit des Animalismus dem Tiere dieselbe Behandlungsweise angedeihen, die sie selbst erfahren. Aber nicht nur mit den Tieren geschieht dies. Ein Körper, der sich bewegt, muß irgend wie lebendige Eigenschaften, menschliche Eigenschaften haben. Menschliche Eigenschaften liegen daher auch alle den Geschichten zugrunde, die von der Sonne, vom Monde, vom Meere etc. erzählt werden. Daher ist die Sonne ein menschenähnliches Wesen, handelt und denkt dementsprechend. Aus diesem Anthropomorphisieren entstammt die Schöpfung der Götter, die nur deswegen großartiger und gewaltiger als Menschen sind, weil sie großartiger auftreten, großartiger wirken und in gewissem Sinne unerreichbar sind. — Sollte aber die Natursymbolik des Naturvolkes sich im animalistischen Rahmen bewegen, d. h. also, die großen Elementarerscheinungen mit den Erfahrungen aus dem Tierreiche ausstatten, dann können keine Götter entstehen. Dieses Anthropomorphisieren bis zur Götterschöpfung setzt also den Manismus voraus.

4. Die manistische Verknüpfung. Ich habe im vorigen Kapitel darauf hingewiesen, daß es eine Periode gegeben hat, in

welcher die Menschheit sich mit den Problemen des Todes intensiv beschäftigt hat. Der Manismus läßt die Seele des Verstorbenen in jeder körperlichen Erscheinung aktiv werden, die mit dem Verstorbenen entweder in Zusammenhang stand oder mit dem toten Leibe in Beziehung kam. Die Früchte des Gartens, die dem Verstorbenen gehörten, bleiben dessen Eigentum, und er wird auch. wenn der Körper vermodert, dieselben noch beanspruchen. Die Seele des Verstorbenen wird in seiner Hütte weiterleben und deshalb wird man geneigt sein, diese Hütte zu verlassen. Ist der Mann begraben und wächst aus dem Grabe eine Pflanze, dann lebt die Seele des Verstorbenen in der Pflanze; hebt man den Schädel des Verstorbenen auf, dann lebt die Seele in dem Schädel weiter. Ist der Mann von einem Krokodil verschlungen, dann lebt er in dem Krokodil weiter und so geht das immer fort, und die naturgemäße Folge dieser manistischen Beseelung ist, daß man zuletzt mehrere Seelen für ihn annimmt, deren eine z. B. in seinem Grabe lebt, deren andere dahin zurückkommt, wo der Mann herstammt, dessen dritte von einer Frau wiedergeboren wird und so weiter. Menschliche Wesen bevölkern auf diese Weise das Weltall, sie ziehen überall einher. Und wenn nun der Mensch sein Interesse auf die Himmelskörper richtet, dann sieht er meist die Seelen der Verstorbenen in den Sternen weiter leben; immer aber stellt er den Satz auf: Die Seelen folgen der Sonne. Ich werde später zu zeigen haben, daß dieses merkwürdige Motiv der Seelensonnenfolge aber noch einen histologischen Grund haben dürfte. Denn die Sonne wird wahrscheinlich den Gründern der Mythologie in dem Lande untergegangen sein, aus dem sie stammen. Denn der dazu gehörige Satz, daß das siegreiche Volk der Mythengründer von der Sonne abstamme, findet sich bei denselben Mythenträgern, die auch das Motiv der Seelensonnenfolge bewahren. — Dies Motiv der Seelensonnenfolge birgt nun nach echt manistischem Grundsatze den Quell für eine Fülle von mythologischen Erscheinungen. Wird der Sonnengott beim Sonnenuntergange verschlungen, so geschieht dies auch mit den Seelen beim Tode. Klettert der Sonnengott an den Sonnenstrahlenstricken hinab, so tun die Seelen der Verstorbenen das gleiche. Und so weiter.

5. Die hervorragende Stellung der Sonne, des Mondes und der Gestirne. In allen Mythologien bricht dann und wann einmal der klare Spruch durch: Dieser Mann holt die Sonne oder geht mit der Sonne oder begibt sich in den Bereich der Sonne oder er ist schön wie die Sonne, hat Haare wie die Sonne, will die Tochter der Sonne heiraten, will mit dem Monde das oder jenes machen. Häufig aber auch ist die Erklärung, daß die Sonne dieses oder jenes getan habe, daß das Mondmädchen hier oder da etwas vollbringe oder geheiratet werde, daß die Sterne Riesen seien, daß ein Weib das Meer schaffe, daß die Sonne eine schöpferische Handlung hervorbringe, usw. usw. An solchen Symptomen können wir deutlich erkennen, daß die Sonne auf jeden Fall mitsamt dem Monde und den Gestirnen und auch dem Meere sowie der Erde die Grundlage zu den symbolisierten Gestalten der Mythologie geboten haben. Wir dürfen uns aber nicht täuschen lassen. Die ursprüngliche Mythologie hat diese Ausdrucksweise offenbar nicht gekannt. Diese Aussprüche sind stets nur Erinnerungen. Heißt z. B. die Sonne aus irgend einem Grunde Maui, dann wird die alte Mythologie niemals sagen „als Maui in das Meer stürzte, ging die Sonne das erste Mal unter“. Die alte Mythologie würde ganz einfach sagen: „Maui stürzte ins Meer“. Jeder Hörer wußte dann, daß das die Sonne war. Es bedurfte keiner Erklärung. Keine echte alte Mythologie der ursprünglichen Form gibt die Erklärung der Sonnenhaftigkeit, der Mondartigkeit etc. dazu. Sie setzt einfach das Wissen voraus und erzählt die Geschichte als ein manistisch anthropomorphisiertes Ereignis. — Immerhin sind gerade diese Angaben betreffend Sonne und Mond von außerordentlichem Werte, weil sie uns zeigen, daß das Volk selbst sich durch solche Angaben gewissermaßen krampfhaft den Stoff im Gedächtnis festhält.

6. Die Zusammenhangslosigkeit in der Entstehung und das Trachten nach Vereinheitlichung in der Folgezeit bei der Mythenbildung und Umbildung. Die einzelnen Geschichten der Mythologie sind offenbar nicht in vollständiger Gemeinsamkeit entstanden, wenn wir auch aus der Unterschiedlichkeit der a priori- und Konsequenzmythen eine gegenseitige Einwirkung deutlich wahrnehmen. Es ist deshalb durchaus selbst-

verständlich, daß dieselbe Inkonsequenz eintritt, wie in der schlicht manistischen Mythologie, als deren Eigenart wir soeben erkannten, daß eine Seele an den verschiedensten Orten und in der verschiedensten Form infolge verschiedener Anschauungsverknüpfung gleichzeitig, wenn auch geteilt, existieren kann. Dieselbe Verschiedenartigkeit in der Anknüpfung findet sich in allen Teilen der Mythologie. Es kann sogar verschiedene Sonnengötter nebeneinander geben, ohne daß dies die Gemüter stört. Erst in ziemlich später Zeit tritt das Bestreben ein, einheitliche, zusammenhängende Schilderungen zu bieten. Es muß aber festgestellt werden, daß der Bildersymbolik der Mythenbildung eine Logik in unserem Sinne nicht innewohnt.

7. Die histologische Umwertung bei Fehlen historischer Vertiefung. Weder die animalistische noch die manistische Weltanschauung noch auch die ursprünglich solare gestattet irgend eine historische Erzählung. Alle Kenner der Naturvölkermythologie stellen fest, daß die Naturvölker niemals historische Ereignisse in ihren Mythen wiedergeben. Mit Erstaunen erzählt z. B. Rink, daß die Eskimo auch nicht die geringste Erinnerung an großartige Ereignisse, die sich erst vor wenigen Jahrzehnten abgespielt hätten, besäßen. In der Tat geht von einem historischen Ereignis niemals eine Mythe aus. Treten historische Persönlichkeiten in der Erinnerung eines Volkes stark hervor, dann nehmen sie sofort einen mythologischen Charakter an und werden mit der Erzählung der viel älteren Mythenbildung bekleidet. So sehen wir mit nicht geringem Erstaunen, wie die Geschichte Alexanders des Großen, die bis in die indonesische Inselwelt und nach Hinterindien gewandert ist, mit einem Male das Gepräge der Sonnenmythologie annimmt. Die Schicksale eines Dschengis Chan sind die des Sonnenhelden. Und wir brauchen nicht so weit zurückzugreifen. Ein Liebling des deutschen Volkes wie Barbarossa wird mit der alten Mythe bekleidet; er zieht in den Kyffhäuser ein. Die Javanen nahmen mitsamt einer Religion aus Indien ganze Dichtungen mit fort und verlegen den Krieg der „Pandawa" aus dem Mahabharata nun auf ihre Insel. Die Histologie in der Mythenwelt ähnelt oft dem Diebstahl. So weit geht die Umwertung der historischen Personen! — Was ist aber

histologisch? Wenn ein Volk über einen Fluß zieht und nun auf dessen rechten Ufer wohnt, während es vordem auf dem linken ansässig war, so erzählt es, daß die Seelen der Toten nach dem linken Ufer hinüber gingen. Wenn ein Volk die Erinnerung an eine großartige Wanderzeit noch birgt, so stattet es dieselbe mit den Geschichten von der Wanderung des Sonnengottes aus. Ein Beispiel: Die amerikanische Sonnenhelden wandern wie die Sonne über die vier Kardinalpunkte, den Osten, Süden, Westen, Norden. Schlagen wir nun die Wandersage der Mexikaner auf, so begegnen wir den vier Kardinalpunkten wieder, zwischen die nur einige Lokalmythen geschoben sind. So bildet sich denn fast jedes alte mythenbildende Volk in der Erinnerung an eine größere Vergangenheit aus dem Stoffe seiner Mythologie eine Vergangenheitssage, die mit der wirklichen historischen Vergangenheit nichts weiter gemeinsam hat. als einige schwache Erinnerungen an die Tatsache als solche. — Mit dieser histologischen Erkenntnis werden wir wahrscheinlich einen sehr bedeutenden Prozentsatz der Mythen erklären können, vielleicht sogar die Urmythe von der Seelensonnenfolge. Jedenfalls legt dieser Typus der Umbildungsform uns aber die Annahme nahe, wie wir die sogenannten Kulturheroen verstehen können. Die Mythe vom Kulturheros dürfte absolut histologisch sein. Ein jugendkräftiges, kulturell höher entwickeltes Volk unterwirft einen primitiveren Stamm und führt die höhere solare Weltanschauung ein. Dann wird sich alsbald die Mythe herausbilden, daß ihr Gott, der Sonnengott, frucht- und kulturbringend hereingezogen sei. Der Kulturheros ist der eigentliche Sonnengott, der in seinem Frühling die Saaten sprossen läßt und deshalb der Urheber des Ackerbaues genannt wird, — dem die Tempel errichtet werden, und der deshalb als der Städtegründer bezeichnet wird, — und so geht das weiter in enger Verquickung der schwachen Reminiszenzen mit dem Quellmaterial der Mythologie.

8. Die Erhaltung der Mythologie. Daß eine Geschichte ausgedacht wird, ist nichts sehr Erstaunliches. Auch für die Naturvölker können wir uns dies leicht erklären. Sehr merkwürdig ist aber die Tatsache, daß ganz bestimmte Geschichten und vor allen Dingen die Mythen so wunderbar behalten werden.

Tatsächlich beruht ja das Problem der Mythologie nicht in der Entstehungsgeschichte allein, sondern vielmehr in der Geschichte der Erhaltung. Man sagt sehr mit Recht, daß ein Volk, welches keine Schrift besitzt, ja über ein besseres Gedächtnis verfüge. Dies Gedächtnis will aber auch erst geschult und erzogen werden, und da fragt es sich denn, wie der Mensch zu dieser wunderbaren Kunst. die wir besonders im epischen Zeitalter nicht genug bewundern können, gelangt ist. Ich glaube nur eine einzige Lösung dieses Problemes gefunden zu haben. Die Geschichten, die die Menschen zu so großartiger Gedächtnisstärke erzogen haben, müssen einerseits von einer enormen Eindruckskraft gewesen und andererseits noch durch ständige Befruchtung des Gedächtnisses am Leben erhalten worden sein. Und da komme ich eben darauf, wohin ja jede Erkenntnis in zehnjähriger Arbeit am Stoffe geführt hat, daß es nämlich in der Natur kein so großartiges Schauspiel gibt, wie Sonnenauf- und untergang und Nachtgröße für ein Volk in den Tropen. Hat sich hier wirklich die Mythologie ausgebildet, war wirklich die Sonnenfahrt die Anregung, dann verstehen wir auch die Erhaltung der Mythologien durch die vielen, vielen Jahrtausende bis auf unsere Zeit. Denn an jedem Tage wurde die Sonne einmal verschlungen, an jedem Morgen wurde sie einmal geboren, und wenn die ehrfurchtsvolle Scheu und die Empfindung für die Heiligkeit überhaupt erst geweckt war, dann konnte jede einzelne Geschichte aus dem schicksalsreichen Dasein des Sonnengottes täglich, ja stündlich mit dem Anblick der Sonne in das Gedächtnis zurückgerufen werden. — War das Gedächtnis so erstarkt, war es erst eingebürgert, solche Geschichten vielfach zu erzählen, dann konnte ja die andere frappierende Erscheinung der ebenso wunderbaren Erhaltung der einzelnen Motive leicht ins Leben treten. Ein Motiv ist eine einzelne kurz gefaßte Schilderung, Erklärung, Aussage im Bereich einer ganzen Mythe. Nun sehen wir z. B. in Nordwestamerika, auf den Inseln der Torresstraße und — bei den alten Griechen am Ende von der bekannten Jonassage (in deren Verlauf der Held von dem Westungeheuer verschlungen wird, später aber aus demselben wieder entrinnt) die Mythe mit den Worten ausklingen: Es war aber im Bauche des Tieres so heiß gewesen, daß dem Helden die Haare ausgingen. Ich muß zugeben, daß mein Verstand es nicht zu fassen vermag, wie der „Zufall“ hier denselben verrückten Schluß ins Leben hätte rufen können. Und ich bin noch immer der Überzeugung, daß wir da, wo wir nicht mathemathisch beweisen können, den Entscheidungen unseres Verstandes folgen müssen. Wir können nun alle Mythen verfolgen, wir finden derartige merkwürdige kleine Übereinstimmungen überall wieder. Daß die Mythen im großen und ganzen mehrfach in derselben Weise hätten ausgedacht werden können, werde ich nie bestreiten. Die Übereinstimmung dieser kleinen und allerkleinsten Züge, dies Festhalten der einzelnen Motive macht für mich aber bei der völligen Übereinstimmung der großen Züge nur den einen einzigen Schluß plausibel, daß hier eine großartige Wirkung der Gedächtniskraft vorliegt, die aus einer Quelle geschöpft hat. — Noch ein kurzes Wort über die Mode in den Mythologien. Nehmen wir die Gesamtheit der Mythen der verschiedenen Völker, so sehen wir wohl überall gemeinsame Ausgangspunkte, überall aber verschiedene Umarbeitungen. In dem einen Lande ist dieses, in dem anderen jenes beliebter. So ist z. B. in den isländischen Märchen die Hundehautverbrennungsgeschichte und das Motiv von der bösen Stiefmutter so ausgeprägt und so häufig, daß man meinen möchte, besonders das letztere müßte eine ganz besondere Befruchtung erfahren haben. Ein Kenner wie Theal stellt fest, daß in Südafrika die Verschlingungsmythen in hundert Versionen erzählt würden. Die Verwandlungen, die schon in Indien eine große Rolle spielen, machen sich in den Geschichten Zentralasiens so breit, daß sie lange Seiten immer einnehmen, ehe sie einem wirklichen wichtigen Ereignisse in den Mythen Raum lassen. In Indonesien sehen wir die Rohrursprungsmythe, bei den Eskimo das Entscheidungsringen, bei den Polynesiern den Feuerdiebstahl und die Landangelsage mächtig emporwuchern. In gleicher Weise bilden sich über große Landstrecken bevorzugte Lieblingsgeschichten aus. Über Zentralasien und Europa zieht die Geschichte vom Gewitterdrachen, hervorgegangen aus dem Westverschlinger, so machtvoll, daß ein Mann wie Schwartz glaubt, aus ihr den Quell der ganzen Mythologie herausfinden zu können. Und Amerika gibt uns in seiner Geschichtenwelt gar viele Belege, daß der Gewittervogel dort drüben dieselbe Rolle spielt, wie der Gewitterdrache bei uns. So sehen wir denn die Umbildungen nach großen Gesichtspunkten von sich gehen.

Doch wenden wir uns nunmehr dem letzten Abschnitts dieses Kapitels zu.

3. Die Unterschiede in der äußeren Gestalt der Mythologien als Belege für einstige Einheitlichkeit und Umbildung unter neuen und andersartigen Verhältnissen.

Daß man Verschiedenartigkeit als den Beleg für einstige Einheitlichkeit erklärt, dürfte zunächst wie ein Widerspruch klingen. Und doch glaube ich dem Satze eine ziemliche Berechtigung zusprechen zu müssen. Denn wenn die Formeln überall die gleichen wären, dann würde das ja zuletzt auch nur beweisen, daß überall dasselbe entstanden sein könne. Wenn aber der geographische Rahmen für die Bildung einer Form ausschlaggebende Kraft haben soll, dann muß natürlich diesem Vordersatze der Nachsatz folgen, daß auf den Gebieten, in denen die den Ursprung erzeugenden geographischen Kräfte nicht mehr wirken, die Umbildung entsprechend den geographischen Bildungsgesetzen des neuen Heimatlandes stattfinden muß. Ich will dies ganz kurz noch klarer stellen. Ist eine Mythologie als Natursymbolik bei einem Volke entstanden, für welches die Sonne im Meere auf- und untergeht, so kann sich dieselbe bei einem Volke, dem die Sonne z. B. im Lande aufgeht, nicht ebenso erhalten. Es müssen, wenn die Natursymbolik wirklich der Mythologie das Leben gegeben hat, auch entsprechend den geographischen Verschiebungen bei der Ansiedlung und Übertragung, Unterschiede entstehen.

Desgleichen müssen entsprechend den höheren und niederen Kulturen auch verschiedenartige Typen der Mythenumbildung in den Vordergrund treten. Dies ist auch so, und ich will hier die wichtigsten vier Formen nennen.

1. Der heroisch-solare Typus.
2. Der animalistisch-solare Typus.
3. Der kosmologisch-solare Typus.
4. Der episch-solare Typus, von welchem sich das Märchen abzweigt.

Den ersten Typus nehme ich als mittlere Norm an. Wir

haben hier manistische Völker, die gemeiniglich eine größere Kulturleistung hinter sich haben, die die Sonne verehren und in ihren Mythen einen gründlichen Schatz von Wandersagen beherbergen. Die Taten des Sonnenhelden stehen im Vordergrunde, die Tiere spielen eine geringe Rolle, und die anderen Gestirne treten gegenüber der Sonne zurück.

Der animalistisch-solare Typus erzählt nur Tiergeschichten. Sonne, Mond und Sterne sind zu Tieren geworden, die aber dieselben Taten vollführen. Die Völker, die solche Mythologien besitzen, sind nicht wie die Vorhergehenden Hackbauern, sondern im wesentlichen Jäger. Die Mischung dokumentiert sich überall als eine Verschleuderung höherer Schöpfungen in ein niederes Niveau, aus dem sie nicht entstanden sein können.

Die kosmologisch-solare Weltanschauung wird von den eigentlichen ältern Kulturvölkern getragen. Ein großartiges Kalenderwesen steht im Vordergrunde. Das Interesse ist von dem Sonnengotte mehr und mehr auf die Bewegungen der Sternenwelt abgelenkt. Jede Stadt eines Landes hat seine eigenen Götter, die aber nur dem Namen nach unterschieden sind und von denen dieselben Geschichten erzählt werden. Eine Priesterschaft sorgt in emsiger Grübelei und Zurückgezogenheit für den Aufbau einer wunderlichen Wissenschaft, die zwischen wirklichen Erkenntnissen und mythologischen Erklärungen hin- und herschwankt.

Zum Schluß endlich haben wir die Abzweigung der episch-solaren Mythologie zu erwähnen, die einen ganz bestimmten großen Völkerkreis vereinigt. Das histologische Moment ist in den Vordergrund getreten, das Saiteninstrument ist entdeckt worden und zum Leierklange verkünden die Priestersänger an den Höfen der Könige die meist im Reime geschmiedeten Taten der königlichen Ahnherren, die im Grunde genommen aber weiter nichts sind als Umbildungen der alten guten Mythologie, die die Völker einst über die Meere und über die Lande trugen.

Wird aber die Mythologie zu einem heiligen Priestergeheimnis oder löst sich dieselbe histologisch in epischer Form auf, so sinkt die Mythologie als Märchenwelt in den Volksschoß, wo sie ohne göttliche Größe, aber um so behaglicher und in zarterer Gewandung gar wohl geborgen weiter lebt, — bis die Schrift sie vernichtet.

III.

Die Mythe in den verschiedenen Provinzen.

Fassen wir nochmals die Grundzüge des im vorhergehenden Dargelegten zusammen. — Es wurde uns wahrscheinlich, daß die älteste Schicht der Kultur nur ein einfaches Naturbeschreiben kennt, das den allgemeinen und sich immer wiederholenden Erfahrungen entspricht. Die Ergänzungen in diesen Formen der Geistestätigkeit sind schwach. Demgegenüber tritt uns im Zeitalter der Mythologie in den nach manistischen Prinzipien anthropomorph gebildeten Mythen eine Geschichtenwelt entgegen, welche die Naturereignisse und die Erfahrungen, die der Mensch alltäglich macht, als unbewußt entstandene Naturerklärungen enthält. Hat der Mensch auf solche Weise angefangen, erst die großen Ereignisse durch solche Geschichten zu erläutern, dann fährt er auch wohl in bewußter Weise fort, zu erklären. Das Erklären wird Mode, und während auf der einen Seite hieraus die kleinen Anhängsel, die die Eigenschaften der Tierwelt wie der Erdoberfläche verständlicher machen sollen, entstehen, versucht eine sich ausbildende grübelnde Priesterwelt immer mehr in die Geheimnisse des Weltalls einzudringen, sodaß die Kosmogonien und Kosmologien bei den höher entwickelten Völkern entstehen. Da aber einmal das Geschichtenbilden, die Mythenbildung und im Laufe der Zeit und der geographischen Verschiebung der Völker auch die Mythenumbildung einen großen Teil des Interesses in Anspruch genommen haben und der menschliche Geist nunmehr seine Freude daran findet, solche Geschichten nicht nur zu behalten, sondern auch weiter zu entwickeln, so erwachsen je nach der Liebhaberei der Völker und der Zeiten allerhand jüngere Dichtungen. Es ist nun Hauptaufgabe des Mythologen, aus der unendlichen Fülle von Geschichten, welche die Zeiten und Völker hervorgebracht haben, die älteren Bestandteile herauszufinden. Die jüngeren können abgetrennt und zunächst zur Seite geschoben werden, — wenn man es nicht vorzieht, umgekehrt zu verfahren.

Die einzelnen Geschichten sind über verschieden große Räume und nach verschiedenen Richtungen hin gewandert. Diese Ausdehnungen sind genau festzustellen. Aus den Ausdehnungen der einzelnen Geschichten müssen wir im Zusammenhang mit der Verbreitung anderer Kulturmerkmale die Wege und Ausdehnungsweiten bestimmter Kulturverschiebungen erkennen lassen.

Während nun für den asiatischen und europäischen Kontinent seit der Mitte des vorigen Jahrhunderts eine hübsche Reihe von Gelehrten derartige Arbeiten ausgeführt haben, liegt der Zusammenhang hinsichtlich der anderen Gebiete noch gänzlich unberücksichtigt da. Es ist selbstverständlich, daß, was ein Jakob Grimm, ein Benfey usw. gearbeitet haben, nur einen verhältnismäßig kleinen Raum umfaßt, und selbst die Arbeit von Eduard Grisebach beschränkt sich darauf, eine Geschichte bis nach China hin zu verfolgen. Wenn weitere Studien in dieser Richtung nicht ausgeführt worden sind, so liegt dies daran, daß die weitaus meisten Fälle der Analogien als die Reste aus einer unendlich viel älteren Zeit erklärt werden müssen. Mit den Asiaten fand man sich insofern ab, als man wußte, daß auch andere Kultursymptome über dieselben Strecken gezogen waren. Man konnte nach der einen Seite an die Gemeinsamkeit der Sprachen der arioiden Völker, nach der andern Seite auf die Wanderschaft des Buddhismus hinweisen. Unter solchen Umständen brauchte eine Verfolgung derartiger Stoffe nicht auf schweren Widerstand zu stoßen. Aber genau an der Grenze derartiger sonstig anerkannter Wandergebiete machte auch die Mythenforschung in unserem Sinne Halt.

Um nun die Möglichkeit zu erhalten, in die älteren Schichten hinabzutauchen, vergegenwärtigen wir uns die wichtigsten Grundzüge einer älteren Mythologie.

1. Grundzüge der älteren Mythologie. (Heroisch-solarer Typus.)

Es muß an dieser Stelle nochmals darauf hingewiesen werden, daß wohl die sämtlichen älteren Mythen von den Schicksalen des Sonnengottes ihren Ausgangspunkt nehmen, daß die einzelnen Geschichten aber nebeneinander entstanden und erst später in einen engen Zusammenhang gebracht wurden. Die große Wanderung der Mythologie hat allerdings wahrscheinlich schon alle Mythen in einem Zusammenhange gekannt, und ich fasse sie demnach zusammen. Betont muß jedoch werden, daß die ganze Mythologie nicht etwa in der Geburt des Sonnengottes, also im Sonnenaufgang, sondern wahrscheinlich im Sonnenuntergange ihren Anfang nimmt.

Halten wir uns zunächst an die direkten Aussagen. Sonne und Mond werden uns als Ehepaar geschildert. Die Ehe ist jedoch keine glückliche, und der Sonnengott kann auch nicht als guter Vater bezeichnet werden. Nur in Finsternissen begatten sich Sonne und Mond. Die Kinder sind dann einerseits die Sterne, andererseits alle späteren Sonnen. Während die jungen Sonnen die Söhne sind, die der nicht sehr liebevolle Vater zu verscheuchen sucht, schließen sich die jungen Mädchen, die Sterne, ihrer Mutter, dem Monde, an. — Andererseits hören wir, daß auch die jungen Sonnen untereinander kein besonders glückliches Leben führen. Dem Alter nach ziehen sie aus, der Älteste zuerst, der Jüngste zuletzt, um das berühmte Abenteuer des Feuerholens, des Einfangens des Vogels, bei den Asiaten des Einfangens des Zauberpferdes usw. zu vollbringen. Die älteren Brüder sind bei diesem Unternehmen nicht glücklich. Dieses gelingt immer nur dem Jüngsten, der deswegen von seinen Brüdern verfolgt wird. Oftmals wird der jüngste Bruder entsprechend dem Sonnenuntergange ins Meer, in einen Brunnen geworfen und kommt dann aber glücklich wieder heraus.

Auf die Mythen eingehend, drängt sich uns zunächst die Art der Geburt des Sonnengottes auf. Ein großer Untergang hat stattgefunden, von dem sich nur ein Weib gerettet hat, welches in der Verborgenheit der Nacht als Mond lebt. Dies Weib trinkt aus einem Becher, in welchem sich die Strahlen der untergehenden Sonne niedergelassen haben, oder sie ist von der Sonne direkt befruchtet worden, indem die Sonnenstrahlen auf sie fielen. Jedenfalls verschluckt sie immer den Sonnenkeim und empfängt ihn erst in späteren Mythen durch einen gewalttätigen Beischlaf. In einer Conceptio immaculata durch Verschlucken empfängt also die Jungfrau und gebiert nun am nächsten Morgen den Sonnengott, der sich durch einige merkwürdige Vorgänge sofort von anderen Sterblichen unterscheidet. Oftmals spricht der Gott schon im Mutterleibe. Noch öfter läuft er aber sofort nach der Geburt fort und wächst in einer ganz kurzen Zeit zu einem stattlichen Jüngling heran, der schon bei der Geburt mit Waffen versehen, die Nachtungeheuer schnell überwindet und der Welt das Licht wiedergibt. — (Andererseits schließt sich auch oft die Aussetzung an. Vergl. Kapitel 10 und 11.)

Ein weiterer wichtiger Kreis von Mythen rankt sich um das Liebesleben des jungen Gottes. Die wichtige Schwanenjungfrauenmythe erzählt uns, wie der Sonnengott einige Mädchen trifft, die am Ufer ihren Schleier niedergelegt haben und deren einer er sich bemächtigt, die ihm aber später, als sie ihm eine junge Sonne als Sohn geschenkt hat, entweder weil er ein Verbot nicht berücksichtigt oder weil sie ihren Schleier wiedergefunden hat, wieder entrinnt. — Eine andere hübsche Erzählung zeigt uns den Sonnengott als Angler. Die Angel wird im Wasser durch einen Fisch verschluckt. Er folgt seinem Haken, indem er in die Tiefe des Meeres hinabtaucht und dort unten gleichzeitig mit dem verlorenen Gegenstand die Geliebte gewinnt. — Von großer Bedeutung für die Geschichte der Mythologie ist es, festzustellen, aus welchem Bereiche die Jungfrau entstammt. Wir werden sehen, daß die Geliebte des Sonnengottes ihren Schleier stets beim Baden ablegt, oder daß es direkt ausgesprochen wird, daß sie ein Fischweib ist. Die eigentlichen Schwanen- oder Gänsejungfrauen müssen wohl auf eine jüngere Formung zurückgeführt werden, und die Himmelsjungfrau, die wir bei den Ozeaniern teilweise finden, dürfte ebensowenig den Schluß auf die Landzugehörigkeit der Geliebten zulassen, da sie ja nur deswegen eine Himmelsjungfrau ist, weil der Mond am Himmel steht. (Vergl. Kap. 12—14.)

Einen großen Raum nehmen nun im Bereiche der Mythologien die Großtaten des Sonnengottes ein. Er zieht in die Unterwelt, um das Feuer zu holen. Diese Fahrt ist mit den eigenartigsten Motiven ausgestattet. In den Vordergrund tritt uns vor allen Dingen der Vogel, der den Gott hinunterführt. Es ist derselbe Vogel, der in anderen Mythen ihn wieder zur Oberwelt zurückbringt. Will er in die Unterwelt, so muß er entweder stets einen Fluß überschreiten oder durch das Meer fahren oder er hat die berühmten, zusammenschlagenden Felsen zu passieren. Beim Hindurchfliegen mit dem Vogel oder beim Hindurchgleiten des Bootes wird der Schwanz des Vogels resp. das Bootsende abgequetscht. Ist der Sonnenuntergang so vollendet, dann beginnt die eigentliche Tat, die nun natürlich im großen und ganzen der Phantasie zu weiterem Ausbau überlassen wird. Der Mann oder die Männer resp. Riesen, sowie das alte fürchterliche Weib, welche diese Nachtwelt beleben, sind meistenteils als Menschenfresser geschildert. Der Sonnengott versteckt sich. Die Bewohner wittern ihn aber. Dies Menschenwitterungsmotiv zählt wieder zu einem der wichtigsten Züge, da dasselbe merkwürdig fest im Gedächtnis der Menschen hängen geblieben ist. Dabei haben wir es gerade bei ihm entschieden mit einer Umbildung der ursprünglichen Form zu tun. — Der Sonnengott ist hier unten nicht ohne Hilfe. Ein Hilfsweib, entweder seine Mutter oder seine spätere Geliebte, unterstützt ihn zu seiner Rettung, bei seinem Feuerraube oder bei der Überwindung der Nachtriesen, in denen wir wahrscheinlich die Sterne zu sehen haben. Denn die meisten Mythologien erzählen uns, wie die Morgensonne durch ihr Erscheinen die Riesen töte. Deren Licht erblaßt dann ja! — Gefahrlos ist das Unternehmen des Gottes nicht. Ja, er muß zuletzt immer fliehen. Die Flucht erfolgt entweder auf einem Baume oder auf einem Vogel oder auf dem Wasser. Das Meer verfolgt ihn. Er entrinnt aber glücklich. — Die Flucht des Sonnengottes aus der Unterwelt hat im Norden die Geschichte von der magischen Flucht, wie Boas sie getauft hat, ins Leben gerufen. (Vergl. Kap. 15 ff.)

Während die vorhergehende Mythe eine außerordentliche Zahl von Varianten ins Leben gerufen hat, sehen wir in dem folgenden Stück eine sich sehr gleich bleibende und in den Formen genau festgehaltene Geschichte. Es dürfte nicht schwer sein, festzustellen. warum die eine so sehr zersplittert, die andere dagegen so stark zergliedert ist. Denn die eine bietet der Phantasie außerordentlichen Spielraum, während die andere durch ihre originelle Gestalt von vorneherein gefesselt ist. — In der Walfischmythe, die ich meine, wird der Held im Westen von einem großen Fische verschlungen. Der Fisch schwimmt im Meere nach Osten zu. Im Osten beginnt der Gott das Herz des Tieres abzuschneiden, ein Feuer zu entzünden und den Bauch des Ungetümes aufzuschlitzen. Sodann kommt er im Morgenanbruch wieder zum Vorschein. — Diese Mythe, die nach allen Einzelheiten sich lediglich auf einen Sonnenuntergang im Wasser und auf einen Sonnenaufgang aus dem Wasser beziehen dürfte, ist eines des wertvollsten Stücke der Mythologie. Die einzelnen Motive sind hier so klar erhalten und sitzen so regelmäßig und fest an ihrer Stelle, daß hier Verwechslungen kaum möglich sind. — Anschließend hieran, haben wir die wahrscheinlich jüngere Form der Drachensage zu erwähnen. Das Westmeer, dem regelmäßige Menschenopfer dargebracht werden müssen, ist als Drache aufgefaßt. Auch der Sonnenheld wird als letztes Opfer dargebracht. Aber während er das Ungeheuer überwindet und oftmals wie in der eigentlichen Walfischsage erst verschlungen wird, tritt das Liebesmotiv hier ein, und der Held erobert mit seinem Siege seine Geliebte. — Diese Variante dürfte mit der Feuerdiebstahlsmythe insofern zusammenhängen, als auch dort der Sonnengott oftmals das Weib gleichzeitig mit der Vollbringung seiner Tat erobert. Gegenseitige Beeinflussungen der Mythen untereinander müssen wir ja überall berücksichtigen. (Vergl. Kap. 4—9.)

An diese Grundzüge schließt sich nun eine unendliche Fülle von Einzelheiten an. So wird z. B. der Sonnengott oftmals nach seiner Geburt ausgesetzt. Im geschlossenen Kasten treibt er zur Nachtzeit auf dem Meere umher. Dieser geschlossene Kasten der Nachtzeit ist die Nacht selbst, die als verengter dunkler Raum aufgefaßt wird. Am deutlichsten wird uns dies dadurch gemacht, wenn seine Geliebte, der Mond, mit in dem Kasten eingeschlossen ist. (Vergl. Kap. 10 u. 11.)

Wird auf der andern Seite z. B. die aufgehende Sonne als

Vogel betrachtet, so schließt sich hieran sehr leicht die Konsequenzmythe, daß der Vogel aus dem Ei ausgekrochen ist. Dies Nachtei schwimmt in der Dunkelheit auf dem Meere. Und wir treffen hier gleichzeitig die erste Weltschöpfungsidee, der wir uns nunmehr zuwenden wollen.

Bis dahin betrachteten wir die Mythen als Naturerklärungen der Tagesereignisse. In der Übertragung erfolgt in der gleichen Weise eine Projektion auf die Jahreszeiten, indem die Geburt in den Frühling, der Untergang, das Untertauchen und die Nachtfahrt vom Herbst beginnend in den Winter gelegt wird. Des weiteren kann aber auch noch eine Projektion vom Morgen in den Urbeginn der Dinge gelegt werden. Die Welt wird so geschaffen, wie das Aufgehen der Sonne täglich geschildert wird. Wenn am Morgen eine Jungfrau die Sonne gebiert, dann schwimmt im Urbeginne der Dinge eine Jungfrau auf den Wassern, die dem Weltformer das Leben gibt. Wenn im Morgen die Sonne im Kasten verschlossen umhertreibt, dann wird das erste Menschenpaar, der Sonnengott aus einer verschlossenen Arche, aus einem Bambus usw. geboren. Und wie die Sonne morgens in konsequenter Weise aus dem Meere emporgeleitet wird, so ist im Urbeginne für fast alle Mythologien nur das Meer da, und die Erde wird erst geschaffen von dem dem Wasser entsteigenden Sonnengotte, dessen Sonnenstrahlen die Bergspitzen und die Spitzen der höchsten Bäume zuerst beleuchten, der dann mit seiner Lichtflut die blumigen Wiesen überzieht und so das Land aus dem Dunkel des Nachtmeeres emporsteigen läßt. (Vergl. Kap. 11.)

Das sind einige Bilder aus der älteren Schicht der Mythologie. In den folgenden Kapiteln werden wir uns den Einzelheiten, ohne erschöpfen zu wollen, noch des näheren widmen und hoffen wir, daß aus diesen Einzelschilderungen mehr Überzeugungskraft fließt als aus dieser skizzenhaften Zusammenfassung. — Nunmehr wollen wir uns aber — ebenfalls in aller Kürze — der Besprechung der einzelnen mythologischen Provinzen zuwenden.

2. Die Provinzen der Mythologie.

Es muß hier darauf zurückgegriffen werden, was wir schon am Ende des vorigen Kapitels gesagt haben. Es wurden dort vier Haupttypen der Mythologien ihrem inneren Wesen nach angeführt. Wenn ich hier von heroischem, animalistischem, kosmologischem und epischem Typus spreche, so darf man darunter keine schroff abgetrennten Erscheinungsformen verstehen. Die Typen gehen wie überall im Geistesleben so vollständig ohne jede Kluft und Spaltung ineinander über, daß es oft außerordentlich schwer ist, zu sagen, welchem Typus man die eine oder andere Mythologie zurechnen soll. Dazu kommt, daß gar manche Mythologie mehrere Typen in sich birgt. Nehmen wir z. B. die griechische, dann haben wir in der eigentlichen Göttergeschichte den heroisch solaren Typus vertreten, der sich hier aber schon wieder in eine Götter- und in eine Heldensage spaltet. Homer bietet uns den epischen Typus. und die kosmologische Auffassung ist von semitoider Seite aus hineingetragen worden. Oder aber ein anderes Beispiel: das der Eskimo! Hier kann man kaum von heroischem Typus sprechen. denn fast alles Solare ist zugrunde gegangen, und nur noch das Geschichtenerzählen als solches blieb als fröhlich betriebene Modesache übrig. In der Angelegenheit haben wir hier die Verkümmerung des Inhaltes und der Motive auf der einen Seite und die Wucherung des eigentlichen Geschichtenerzählens auf der andern. Also ist diese Einteilung in vier Typen cum grano salis zu nehmen.

Immerhin bietet uns eine derartige Teilung wenigstens Anhaltepunkte für das Verständnis. Wir sehen aus dem Mittelmaß des Heroischen die Mythologien der Semitoiden und der Zentralamerikaner z. B. als Erweiterungen, Vertiefungen, Spezialbildungen auftauchen, sehen hier den Grundzug dieses kosmologischen Typus in voller Blüte: wie nämlich eine klügelnde Priesterkaste aus den wunderbaren Erscheinungen, Gesetzen und Kreisläufen der Nachwelt mystische, uns nur noch zum Teil verständliche mythologische Neubildungen schafft. Wir sehen dann aber auch, wie die Mythe, die in anthropomorpher Bildung mit Bevorzugung des Animalismus menschenähnliche Götter schafft. zu den animalistischen Völkern übertragen wird, und wie aus dem Bereiche der Jäger und Fischer z. B. Neuhollands und Nordwestamerikas uns dieser neue Typus entgegenströmt.

In solcher Weise betrachtet, entwickelt sich das Bild der Mythologie etwa folgendermaßen:

Von Südasien ausgehend, ergießt sich ein Strom der Mythologie über Polynesien nach Amerika auf der einen Seite, von ebenda nach Südafrika auf der andern. Eine zweite Gruppe der Erscheinungen verläuft von Südasien durch den Erdteil nach Norden, zweigt sich in verschiedene Gruppen ab, deren eine die arioiden Völker nach Europa tragen, deren zweiter von mongoloiden Völkern in fast entgegengesetzter Richtung über Nordostasien bis Amerika vordringt. Diese nördlich wandernden Typen sind auf jeden Fall jüngeren Datums, die an der Küste nach Südafrika vordringenden sind entweder älteren Datums und in jüngerer Zeit durch Nachströmungen aufgefrischt, oder in einer mittleren Zeit dorthin übertragen worden. Die über Ozeanien nach Amerika führenden Formen lassen ebenfalls mehrere Hauptschichtungen, wenn auch nur schwach, erkennen, was uns aber nicht zu einem Schluß auf jüngere Befruchtung ohne weiteres führen darf, da wir noch keine Ahnung haben, in wie viel Epochen oder Formschichtungen wir das eigentliche Zeitalter des Sonnengottes zergliedern müssen. Jedenfalls ist nach Loslösung des regelmäßigen Verkehrs und nach Isolierung Amerikas dort ein Aufschwung von statten gegangen, der im Zentrum eine Blütenform des kosmologischen Typus par exellence gezeitigt hat. Des ferneren ist zu vermerken, daß die dort in den Vordergrund tretenden Strömungen des Meeres den Völkern des nördlichen großen Ozeans im Gebiete der mikronesischen und japanischen Inselwelt und der nordwestamerikanischen Küstenstrecken Auffrischungen bis in die jüngere Zeit zugeführt haben.

Nun eine Besprechung der Provinzen nach der Reihe.

1. Die Provinzen Ozeaniens: Indonesien, Mikronesien, Japan, Polynesien, Melanesien, Neuholland. In Indonesien ein wirres Durcheinander von Formen des ältesten Typus bis zum jüngsten. Ich habe die indonesische Mythologie in verhältnismäßig geringem Maße verwertet, weil ich dem Stoffe dieses Gebietes eine eigene Arbeit zudenke. Mikronesien ist mythologisch schwach durchforscht. In vieler Hinsicht (z. B. Rohrursprungsmythe) ist eine starke Einmischung indonesischer Varianten zu vermerken. Im übrigen ist hier der heroische Charakter offenbar gut erhalten. — Japan muß entschieden in mythologischen Dingen

Ozeanien zugerechnet werden. Wenn hier das Bestreben nach historischer Anknüpfung auch in gewissem Sinne epische Bildungen anstrebt, so ragen doch die alten Göttergestalten des heroisch-solaren Typus gar mächtig empor. Daß Japan gegenüber China und dem Ausströmungsgebiet der zentralasiatischen Mongoloiden liegt, können wir daran erkennen, daß an die Stelle des Westverschlingers der bei den Landvölkern entstandene Regendrache getreten ist. In Polynesien und Melanesien sehen wir ein merkwürdiges Schauspiel, das uns ein für allemal lehrreich sein sollte. In der Bevorzugung der Mauimythologie erkennen wir das Lieblingsthema eines in sich konzentrierten Meerverkehres großartigster Form. Aber wir dürfen die für die Rekonstruktion der alten Formen wertvolleren Mythen nicht in dieser etwas abgeschliffenen Form erwarten, sondern müssen danach umschauen, was an die Randgebiete verschlagen und hier abseits des großen Verkehres erhalten wurde. Ein solches Gebiet der verschlagenen Typen ist Melanesien. Die Melanesier haben die alten Stoffe in vieler Hinsicht besser verwahrt als die Polynesier, weil sie nicht dem gleichen engen und ständigen Verkehr ausgesetzt waren, und weil auf der andern Seite ihre Inseln größer und dichter bevölkert sind. Dagegen ist zu vermerken, daß den Polynesiern infolge ihres Wohnsitzes der ursprüngliche Sinn der Mythologie am längsten erhalten geblieben ist. — Das abgelegene Neuseeland zeitigte wie kein anderes polynesisches Volk einen histologischen Typus, indem die Maori die Mythen des Sonnengottes als Wandersage ausbauten. — Auf der andern Seite sehen wir den kosmologischen Typus auf Hawai zu intensiverer Entwicklung gelangen. Inwieweit die Meeresströmungen für diesen kosmologischen Typus durch Anregung eines eigenartigen Verkehrs verantwortlich sind, ist erst nach genauer Feststellung des Mythenbestandes zu sagen. (Das Hauptwerk der hawaischen Mythologie war mir aber nicht zugänglich.) Daß eine gewisse festere Beziehung zwischen Hawai und Mikronesien bestand, ist sicher. — Auf der andern Seite wurden die Mythen in das animalistische Neuholland verschleudert und haben hier den entsprechenden Charakter angenommen. Neben wenigen kaum als Götter zu bezeichnenden Heldengestalten fällt hier die Unmasse der Tiere ganz besonders auf.

2. Die Provinzen Amerikas: Die Region des zentralamerikanischen Kulturvölker, die südamerikanischen Naturvölker, die nordamerikanischen Indianer, die Nordwestamerikaner, die Eskimo. Vom Zentrum nach beiden Seiten, d. h. von Norden nach Süden ausgehend, können wir eine gewisse Abdachung feststellen. Die Mythologien der sämtlichen amerikanischen Naturvölker gehen augenscheinlich von der Sonnenverehrung aus und haben ihre höchste Entwicklung im kosmologischen Typus der Zentralamerikaner erfahren. Wunderliche Wucherungen sind hier eingetreten: histologische Wandersagen haben sich hineingemischt; die Tatsache, daß jedes Völklein das Sonnengeschlecht seiner Herrscher vom Sonnengott ableitete, dem Sonnengotte selbst so jedes einen eigenen Namen gab, auf solche Weise eine Unzahl von Göttern nebeneinander schaffend, wirkt hier außerordentlich verwirrend; einzelne Reste und höchst eigenartige Mythenbestandteile lassen hier noch ältere Anschauungssätze durchschimmern. Wenn z. B. die Gegend, in der für diese Völker das Meer liegt, „im Rachen der Schlange“ genannt wird, so können wir dieses als einen Rest der Walfischsage auffassen, zumal wenn uns in kosmogonischer Bildung ein Tiamat-ähnliches Urweib entgegentritt, in welches der Sonnengott hineinschlüpft und aus dessen Teilen Himmel und Erde geschaffen werden. Die Proben auf das Exempel sind noch nicht durchgeführt worden, und es ist zu erwarten, daß hier reiche Erkenntnisse noch erzielt werden. Sehr zu bedauern ist es, daß uns die Mythologie der südamerikanischen Kulturvölker in so mangelhafter Weise überliefert worden ist, und es ist höchste Zeit, festzustellen, ob etwa die Eingeborenen, wie dies zu erwarten ist, trotz der energischen Herrschaft der katholischen Kirche etwa noch im Besitze von Märchen sind, aus denen das alte Volkswissen nachklingt. — Von Zentralamerika nach Norden gehend, ist die Abflachung deutlich. Aus den Navahoslegenden spricht noch vieles von zentralamerikanischem Charakter und sind hier noch reiche Analogien zu den Aussagen des Popol Vuh zu finden. In den früher wohl kulturreicheren Tälern des Missisippi bildete sich vielleicht mancherlei zu den Formen um, die wir heute noch anderweitig finden. Bei den Tinneh ist die Umbildung des alten Typus am schwächsten — entsprechend der größten

Entfernung von der weiterbildenden Kulturregion des Zentrums! — andererseits aber auch eine Beeinflussung via Nordwestamerika nicht unwahrscheinlich. Daß eine Strömung über den Norden nach Amerika hinein vor noch nicht allzu langer Zeit stattgefunden hat, könnte man aus der Mythologie der Micmac schließen, wenn einerseits die hier wiedergegebenen Stücke alt und echt sind, und wenn man andererseits die hier erhaltenen Stoffe als einen Randniederschlag entsprechend der Randbildung in Melanesien auffaßt. Denn die Micmac haben die Mythen von der Wandergenossenschaft, vom Guten und Bösen usw. usw., und das sind Stoffe aus der jüngsten asiatischen Mythenbildungsperiode, Stoffe, deren Ursprung aus Indien nachgewiesen ist. — Während also die Nordindianer im allgemeinen den heroischen Typus beibehalten haben, fällt eine vollständige Verflachung bei den Eskimo auf, bei den Nordweststämmen dagegen eine unendliche Farbenpracht des animaliden Typus. Die wundervollen Materiale, welche Boas und seine Schüler hier gesammelt haben, lassen uns heute schon ohne weiteres erkennen, daß sowohl eine Befruchtung über Nordasien her als auch eine solche älteren Datums (entsprechend den Meeresströmungen) von Mikronesien her stattgefunden hat. Die Sonnengötter treten hier zum größten Teil als Tiere auf. Das neueste Ergebnis der Forschungen der Amerikaner ist, daß diese Mythenumbildungen sich auch nach Nordostasien hinein erstrecken. Bei den Kamtschadalen und Tschuktschen kehren sie wieder. — Von Zentralamerika nach der andern Seite gehend, sehen wir in der Mythologie der Nu-Aruak die gute Erhaltung eines heroisch-solaren Typus, der allerdings noch einen Schritt weiter in das Innere gehend bei den Jägervölkern den animalistischen Typus annimmt. — Führt so von den Kulturvölkern Zentralamerikas ein Weg von Norden nach Süden in den Kolos hinein, so geht eine andere Straße vom Süden Perus nach Osten hin. Leider sind wir über die Araukaner und ihre Mythologie noch nicht sehr vollständig informiert (wenigstens gelang es mir nur, kurze Anhaltepunkte aufzutreiben). Von hier geht aber jedenfalls eine Mythenströmung nach Paraguay, wo der alte heroische Typus, hier vielleicht eine Ablagerung altperuanischer Formbildungen, anzutreffen ist. — Die Frage, in wieweit von Ozeanien aus, also direkt von Westen her eine Einführung der Mythe stattgefunden hat, ist eine der wichtigsten Aufgaben der Wissenschaft, und werde ich mich bemühen, einige objektive Fragestellungen wenigstens im zweiten Bande dieses Werkes vorzulegen.

3. Die Provinzen Afrikas: Nach Afrika führen zwei Straßen und zwar mündet die eine — eine Wasserstraße — auf die Südostküste und die andere — eine Landbahn — von Nordosten kommend nach dem Westen zu. Aus dem Altertume ist uns ein Teil der alt-ägyptischen Mythologie gerettet worden, welche uns eine gewisse Konzentrierung der Mythen und bebestimmter Hauptpunkte sowie einen kosmologischen Aufbau erkennen läßt. Entsprechend unserer Auffassung der afrikanisch-asiatischen Kultur müssen wir diese ägyptische Mythologie als ein Anhängsel und als eine Kolonialbildung mesopothamischer Formen bezeichnen. Durch Nordafrika, dessen wohl nie sehr stark ausgebildet gewesene Mythologien durch den Mohamedanismus fast gänzlich vernichtet worden sind, ist ein Strom gegangen, der heute noch in den Mythen der Nordwestküste nachklingt. In wieweit wir einen Landweg quer durch den Nordblock des Kontinentes oder eine Wasserstraße um die Nordwestküste des Kontinentes herum anzunehmen haben, ist noch unentschieden. Jedenfalls tritt uns in der Mythologie der Yorubastaaten westlich der Nigermündung der Höhepunkt guter Erhaltung entgegen. Halb animalid angehauchte Stoffe bieten die Spinnenmythen, deren Verbreitung von Senegambien bis ziemlich weit an der Westküste hinab reicht. — In neuerer Zeit wurden Mythen jungarioider Herkunft in Nordafrika, bei den Kabylen und ihren Nachbarn eingeführt. — Verhältnismäßig besser unterrichtet sind wir über die zweite, die Südostprovinz. Wir müssen wahrscheinlich in Zukunft die madagassische Mythologie als einen selbstständigen Zweig der afrikanischen Mythologie aufstellen. Heute sind wir noch so schlecht unterrichtet, daß wir nur den halb heroischen, halb märchenhaften Typus erkennen können. Madagaskar gegenüber dagegen blüht der Weizen des Mythologen. Hier haben wir die herrlichen alten Traditionen der Zulustämme, der Basuto (über die auch noch einschlägige gute Arbeiten fehlen), und von hier ging offenbar auch der Strom der Mythologie aus, der, quer durch Südafrika

hinziehend, an der Westküste die Grenze seiner Verbreitung fand. Wahrscheinlich haben wir in der Mythologie der Hottentotten, die ja bekanntlich von der Ostküste nach der Westküste verdrängt wurden, den animalid angehauchten Typus gleicher Abstammung entsprechend dem heroischen Typus der Zulu, die sich ihrerseits wieder mehr dem Märchen in der Entwicklung zuwendeten. Die nach Angola verdrängten Mythenteile verraten bei näherer Untersuchung wohl unter allen südafrikanischen Bildungen den größten Reichtum. Die zwischen Zulu und Hottentotten wohnenden Buschmänner haben nach Bleek, Lloyd und Orpen eine reiche Mythologie, die aber dem ganzen Bestande nach mit dem der Zulu übereinstimmt; nur ist sie verwirrter. Weitere Schlüsse müssen wir der Zukunft und besserer Informierung überlassen. — Sicher ist es, daß ebenso wie nach Südostafrika auch nach anderen Gebieten des Ostens dieses Erdteiles Mythenbildungen gelangt sind. Daß dieselben unter dem Einflusse des ständigen Hin- und Herschwankens der Völker wenig Gelegenheit zum Festwachsen hatten, ist aber ebenso glaubhaft. Notizen, die Oskar Baumann die Masai betreffend gemacht hat, lassen mich hier ein weiteres vermuten. —

4. Die Provinzen Asiens: Die Provinz der Semitoiden, die Provinz der Arioiden, die Provinz der mongoloiden Nomaden und die Provinz der mongoloiden Kulturvölker. Die Mythenbildungen der Asiaten sind am meisten durchgearbeitet worden, und dennoch geben sie uns heute noch die größten Probleme auf. Denn wenn wir z. B. auch die ältere Einheit der arioiden Mythologien feststellen können, wenn wir auch zeigen können, daß alle indischen Gedanken in der Märchenwelt Europas wiederklingen, so bleibt doch immer die große Frage übrig, welche Quellen für die arioide Mythologie anzunehmen sind. Wir dürfen niemals vergessen, was wir nicht scharf genug betonen können, daß nämlich die Mythologien der historischen Zeit uns schon auf epischer Basis entgegentreten. Ich lasse hier im allgemeinen die semitoide Mythologie unberücksichtigt, werde mich aber bemühen, im zweiten Bande zu zeigen, wie wenig ursprünglich, entsprechend dem heroischen Typus dieselbe ist. In der semitoiden Mythologie der älteren Zeit herrscht der kosmologische Charakter für uns weniger vor, als die Tatsache aller Eigenschaften alten Erbgutes. Auch

ist schon in alter Zeit das epische sowie das ethische Streben zu erkennen. — Nun aber das Epos. Diese eigenartige Bildung der Mythologie ist allen arioiden Völkern und fast allen Nachbarn derselben eigen. Das Streben nach epischen Bildungen haben alle Mongoloiden an den Grenzen der Arioiden gewonnen. Ich erinnere an die Kalewala, und vor allen Dingen auch an all die breiten Wiedergaben, die wir Radloff verdanken. Das Älteste, was uns von den Arioiden erhalten ist, ist schon epischer Art. Hier sehen wir ganz deutlich, das Streben, die Mythen zu Rekonstruktionen der Geschichte zu machen. Daher ist alles das histologisch, — just so, wie ja das alte Testament und der größte Teil des Neuen Testamentes nur histologisch zu erklären ist. Soweit die äußere Form. Und gehen wir auf das Wesen der inneren Bedeutung zurück, so kommen wir bei allen Nachbarvölkern der Arioiden auf altindische Stoffe. Bekanntlich ist die ganze mongolische Märchenwelt indischen Ursprunges. Lesen wir eine Mythe durch, wie sie uns Georgi von den Tungusen aufgeschrieben hat, da erkennen wir dieselbe Behandlungsweise des Stoffes, die allen Nomaden Innerasiens eigentümlich ist, nämlich die Bevorzugung der magischen Verwandlungen, und damit wird unser Augenmerk sofort wieder zurückgelenkt auf das Heimatland der Verwandlungen — auf Indien. Von dem ganzen großen asiatischen Reichtum an Geschichten, der mir im Laufe der Jahre durch die Hände gegangen ist, habe ich nichts, gar nichts Ursprüngliches und Eigenartiges, sondern immer nur Umgebildetes gefunden. So gähnt uns das Innere Asiens in seiner Anschauungsform der Vorzeit, der vorepischen Zeit als große Leere entgegen. — Wie steht es nun mit China? Wenn all die vielen, unendlich vielen Geschichten der Innerasiaten immer nur wieder als arioide Urgebilde erkannt werden, dann drängt sich doch alles Suchen darin zusammen, wenigstens im Osten des Kontinentes das Stammgut älterer mongoloider Art zu finden. Und doch, es ist geradezu unglaublich, und ich habe mich heute noch nicht an den Gedanken gewöhnen können: Soweit meine Kenntnisse reichen, habe ich auch für China nichts Eigenes finden können. Es ist sehr gut denkbar, daß mir, da ich mit der chinesischen Sprache nicht Bescheid weiß, mancherlei entgangen sein kann. Sehen wir aber von dem philosophierenden Typus chinesischer Weltanschauungen ab, so müßte doch aus irgend einem Winkel einmal ein Nachklang aus altmythologischer Zeit zu vernehmen sein. Und ich bin auch persönlich überzeugt, daß noch mancherlei vorhanden ist, komme hier aber doch auf den einen wichtigen Satz, daß Chinas ältere mythologische Weltanschauung unter dem ewig sich wiederholenden Sturmbrausen der verwüstenden Nomaden zugrunde gegangen ist. Denn allein schon die eine Tatsache, daß China aus Indien den Buddhismus erhalten hat, läßt mich darauf schließen, daß China in älterer Zeit nicht abgeschlossen gewesen sein kann. Und die Zahl der in China kursierenden Göttergestalten, die absolut nicht alle mit dem Buddhismus herüber getragen zu sein brauchen, spricht für ein volleres Gewesensein. Und noch einen Beleg habe ich. Wer das große Werk Schlegels über die chinesische Uranographie studiert, sieht hier den gesamten Bau der vollendeten asiatischen Kosmologie und Sternkunde vor sich. Wo das war, war auch mehr. Die Nomaden haben in China aber nicht nur verwüstet, sie haben auch hinüber getragen. Sie brachten z. B. den Gedanken des Regendrachen nach China hinüber. (Oder ging er von China aus?) Und da sehen wir nun eine wunderbare Erscheinung! Das Westungeheuer, das überall in der Mythologie als Meer die Sonne verschlingt, bringt in China die Sonne aus dem Meere empor! Daher der Drachenthron und der Drachenkaiser, der goldene Glutball, der vor dem Drachenmaule auf den Bannern zu sehen ist. Das ist eins der belehrendsten Stücke der geographischen Mythenkunde. Für die Chinesen geht die Sonne im Meere nicht unter, sondern sie geht im Meere auf. Deshalb nahm der Drache die umgekehrte Stellung ein. — Solche Schlüsse sind es, die wir in China ziehen müssen, um das Material zu gewinnen. — Und dann kommen die anderen mythologischen Provinzen des Südens im Bereiche der Mongoloiden! Wie uns die Mythologie der Burmesen, Siamesen etc. entgegentritt, ist sie gründlich im Feuer des Buddhismus durchglüht worden. In den Vordergrund des Interesses ist der einsiedlerische grübelnde Priestergott getreten. Viele arioide Züge drängen sich schon beim ersten Beschauen auf, histologische Geschichten der Städtegründung keimen wie Pilze aus dem Boden und doch ist sehr vieles alterhalten, und je weiter wir uns der indonesischen Inselwelt nähern, desto mehr drängt sich ursprüngliche Selbständigkeit hervor.

Der Schreiber dieses ist sich bewußt, daß die vorliegende kurze Beschreibung wohl allzu kurz ist. Aber man wolle bedenken, daß diese vorgelegte Übersicht nur den Zweck der Erleichterung der Betrachtung und der Erleichterung des Verständnisses beim Studium der nachfolgenden Materiale bilden soll. Wir müssen von der Geographie ausgehen, um zu zeigen, was wir wollen, werden aber erst auf die Geographie gründlicher eingehen können, nachdem wir hier im ersten Bande die Stoffe einigermaßen bewältigt haben und den zweiten zur freien Verfügung für die eigentliche geographische Mythenkunde darzubringen vermögen.

Und nun wolle man mir beim Studium einzelner spezieller Mythen Folge leisten.

Soweit unsere eigene Betrachtungsweise. Der hier sprach, ist der Autor. Mögen nunmehr die Stoffe reden! Werden sie alle Zeugnis aussagen, entsprechend der vorliegenden Darlegung? — Schwerlich! Denn wenn wir vergleichen, was wir Seite 41 gegenüber den im zweiten Kapitel ausgesprochenen Grundsätzen betreffend die Entstehung der Mythenbildungen (siehe S. 32 unter 6) sagten, dann ergibt sich schon eine Inkonsequenz. Nicht aus einer Figur, nicht aus einer Erfahrung, einer Beobachtung floß der ganze breite Strom der Erzählungen. Einzelheiten drängten sich auf. In Einzelheiten äußerte sich die Natur, — nicht eine Natur, nicht ein Werden, — nicht ein Rundlauf, nicht ein Untergehen und Wiederkehren, sondern vielseitig und in vielen Punkten keimten die Erfahrungen, sproßten die Erkenntnisse und entwickelten sich die Vorstellungen. Was uns also als eine Gottheit, als ein Gewordenes entgegen tritt, muß uns von vornherein als ein Zusammengefaßtes, als eine Vereinigung, als ein großartiges Kompositionsgemälde erscheinen. Zur Schöpfung dieser einen Gestalt des Sonnengottes, — so drängt sich uns von vornherein die Überzeugung als Widerspruch auf, — gaben viele Gottheiten, viele Erfahrungen und viele Erkenntnisse den Bildungsstoff.

Das setzen wir voraus, das wollen wir beibehalten als Grundgedanken der Skepsis. Ich weiß es, daß ich mit der Betonung des einen Sonnengottes mich auf die ältere Anschauung stütze, und daß ich mit der Zergliederung der Eigenschaften dieses „einen“ den Ergebnissen der Forschung über semitoide Formen und astrologische Typen entgegenkomme. Ich weiß aber ebensogut, daß ich mit dieser Voraussetzung, daß alles zu einem zusammenfloß, dem Gange der heutigen Anschauung wiederspreche, — doch das ist gleich; behalten wir im Auge, daß wir von einer naiven Kritik auszugehen haben, um objektiv zu bleibeu. Die Texte muß der Leser selbst vor Augen haben, um die Disharmonie älterer und neuerer Anschauungen erkennen zu lernen.

Und dann vergesse man nicht: Dies Buch ist ein Buch der Fragen!

ZWEITES BUCH

DER SONNENGOTT IM FISCHBAUCH

(WALFISCHMYTHE
UND ALS VERGLEICH: KROKODILMYTHE)

Beim Studium der Texte wolle man die dem Schluß dieses Bandes angeheftete Tafel vergleichend zur Seite behalten.

IV.

Die Walfischdrachenmythen Ozeaniens.*)

Der Grundtypus der zentral-ozeanischen Mythologie entspricht dem geographischen Gesamtbilde: nach Westen hin größere Variabilität, größerer Formreichtum entsprechend den größeren und eng aneinander geschmiegt lagernden Inselgruppen. Es ist sicherlich von den polynesischen Völkern gar manches verloren worden, und zwar dies um so mehr, je vereinsamter die Inseln lagern. Ebenso sicher ist es aber auch, daß eigentlich und dem Ursprunge nach polynesische Mythen in das westliche melanesische Gebiet nicht nur getragen wurden, sondern sich hier auch lebendiger erhielten als im eigentlichen Polynesien selbst. Sogar sprachlich läßt sich dieses nachweisen, Tangaroa, der große polynesische Gott, kehrt als Tagaro, als Heros bei diesen westlichen Melanesiern wieder.

Während wir so das polynesisch-melanesische Gebiet als Einheit betrachten dürfen, sind wir gezwungen, Neu-Holland und van Diemensland alleinstehend zu untersuchen. In diesen Gegenden ist eine derartige Verflachung eingetreten, daß sie eine abgesonderte Behandlung beanspruchen. Und drittens endlich werde ich wenigstens einige Stichproben aus dem mikronesisch-indonesischen Gebiet geben, die die Haupttypen der Varianten dieser Gebiete vor Augen führen.

*) Der beifolgenden Mythenwiedergabe werden in Klammern die Namen der wichtigsten Motive beigefügt und zwar derjenigen, die für die entsprechenden Mythen besonders wichtig sind in Kursiv (also *Verschlingen, Meerfahrt, Feuerentzünden, Herz, Öffnen, Ausschlüpfen, Haar* etc. und *Höhle, Frauenraub oder Preisjungfrau, Drachenköpfe* etc.), die andren in gleichlaufender Antiqua. Vergleiche hierüber einerseits Kap. IX des vorliegenden Bandes und andererseits das Index des zweiten Bandes. — Vgl. die Tafel am Ende des Buches!

Für das polynesisch-melanesische Gebiet, dessen enorme Bedeutung im Zentrum des transozeanischen Gebietes mehr und mehr Beachtung findet, ist im folgenden eine Zweiteilung der hier zur Betrachtung gelangenden Mythe gegeben, nämlich eine Absonderung der Walfischgruppe von der Drachenschlangengruppe.

Die Walfischmythen Mela-Polynesiens.

A. Die Kamakajakumythe. Ysabel-Iland. — Er wohnte auf dem Hügel von Gaji; er besserte seine Netze aus und sah hinab auf den Ozean und er sah ihn außergewöhnlich dunkel. Und seine Enkelkinder gingen hinab zur See, um in dem Riffgebiet zu fischen und Kamakajaku sagte zu ihnen: „Geht und holt mir Salzwasser von jenem Platze, damit ich sehe, ob seine Farbe der der See gleich ist.“ Und seine Enkelkinder gingen fort und stiegen hinab und fischten mit Netzen: und nachher schöpften sie Salzwasser und kamen herauf und gelangten zu dem Dorfe: und sie kamen zu ihm und gaben es ihm. Und er sagte zu ihnen: „Gebt das Gefäß her, ich will es hinabgießen und will sehen, ob die Schwärze die gleiche ist wie diejenige, welche ich von oben aus sah“ — sagte er. Und er goß es hinab und sah, und er fand es nicht gleich dem ausschauend, was er von oben auf dem Hügel gesehen hatte.

Und es war Morgen; da nahm er das Salzwassergefäß und stieg hinab und er steckte in sein Ohr ein Stück Obsidian und er ging hinab und kam an die See und er legte am Ufer seinen Beutel und seine Keule und seinen Schild nieder; und er nahm das Gefäß in die Hand und watete und kam vom Ufer herunter und schaute rückwärts zu dem Hügel, auf dem er wohnte, und er konnte ihn noch nicht sehen. Und er schwamm fort vom Ufer, bis er den Hügel von Gaji sah (stellte also damit fest, daß er den Ort erreicht hatte, der ihm als so schwarz aufgefallen war) und dann tauchte er.

Und die Oberfläche des Meeres wogte und Blasen stiegen auf und er hörte, daß ein Kombili (Königsfisch), ein sehr großer Fisch auf ihn zukam: und er kam und verschluckte ihn

(*Heldenverschlingen*). Und er bewegte sich mit ihm ostwärts zum Sonnenaufgang (*Meerfahrt, W.-O.-Bewegung*). Und bewegte sich mit ihm fort. bis er an eine seichte Stelle kam und da warf er sich hin, sodaß Kamakajaku merkte. daß hier offenbar ein Ufer wäre (*Landen*). „Hier bin ich", sagte er, und er dachte an den Obsidian in seinem Ohr und er fühlte nach ihm und er fand ihn und er schnitt den Bauch des Kombili auf (*Öffnen*) und er schlüpfte hinaus (*Heldenausschlüpfen*) und sah einen Glanz. Und er setzte sich nieder und überlegte: „Ich wundere mich, wo ich bin?" — sagte er. Da stieg die Sonne mit einem Ruck empor und warf sich von einer Seite zur andern.

Und die Sonne sagte: „Steh mir nicht im Wege, du wirst sonst plötzlich sterben; stelle dich auf meine rechte Seite", — sagte er (die Sonne männlich gedacht). Und er stellte sich zur Seite bis die Sonne emporgestiegen war und dann folgte er ihr: und die beiden stiegen am Himmel empor (Sonnenaufstieg) und kamen endlich am Dorf der Sonnenkinder an. Und er (die Sonne) sagte: „Warte hier", sagte er: so stand er denn mit ihm stille und blieb bei den Kindern und Großkindern und die Sonne ging fort (Sonnenmittagswohnung). Und Kamakajaku stand; und sie fragten ihn: „Von wo seid ihr hierher gekommen?" Und er sagte: „Von der Erde: ich wohnte an meinem Orte und ich tauchte in das Salzwasser und ein großer Fisch verschlang mich und so bin ich zu eurem guten Orte gekommen." So blieben sie beieinander; und sie aßen nur rohe Nahrung, diese Menschen hier oben: und er zeigte ihnen das Feuer, sodaß sie gekochte Nahrung verspeisen konnten (*Feuerentzünden*; verschobenes Motiv).

Und sie sagten zu ihm: „Gehe nicht an diesen Ort, er ist tabu" sagten sie ihm: und dann gingen sie ihres Weges. Und er blieb zu Hause und dachte, weshalb sagten sie mir wohl, geh dort nicht hin" — so sagte er (Wanderverbot). Und er ging dennoch dort hin und hob einen Stein auf, der eine Höhlung im Himmel deckte (Himmelsloch) und blickte hinab auf den Platz von Gaji und schrie. Sie brachten ihm Nahrung, aber er wollte sie nicht haben: und sie fragten ihn: „Bist du von hier an die andere Seite des Hauses gegangen. wie wir es dir verboten haben?" — „Ja." — „Und willst du herunter gehen?" — und er sagte

„Ja". Und sie machten ein Haus und gaben ihm Samen von Pau, und sie nahmen ein Rohr und banden es an das Sattelstück des Hauses und Kamakajaku setzte sich in dasselbe und sie ließen ihn herab. Und sie sagten: „Wenn die Vögel und solche Wesen schreien, schau nicht heraus (Augenöffnungsverbot), wenn aber die Geschöpfe, die auf der Erde wohnen, schreien, dann kannst du heraussehen." Und sie ließen ihn herunter, ließen ihn immer weiter herunter. Und wenn ein Rohr zu kurz war, banden sie ein anderes daran. Und es reichte herab bis zu dem Hügel und dann machten sie Halt (Strickleiter; Niederfahrt). Und seine Freunde hatten ihn schon gesucht; sie hatten ihn schon totgeglaubt. Und als er vom Himmel herunterkam, freuten sie sich, daß sie ihn wiedersahen und er lebte eine lange Zeit, bis er auf dem Hügel von Gaji starb. Und damit ist es fertig: ja die Geschichte von Kamakajaku ist fertig.

B. Die Mutukmythe. Badu, Torresstraße. — Vor langer Zeit fischte ein Mann mit Namen Mutuk auf einem Meeresriff, als seine Angelschnur sich verfing und er in das Wasser tauchte, um sie zu befreien. Ein vorüberschwimmender Hai verschluckte ihn, ohne ihn zu verletzen (*Heldenverschlingen*). Der Hai schwamm nordwärts über das Riff von Manrove-Iland (*Meerfahrt*). Mutuk fühlte die Wärme und sagte zu sich: „Jetzt sind wir im warmen Wasser." Als der Hai in tieferes Wasser tauchte, empfand Mutuk die Kälte und wußte, daß sie wieder in die Tiefe gelangt waren; zuletzt schwamm der Hai nach Boigu und strandete bei zurücktretender Flut (*Landen*). Mutuk fühlte die prallen Sonnenstrahlen auf dem Fische ruhen und erkannte, daß er hoch und trocken liegen müsse. Da nahm er denn eine scharfe Muschelschale, die er hinter dem Ohre trug und hackte in den Leib des Haies, bis er eine genügende Öffnung hatte (*Öffnen*). Aus seinem sonderbaren Gefängnis entschlüpfend (*Heldenausschlüpfen*) merkte er, daß seine Haare ausgefallen waren (*Haarausfall*).

(Es schließt sich eine andere Mythenreihe an, welche vor allen Dingen aber noch ein uns interessierendes Moment enthält: dem Helden beginnen die Haare wieder zu wachsen.)

C. Erromango, Neuhebriden. — Eine Sage erzählt von einem Manne, der durch einen riesigen Fisch verschlungen, dann aber wieder ausgespieen und ans Land gerettet wurde.

D. Ratamythe. Aitutaki. — (In dem Märchenlande von Kupolo lebt der Häuptling Tara. Derselbe beschließt, ein großes Doppelboot zu bauen, um unbekannte Länder aufzusuchen. Auf dem Wege zum Bootsbau sieht er einen weißen, herrlichen Reiher mit einer Seeschlange kämpfend. Der Reiher ruft ihm zu, daß, wenn er ihm nicht hülfe, er ihn auch nicht beim Bootsbau unterstützen würde und er sein Boot ohne seine Mitarbeiterschaft nicht beenden könne. Rata geht vorüber (Vogelschlangenkampf). Sowie er nun seine Bäume geschlagen hat, wachsen sie wieder in ihren alten Zustand; er vermag die Arbeit nicht zu vollenden (Baumwiedererstehen). Da fällt ihm ein, daß der Vogel gesagt hat: „Du wirst dein Boot ohne meine Hülfe nicht vollenden.“ Rata macht sich also auf, sucht den Kampfplatz auf, wo er den Reiher schon geschwächt findet, und zerhaut die Seeschlange. Darauf bauen die Vögel ihm sein Boot etc.) (Vogelhülfe.)

Rata richtete nun das von den Vögeln gebaute Boot mit Mast und Segel zur Fahrt her, rief seine Freunde zusammen und sorgte für Nahrung und Wasser zur beabsichtigten Seefahrt. Als nun alles vorgerichtet war, ging er an Bord und man wollte just abfahren, als Nganaoa um die Erlaubnis bat, das Wunderschiff mit besteigen zu dürfen. Doch Rata lehnte es ab. Als nun der listige Nganaoa das Boot ohne ihn abfahren sah, suchte er eine leere Kalabasse, kauerte sich zusammen, drückte sich in das Gefäß, so gut er konnte, und ließ sich auf den Wellen des Ozeans bis nahe vor das Boot treiben. Die Leute in Ratas Boot waren erstaunt, eine offenbar leere Kalabasse vor ihrem Boote schwimmen zu sehen. Rata veranlaßte einen seiner Männer, sich über Bord zu neigen und die Kalabasse heraufzuholen, da sie vielleicht von Nutzen sein könne. Wie gesagt, sollte es geschehen, doch der Mann war sehr erstaunt, als er das Gefäß so schwer fand und als er bemerkte, daß dasselbe einen so klein wie möglich zusammengepreßten Mann enthielt (Baumfrucht).

Nunmehr erschallte eine Stimme aus der Kalabasse: „O, Rata,

nimm mich an Bord deines Bootes.“ „Wohin willst du?“ fragte der Häuptling. Der arme Bursche in der Kalabasse sagte: „Ich gehe auf Veranlassung eines Orakels zu dem Mondlichtlande, um meine Eltern Tairitokerau und Vaiaroa zu suchen.“ Rata fragte nunmehr: „Was willst du dafür tun, wenn ich dich mit hereinnehme?“ Nganaoa antwortete: „Ich will für dein Mattensegel sorgen.“ „Ich brauche deine Hülfe nicht,“ sagte Rata, „ich habe Menschen genug, die für das große Segel sorgen können.“

Nach einer Weile begann Nganaoa wieder zu bitten. Der Häuptling fragte ihn wieder, wohin er denn wolle. Nganaoa gab dieselbe Antwort und erbot sich nunmehr, das Wasser aus dem Rumpfe des Schiffes zu schöpfen. Auch hierfür, erklärte Rata, seien Mannskräfte genug vorhanden. — Als das dritte Mal sich dies wiederholte, erbot sich Nganaoa, das Boot zu rudern, wenn der Wind versagen solle. Doch Rata nahm auch diesen Dienst nicht an. — Bei der vierten Bitte aber war Nganaoa erfolgreich, denn er erbot sich nunmehr, alle Meeresungeheuer, welche etwa die Fahrt aufhalten könnten, zu vernichten. Rata überlegte sich, daß er es vergessen hatte, gegen solche Möglichkeiten sich zu schützen, und er nahm den geschickten Nganaoa auf, der sich aus seiner Kalabasse erhob und in voller Bewaffnung seinen Platz an der Spitze des Bootes einnahm, um nach den Ungeheuern auszuschauen.

Unter günstigem Winde segelte das Boot behaglich über den Ozean hin, als Nganaoa eines Tages ausrief: „O Rata, hier ist ein fürchterlicher Feind, der aus dem Ozean emporsteigt!“ Es war eine offene Muschel von riesigen Dimensionen. Die eine Schale war vor, die andere hinter dem Boote, und das Schiff lag direkt dazwischen. Im nächsten Augenblicke konnte die fürchterliche Muschel zusammenklappen und das Boot und sie alle in ihrem Maule zermalmen. Aber Nganaoa war auf diese Möglichkeit vorbereitet. Er ergriff seinen langen Speer und stieß ihn schnell in den Leib des Tieres, sodaß das zweischalige Geschöpf, statt zuzuschnappen, sofort auf den Grund des Meeres hinabsank.

Nachdem sie dieser Gefahr entronnen waren, setzten sie ihren Weg fort. Doch nach einiger Zeit war die Stimme des immer wachenden Nganaoa abermals zu hören: „O Rata, es taucht wieder ein fürchterlicher Feind aus den Tiefen des Ozeans empor.“ Diesmal war es ein mächtiger Oktopus, dessen riesige Tentakeln das Boot schon umschlangen, um es zu zerstören. In diesem kritischen Augenblicke ergriff Nganaoa seinen Speer und stieß ihn durch das Haupt des Oktopus. Schlaff sanken die Tentakeln herab, und das tote Ungeheuer trieb auf der Oberfläche des Ozeans von dannen.

Abermals setzten sie ihre Reise fort, aber eine noch größere Gefahr harrte ihrer. Eines Tages rief der tapfere Nganaoa aus: „O Rata, hier ist ein großer Walfisch!“ Das ungeheure Maul desselben war weit offen, der Unterkiefer war schon unter dem Boote und der andere über demselben. Ein Augenblick und der Walfisch hatte sie verschlungen. Nunmehr brach Nganaoa „der Drachentöter“ (the slayer of monstres) seinen Speer in zwei Stücke, und in dem Augenblicke, als der Walfisch sie zermalmen wollte, richtete er die beiden Stäbe in dem Rachen des Feindes auf, sodaß er seine Kiefer nicht zu schließen vermochte. Nganaoa sprang schnell in das Maul des großen Walfisches (*Heldenverschlingen*) und blickte in dessen Bauch hinein und was sah er? Da saßen seine beiden Eltern, sein Vater Tairitokerau und seine Mutter Vaiaroa, welche beim Fischen von diesem Ungeheuer der Tiefe verschlungen worden waren (*Allverschlingen*). Das Orakel hatte sich erfüllt; die Reise hatte ihr Ziel erreicht.

Groß war die Freude der Eltern Nganaoas, als sie ihren Sohn erblickten. Waren sie doch jetzt davon überzeugt, daß ihre Befreiung bevorstände. Und Nganaoa beschloß auch die Rache. Er nahm einen von den beiden Stöcken aus dem Maule des Tieres — ein einzelner genügte, um dem Walfisch das Schließen des Rachens unmöglich zu machen und somit Nganaoa und seinen Eltern den Weg frei zu halten. Diesen einen Teil des Speeres zerbrach er also in zwei Teile, um sie als Feuerreibhölzer zu verwenden. Er bat seinen Vater, das eine unten festzuhalten, während er selbst das obere Teil handhabte, bis das Feuer zu glimmen begann (*Feuerentzünden*). Indem er es nun zur Flamme anblies, beeilte er sich, die fettigen Teile in dem Bauche mit dem Feuer zu erhitzen (*Herz*). Das Ungeheuer, im Schmerze sich windend, suchte Hülfe, indem es an das nahe Land schwamm (*Meerfahrt*). Sobald es die Sandbank erreichte (*Landen*), traten Vater, Mutter und Sohn durch das offene Maul des sterbenden Walfisches auf das Land (*Heldenausschlüpfen; Allausschlüpfen*).

Das Eiland erwies sich als Iti-te-marama, das Land des Mondscheines. Das Boot von Rata war hier auch am Ufer angetrieben, und hier lebten sie alle zusammen eine Zeitlang. Sie verzehrten Früchte und Fische und schmückten sich mit Blumen. Endlich sehnten sie sich nach dem Lande ihrer Geburt in Awaiki und beschlossen, dahin zurückzukehren. Das Boot wurde hergerichtet, Nahrung und Wasser eingeladen, Segel gesetzt und eines Tages brach der tapfere Schiffer Rata mit seiner ganzen Partei und mit den geretteten Eltern des Nganaoa auf. Nach vielen Tagen erreichten sie endlich, ohne einer weiteren Gefahr begegnet zu sein, ihr ursprüngliches Heimatland, das Land des Sonnenunterganges.

E. Tuamotu. — Ein Kanake dieses Archipels wurde von einem Walfisch verschlungen (*Heldenverschlingen*) und sagte, daß er im Bauche des Ungeheuers brate (*Hitze*). „De ventre inferi clamavi." Nach mehreren Tagen riß er dem Ungeheuer den Bauch auf (*Öffnen*). Das Tier warf sich in seinem Schmerz auf ein Riff (*Landen*) und gab seine Beute lebend von sich (*Heldenausschlüpfen*).

F. Die Mauimythe. Neuseeland. — (Die verschiedenen Formen der Mauimythen, wie sie uns nun schon von so vielen ausgezeichneten Beobachtern wiedergegeben sind, stimmen in zwei Punkten mit den wichtigsten Elementen der uns hier beschäftigenden Mythe überein, nämlich einmal in der Mythe von Mauis Geburt und zum andern in der von Mauis Tod, welche beide wir hier kurz wiedergeben wollen.)

Von seiner Geburt erzählt der jüngste Maui seiner Mutter: „Ich weiß, ich war vorzeitig an der Meeresküste geboren und wurde, nachdem du mich in eine Locke deines Haares, welche du dir zu diesem Zwecke abgeschnitten hattest, (ein Rest des *Haarmotivs*) in den Meerschaum geworfen. Da umschlang mich das Seegras mit seinen langen Flechten, formte und bildete mich. Die weichen Schleimfische wickelten sich um mich, um mich zu beschützen (ein Rest des *Verschlingungsmotivs*). Myriaden von Fliegen summten um mich herum und legten ihre Eier auf mich, damit die Maden mich essen möchten; Schwärme von Vögeln sammelten sich um mich, um an mir zu picken (Vogelhülfe). Aber in diesem Augenblicke erschien mein großer Ahnherr, der Himmel, Tama-nui-ki-te-Rangi, und er sah die Fliegen und die Vögel. Der alte Mann eilte, so schnell er konnte, herbei, löste die umwickelten Schleimfische ab und fand da ein menschliches Wesen (ein Rest des *Ausschlüpfungsmotivs*).

Dann nahm er mich auf und hing mich in das Dach, damit ich den warmen Rauch und die Hitze des Feuers fühlen möchte. (Rest des *Feuermotivs*) und so wurde ich durch die Freundlichkeit des alten Mannes gerettet.

Mauis Tod wird uns folgendermaßen geschildert. Maui beschließt, seine Ahnfrau Hine-nui-te-po zu töten. Sie soll da, wo sich Himmel und Erde begegnen, aufblitzen und gähnen. Da er Tama-nui-te-Ra überwunden hat, glaubt er auch Hine-nui-te-po besiegen zu können und bespricht dies mit seinem Vater. Er sieht sich nach Genossen des Unternehmens um. Die kleinen Vögel schlossen sich ihm an und brachen mit Maui am Abend auf (Vogelhülfe). Sie kamen bei der Wohnung Hine-nui-te-pos an und fanden sie schlafend. Da wandte sich denn Maui an die Vögel und sagte: „Meine kleinen Freunde, wenn ich jetzt in den Rachen der alten Frau krieche, dürft ihr nicht lachen. Ich bitte euch, lacht ja nicht, ja nicht. Aber wenn ich darin gewesen bin und wieder herauskomme aus ihrem Munde, dann mögt ihr mich, wenn es euch behagt, mit jubelndem Lachen begrüßen.“ Und seine kleinen Freunde, die durch das, was sie sahen, sehr erschreckt waren, sagten: „O du wirst sicher getötet werden.“ Er antwortete dagegen: „Wenn ihr in Lachen ausbrecht, werdet ihr sie aufwecken, und sie wird mich dann sicher töten; wenn ihr aber nicht lacht, bis ich ganz darin bin und wieder dabei bin, aus ihrem Munde herauszusteigen, dann werde ich leben und Hine-nui-te-po wird sterben.“ Und die kleinen Freunde antworteten: „So gehe denn, du Tapferer, aber sei recht vorsichtig.“ — Der junge Held bricht auf, er flicht die Stränge seiner Waffe fest um das Handgelenk; er streift die Kleider vom Körper, und die Haut seiner Hüften ist schön bunt von den Tätowierungszeichen, welche mit dem Meißel Uetongas eingeschnitten sind; er tritt in den Mund der Hine-nui-te-po ein (*Verschlingen*). Aber ein kleiner Vogel kann sich nicht des Lachens enthalten. Da erwacht die alte Frau, öffnet ihre Augen, fährt auf und tötet Maui.

(Diese beiden Teile der Mauimythe sind nicht anders denn als Reste älterer, vollerer Bildungen zu erklären. Den Zusammenhang mit den andern Walfischsagen glaube ich deutlich zu erkennen. Aber ihr Wert ist im vorliegenden Falle kein formaler, sondern er ist in sofern bedeutungsvoll, als der Sinn der alten Mythe in ihnen erhalten ist, wenn auch die Form verkümmerte.)

Die Drachenmythen Mela-Polynesiens.

G. Die Betaweraischlange. Aurora. — In folgender Weise fing die Sache an: Eine Frau und ihr Kind klopften Pandanusblätter, um sie später zu Matten zu verweben, und der Knabe sah eine junge Schlange auf einem Blattstengel. Er bat seine Mutter, sie ihm zu lassen, da er sie gebrauche; seine Mutter verbot es, sie zu nehmen. Er sagte jedoch, daß er sie sehr wünsche, und so ergriff er die kleine rote Schlange und steckte sie in einen hohlen Baumstamm, und der Name dieses Baumes ist Uqueva; er nahm sie in den hohlen Baumstamm und gab ihr als Nahrung gewöhnlich Ratten oder Vögel oder schwarze Eidechsen oder Schweinefleisch, und diese Schlange wurde so außerordentlich groß (*Schlangengroßziehen*).

Und eines Tages, als er ein Schwein tötete, wollte er der Schlange etwas davon geben; aber die Schlange schnappte das ganze Schwein fort und aß ihn ebenfalls und kroch aus dem hohlen Baum und kam in das Dorf und aß alle Menschen dieser Ortschaft auf (*Allverzehren*).

Nur eine schwangere Frau überlebte; und die grub eine Höhle und nahm einen dünnen Stein und bedeckte dieselbe damit; und darin hielt sie sich auf (*Höhle*). Und sie gebar Kinder, Zwillinge (Zwillinge), und die drei lebten in der Erdgrube. Und die Schlange aß alle Menschen auf und dann ging sie hin und nahm ihre Wohnung in einem Banyanenbaum und brachte außerordentlich viele Junge hervor, und zwei davon waren die Häuptlinge unter denselben. Der Name der einen dieser beiden war Betawerai, und dieser war nicht imstande wegzugehen, sondern blieb immer auf einem Zweige dieses Banyanenbaumes. Wir nennen aber den Zweig eines großen Baumes, der einer Banyane ähnlich sicht, Tawerai. Der andere von den beiden ging aber immer sehr weit fort, suchte eifrig Menschen und Schweine zu essen und sein Name war Walolo.

Aber eines Tages baten die beiden Kinder der Frau, die in der Grube wohnte, ihre Mutter, ihnen Bogen und Pfeile zu machen, und danach sagten sie, sie wollten in das Dorf gehen, die Schlange suchen und sie töten. Aus einiger Entfernung sahen sie dann den Banyanenbaum, auf dem Betawerai und Walolo lebten; sie sahen an den Zweigen und an den kleinen Ästlein und an den Blättern dieses Banyanenbaumes nichts als Schlangen. Aber Walolo war nicht auf dem Baume, da er über das Meer gegangen war und nach Menschen suchte, um sie zu verschlingen. Und die beiden Knaben kamen zu dem Banyanenbaum und begannen mit Stöcken hinaufzuwerfen; da fielen die Schlangen in großer Zahl herunter. Und Betewerai begann einen Sang zu singen, damit Walolo schnell zurückkomme und die Knaben töte und esse: „Kehre um und komm zu Betawerai; der Nordwestwind bläst gegen mein Gesicht. Walolo, Walolo komm hierher. Walolo, Walolo, komm hierher!“ Und man sagt, daß Walolo Betawerais Gesang hörte und gleich dachte, daß sich etwas ereignet haben müßte. Und er kam nahe zu den beiden (Knaben); und einer von den beiden schoß ihn, und dann schoß der andere, und beide trafen ihn; er dagegen suchte sich auf sie zu stürzen, und der eine von den beiden schoß und der andere, und wiederum trafen ihn beide, und so fuhren sie fort, auf ihn zu schießen, bis er tot war. Und dann wendeten sie sich gegen Betawerai und warfen den zu Boden und töteten ihn auch. Und als sie auf diese Weise die Schlangen getötet hatten, häuften sie sie auf den Ästen des Banyanenbaumes auf, brachten viel Holz herbei und verbrannten sie; einen großen Haufen von Schlangen verbrannten sie so als ein Zeichen, daß die verschlingende Schlange zerstört war. Und die drei, die Knaben und ihre Mutter, kehrten zu dem Dorfe zurück und wohnten daselbst.

H. Die Wakoeischlange. Westneuguinea. — (Es ist von außerordentlichem Interesse, feststellen zu können, daß dieselbe Mythe, die offenbar aus der solaren Kulturperiode stammt, sich von zwei Seiten her, nämlich von Osten (Polynesien) und Westen (Indonesien) aus diesem zentralmelanesischen Gebiet, also der Region der älteren manistischen Gartenbauernkultur, genähert hat).

Vor langer Zeit kam einst eine ausnehmend große Schlange, die früher ein Mensch gewesen war, namens Wakoei oder Wosei, nach Jauer. In Jauer tat sie sich an Menschenfleisch gütlich (*Allverschlingen*), und als alle geflüchtet waren, begab sie sich an den Fluß Woisiemie. Nachdem sie die dort wohnenden Fandiaer und die an der Flußmündung heimischen Waropener ebenfalls in die Flucht gejagt hatte, folgte sie der Küste zu den Wandammern und bis Roon. Von den Dornen der Palmen blieben etliche am Körper hängen, die dann im Boden feststeckten. Daraus entstanden die Sagobäume. (Wir sehen hier also genau wie im Osten Melanesiens eine Beziehung zwischen der allverzehrenden Schlange und einer Baumart.) Von den in ihren Böten über die Wasserstraße entfliehenden Bewohnern ihres Bezirkes wurde bei dem Flüchten der Kanoes eine schwangere Frau zurückgelassen, die auf ihr Geschrei durch eine Krabbe in deren Wohnung aufgenommen wurde (*Höhle*), wo sie zwei Kinder zur Welt brachte: Simiri und Mandu. Als diese erwachsen waren, zogen sie aus, die Schlange zu töten, und als dieselbe auf ihr Rufen: „Aja Wakoei, Aja Wosei“ herauskam, weil sie ihr Sagowein zum Getränk anboten (vergl. die entsprechende Drachensage bei den Japanern), warfen sie in den geöffneten Rachen in Feuer erhitzte Steine, die von der Schlange heruntergeschlungen, dieselbe töteten (Glutstein).

(Die Analogien zur ostmelanesischen Sage sind einleuchtend. Wenn hier nur von einer Schlange die Rede ist, so fällt es doch auf, daß dieselbe zwei Namen hat. Der Unterschied beruht darin, daß hier die Knaben ihren Gesang rufen, während dies in der vorhergehenden Mythe der einen der beiden zurückbleibenden Schlangen zufällt.)

I. Die Krokodilsmythe. Samoa. — Dies ist die Geschichte von Safea und Falangaua. Ihnen wurden Knaben geboren, welche die Namen Zehn, Neun, Acht, Sieben, Sechs, Fünf, Vier, Drei, Zwei, Eins trugen. Dazu wurde noch ein Mädchen geboren, welche Sina genannt wurde.

Einmal gingen sie alle in die nächste Dorfschaft, um Speerwerfen zu spielen. Sie warfen ihre Stöckchen landeinwärts und Sinas Stöckchen flog am weitesten. Dann schleuderten sie sie nach dem Ufer, und wieder flog Sinas Stöckchen weit über die andern hinaus und fiel dann in die Höhle eines Krokodils (Ballverlust). Sina lief hinterdrein und bat: „Gieb mir meinen Stock wieder!" Und das Krokodil sagte: „Komm nur her!" Als dann Sina in die Höhle (*Höhle*) stieg, schlossen sich die Felsen über ihr und sie war gefangen (*Frauenraub*).

Dann kam Zehn und sagte: „Sina, was ists? ich gehe nach Hause." Und Sina antwortete: „Ach Zehn, ach lieber Zehn, wenn du zu unsern Eltern Safea und Falangaua kommst, sage ihnen, daß ich in der Höhle des Krokodils gefangen bin!" Und Zehn ging fort. Als aber Safea und Falangaua ihn fragten: „Zehn, wo ist Sina?", da antwortete er: „Sie kommt gleich in dem Kanoe von Neun!"

Und dann kam Neun. Und die Sache ereignete sich genau wie vorher: dieser Bruder gab an, sie käme in dem Boote von Acht, und so ging es weiter bis Eins kam, und Sina sagte abermals: „Ach Eins, lieber Eins, wenn du zu unsern Eltern Safea und Falaugaua kommst, so sage ihnen, daß ich von dem Krokodil gefangen bin!"

Da machte sich aber Eins auf, erklomm einen Falabaum und ahmte das Geschrei des fliegenden Fuchses nach. Er brach einen Klumpen Falafrüchte ab (Baumfrucht), so daß derselbe vor eine Mündung der Höhle fiel. Und Sina sagte zum Krokodil: „Mach doch auf, es ist schrecklich heiß hier drinnen." Als es geschehen war, sah Sina, daß die Falafrüchte draußen herumgestreut lagen und sagte: „Da liegen Falafrüchte, sie sind wunderschön, bitte, laß mich sie aufsammeln, um eine Halskette daraus zu machen." — Darauf sagte das Krokodil: „Üm, üm, wozu soll das? da möchtest du mir entwischen!" — Sina aber sagte: „Wenn du glaubst, daß ich fortlaufen will, so hole doch ein Tau und binde es mir am Bein fest." Da band das Krokodil Sinas Bein fest und sie machte sich daran, die Falafrüchte aufzusammeln. Als sie aber gegangen war, schrie das Krokodil: „Sina oh ja, Sina, oh ja oh, oh, du willst mir jetzt fortlaufen." Sina aber sagte: „So warte doch, bis ich alle die wunderschönen Falafrüchte aufgesammelt habe!"

Da faßt Eins schnell zu, löste das Tau von Sinas Bein, band es am Falabaum fest und lief mit Sina davon.

Das Krokodil schrie aber: „Sina!" und da fingen alle die Falablätter an zu reden: „Oho, oho, oho, oho!" „Ja, ja, ich werde jetzt an deinem Bein reißen, was sind da all für Leute draußen?"

Da riß er mit aller Gewalt am Tau, so daß der Falabaum in die Höhle des Krokodils stürzte und das Krokodil totschlug. Sina und ihr Bruder Eins waren aber zu ihren Eltern gegangen, und da sprachen Safea und Falangaua also zu den andern Brüdern:

„Ja, es ist gut, ihr habt gezeigt, daß ihr alle Sina nicht lieb habt; weshalb sollen wir da beim Zählen mit Zehn anfangen? Von jetzt ab beginnen wir das Zählen mit Nummer Eins!" (Jüngste.)

K. Die Tunamythe. Neuseeland. — (Dieses Stück der Mauimythologie ist jedenfalls das am meisten „verkommene". White hat uns eine größere Zahl von Varianten zugänglich gemacht. Gerade diese größere Zahl ermöglicht uns ein Urteil über die Erhaltung der Mythe, und da läßt sich eben nur sagen, daß kaum eine andere so fragmentarisch im Volksbewußtsein weiter lebt. Es sei mir die Bemerkung gestattet, daß es geradezu auffallend ist, wie bei den Bewohnern Neuseelands alle mit dem Wasser zusammenhängende Mythen degeneriert sind. Vielleicht stellt sich einmal eine Zeit ein, in der man derartig feine Züge der Mythologie auf ihre Gesetzmäßigkeit hin prüft, und dann wird man möglicherweise den Lehrsatz aufstellen, daß die Maori Neuseelands zur Zeit ihrer Entdeckung im Begriffe waren, ihr mythologisches Augenmerk vom Meere auf das Festland zu übertragen. — Ich will wenigstens einige der wichtigsten Züge der Tunamythe wiedergeben.)

Mauis Weib wurde eines Tages am Ufer von Tuna, dem Sohne der „langen Meeresbucht", vergewaltigt (*Frauenraub*). Einige Mythen behaupten, daß Tuna der Vater Hines, des Weibes Mauis gewesen sei, andere, daß Tuna zwei Kinder Mauis verschlungen habe (*Allverschlingen*). In der Vergewaltigung Hines sind sich fast alle Berichte einig. Tuna soll früher in der oberen Welt gelebt haben, jetzt aber hielt er sich in einem Wasserloche (*Höhle*) auf. Maui bereitet, nachdem seine Frau ihm berichtet hat, seine Waffen vor. Tuna wird besiegt und von Maui zerhackt. Allerhand Ungeheuer entstehen aus den zerteilten Gliedern und aus dem Leibe Tunas (Drachenvermehren). Es entstehen aber auch die Seeaale, die Fischwasseraale, Fische, und es wurden auch mit dem Blute Tunas die Bäume rot gefärbt.

(Mit dem letzten Satze werden wir daran erinnert, daß Bäume in allen diesen Mythen der Drachenform eine große Rolle spielen, wie aber erst später im Kapitel über die Menschenfresser erörtert werden soll.)

Die Walfischdrachenmythen Neuhollands.

L. Mondsage aus Neusüdwales. — Der Mond wanderte anfangs auf der Erde. Eines Tages besuchte er den Adler und verschlang ihn (*Verschlingen*). Der Mond traf darauf dann auf der Wanderung die Frauen des Adlers, die ihn auf seinen Wunsch an frisches Wasser führten. Während er trank, erschlugen ihn die Frauen, öffneten seinen Leib (*Öffnen*) und brachten den Adler wieder zum Leben (*Ausschlüpfen*).

M. Byameemythe. Narran. — Der alte Byamee (soviel wie „großer Mann"; jedenfalls der Held dieses Stammes) sagte zu seinen beiden jungen Weibern Birrahgnooloo und Cunnunbeillee: „Ich habe zwischen die hinteren Beine einer Biene eine weiße

Feder gesteckt und will sie jetzt fliegen lassen, ihr zu ihrem Baue folgen und so Honig aufsuchen. Während ich dem Honig nachgehe, mögt ihr beide Frösche und Yamswurzeln suchen, und dann treffen wir uns bei der Coorigel-Quelle, wo wir kampieren werden, denn dort ist das Wasser süß und klar.“ — Die Frauen ergriffen ihre Goolays und Grabstöcke und machten sich auf, um zu tun, wie er ihnen gesagt hatte.

Nachdem sie weit gegangen waren und auch viele Wurzeln und Frösche eingesammelt hatten, waren sie, als sie die Coorigel-Quelle erreicht hatten, müde, und wie sie nun das kühle frische Wasser sahen, gelüstete es sie, zu baden. Sie errichten aber erst eine Zweighütte und ließen die Goolays, die die gesammelten Wurzeln und Frösche enthielten, in derselben zurück. So war denn alles für die Ankunft Byamees hergerichtet. Dieser Byamee hatte seine Frauen nicht nur mit dem Nulla-nulla (also im Kampfe) erobert, sondern hielt sie mit dieser Waffe auch in Furcht und Gehorsam. Nachdem die beiden Frauen also ihre Pflicht erfüllt hatten, gingen sie zur Quelle, um zu baden. Sie ließen ihre Kleidung, die noch die junger Mädchen war, am Ufer liegen und stiegen ins Wasser.

Alsbald aber wurden sie von zwei Kurreahs (Alligatoren) verschlungen (*Verschlingen. Frauenraub*). Nachdem sie die Mädchen verschluckt hatten, krochen die Kurreahs in eine Höhle (*Höhle*) zur Seite der Quelle, welche den Eingang zu einem unterirdischen Wasserlaufe, der zum Narranflusse führte, bildete. Indem sie durch diesen Gang krochen, nahmen sie alles Wasser der Quelle mit sich in den Narran, dessen Lauf sie im Entlanglaufen ebenfalls trockenlegten.

Inzwischen war der ahnungslose Byamee auf der Honigsuche. Er war der Biene mit der weißen Feder eine Zeitlang gefolgt: dann flog das Tierchen aber auf eine Blume und bewegte sich nicht weiter. Byamee sagte: „Es hat sich irgend etwas ereignet, sonst würde die Biene nicht sitzen bleiben und sich weigern, zu ihrem Baue zu fliegen. Ich muß zur Coorigel-Quelle gehen und sehen, ob meine Frauen auch heil und gesund sind. Es hat sich vielleicht etwas Schreckliches ereignet.“ Und Byamee begab sich eiligst zur Quelle. Als er anlangte, sah er die Zweighütte, die

die Weiber errichtet hatten, er sah die Frösche, aber Birrahgnooloo und Cunnunbeilee sah er nicht. Er rief laut ihre Namen, aber er erhielt keine Antwort. Darauf ging er zur Quelle. Am Rande derselben sah er die Kleider liegen. Er blickte in die Quelle: sie war trocken. Da sagte er: „Das ist das Werk der Kurreahs; sie haben den unterirdischen Durchgang geöffnet und sind mit meinem Weibern zum Flusse gegangen. Als sie aber die Passage öffneten, ist die Quelle ausgetrocknet. Nun weiß ich aber sehr wohl, wo der Gang in den Narran mündet und da will ich schnell hinlaufen. Er bewaffnete sich also eiligst und nahm die Verfolgung auf.

Er erreichte die tiefe Höhlung, da wo der Coorigelkanal in den Narran mündete, sehr bald. Hier sah er aber etwas, was er noch nie zuvor gesehen hatte, daß nämlich die tiefe Höhle trocken war. Da sagte er sich: „Sie haben die Höhlen geleert, als sie entlang gingen und haben das Wasser mit sich genommen. Ich kenne aber die tiefen Höhlen dieses Flusses sehr gut“ etc. So lief er denn eilig von Höhle zu Höhle; jede Höhle, zu der er kam, fand er jedoch trocken, bis er endlich an das Ende des Narran kam; hier war die Höhle noch ganz feucht und kotig, woraus er ersah, daß er seinen Feinden nahe sein müsse. Und bald sah er sie auch. Er suchte, ohne daß er gesehen wurde, ein wenig vor die Kurreahs zu kommen. Alsdann versteckte er sich hinter einem starken Baum.

Als die Kurreahs ganz nahe bei ihm waren, trennten sie sich, um jedes in einer andern Richtung fort zu gehen. Byamee schleuderte aber flugs nach jedem von den beiden einen Speer. Er verwundete auch beide Kurreahs. Sie krümmten sich vor Schmerz und schlugen mit ihren Schwänzen rasend um sich, wobei sie im Boden großen Höhlen aufwühlten (Landbilden), die sich sogleich mit dem Wasser, das die Tiere mit sich führten, füllten. Byamee, der fürchtete, die Kurreahs möchten ihm entfliehen, trieb sie mit seinen Speeren vom Wasser fort und tötete sie endlich mit seinem Woggarahs. Und gleich darauf füllte der Narran in der Flutzeit die Höhlen, die die Kurreahs in ihren Schwanzkrümmungen geschlagen hatten, mit Wasser.

Sobald Byamee sah, daß die Kurreahs völlig tot waren,

schlitzte er ihren Leib auf (*Öffnen*) und nahm seine Frauen heraus (*Ausschlüpfen*). Sie waren mit feuchtem Schleim bedeckt und schienen völlig leblos; nichtsdestoweniger trug er sie fort und legte sie auf zwei Nester der roten Ameisen. Dann setzte er sich in einiger Entfernung hin und beobachtete sie. Die Ameisen bedeckten sogleich die beiden Körper, reinigten sie von dem weißen Schlamm und alsbald konnte Byamee erkennen, daß die Muskeln der jungen Frauen zuckten. „Aha," — sagte sich da Byamee, „es ist doch Leben in ihnen, denn sie fühlen das Kneifen der Ameisen." Während er noch sprach, ertönte ein Donnerschlag. Der Ton schien aber aus den Ohren der jungen Frauen zu kommen. Und als das Echo verklang, erhoben die Weiber sich auf ihre Füße. Einen Augenblick standen sie wie geblendet da, dann fuhren sie wie von einem tötlichen Schrecken getroffen zusammen. Byamee trat aber sogleich zu ihnen und erzählte ihnen, wie er sie aus den Leibern der Kurreahs befreit habe. Er bat sie, niemals in den tiefen Höhlen des Narran zu baden, damit solche nicht der Aufenthaltsort von Kurreahs werden möchten. Dann bat er sie, auf das Wasser, das nunmehr bei Boogari war, zu blicken und sagte: „Bald werden die Schwäne, die Pelikane und die Enten ihren Weg hierher finden. Wo früher trockenes Land und Steine waren, werden in Zukunft Wasser und Wasservögel sein. Wenn der Narran zu fließen beginnt; wird Wasser in die Höhlen fließen und es wird ein großer See entstehen." Und was Byamee sagte, das geschah, wie dies der Narransee mit seiner großen Wasserfläche und seiner meilenweiten Ausdehnung zeigt, der eine Heimat tausender von wilden Vögeln ist.

(Die Mythe soll die Entstehung des Narransees erklären.)

N. Mythe des Oysterbaistammes auf Vandiemensland. — Mein Vater, mein Großvater, alle insgesamt lebten vor langer Zeit über das Land ausgebreitet; sie hatten kein Feuer. Zwei Schwarze kamen; sie schliefen am Fuße eines Hügels, eines Hügels in meiner eigenen Heimat. Auf dem Gipfel eines Hügels wurden sie von meinen Vätern, meinen Landsleuten gesehen, auf der Spitze des Hügels sah man sie stehen: sie warfen Feuer wie ein

Stern, — es fiel unter die Schwarzen, meine Landsleute. Sie waren erschrocken, — sie flohen hinweg, alle insgesamt; nach einer Weile kehrten sie zurück, sie eilten und machten ein Feuer, — ein Feuer mit Holz; Feuer ging in unserm Lande nicht mehr verloren. Die beiden Schwarzen sind in den Wolken, in der klaren Nacht seht ihr sie wie zwei Sterne. Diese sind es, die meinen Vätern Feuer brachten (*Feuerzünden*).

Die beiden Schwarzen blieben eine Zeitlang im Lande meiner Väter. Zwei Frauen badeten; es war bei einem felsigen Ufer, wo es Muscheln in Menge gab. Die Frauen waren mürrisch, sie waren traurig; ihre Männer waren treulos, sie waren mit zwei Mädchen fortgegangen. Die Frauen waren einsam, sie schwammen im Wasser, sie tauchten nach Kräften. Ein Stachelroche lag in der Höhlung eines Felsens (*Höhle*) versteckt, ein großer Stachelroche! Der Stachelroche war groß, er hatte einen sehr langen Speer. Aus seinem Loche erspähte er die Frauen, er sah sie tauchen; er durchbohrte sie mit seinem Spieß, er tötete sie, er brachte sie weg (*Frauenraub*). Eine Zeitlang waren sie nicht mehr zu sehen. Der Stachelroche kehrte zurück, er kam dicht an das Ufer, er lag im stillen Wasser, nahe beim sandigen Gestade; bei ihm waren die Frauen, sie waren fest auf seinem Spieß, — sie waren tot.

Die beiden Schwarzen kämpften mit dem Stachelrochen. Sie erschlugen ihn mit ihren Speeren, sie töteten ihn; — die Frauen waren tot! Die beiden Schwarzen machten ein Feuer, ein Holzfeuer. Auf jede Seite legten sie eine Frau, — das Feuer war dazwischen: Die Frauen waren tot! Die Schwarzen suchten einige Ameisen, einige große, blaue Ameisen; sie legten sie auf die Busen der Frauen. Derb, heftig wurden sie gebissen. Die Frauen lebten wieder auf — sie lebten noch einmal.

Bald kamen Nebel, ein Nebel dunkel wie Nacht. Die beiden Schwarzen gingen hinweg, die Frauen verschwanden: sie gingen durch den Nebel, den dicken, dunklen Nebel! Ihre Stelle ist in den Wolken. Zwei Sterne seht ihr in der klaren, kalten Nacht: die beiden Schwarzen sind dort, — die Frauen sind bei ihnen: sie sind Sterne droben.

Einige verwandte Elemente aus Mikro-Indonesien.

O. Eine Sonnenmythe. Palauinseln. — Das Haus der Sonne befindet sich im Westen unter der See, und auf der Stelle wuchs ein Dengesbaum, der an den Ufern des Landes dichte Wälder bildet. Wenn die Sonne abends zu dem Baume kam, so riß sie die schon auf dem Baume keimenden Früchte ab (Baumfrucht) und warf sie in die See; die Haifische, die den Eingang zu dem Sonnenlande bewachten, waren begierig hinter diesen Früchten und bemerkten nicht, wie die Sonne untertauchte, um zu ihrem Hause zu gelangen.

P. Mythe von der Insel Nias. — Ein schrecklicher Krebs bedeckt nach Angaben der Niasser den Rachen einer Schlange, wodurch Ebbe und Flut entstehen. Früher waren in der See keine Meerbusen. Über die Entstehung derselben wird folgendes erzählt: Einst befand sich in der See eine fürchterliche Schlange, die jedes Schiff verschlang, das die See zu befahren wagte (*Allverschlingen*). Nun lebte unten am Seestrand bei Wodo ein gewaltig starker Mann, Laowo-maroe genannt, seine Frau hieß Sihoi. Dieser Mann ging zu Schiff und wußte durch List die Schlange zu überreden, daß sie ihren Hals immer kleiner machte, und als er klein genug war, legte er ihn auf sein Schiff und hieb ihn mitten durch. Zufolge der Zuckungen und Krümmungen des mit dem Tode ringenden Ungetümes entstanden die Meerbusen der See, die nun nicht mehr zur Ruhe kommen wollen (Landbilden). Laowo-maroe wurde nun Seeräuber, so daß die See wieder ebenso unsicher wurde wie früher. Endlich wußte man mit Hülfe seiner Frau zu erfahren, worin seine Kraft bestand. Nachdem ihm sieben Haare ausgezogen waren, war er ein schwaches Wesen geworden und gelang es, ihn zu töten (*Haare*).

Q. Märchen von der Insel Nias. — Der Fisch sagte zur Ratte: „Höre Ratte!“ Die Ratte: „Was ist es?“ Der Fisch: „Laß uns Freundschaft schließen.“ Die Ratte: „Was für Freundschaft?“ Der Fisch: „Geh! Hole die Leber des Krokodils unten im Wasser und gib sie mir zu essen, dann gehe ich auch und hole dir ein

Ei von dem Huhn des Menschen aus dem Hause und gebe es dir zu essen." Da stimmte die Ratte zu und ging weg, um einen Weg zu suchen, auf dem sie zu der Leber des Krokodils gelangen könne.

Nun stand eine Kokospalme am Ufer des Flusses, die sich über das Wasser neigte und in dem Flusse waren sehr viele Krokodile: wenn eine Frucht in das Wasser fiel, dann schnappten sie dieselbe gleich weg und fraßen sie auf. Darum kletterte die Ratte in die Krone der Palme und durchlöcherte die äußere Schale einer Nuß mitsamt der inneren und richtete sich wohnlich darin ein, und als sie damit fertig war, durchnagte sie den Stiel, aber nicht ganz, etwas ließ sie, etwa so dicht wie ein Haar. Dann ging sie hinein, und als sich da ein Wind erhob, da riß das, was sie vom Stiel übrig gelassen hatte, und die Nuß fiel herunter (Baumfrucht), und ein Krokodil verschluckte sie ganz mit der Ratte darin (*Verschlingen*), und die Ratte biß nun die Leber des Krokodils ab (*Herz*) und trug sie in die Nuß hinein, und etwa zwei Tage darauf ging das Krokodil hin und spie die Nuß mitsamt der Ratte ans Ufer (*Landen, Öffnen oder Speien*), und als das Krokodil sie ausspie, lief die Ratte weg und nahm die Leber des Krokodils mit. Sie ging zum Fisch und sagte: „Hier ist deine Krokodilsleber, Fisch, aber erst gib mir das Hühnerei, dann erst gebe ich sie dir." „Warte," erwiderte der Fisch, „ich gehe jetzt, um es dir zu holen." Darauf ging der Fisch und begab sich in die Wasserleitung, und als eine Frau zum Wasserholen kam und ihr Wassergefäß unter den Strahl hielt, da schwang er sich in das Gefäß hinein, und die Frau ging heim und stellte ihre Tracht Wassergefäße in das Haus neben der Leiter und nicht weit davon war der Behälter für die Hühnereier, und der Fisch ging und holte und kehrte zurück in das Gefäß. Als man dann das Wasser aus dem Gefäß verbraucht hatte, da holte man wieder und nahm auch das Gefäß mit, in dem sich der Fisch befand, und als er unter den Strahl gehalten wurde, da schwang sich der Fisch wieder ins Wasser, und nun tauschten die beiden ihre Beute aus.

V.

Die Walfischdrachenmythen Amerikas.

Unsere Kenntnis der amerikanischen Mythenformen ist eine durchaus ungleichmäßige. Einige Stämme sind außerordentich gründlich untersucht, andere garnicht; von dritten Stämmen sind uns einige Bruchstücke erhalten, und aus vierten Gegenden sind uns nur schwache Traditionen aus einem verspäteten Mittelalter überliefert worden. Die Mythenforschung ist ja, soweit sie sich auf die Naturvölker erstreckt, überhaupt ganz jungen Datums. In älteren Zeiten wurde höchstens eine Analogie zur altklassischen Mythologie als Kuriosum gebucht. Und was wir sonst früher gehört haben, war nicht viel mehr als das Erstaunen der Reisenden über besonders absurde Ideen, — wenigstens nannten die älteren Forscher sie so. Nun ist in neuerer Zeit uns gerade in Amerika ein Stamm tüchtiger Forscher erwachsen, an deren Spitze vor einigen Jahrzehnten ein Schoolcraft und in neuerer Zeit ein Boas zu nennen war und ist. Diese Verschiedenartigkeit unseres Wissens müssen wir in den Vordergrund stellen, wenn wir ein gerechtes Urteil, besonders in Dingen der amerikanischen Mythologie, gewinnen wollen. Wo ein Boas und seine Schüler forschten, d. h. z. B. im Nordwesten Amerikas, da quillt uns überreiches Material entgegen. Wo ein Schoolcraft und seine Zeitgenossen hinkamen, da wissen wir vieles. Wo das Mittelalter seine Chroniken verfaßte, sind uns die Fragmente eines wunderlichen Götterwesens überliefert, wo aber die moderne Forschung nicht hinkam, da wissen wir besonders im Süden so viel wie nichts. — Südamerika hat wahrscheinlich nur einen ganz geringen Bruchteil von Mythenreichtum des Nordens aufzuweisen; aber auch dieser Bruchteil ist uns in dezimierter Form und nur auszugsweise gerettet worden. Aus den reichen Kulturländern des Südens wissen wir so viel wie nichts.

Daß es unter diesen Umständen ausgeschlossen ist, ein auch nur annähernd vollständiges Bild der Walfischdrachenmythen Amerikas vorzuführen, wird jeder verstehen. Daß es dem Autor nicht gelungen ist, in der unglaublich zersplitterten Literatur alles überhaupt Niedergelegte aufzufinden, ist aber ebenso selbstverständlich. Aber alles, was sich erkennen läßt, verrät doch eine bestimmte geographische Gruppierung in der Verteilung, die den folgenden Abschnitten zugrunde gelegt ist.

Die gründliche Forschung der Boasschule hat uns den Norden in ein verhältnismäßig helles Licht gerückt. Der Nordwesten Amerikas stellt nach den jüngsten Arbeiten, besonders von Bogoras, eine Seitenprovinz der nordostamerikanischen Mythologie dar. Die Walfischmythen dieses Gebietes sind demnach in eine Gruppe zusammengefaßt, die Walfischmythen des Ostens folgen mitsamt ihren Abwandlungstypen (Elch- und Bärenmythe) in zweiter Reihe, zum dritten vereinigen wir die Drachenmythen Nordamerikas und viertens endlich geben wir die Brosamen, die von dem Tische der zentral- und südamerikanischen Mythologie in unsern Schoß fielen.

Die Walfischmythen der nordpazifischen Gebiete.

A. Die Walfischmythe der Küsten-Selisch. — Es waren einmal zwei Knaben. Eines Tages fuhren dieselben in ihrem Boote aus. Als sie nicht weit gefahren waren, erblickten sie einen Walfisch, welcher auf- und niedertauchte. Da fingen sie an, denselben mit Schmähreden zu überhäufen. Der Walfisch kam darauf ganz nahe zu ihnen herangeschwommen, aber sie ließen sich nicht stören. Dreimal tauchte er auf, jedesmal näher beim Boote. Da die Knaben aber gar nicht aufhörten zu schmähen, verschlang er beim vierten Male Boot und Knaben und schwamm von dannen (*Verschlingen: Meerfahrt*). Er sprach zu ihnen: „Ihr könnt von meinem Fleisch essen, aber hütet euch, meinen Magen zu verletzen, denn sonst muß ich sterben.“ Die Knaben aber fürchteten, so weit ins Meer vom Wal hinausgetragen zu werden, daß sie nie zurückkehren könnten. Deshalb schärften sie ihr Steinmesser und der ältere Bruder sprach zum jüngeren: „Nun hebe mich, damit ich den Magen des Wales zerschneiden kann." (*Herz.*) Der jüngere Bruder gehorchte, und jener tötete den Wal. Dieser trieb nun auf den Wellen umher. Da dachten die Brüder: „O strandete doch der Wal!" Und siehe, er trieb an die Mündung des Cowitchin-Flusses (*Landen*). Da fingen die Knaben drinnen an zu schreien, damit die Leute auf sie aufmerksam werden sollten. Zuerst bemerkte sie niemand. Bald aber hörten sie in der Nähe Axtschläge und es klang, als wenn jemand daselbst ein Boot baue. Sie schrieen nun wieder, so laut sie konnten. Da hörte der Mann sie und ging ins Dorf. Er erzählte, er habe zwei Stimmen gehört, wisse aber nicht, woher sie kämen. Da gingen alle Leute mit ihm zum Strande, und sie hörten nun zwei Stimmen singen: „O wir sitzen im Walfische. Kommt und befreit uns. Es ist so heiß, daß wir fast verbrannt sind." (*Hitze.*) Die Leute gingen weiter und entdeckten bald den Walfisch. Der Vater der Knaben war mit unter den Leuten. Er erkannte die Stimmen seiner Söhne und rief: „O seid ihr dort, meine Söhne?" „Ja", riefen jene „befreie uns, wir müssen hier drinne verbrennen." Da nahmen die Leute ihre Steinmesser, öffneten (*Öffnen*) den Wal und die Knaben kamen heraus (*Entschlüpfen*). Es war aber so heiß im Walfischmagen gewesen, daß sie alle Haare verloren hatten (*Haar*).

B. Walfischmythe der Nutka. — In Hellgate in Barclay Sound wohnte ein Riesenwal, namens „Verschlinger von zusammengebundenen Booten". Wenn jemand nicht vermeiden konnte, diesen Weg einzuschlagen, fuhr er vorsichtig am Ufer entlang, um die Aufmerksamkeit des Ungeheuers nicht auf sich zu ziehen. Eines Tages fuhr des Helden Mutter in einem kleinen Boot dort vorbei. Das Boot trieb vom Ufer fort, und da kam der Wal sofort herbei und verschlang es (*Frauenraub*). Als der Held erfuhr, daß der Wal seine Mutter gefressen hatte, beschloß er, sich zu rächen. Er schnitt lange Stangen, spitzte dieselben an beiden Enden und legte sie über zwei Boote. Dann kochte er Wasser in einer großen Kiste. Er rief seine drei Brüder und ließ sie in das kochende Wasser springen. Sie kamen unverletzt wieder heraus und jeder sagte, als er herauskam: „Es soll mich wundern, ob des Wales Bauch so heiß ist wie dieses Wasser.“ Dann sprang der Held selbst hinein und kam unverletzt wieder heraus. Sie fuhren nun auf dem Fluß ins Meer hinaus und sangen ein Lied. Als sie dasselbe zweimal gesungen hatten, sank das Wasser tief herab, der Wal tauchte auf und verschlang das Boot (*Verschlingen*). Der Held rief seinen Brüdern zu, dasselbe gerade den Schlund hinabzusteuern. Sobald sie im Magen angelangt waren, zerschnitten sie die Eingeweide des Wales mit Muscheln und schnitten endlich sein Herz ab (*Herz*). Da starb er. Bald trieb er ans Ufer (*Landen*). Und als die kleinen Vögel (Vogelhülfe) und anderen Tiere ihn fanden (diese waren damals schon vor den Menschen auf der Erde gewesen), wollten sie ihn aufschneiden. Sie machten sich rasch bereit, nur ein kleiner weißer Fisch konnte gar nicht fertig werden. Er wollte sich schön anziehen und sein Haar in einen Knoten binden, da er annahm, daß viele Leute dort zusammenkommen würden. Daher kam er zu spät. Die Leute fragten auch eine Muschel, ob sie mitkommen wollte etc. Sie gingen nun alle zum Strande hinab, allen voran ein Tintenfisch. Sie schnitten den Wal auf (*Öffnen*), herauskamen der Held und seine Brüder (*Ausschlüpfen*). Und als sie nun einander sahen, lachten sie sich an. Einer der Brüder hatte alle Haare in dem Bauche des Wales verloren, so heiß war es darin gewesen (*Haar*).

C. Walfischsagen der Newettee. — Der Rabe traf den Mink. — Beide schlossen Freundschaft und beschlossen miteinander durch die Welt zu wandern. Einst begegneten sie einem Wale. Der Rabe rief ihn an: „He, wir wollen über das Wasser fahren, willst du uns nicht hinüber nehmen?“ Der Wal war bereit, öffnete sein Maul und beide krochen hinein (*Verschlingen*). Nach einiger Zeit kniff der Rabe den Mink und dieser schrie. Da fragte der Wal: „Warum schreit der Kleine?“ „O“, erwiderte der Rabe, „er ist hungrig.“ „Ich habe viel Fleisch“, sagte der Wal, „schneide ihm ein wenig ab.“ Der Rabe schnitt ein Stück ab und beide aßen es auf. Nach kurzer Zeit kniff er den Mink wieder, sodaß er schrie. Als der Wal fragte, was es gäbe und der Rabe wieder sagte, der Kleine sei hungrig, erlaubte er ihnen, mehr abzuschneiden. Er sagte: „Nehmt nur, so viel ihr wollt, nur schneidet

6*

meine Kehle nicht durch, denn sonst muß ich sterben." Kaum hatte er das gesagt, so schnitt der Rabe seine Kehle durch (*Herz*); der Wal machte noch ein paar krampfhafte Bewegungen, dann verendete er, und der Leichnam trieb ans Ufer (*Landen*). Der Rabe und der Mink waren nun in großer Not, denn sie wußten nicht, wie sie wieder herauskommen sollten. Bald aber fand ein Mann den Wal, rief seine Freunde und alle machten sich daran, ihn aufzuschneiden. Als sie sahen, daß überall Fleisch abgeschnitten war, wunderten sie sich sehr. Als sie endlich den Magen öffneten (*Öffnen*), flog der Rabe und sprang der Mink hervor (*Ausschlüpfen*). Da wußten sie, daß jene von dem Walfisch gefressen hatten. Sie brachten das Fleisch und den Speck ans Land und kochten es.

D. Die Walfischmythe der Tlingit. — Einst ließ der Rabe sich vom Walfisch verschlucken (*Verschlingen*). Drin im Magen machte er sichs bequem und zündete ein kleines Feuer an (*Feuerentzünden*). Der Wal bat ihn, sich ja in acht zu nehmen, daß er nicht sein Herz verletze. Der Rabe konnte aber der Versuchung nicht wiederstehen und pickte daran. „O!" schrie der Wal, denn es tat ihm weh. Er bat den Raben nochmals, ja sein Herz nicht anzurühren. Der Rabe entschuldigte sich, indem er vorgab, nur zufällig daran gestoßen zu haben. Bald pickte er aber wieder daran und biß diesmal herzhaft zu (*Herz*). Da verschied der Wal. Der Rabe wußte nicht, wie er wieder herauskommen sollte, denn das Maul des Tieres war fest geschlossen. Er dachte: „O, strandete doch der Wal an einem flachen Ufer." Bald hörte er die Brandung brausen und fühlte den Körper des Wales auf die Steine am Ufer stoßen (*Landen*). Da freute er sich. In der Nähe war ein Dorf, und Kinder spielten mit Bogen und Pfeilen am Strande. Als sie den Wal erblickten, liefen sie gleich nach Hause und riefen ihre Eltern herbei, die daran gingen, den Speck abzulösen. Als sie damit beschäftigt waren, hörten sie jemand im Bauche des Wales singen und schrein, konnten sich aber nicht denken, wer das täte. Da dachte der Rabe: „O, schnitte doch einer von oben her gerade zu mir herab!" Kaum hatte er das gedacht, so war sein Wunsch erfüllt. Ein Mann schnitt ein Loch in den Magen (*Öffnen*), und sogleich flog der Rabe von dannen und schrie: „Kola, kola, kola!" (*Ausschlüpfen.*)

E. Walfischmythe der Eskimo an der Beringstraße. — (Die Mythe beginnt mit einer Beschreibung des Tagfluges. Der Rabe hatte sich ein Weib aus der Masse der weißen Gänse gewählt. Ein schöner weißer Stein scheint ihm als Sonnensymbol im Anfange die Flugkraft zu verleihen. Da ist er ein junger schöner Mann. Eine Ermattung tritt ein, endlich fällt er völlig entkräftet als ein alter Mann in die Fluten, wird von einer Woge an das Gestade getragen nnd entgeht so mit knapper Not dem Tode. Am Ufer entzündet er sich ein Feuer, nachdem er sich ein Feuerzeug hergestellt hat, um sich in der Wärme zu trocknen.)

Nachdem der Rabe seine Kleider getrocknet hatte, blickte er auf das Meer hinaus. Da sah er einen mächtigen Walfisch nahe dem Ufer schwimmen. Dem rief er zu: „Wenn du wieder aus dem Wasser an die Luft kommst, schließe die Augen und öffne dein Maul weit!" Mittlerweile schlüpfte er schnell in seinen Rock, zog seine Maske herunter, nahm den Feuerbohrer unter den Arm und flog über das Wasser. Inzwischen kam der Wal wieder empor und tat, wie ihm gesagt war. Kaum sah der Rabe den offenen Rachen, als er auch schon flugs schlankweg durch die Kehle des Walfisches hindurchflog (*Verschlingen*). Der Wal verschloß darauf sein Maul und fuhr wieder in die Tiefe (*Meerfahrt*), während der Rabe drinnen stand und um sich schaute. Er sah sich am Eingang eines schönen Raumes, an dessen anderem Ende eine Lampe brannte. Er war überaus erstaunt, ein schönes junges Mädchen darin sitzen zu sehen (Verwischter *Frauenraub*?). Der Raum war trocken und sauber. Das Dach wurde von dem Rückgrat des Tieres gestützt, während dessen Rippen die Wände bildeten. Aus einer Röhre, die am Rückenknochen angebracht war, tropfte langsam Öl in die Lampe. Als der Rabe eintrat, sah die Frau auf und rief aus: „Wie kommst du hierher? Du bist der erste Mann, der jemals hier hinein kam." Rabe erzählte ihr den Verlauf dieses Abenteuers, und sie bat ihn, auf der andern Seite des Zimmers Platz zu nehmen. Diese Frau war die Seele oder Inua des Wales, welcher ein weiblicher Walfisch war. Sie bereitete ihm alsdann Essen, gab ihm Beeren und Öl und erzählte ihm derweilen, daß sie die Beeren vor einem Jahre gesammelt habe. Vier Tage blieb Rabe als Gast der Inua im Walfischleibe und während dieser ganzen Zeit grübelte er darüber nach, was das wohl für eine Röhre sei, die längs des Daches des Hauses hinlief. Jedesmal, wenn die Frau den Raum verließ, verbot sie ihm, die Röhre zu berühren. Als sie nun einmal wieder die Kammer verließ, ging er zu der Lampe, streckte seine Klaue aus und fing einen großen Tropfen auf, den er mit der Zunge ableckte. Das schmeckte aber so süß, daß er den Versuch wiederholte und dann fortfuhr, einen Tropfen nach dem andern, so schnell sie niederfielen, aufzufangen. Allmählich wurde ihm das aber bei seiner Gier zu langsam und so langte er denn hinauf und brach ein Stück von der Röhre ab und aß es. Kaum war das aber geschehen, als auch eine große Ölwelle, das Licht verlöschend, in den Raum sich ergoß und das Gemach selbst gewaltig hin- und herzurollen begann; das währte vier Tage, und Rabe war fast tot vor Müdigkeit und infolge des Geräusches, das ihn während der ganzen Zeit umtoste. Dann wurde es ruhig und der Raum lag still da. Der Rabe hatte nämlich eines seiner Herzgefäße abgebrochen (*Herz*) und der Wal war darauf gestorben. Die Inua kam nicht wieder zurück, und der Walfisch trieb ans Ufer (*Landen*). Nunmehr war Rabe aber ein Gefangener. Während er darüber nachdachte, wie er wohl entschlüpfen könne, hörte er zwei Männer auf dem Rücken des Tieres sprechen und verstand deren Verabredung, alle Leute aus ihrem Dorfe zur Hülfe herbeizubringen. Das geschah alsbald, und die Leute hatten auch in kurzer Zeit in den oberen Teil des Walfisches ein Loch geschnitten. Als dasselbe groß genug war (*Öffnen*) und just alle Leute mit Fleischstücken fortgegangen waren, um sie auf das hohe Ufer zu tragen, schlüpfte Rabe unbemerkt hinaus (*Ausschlüpfen*). Auf dem Ufer angelangt, fiel ihm jedoch ein, daß er seinen Feuerbohrer im Walfisch hatte liegen lassen. Er entfernte alsbald seinen Rock und seine Maske und kurze Zeit später sah das Volk einen kleinen schwarzgefärbten, in fremdartige Tierhaut gehüllten Mann herantreten. Alles blickte neugierig auf ihn. Der Mann erbot sich, ihnen zu helfen, streifte seine Ärmel zurück und machte sich ans Werk. Bald darauf rief ein im Innern des Wales arbeitender Mann: „Seht, was ich gefunden habe! Ein Feuerbohrer im Walfisch!" (*Feuerentzünden*?) Kaum hatte Rabe das gehört, als er sagte: „Das ist schlimm, denn meine Tochter hat mir gesagt, daß, wenn ein Feuerbohrer in einem Walfisch gefunden und er von Menschen aufgeschnitten würde, viele von diesen sterben würden. Ich werde wegrennen." Er krempelte seine Ärmel wieder herunter und lief von dannen. — Alles Volk beeilte sich, sein Vorbild nachzuahmen und lief von dannen. Und der Rabe hatte somit fürs erste den ganzen Schmaus für sich allein.

F. Walfischmythe der Hundsrippen- und der Hasenfellindianer. — Ein schöner junger Mann ging am Meeresufer spazieren. Da schwamm ein Walfisch übers Wasser herauf. „Walfisch, verschlucke mich!" sagte der junge Mann. Alsbald stürzte er sich ins Wasser, und der Walfisch verschluckte ihn (*Verschlingen*) — so erzählt man. Drei Tage wohnte er in dem Bauche des Walfisches. Hierauf beweinte seine Schwester diesen jungen Mann ununterbrochen. Sie ging am Gestade auf und ab und weinte. Plötzlich erschien der Walfisch von neuem. Sie hörte die Stimme ihres Bruders aus dem Bauche: „(Meine) Schwester, (meine) Schwester, ich bin so unglücklich, der Walfisch verbrennt mich in seinem Bauche (*Hitze*). Deshalb bitte ich dich inständig, meine Schwester, wirf einen deiner Schuhe nach dem Walfisch, um mich aus ihm herauszuziehen," — sagte er unter Tränen. So löste denn das Mädchen einen ihrer Schuhe, warf ihn nach dem Walfisch und hielt ihn am Schnürband fest — so erzählt man. Da ergriff der Jüngling den Schuh, und infolgedessen spie ihn der Walfisch wieder aus — so erzählt man (*Ausschlüpfen*). Am Ufer des Meeres spie er ihn aus, er war fast tot, aber immerhin noch ein wenig am Leben. Deshalb war der Walfisch sehr unzufrieden und peitschte das Wasser mit dem Schwanz. Infolgedessen entstanden gewaltige Wellen. Sie türmten sich noch höher als Berge und breiteten sich über die Erde aus, so daß sie überschwemmt wurde (Flut). Nur den jungen Mann und seine Schwester tötete das Wasser nicht — so erzählt man.

G. Walfischmythe der nordwestlichen Algonkin. — (Die Mythe beginnt mit einer Menschenfressermythe, die die meisten Motive gut erhalten aufweist: Ballverlust, Armausreißen etc. Dieselbe fährt nach der Schilderung des Todes der Menschenfresser folgendermaßen fort:)

Im nächsten Frühjahr machte sich der Zwerg einen großen Bogen und mehrere Pfeile, welch letztere er zum größten Ärger seiner Schwester alle in den See schoß. Dann schwamm er ihnen nach und tat dabei, als ob er am Ertrinken wäre, damit seine am Ufer stehende Schwester recht um ihn weine und klage. Auch rief er noch obendrein: „Großer Fischkönig, komm und verschlucke mich!" Und der große Fischkönig ließ auch nicht lange auf sich warten, schwamm herbei und verschluckte ihn (*Verschlingen*). Ehe er nun im Maule dieses Fisches verschwand, glaubte seine Schwester noch das Wort „Mesuschkisinens" zu hören, das sie aber nicht augenblicklich zu deuten wußte. Nach längerem Nachdenken meinte sie, er wünsche vielleicht einen alten Mokassin. Sie suchte also einen solchen hervor, band ihn an ein Seil, warf ihn ins Wasser und befestigte das Seil an einem nahestehenden Baum. Der Fischkönig war ungeheuer neugierig, was das für ein wunderlicher Gegenstand sei, der da herumschwamm. Er bat den Knaben in seinem Bauche um Auskunft. „Schwimm schnell hin und friß es", raunte ihm dieser in die Ohren, und der Fisch schluckte den alten Schuh auch wirklich herunter. Da freute sich der Kleine, ergriff das Seil mit beiden Händen und zog sich samt dem Ungeheuer ans Ufer (*Landen*). Die Schwester erstaunte ob der ungeheueren Größe des Fisches, nahm aber ihr Messer und stach ihn tot. Darauf kroch der Bruder wohlbehalten aus dem Bauche (*Ausschlüpfen*) und befahl seiner Schwester, das Fleisch zu trocknen und nie mehr an seinen außerordentlichen Fähigkeiten zu zweifeln.

H. Die Walfischmythen der Völker auf der Nordostspitze Asiens. — Der Rabe oder des Raben Sohn nimmt die Form des Donnervogels an, trägt einen Walfisch in seinen Klauen von dannen, wird aber von dem Wale verschlungen, als er sich zu weit über dessen Maul beugt (*Verschlingen*). Walfisch und Rabe stürzten in die See. Der Rabe tötet jedoch den Walfisch, indem er an dessen Herz pickt (*Herz*) und kommt dann heraus (*Ausschlüpfen*). In der Coryakversion aus dem nördlichen Kamtschatka ist der Rabe durch die Annäherung einiger Leute erschreckt, schlüpft in das Maul eines toten Walfisches (*Verschlingen*) und kommt heraus, nachdem sie den Leib aufgeschnitten haben (*Öffnen*). Als er herausschlüpft (*Ausschlüpfen*), fliegt der Rabe von dannen; seine Haut ist mit Öl bedeckt. — In einer andern Erzählung schlüpft der Schwiegersohn des Raben in den Wal (*Verschlingen*) und wird eine lange Zeit in der See mit herumgeschleppt (*Meerfahrt*), indem er sich fortwährend von dem Fleische des Wales ernährt. — Das Ereignis von verschluckten Lebewesen wird auch noch auf andere Tiere als auf den Walfisch bezogen. So verwandelt sich z. B. der Rabe in das Aas eines Renntieres. das zum Teil vom Wolf (hier haben wir also die Beziehung zum fernen Westen Asien-Europas, wo der Wolf der Verschlingende ist: siehe, was nachstehend über das deutsche Märchen und die deutsche Götterdämmerung gesagt ist!) verschlungen wird (*Verschlingen*). Auf diese Weise gelangt der Rabe in den Leib des Wolfes, und gelingt es ihm, denselben mit seinen Krallen zu töten. — In einer Coryakerzählung gehen zwei Vogelweiber zu einer Höhle am Ufer, eine nach der andern. Sie werden von einem Kala-Riesenweibe verschlungen (*Verschlingen*), aber es gelingt ihnen, zu entschlüpfen und sich einen Ausgang zu bereiten mit ihren Klauen (*Öffnen, Ausschlüpfen*).

(Was wir zunächst von Bogoras an Bruchstücken erhalten haben, beweist uns, welch reiche Materiale bei den Tschuktschen und deren Nachbarn noch zu finden sind. Es ist sicher, daß, wenn wir heute schon den ganzen Stoff übersehen könnten, wir noch eine ganze Reihe von wichtigen Motiven finden würden. Wir können nur die Hoffnung aussprechen, daß die Publikation dieser Mythen bald erfolgen möge.)

Die Walfischmythen des inneren Nordamerika.

(Vor anscheinend nicht allzulange verflossener Zeit haben sich Stämme aus dem Inneren an die Nordwestküste und in das nordkalifornische Küstengebiet verschoben. Wenn der Leser in der Reihe der Mythen aus dem „inneren“ Nordamerika einige Typen aus den Küstengebieten vorfindet, so ist dies mit dieser Völkerbewegung zu erklären. Während die eigentlichen Walfischsagen sowohl im Westen bei den pazifischen Völkern als auch im Osten bei den Alkonkin, Schiroki und Ponca in glücklicher Ausbildung zu finden sind, treffen wir auf dem dazwischen liegenden Streifen, der sich von der kalifornischen Küste nach dem Mackenzie hinaufzieht, im Norden die unter F. und G. aufgeführten schwächlichen Verbindungsglieder und im Süden die unter I—N gebotenen Abwandlungsformen, welch letztere insofern einen absolut kontinentalen Charakter tragen, als hier der Walfisch verschwunden ist und an seine Stelle Bären, Elche und Bisons traten. Diese Ersetzung des Walfisches durch die großen Tiere der Landjagd kann nur im Inneren des Erdteils und nicht an der Küste erfolgt sein. Aus diesem Grunde werden besagte Mythen in diesem und nicht in dem vorigen Abschnitte aufgeführt.)

I. Bärenmythe der Heiltsuk. — Stskins (eines kleinen Vogels) ältere Brüder gingen in den Wald, um zu jagen. Sie kehrten aber ohne Beute zurück und waren sehr traurig, denn sie hatten nichts zu essen. Da nahm Stskin seinen Bogen und seine Pfeile und ging in den Wald. Bald ward er einen grauen Bären gewahr. Er setzte sich vor ihn auf einen Zweig und verspottete ihn, indem er rief: „O wie groß ist deine Nase“. Darüber ward der Bär zornig und verschlang ihn (*Verschlingen*). Stskin flog aber unverletzt hinten wieder zum Bären hinaus (*Ausschlüpfen*), setzte sich abermals auf einen Zweig und verspottete ihn. Der Bär verschluckte ihn zum zweiten Male (*Verschlingen*), doch Stskin flog hinten wieder hinaus (*Ausschlüpfen*). Zum dritten und vierten Male verschluckte ihn der Bär. Da zerbrach Stskin seinen Bogen in dem Magen des Bären und machte einen Feuerreiber daraus. Seinen Regenmantel benutzte er als Zünder und entzündete ein großes Feuer im Magen des Bären (*Feuerentzünden*). Dann flog er hinten wieder hinaus (*Ausschlüpfen*). Zuerst mußte der Bär husten, da der aufsteigende Rauch seine Kehle reizte. Dann schlugen die Flammen aus allen seinen natürlichen Öffnungen hervor, und er verbrannte elendiglich. Stskin flog nun nach Hause und sprach zu seiner Mutter: „Rufe doch alle Leute und laß sie mit mir in den Wald gehen, ich habe einen großen Bären getötet.“ Die Mutter glaubte ihm nicht, sondern sagte: „Du wirst mir doch nicht vorlügen wollen, daß du etwas gefangen hast, während deine älteren Brüder mit leeren Händen zurückgekehrt sind?“ (Jüngste.) Da nahm Stskin ein Messer, flog in den Wald und schnitt dem Bären die Nase ab. Diese brachte er seiner Mutter, und da wußte sie, daß der kleine Stskin den Bären getötet hatte. (Dieselbe Mythe wiederholt sich bei den Bilqula.)

K. Aus der Wandermythe der Chinook. — Nach einiger Zeit erreichten sie einen See, auf dem ein Schwan schwamm. Derselbe hatte zwei Köpfe (*Drachenköpfe*). Der jüngere Bruder schoß ihn und sprang dann in den See, um ihn ans Land zu holen. Kaum hatte er den Schwan ergriffen, so verschwand er unter Wasser (*Verschlingen*). Da weinte sein älterer Bruder. Er erhitzte viele Steine und warf dieselben in den See (Glutstein), welcher zu kochen begann und austrocknete. Da sah er auf dem Boden viele Ungeheuer. Er ergriff sein Messer und schnitt einem nach dem andern den Bauch auf, fand aber seinen Bruder nicht. Endlich blieb nur ein kleines Ungeheuer übrig, und als er dieses aufschnitt (*Öffnen*), fand er seinen Bruder, der den zweiköpfigen Schwan in der Hand hielt. Er trug ihn zum Wasser, blies auf ihn, und derselbe erhob sich. (*Ausschlüpfen* selbstverständlich.)

L. Aus der Wandermythe Shushwap. — Die Brüder gingen weiter und kamen nach Savanners Ferry. Dort stand ein großer Elch mit gespreizten Beinen über dem Fluß und tötete alle, die über den Fluß zu gehen versuchten. Er zog die Boote ans Land und verschlang sie (*Allverschlingen*). Als die Brüder dort ankamen, wußten sie nicht, wie sie vorankommen sollten. Der Älteste sprach: „Ich werde ein Floß bauen und hinunterfahren.“ Seine Brüder wollten es nicht erlauben. Er aber kümmerte sich nicht um sie, sondern machte ein Floß. Als er fertig war, stieg er darauf und ließ es den Fluß hinabtreiben. Als er dicht an den Elch herankam, schlürfte derselbe das Floß mit den Insassen herunter (*Verschlingen*). Da weinten die Brüder, denn sie glaubten, er sei tot. Die Stangen des Flosses gingen aber geradwegs durch den Elch hindurch. Der Wanderer machte drinnen ein Feuer (*Feuerentzünden*) und kochte sich ein gutes Mahl. Dann ergriff er das Herz des Elches und drückte daran. Da fing er an, von einer Seite des Flusses zur andern zu schwanken. Als die Brüder das sahen, sprachen sie zueinander: „Was mag mit dem Elch geschehen sein?" Als er nun wieder von einer Seite zur andern schwankte, wo die Brüder standen, schnitt der Wanderer im Innern das Herz ab (*Herz*), und es fiel tot nieder. Die Brüder zogen es ab und schnitten es auf. Als sie nun den Magen öffnen wollten, rief der Älteste aus dem Innern: „Paßt auf und schneidet mich nicht!" Da öffneten sie den Magen vorsichtig (*Öffnen*) und fanden nun, daß ihr ältester Bruder sich drinnen ein Mahl bereitet hatte (*Ausschlüpfen* selbstverständlich). Die Brüder aßen ihm alles auf.

M. Elchmythe der Chinook. — (Es mag genügen, die Hauptzüge der Mythe auszugsweise hier wiederzugeben.)

Die Großmutter fordert den Enkel auf. Elche zu jagen. Er jagt allerhand Tiere, aber tötet keine Elche. Endlich macht er sich auf und ruft: „Komm heraus aus den Wäldern, Elch, wir wollen fechten, wir wollen tanzen!" Nacheinander kommen nun allerhand Tiere, die der Enkel aber verspottet, bis endlich der männliche Elch selbst erscheint. Der Enkel überlegt sich, wo er hineinschlüpfen soll, in den Mund, in die Nasenlöcher, in die Ohren oder in den Anus. Endlich schlüpft er in den Anus (*Verschlingen*). Drinnen zerschneidet er den Leib in Stücke (*Herz; Öffnen.*) Nachdem er herausgekommen ist (*Ausschlüpfen*), zerlegt er den Elch und geht nach Haus. Er neckt seine Großmutter, indem er vorspiegelt, er hätte allerhand Tiere erlegt, bis es herauskommt, daß er den Elch getötet hat.

N. Bisonmythen der Mönitarier. — Die Mönitarier erzählen, daß einmal eine Jagdgenossenschaft einen Knaben verlor und sie in der Annahme waren, daß er von den Sioux, mit denen sie damals Krieg führten, getötet worden sei. So brach dann eines Tages eine Kriegerschar auf, um den Tod des Knaben im Kampfe zu rächen. Auf der Kriegsfahrt trafen sie einen Bison. Sie verfolgten und töteten ihn. Wie groß war aber ihr Erstaunen, als sie beim Öffnen des Leibes (*Öffnen*) den wohlerhaltenen und lebenden Knaben erblickten (*Ausschlüpfen*), der darin nicht weniger als ein volles Jahr zugebracht hatte. Als er aus seinem lebendigen Gefängnis befreit war, erzählte er, daß er vor Jahr und Tag abseits jener Jagdgenossenschaft diesen Büffel verfolgt und getötet habe. Er hatte die eine Seite des Tieres geöffnet und war, als ein Regen anhub und die Nacht nahe bevorstand, in den Leib des Tieres hineingekrochen (*Verschlingen*), um so Schutz zu finden; die Eingeweide hatte er vorher herausgenommen. In der Nacht war aber, während er schlief, alles vorher abgeschnittene Fleisch wieder neu gewachsen, und hatte der Körper sich wieder geschlossen. So war es ihm unmöglich gemacht, herauszukommen. Das Tier war wieder heil und lebendig geworden und hatte ihn eingeschlossen immer mit sich herumgetragen.

O. Fischmythe der Algonkin. — Nokomis erzählt ihrem Enkel Manabozho, wie sie in früheren Zeiten Öl zum Einfetten der Haare erhalten habe, das ihr jetzt sehr fehle. „Gut", sagt Manabozho, „Noko, hol' Zederrinde und mach mir eine Leine, während ich mein Boot baue." Als alles fertig war, begab er sich auf die Mitte des Sees, um zu fischen. Er warf seine Leine aus und rief: „Me-she-nah-ma-gwai (der Name des Fischkönigs), beiße an meinen Köder an." Dieses rief er mehrmals. Endlich sagte der König der Fische: „Manabozho stört mich. Forelle geh' du hin und pack die Leine." Die Forelle tat so. Manabozho begann seine Leine emporzuziehen, das war aber so schwer, daß das Boot dabei bis zur senkrechten Lage heruntergezogen wurde; er zog aber weiter, indem er rief: „Wha-ee-he! Wha-ee-he!" bis er die Forelle zu Gesicht bekam. Als er sie erkannte, rief er ihr zu: „Weshalb hast du denn an meinen Haken angebissen? Esa! Esa! (Soviel wie schäme dich! schäme dich!) du häßlicher Fisch!" Als die Forelle so ausgescholten war, ließ sie den Angelhaken fahren.

— Manabozho warf seine Leine wieder auf das Wasser und rief: „Fischkönig, pack meine Leine!" Aber der König der Fische befahl einem riesigen Sonnenfische, anzubeißen; denn Manabozho störte ihn mit seinem ununterbrochenen Rufen. Manabozho zog mit den Rufen „Wha-ee-he, Wha-ee-he" mit aller Kraft die außerordentlich schwere Last empor, unter deren Gewicht das Kanoe in Kreisen herumwirbelte. Als er aber den Sonnenfisch sah, rief er aus: „Esa, Esa, du abscheulicher Fisch, weshalb hast du meinen Angelhaken beschmutzt, indem du ihn in das Maul genommen hast? Laß ihn gehen, ich sage dir, laß ihn gehen!" — Der Sonnenfisch tat so und erzählte dem König der Fische, was Manabozho gesagt hatte. Just im gleichen Moment kam der Köder in die Nähe des Königs, und als er gleichzeitig Manabozhos ununterbrochene Rufe: „Me-she-nah-ma-gwai, pack meinen Haken an!" hörte, tat er zuletzt der Aufforderung Folge und war so gnädig, sich an die Oberfläche des Wassers ziehen zu lassen, welche er aber kaum erreicht hatte, als er mit einem Zuschnappen Manabozho und sein Boot herunterschluckte (*Verschlingen*). Wie er zu sich kam, fand der Held sich und ebenfalls sein Kanoe im Bauche des Fisches. Er wandte nun seine Gedanken auf die Frage, wie er wohl diesem Gefängnis wieder entfliehen könnte. In sein Boot schauend, gewahrte er seine Kriegskeule, mit welcher er sofort auf das Herz des Fisches loszuschlagen begann. Er fühlte aber auch gleich darauf eine gewaltige Erschütterung, als wenn er mit großer Geschwindigkeit hin und her geworfen würde. Der Fisch bemerkte inzwischen zu seinen Genossen: „Ich fühle mich im Leibe krank, seitdem ich den schmutzigen Kerl, den Manabozho heruntergeschluckt habe!" Gleichzeitig fühlte er aber auch, daß er einen weiteren gewaltigen Schlag gegen sein Herz erhielt. Inzwischen dachte Manabozho: „Wenn ich in der Mitte des Sees herausgeschleudert werde, werde ich ertrinken; dem muß ich vorbeugen." Er ergriff also sein Kanoe und stellte es quer vor die Kehle des Fisches und er hatte dies kaum fertig gestellt, als der Fisch auch schon versuchte, sich zu übergeben und ihn herauszubrechen, was ihm nun aber nicht mehr gelang. Manabozho wurde hierbei übrigens von einem Eichhörnchen unterstützt, welches unbemerkt mit ihm hineingeschlüpft war und für seine Müheleistung mit einèm schönen Namen belohnt wurde. — Dann erneuerte Manabozho seinen Angriff auf das Herz des Fisches (*Herz*). Und es glückte ihm auch nach wiederholtem Zuschlagen, den Fisch zu töten, was er an dem Nachlassen der krampfhaften Bewegungen und auch daran merkte, daß der Körper an das Ufer geschleudert wurde (*Landen*). Er hörte das Schurren des Leibes auf dem Sande. Eine Zeitlang wartete Manabozho ab, was sich nun wohl ereignen würde. Endlich hörte er Vögel über dem Leibe kreischen (*Vogelhülfe*), und mit einem Male fiel ein Sonnenstrahl von oben herein. Da sah er denn die Köpfe der Möven, welche durch die Öffnung, die sie in den Leib des Fischkönigs gepickt hatten, hineinschauten. „O“, rief da Manabozho aus, „meine jüngeren Brüder, macht die Öffnung größer, damit ich herausgehen kann.“ Die Vögel erzählten einer dem andern, daß ihr Bruder Manabozho im Innern des Fisches sei. Unverzüglich gingen sie daran, das Loch so weit zu erweitern (*Öffnen*), daß Manabozho in kurzer Zeit seine Freiheit zurückerlangte (*Ausschlüpfen*). Die Möven erhielten zur Belohnung von Manabozho einen schönen Namen.

P. Fischmythe der Schiroki. (Erste Version.) — In alten Zeiten lebte im Tennessee-Fluß ein großer Fisch, den man Dakwa nannte. Der war so mächtig, daß er mit Leichtigkeit einen Menschen verschlucken konnte. Einmal fuhr ein mit Kriegern gefülltes Boot über den Fluß, als der Dakwa sich plötzlich unter dem Nachen aus dem Wasser erhob und das Fahrzeug mit allen Insassen in die Luft schleuderte. Als sie wieder niederfielen, schnappte der Fisch einen von ihnen auf, verschluckte ihn (*Verschlingen*) und schwamm auf die Tiefe des Flußbettes (*Meerfahrt*). Sobald der verschlungene Jäger zum Bewußtsein kam, versicherte er sich zunächst, daß er keinen Schaden genommen habe. Es war jedoch so heiß (*Hitze*) und eng in dem Innern des Dakwa, daß er fast erstickte. Als er nun im Finstern herumtastete, griff er in einen Haufen von Muscheln, die das Ungeheuer verschluckt hatte. Er ergriff eine derselben, gebrauchte sie an Stelle eines Messers, und begann sich einen Weg zu schneiden. Bei dem Schaben wuchs das Unbehagen des Fisches, und so kam er denn an die Oberfläche des Wassers, um Luft zu holen. Der Mann fuhr fort, sich seinen Weg weiter zu schneiden, zu kratzen und zu schaben, bis der Fisch unter furchtbaren Qualen an der Oberfläche des Wassers über den Strom hinschwamm, wobei er das Wasser mit seinem Schwanz zu Schaum peitschte. Zuletzt war das Loch so weit, daß der Mann herausschauen konnte (*Öffnen*). Da gewahrte er, daß das Dakwa in seichtem Wasser nahe dem Ufer war. Sobald der Fisch das erreicht hatte (*Landen*), kroch er vorsichtig, damit es der Fisch gar nicht merke, zu seiner Seite heraus (*Ausschlüpfen*) und watete ans hohe Ufer, sich auf den Rückweg nach Hause machend. Die Flüssigkeit im Bauche des großen Fisches hatte aber sein ganzes Haar weggebrüht (*Haare*), und er blieb danach kahlköpfig.

Q. Fischmythe der Schiroki. (Zweite Version.) — Ein Junge wurde von seinem Vater mit einem Auftrage ausgesandt. Er hatte aber keine Lust, denselben auszurichten und rannte an das Wasser. Nachdem er eine Zeitlang im Sande gespielt hatte, kamen einige ihm bekannte Jungen im Kanoe angefahren und luden ihn ein, sich zu ihnen zu gesellen. Glücklich über eine Gelegenheit, fortzukommen, stieg er in das Boot; kaum war er aber in demselben, als es höchst unangenehm zu schaukeln und zu kippeln begann. Die Jungen gerieten in große Bestürzung und in der Verwirrung fiel der ungehorsame Knabe in das Wasser und wurde sogleich von einem großen Fische verschlungen (*Verschlingen*). Als er einige Zeit in dem Bauche des Fisches gelegen hatte, wurde er hungrig. Und als er nun um sich schaute, gewahrte er, daß die Leber des Tieres über seinem Kopfe hing. Er begann nun mit einer Muschelschale, mit der er gespielt hatte und die er noch in der Hand hatte, ein Stück abzuschneiden (*Herz*). Diese Operation schmerzte den Fisch und er spie den Knaben aus (*Ausschlüpfen*).

Einige Drachenmythen Nordamerikas.

R. Drachenmythe der Comox. — Und der Wanderheld ging weiter zu einem Ort, wo ein Ungeheuer von der Gestalt eines Tintenfisches in einem See wohnte, das jeden verschlang, der hinabging, um Wasser zu holen (*Allverschlingen*). Niemand wagte sich mehr herunter, und die Dorfbewohner starben vor Durst. Nur ein alter Mann wußte sich zu helfen. Er fuhr täglich hinüber zu einer Insel und fing roten Schellfisch. Er ließ das Fett aus und trank es. So kam es, daß er und sein Enkel am Leben blieben, während alle Leute um sie herum starben. Als der Wanderheld ankam und die Not der Dorfbewohner sah, beschloß er, das Ungeheuer zu töten. Er befahl seinen Begleitern, große, flache Steine glühend zu machen. Als die Steine heiß waren, setzte er sich einen als Hut auf und bedeckte mit den andern seinen Körper. Da nahm er den Eimer in den Arm, ging zum See hinab und plätscherte im Wasser, um die Aufmerksamkeit des Tintenfisches zu erregen. Es dauerte auch nicht lange, so tauchte er auf, und streckte seine langen Arme aus, um den Wanderhelden zu seinem Maule herabzuziehen. Aber sobald er die glühenden Steine mit den Saugnäpfen berührte, fielen diese herab. Endlich sprang das Ungeheuer gar auf des Helden Kopf und hätte ihn fast überwunden, aber der glühende Stein, welchen jener als Hut trug, tötete es (Glutstein). Dann zerschnitt der Held es und warf die Teile nach allen Richtungen hin ins Meer. Er sprach: „Ihr sollt euch in Tintenfisch verwandeln und künftig den Menschen als Nahrung dienen." Den Magen warf er aufs Land, wo er in einen großen Stein verwandelt wurde; den Kopf versenkte er ins Meer, dort erzeugt er noch heute gefährliche Wirbel und Stromschnellen.

S. Drachenmythe der Newettee. — Als der Held einige Zeit gewandert war, kam er zu einem Dorfe und sah mit Erstaunen, daß aus keinem der Häuser Rauch aufstieg. Er ging in jedes einzelne Haus, aber er sah niemand. Endlich im letzten Hause fand er einen Mann und dessen Enkelin, ein kleines Mädchen, die einzigen Bewohner des Dorfes. Er fragte: „Wo sind denn alle eure Landsleute?" „Das Ungeheuer Tsekis, das in jenem See haust, hat alle getötet. Sobald jemand hinabging, um Wasser zu holen, kam es und verschlang ihn (*Allverschlingen*). Wir sind die einzigen Überlebenden." Er blieb im Hause mit dem Mann und dessen Enkelin. Eines Tages sprach er zu dem Kinde: „Geh hinab zum See und hole mir Wasser.“ Dem aber widersetzte sich der Alte aufs heftigste und wollte es nicht dulden. Er aber rief: „Nein, sie soll und darf nicht gehen! Tsekis soll mir nicht das letzte meiner Kinder auch noch entreißen und gewiß wird er sie fressen, wenn sie geht.“ Der Wanderheld aber suchte ihn zu beruhigen. Er gab dem Kinde den Eimer, band ihr den Gürtel aus der Haut des Sisiutl um und hieß sie gehen. Er folgte ihr, sah wie der Tsekis auftauchte und das arme Kind verschlang (*Frauenraub; Verschlingen*). Da ergriff der Wanderheld einen Stock, und indem er auf einem Steine Takt schlug, sang er: „Sisiutl, werde lebendig und töte ihn, erwache und töte ihn!“ Kaum hatte er ausgesungen, so kam das Ungeheuer aus den Tiefen empor und wand sich in Todesqualen. Die Knochen aller Menschen, die es verschlungen hatte, spie es aus (*Allausschlüpfen*). Dann erschoß der Wanderheld es mit seinen Pfeilen. Er setzte die Knochen wieder zusammen und besprengte sie mit dem Wasser des Lebens. Da standen sie auf und rieben sich die Augen, als wenn sie geschlafen hätten (*Wiederbeleben*).

T. Aqmythe der Thompson-River-Indianer. — Sieben Frauen gingen in die Berge, um Wurzeln zu graben und nahmen einen Knaben mit sich. Sie gelangten in die Gegend des Platzes, an den sie zu graben gedachten und schlugen dort am Abend ihr Lager auf. Kurz nachdem sie sich niedergelassen hatten, hörten sie aus weiter Entfernung einen Schrei herüberschallen. Der Ruf kam näher; sie wunderten sich, was das wohl sein möchte. Es klang wie: „Aq, Aq, Aq!“ Dreimal hintereinander, worauf dann eine Pause erfolgte. Die Stimme näherte sich dem Lager und kurze Zeit darauf kam vom Waldrande, in das freie Feld tretend, ein Mann von gigantischer Gestalt, der von Seite zu Seite schaute, das Gesicht nach oben wandte und „Aq, Aq, Aq!“ rief. Er trat in das Lager. Die Frauen sprachen ihn an, er antwortete aber stets nur mit seinem Aqruf. Eine sagte: „Wahrscheinlich will er Fischrogen haben“, und diejenigen, welche unter ihren Speisen Fischrogen hatten, boten ihm solchen an; er wandte aber sein Gesicht ab und rief: „Aq!“ Die Frauen sagten dann: „Laßt ihn nur, er wird wahrscheinlich allmählich fortgehen. Wir können uns inzwischen zum Schlafen niederlegen.“ Sie legten sich nieder. Als sie alle eingeschlafen waren, tötete der Mann eine nach der andern, riß ihren Leib auf und verzehrte ihre Herzen (*Herz* (?), *Verschlingen, Frauenraub*). Der Knabe hatte sich unter einem umgekehrten Korb versteckt und wartete, bis der Mann fortgegangen war. Dann lief er so schnell wie möglich nach Hause und erzählte den Leuten, was sich ereignet hatte. Sieben Mann bewaffneten sich und begaben sich unter der Führung des Knaben nach dem Schauplatz des traurigen Ereignisses. Die Männer verkleideten sich, bemalten ihr Antlitz, steckten ihr Haar auf, um möglichst frauenähnlich auszusehen. Ferner trugen sie Körbe und Grabstöcke, auch hatten sie ihre Waffen dicht am Körper versteckt. Sie erreichten den Ort und fanden die toten Frauen. Dann zündeten sie ein mächtiges Feuer an und warteten bis zum Beginn der Nacht. Da hörten sie denn auch den langsam sich nähernden Schrei, und endlich trat der Mann mit dem Rufe „Aq“ in das Lager. Sie stellten sich ihm gegenüber möglichst freundlich, boten ihm Nahrung an, umzingelten ihn aber gleichzeitig. Zuerst griffen diejenigen, die hinter ihm standen, an, dann fielen alle miteinander über ihn her und streckten ihn nieder. Sie öffneten dann seinen Leib und warfen die einzelnen Teile seines Körpers in die verschiedenen Himmelsrichtungen (den umwohnenden Völkern zu). In seinem Innern fanden sie die Herzen der Weiber, welche sie in den Busen der entsprechenden Frauen wieder niederlegten, und als jede Frau wieder ihr Herz an ihrer Stelle hatte, erhob sie sich und sagte: „Ich habe eine lange Zeit geschlafen.“ (*Wiederbelebung.*) Die Männer und der Knabe erzählten ihnen aber, was sich ereignet hatte, und sie waren sehr erstaunt.

U. Drachensage Algonkin. — Ein Knabe hatte einst eine zweiköpfige Schlange (*Drachenköpfe*) gefangen und in eine Schachtel gesteckt, wo er sie zehn Winter lang mit Vogelfleisch fütterte. Im Verlauf dieser Zeit wurde sie aber so groß und stark, daß sie nur fette Bären, Hirsche und Büffel zu sättigen vermochten, was dem inzwischen zu einem mutigen Jäger herangereiften Knaben viel Mühe verursachte (*Schlangengroßziehen*). Als er eines Tages ausgegangen war, kroch die Schlange aus ihrer Behausung hervor, trat alle Bäume wie Gras nieder und drohte, alle Menschen zu verschlingen (anstatt *Allverschlingen*). Die Krieger vermochten mit ihren besten Waffen nichts gegen sie auszurichten und mußten sich eilends in eine geräumige Höhle flüchten (*Höhle*), in welche sie ihrer Größe wegen nicht folgen konnte. Lauernd und züngelnd blieb sie daher vor dem Eingange liegen, und alle Versuche, sie zu verscheuchen, schlugen fehl. Nun hatte einer dieser Krieger einen Traum, daß, wenn er seine Pfeile mit dem Haar seiner Schwester, das über medizinische Zauberkräfte verfügte, schmückte, dieselben die Haut der Schlange durchdringen würden. Er folgte also diesem Traume und war auch wirklich so glücklich, mit dem ersten Schuß das Herz des höllischen Reptils vollständig zu zerstören, so daß es augenblicklich tot niedersank. Auf diese Art wurden die Menschen vor ihrem sicheren Untergange errettet.

V. Drachenmythe der Seneka. — Ein Knabe fing einst eine zweiköpfige Schlange (*Drachenköpfe*), nahm sie mit nach Haus und tat sie in eine Schachtel. Er fütterte sie jeden Tag mit jungen Vögeln, wodurch sie allmählich so groß wurde, daß er ihr einen andern Wohnplatz geben mußte. Er setzte sie oben auf das Wigwam und fütterte sie regelmäßig weiter. Mit der Größe wuchs aber auch ihr Appetit, und zuletzt hatte das ganze Dorf nichts anderes zu tun, als für den Unterhalt der Riesenschlange auf die Jagd zu gehen (*Schlangengroßziehen*). Dies wurde den Leuten mit der Zeit natürlich zu lästig, und da die Schlange nicht ging, beschlossen die Einwohner, sie zu verlassen. Doch dies merkte das Ungeheuer und legte sich rings um das Dorf, sodaß es niemand verlassen konnte. Sie schossen zahllose Pfeile erfolglos auf sie ab; zuletzt aber zwang sie doch der Hunger, einen Ausfall zu wagen. Dabei wurden nun alle mit Ausnahme eines Kriegers und seiner Schwester verschlungen (*Verschlingen*). Dieser Krieger träumte nun, daß, wenn er einen Pfeil mit dem Haare seiner Schwester bewickle und denselben auf das Herz der Schlange abschösse, er sie töten würde. Der Krieger tat es denn auch, und es dauerte nicht lange, so lag das Ungetüm in

Todeskämpfen und spie alle verschlungenen Leute wohlbehalten wieder aus (*Ausschlüpfen*).

W. Drachenmythe der Navahos. — (Bei den Navahos tritt die Drachenmythe als Fortsetzung der Feuerdiebstahlmythe auf. Es waren auf der Erde fast alle Menschen von den Ungeheuern am Weltrande verschlungen worden (*Allverschlingen*), und die beiden Sonnenhelden waren zu ihrem Vater, der Sonne, gepilgert, um sich von diesem die zum Drachenkampf notwendigen Waffen zu holen. Einer der beiden Zwillinge zieht nun in den Kampf.)

Der Sonnenheld macht sich auf, um das Ungeheuer Teelget zu bekämpfen. Am Rande des Plateaus angelangt, sieht er unter sich, mitten in der Ebene, das Geschöpf liegen. Während er darüber nachsinnt, wie er das Scheusal überwinden könne, naht sich die Erdschildkröte und verspricht ihm zu helfen. Sie gräbt einen Gang bis unter das liegende Teelget. Von da aus gräbt sie auch nach den anderen drei Himmelsrichtungen Gänge und geht von unten, von der Mitte dieses Kreuzes aus direkt nach oben, auf solche Weise gerade auf die Herzgegend Teelgets stoßend. Von der Herzgegend schneidet sie dem Tiere die Haare ab. Als Teelget fragt, was das bedeuten solle, sagt die Erdschildkröte, sie wolle aus den Haaren ein Lager für ihre Jungen machen, worauf sie zu dem Sonnenhelden durch den unterirdischen Gang zurückkehrt. Der Held steigt nun durch die Höhle (*Höhle*) bis zu dem Raum unter Teelget und zielt mit dem Pfeil genau auf die von Haaren entblößte Stelle. Teelget gerät in Raserei und reißt mit seinen Hörnern die Gänge auf, in denen der Held immer glücklich von einem in den andern entrinnt, bis das Ungeheuer zusammenbricht. Der Held traut sich nicht näher, aber das Erdeichhörnchen schleicht sich heran und stellt den Tod fest.

Die Walfischdrachenmythen Zentral- und Südamerikas.

(Daß die Zentral-Amerikaner gut und klar ausgebildete Mythen, die unbedingt in diesen Kreis gehören, besessen haben, geht aus den Anspielungen schon hervor, die dem Mythologen bereits beim ersten Durchblättern der einschlägigen Literatur auffallen. Ich überlasse es aber besseren Kennern der zentral-amerikanischen Verhältnisse, den Versuch zu unternehmen, die erhaltenen Bruchstücke zu einem festen Ganzen organisch wieder zusammenzufügen. Es sei nur darauf hingewiesen, daß der Heldenkampf mit der Waldschlange, dann die Bedeutung des Südmeeres als „im Rachen der Schlange“ und ähnliches mehr von vorne herein die Aussicht auf Auffindung eines reicheren Quellmateriales eröffnet. Die kosmogonische Schöpfungsmythe, welche die Helden in den Leib der Erdenriesin hineinkriechen, diesen zerteilen und aus ihm Himmel und Erde schöpfen lassen, — eine Mythe, welche sich direkt an die deutsche und andere Schöpfungsmythen anlehnt, werde ich kurz in der nachfolgenden Besprechung der Schöpfungsmythe, der Tiamatmythe usw. erwähnen. An dieser Stelle mögen nur noch zwei Mythen aus dem südamerikanischen Kulturkreise folgen.)

X. Die Walfischmythe aus Britisch-Guiana. — Die Omar sind Fabelwesen, riesig gestaltete Krebse oder Fische, die in den Stromschnellen hausen und die Fischer mit ihren Booten in die Tiefe ziehen. Von einem Omar, der im Ouropocarifall am Essiquibo wohnen soll, erzählt man folgendes: Dieser Omar pflegte sich von verwittertem Holz zu nähren, und er zog viele Boote, die er für schwimmende Baumstämme hielt und deren Insassen auf solche Weise ertranken, in die Tiefe. Da wickelte denn eines Tages ein Ackawoi-peaiman (Zauberer) zwei Holzstöcke, mit deren Hülfe Feuer gebohrt werden kann, so sorgfältig ein, daß sie im Wasser nicht feucht werden konnten. Alsdann tauchte er in der Mitte des Wasserfalles und gelangte derart in den Bauch des Omar (*Verschlingen*). Drinnen fand er ganze Stöße faulen Holzes. Mit dem Feuerholz entzündete er eine Flamme und setzte den ganzen Holzstoß in Brand (*Feuerentzünden*). Da packte gewaltiger Schmerz das in seinem Innern brennende Ungeheuer: der Omar kam an die Oberfläche (*Landen*), spie den Peaiman aus (*Ausschlüpfen*) und starb.

Y. Walfischmythe der Bakairi. — Ewaki schickte die beiden Knaben (Keri und Kame) aus, das Wasser zu holen. Sie wanderten drei Tage. Sie fanden drei Töpfe, die der Ochobiwasserschlange gehörten. In den Töpfen war Wasser, in zweien war gutes Wasser, aber in dem dritten war schlechtes, von dem man nicht trinken kann, ohne zu sterben. Diesen dritten Topf ließen sie ganz, sie wollten gutes Wasser haben. Die zwei anderen Töpfe zerschlugen sie: das Wasser, das aus dem einen abfloß, war der Paranatinga, das Wasser des andern der Ronuro und Kulisehu. Keri nahm sich des Paranatingawassers, Kame des Ronuro-Kulisehuwassers an. Beide Flüsse liefen weiter und Keri und Kame liefen jeder hinter dem seinen; sie riefen einander zu, damit sie sich nicht verlören. Auf einmal hörte Kames Rufen auf. Keri schrie und schrie, doch die Antwort blieb aus. Da ließ er den Paranatinga stillstehen und warten und ging zum Ronuro. Der dumme Kame hatte sich den schlechtesten Fluß ausgesucht, er konnte nicht mit ihm fertig werden: das Wasser wurde groß und breit und Kame ertrank. Ein gewaltiger Jahufisch verschluckte ihn (*Verschlingen*). Keri kam und fand den Ronuro stillstehend, Kame verschwunden. Sogleich ging er ans Fischen; er fing drei Jahus und einer war dick geschwollen. Dem riß er den Bauch auf und erblickte nun Kame, der tot war (*Öffnen*); er legte die Leiche auf große, grüne Blätter und blies sie an. Da stand Kame auf und sagte: „Ich habe gut geschlafen (*Wiederbeleben*). „Nein," rief Keri, „du hast ganz und gar nicht geschlafen! Ein Jahu hat dich gefressen." Mit dem Ronuro wollten sie nichts mehr zu tun haben: Keri ließ eine Ente kommen und befahl ihr, das Wasser mitzunehmen. So geleitete die Ente den Fluß wieder weiter und die beiden Knaben begaben sich zu Keris Paranatinga, der noch geduldig wartete. „Das ist das Wasser," sagte Keri, „das wir mitnehmen wollen." Drei Tage liefen sie mit ihm talwärts. Da kamen sie zum Salto des Paranatinga, allein es war noch kein Wasserfall, sondern nur trockener Fels. Sie selbst brachten jetzt das Wasser zum Salto und ließen es jenseits des Falles warten. Aber da sie nun hierblieben, ließ Keri bald Enten und Tauben kommen und andere Vögel, die das Wasser mitnahmen und weiterführten. (Vogelhülfe?)

VI.

Die Walfischdrachenmythen Afrikas.

Unter allen Erdteilen hat Afrika bis jetzt den geringsten Bestandteil an Mythenbildungen zu unserer Kenntnis gebracht. Wenn man sagen kann, daß entsprechend den geographischen und wirtschaftlichen Bedingungen Amerika die typischen Jägervölker und die typischen Tiermythen gebildet hat, dann kann man von Afrika sagen, daß in seinen Gebieten, sowohl im Wirtschaftsleben wie im ganzen Geistestreiben das Garten- und Hackbauerntum und das manistische, spiritistische Grübeln mit seinem Hokuspokus zu Hause und vorherrschend ist. Der Spiritismus unserer Tage ist allerdings bedeutungslos gegenüber den fundamentalen Erscheinungen des alten Manismus. Aber wo auch immer die Totenwelt, die Gespensterfurcht und die Sehnsucht, mit dem Verstorbenen in Verkehr zu treten, ausgeprägter auftritt, da nimmt das eigentliche umbildende, und natürlich um so mehr das neubildende Geistesleben den Typus des Verkümmerns an. Die Quellen des Manismus haben niemals mythen- oder epenbildende Fruchtbarkeit besessen. Deshalb glaube ich, daß, wenn es auch erst einmal gelungen sein wird, sich noch weiter in das Seelenleben der Neger Afrikas zu vertiefen, daß dennoch eine große Ausbeute an Mythen nicht zu erhoffen ist. Um so mehr fällt natürich dasjenige auf, das vorliegt, und dies ganz besonders, wenn, wie dies der Fall ist, die Mythologien in einer Gegend gefunden werden, in der sie von früheren Forschern am wenigsten vermutet wurden. Vor allen Dingen haben die Südländer in Afrika manches gute Material geliefert. Das ist die erste Provinz. Die zweite Gruppe ist im Norden gelegen, da, wo die Semitoiden und der Mohammedanismus sich angesiedelt haben. Die Tatsachen dieser zweiten Provinz setzen nicht in Erstaunen. Während wir aber aus dem Innern, zumal aus dem Kongogebiet nichts erwarten, können wir nur unser Erstaunen darüber aussprechen, daß an der Ostküste bis jetzt so wenig gefunden ist. Die Schätze müssen auf jeden Fall dort liegen. Aber wo sind die Schatzgräber? Die deutsche Kolonialverwaltung hat in diesem Punkte ihre Verpflichtungen auf wissenschaftlichem Gebiete noch nicht erfüllt, und es ist sehr die Frage, ob diese Lücke überhaupt ausgefüllt werden wird.

Die Walfischdrachenmythen Südafrikas.

A. Die Litaolanemythe der Basuto. — Uns wurde erzählt, daß früher einmal alle Menschen zugrunde gingen. Ein ungeheures Tier, Kammapa mit Namen, verschlang sie alle, groß und klein (*Allverschlingen*). Es war ein schreckenerregendes Geschöpf: die Entfernung von einem Ende des Körpers zum andern war so bedeutend, daß selbst das schärfste Auge es kaum auf einmal übersehen konnte. Nur ein Weib blieb auf Erden übrig, das der Wildheit Kammapas entging, indem es sich sorgfältig vor ihm verbarg. Die Frau empfing einen Sohn und brachte ihn in einem alten Stalle (wohl statt *Höhle*) zur Welt. Sie war übrigens überaus überrascht, als sie bei näherer Besichtigung des Kindes fand, daß sein Hals mit einem Halsband von bezauberndem Schmucke geziert war (Sonnenjuwel). „Da das so ist,“ sagte sie, „soll sein Name Litaolane oder der Bezauberer sein. Armes Kind! In was für einer Zeit ist es geboren! Wie wird es ihm möglich sein, dem Kammapa zu entgehen! Was kann ihm sein Schmuck nützen?“ Während sie so sprach, las sie ein wenig Stroh auf, um für ihr Kind ein Lager herzurichten. Als sie den Stall wieder betrat, war sie starr vor Überraschung und Schrecken; das Kind hatte bereits die Größe eines ausgewachsenen Mannes erreicht und sprach Worte voll Weisheit (Sonnenaufwachsen). Er trat dann ins Freie und war erstaunt über die Einsamkeit, die um ihn herum herrschte. „Mutter,“ sagte er, „wo sind die Menschen? Ist kein anderer außer dir und mir auf der Erde?“ „Mein Kind,“ erwiderte die Frau zitternd, „noch vor kurzer Zeit waren die Täler und Berge mit Menschen bedeckt; aber das Untier, dessen Stimme die Felsen zittern läßt, hat sie alle verschlungen.“ „Wo hält sich dieses Untier auf?“ „Dort ist es, nahe bei uns.“ Litaolane nahm ein Messer und ging, taub gegen die flehenden Bitten seiner Mutter, um den Verschlinger der Welt anzugreifen. Kammapa öffnete seinen schrecklichen Rachen und verschlang ihn (*Heldenverschlingen*). Aber das Kind des Weibes war nicht tot, es betrat, mit seinem Messer bewaffnet, den Magen des Ungeheuers und zerschnitt seine Eingeweide (*Herz*). Kammapa brüllte fürchterlich und brach zusammen. Sofort begann Litaolane, sich einen Ausgang zu öffnen, aber die Spitze seines Messers ließ tausende von menschlichen Wesen aufschreien, die lebendig mit ihm begraben waren. Zahllose Stimme ließen sich von allen Seiten vernehmen, die ihm zuriefen: „Nimm dich in acht, du durchbohrst uns.“ Es gelang ihm jedoch, eine Öffnung zu machen (*Öffnen*), durch welche die Völker der Erde mit ihm aus dem Bauche Kammapas herauskamen (*Allausschlüpfen*). Die vom Tode befreiten Menschen sprachen untereinander: „Wer ist der Mann, der vom Weibe geboren, nie die Spiele der Kindheit erfahren hat? Woher kommt er? Er ist ein Ungeheuer, kein Mensch. Er kann mit uns nichts gemein haben: laß uns ihn zwingen, von der Erde zu verschwinden.“ Bei diesen Worten machten sie eine tiefe Grube, deckten ein wenig Rasen darüber und richteten darüber einen Sitz her; dann lief ein Bote zu Litaolane und meldete ihm: „Die Ältesten deines Volkes sind versammelt und wünschen, daß du kommst und in ihrer Mitte Platz nimmst.“ Das Kind des Weibes kam, aber als es dem Sitz nahe war, stieß es schlauerweise einen seiner Gegner darauf, der augenblicklich für immer verschwand.

(Die Verfolgung wird fortgesetzt. Es wird auf ihn geschossen; man bemüht sich, ihn in ein großes Feuer zu werfen: als er eines Tages verfolgt wird, verwandelt er sich in einen Stein und läßt sich von seinen Verfolgern über den Fluß werfen, worauf er auf der andern Seite seine ursprüngliche Gestalt wieder annimmt — ein Motiv, das auch in der Zulumythologie heimisch ist.)

B. Die Hubeanamythe der Basuto. — Hubeana ist der Sohn eines Weibes, das nach der Verschlingung der übrigen Menschen durch ein Ungeheuer (*Allverschlingen*) allein am Leben geblieben war. Plötzlich zu einem kraftvollen Jüngling erstarkt (Sonnenaufwachsen), will er dem Menschenmörder seine Beute entreißen, geht aber denselben Weg wie die andern (*Heldenverschlingen*). Jedoch schneidet er behutsam ein Loch in den Bauch des Ungeheuers (*Öffnen*), schlüpft hinaus (*Ausschlüpfen*), und alle, die verschlungen waren, folgen ihm (*Allausschlüpfen*). Die Geretteten haben ihn aber schlecht belohnt, da sie ihn wegen seiner Klugheit und Macht beneideten und verfolgten, ohne ihm jedoch schaden zu können.

C. Die Unanana-boselemythe der Zulu. — Es war da eine Frau, die hatte zwei kleine sehr hübsche Kinder; ein anderes Kind pflegte sich bei ihnen aufzuhalten. Die Frau hatte im Vertrauen auf ihre eigenartigen höheren Kräfte ihr Haus am Wege aufgebaut. Als die Mutter einst ausgegangen war, um Feuerholz zu holen, waren die Kinder allein zu Hause. Die einzelnen Tiere kamen nun des Weges und besuchten die Kinder. Es kam auch ein sehr großer Elefant; der fragte sie, wer sie wären und verschluckte die beiden kleinen Kinder der Frau (*Verschlingen*), während das besuchende Kind verschont blieb. Als die Mutter nun nach Hause zurückkehrte, erzählte dieses Kind, daß der Elefant die beiden andern verschlungen habe und dann fortgelaufen sei. Unanana-bosele, die Alte, fragte: „Sind sie tot?“ Das kleine Kind (Mädchen) antwortete: „Nein, ich weiß es nicht.“ Unanana-bosele machte sich nun auf den Weg. Sie hatte einen Topf mit Speise mitgenommen und folgte dem Elefanten. Die Tiere berichteten ihr auf ihre Frage, wo der Elefant hingelaufen sei, und sie fand ihn endlich. Sie fragte nun auch den Elefanten, wo der Elefant sei, der ihre Kinder verschlungen habe. Der Elefant riet ihr, weiterzugehen. Aber sie fragte wieder und wieder, und endlich verschluckte der Elefant sie denn auch (*Verschlingen*). Als sie im Bauch des Elefanten angelangt war, sah sie da große Wälder, große Ströme und weites Land. Auf der einen Seite waren da viele Felsen; auch war da viel Volk (es geht also vorher *Allverschlingen*), welches sich seine Hütten gebaut hatte, sowie viel Rindvieh und Hunde. All das war im Leib des Elefanten. Sie sah da aber auch ihre beiden Kinder sitzen. Sie gab denen von der mitgebrachten Speise und fragte sie, was sie bis dahin hier drin gegessen hätten. Sie antworteten: „Wir haben nichts gegessen. Wie liegen nur immer so da.“ Sie fragte: „Weshalb habt ihr euch nichts von dem Fleisch gebraten?“ Die Kinder antworteten: „Wird uns das Tier nicht töten, wenn wir von seinem Fleisch essen?“ Sie sagte: „Nein, es wird selbst sterben! ihr werdet nicht sterben.“ Sie zündete ein großes Feuer an (*Feuerentzünden*). Sie schnitt die Leber ab, briet sie und aß sie mit ihren Kindern (*Herz*). Sie schnitten auch von dem Fleisch ab, rösteten es und aßen es. All das Volk, das sich dort befand, wunderte sich und rief aus: „Wahrhaftig, sie essen, während wir uns hier aufgehalten haben, ohne irgend etwas zu essen!“ Die Frau sagte: „Ja, ja, der Elefant kann gegessen werden.“ Da schnitt sich alles Volk etwas ab und aß es. Mittlerweile sprach der Elefant mit andern Tieren und sagte: „Seit ich die Frau verschluckt habe, bin ich krank. Es schmerzt in meinem Leibe.“ Die andern Tiere sprachen: „Das mag daher kommen, o Häuptling, daß so viel Volk in deinem Leibe ist.“ (Vergl. das Gespräch des Fischkönigs in der Algonkinmythe, als er Manabozho verschlungen hat; Seite 94). Nach langer Zeit starb aber der Elefant. Die Frau öffnete nun mit einem Messer seinen Leib und zerhieb eine Rippe mit einer Axt (*Öffnen*). Eine Kuh, eine Ziege, ein Hund und überhaupt alles Volk kam heraus und freute sich, daß es endlich wieder an das Tageslicht kam (*Allausschlüpfen*). Das Volk machte der Frau Geschenke: einige gaben Rindvieh, andere Ziegen, dritte Schafe.

D. Aus der Sikulumemythe der Zulu. — (Als die Knaben unter Sikulumes Führung nach dem Einfangen der als Vögel verzauberten Königssöhne (Sonnenvogelapfelfang) aus dem Kannibalenlande heimkehrten, war von allem Volk nur noch ein altes Weib, das sich im Aschenhaufen verborgen hatte (*Höhle*), übrig. Das fabelhafte Ungeheuer Inabulele hatte sie verschlungen (*Allverschlingen*) und war dann wieder in das Wasser gegangen.)

Darauf ging Sikulume mit den Knaben zum Flusse und sagte zu ihnen: „Ich werde jetzt in das Wasser gehen und meinen Assegai mitnehmen. Wenn das Wasser stark aufwallt, mögt ihr daraus erkennen, daß ich in den Leib des Inabulele gekrochen bin: wenn das Wasser rot wird, mögt ihr wissen, daß ich Inabulele getötet habe." Darauf warf er sich in das Wasser und tauchte hinab. Inabulele verschlang ihn (*Heldenverschlingen*), ohne ihn zu verletzen. Er sah nun seinen Vater und seine Mutter, viel Volk und Vieh (also alle vorher Verschlungenen). Darauf nahm er seinen Assegai und durchbohrte Inabulele von innen. Das Wasser wogte, bis daß Inabulele tot war. Darauf färbte es sich rot. Es ward nun in das Inabulele von außen ein Loch geschnitten (*Öffnen*), und alle Welt kommt heraus (*Ausschlüpfen*).

E. Die Kleinrotlleib-Mythe der Zulu. — Es war in alten Zeiten ein gewisser Knabe, dessen Name war Kleinrotleib. Eines Tages ging der Knabe aus, das Feld zu bestellen. Während des Hackens wurde er durstig, und er ging zu einem Teiche, um Wasser zu trinken. Inzwischen kam seine Mutter und sagte: „Trinke nicht von diesem Wasser, denn du weißt nicht, wer sein Besitzer ist." Er sagte: „Ich werde doch trinken." Darauf antwortete seine Mutter und sagte: „Du wirst durch den Besitzer des Wassers getötet werden." „Ich mache mir keine Sorge, denn ich werde allein sterben," antwortete er. Hierauf entgegnete seine Mutter: „Wenn du dies Wasser trinkst, werde ich hinweggehen." Also ging seine Mutter fort. Kleinrotleib trank alsdann. — „Warum hast du mein Wasser getrunken? Hat deine Mutter dich nicht davor gewarnt, dies Wasser zu trinken?" sagte der Besitzer des Wassers. „Ich werde dich töten, denn deine Mutter sagte dir, daß du nicht von diesem Wasser trinken solltest", wiederholte der Wasserbesitzer mehrmals. Danach schloß Kleinrotleib seine Augen und wurde durch das Ungeheuer verschlungen (*Verschlingen*). Das Ungeheuer ging dann zu dem Platze, an dem es lebte, nämlich in einen großen Wasserteich. Als das Ungeheuer diesen Wasserteich erreichte, blieb es wegen des Gewichtes seines Bauches außerhalb. Während das Ungeheuer eine Weile so verharrte, kam ein großer Frosch aus dem Teich und sagte: „Habe ich dir nicht gesagt, du solltest die Person, die dein Wasser trinkt, nicht verschlingen, weil du sterben wirst, und wir dann niemand haben werden, der für uns sorgt?" Nachdem der Frosch das gesagt hatte, sank er im Wasser unter. Nach Sonnenuntergang sagte das Tier: „Ich habe Bauchschmerzen.“ Darauf sammelten sich alle Tiere an diesem Wasserteich und er sagte: „Gebt acht, was ich euch jetzt sagen werde.“ Darauf paßten alle die kleinen Tiere in dem Wasser sorgfältig auf. Er sagte: „Ihr seid hier alle ohne Freund verlassen.“ Darauf gingen sie alle zu ihren Freunden. Nachdem sie alle fortgegangen waren, starb das Tier. Kleinrotleib lebte aber noch in dem Bauche des Tieres. Er holte sein Messer heraus und schnitt den Leib des Tieres auf (*Öffnen*) und kam heraus (*Ausschlüpfen*). Als er herausgekommen war, ging er nach Hause. Als er zu Hause angekommen war, sagte er zu seiner Mutter: „Habe ich dir nicht gesagt, daß ich nicht sterben würde?“ etc.

F. Menschenfressersage der Zulu.*) — War da einmal ein Mann und eine Frau, die hatten zwei Kinder, einen Sohn und eine Tochter. Diese Kinder lebten bei ihrem Großvater. Die Mutter war eine Kannibalin, der Vater aber nicht. Eines Tages sagten sie (die Kinder) zu ihrem Großvater: „Wir waren lange bei dir, jetzt würden wir sehr gerne einmal hingehen und unsere Eltern sehen.“ Der Großvater sagte: „Ho! Werdet ihr auch imstande sein, wieder zurückzukommen? Wißt ihr nicht, daß eure Mutter eine Kannibalin ist?“ — Nach einiger Zeit gab er seine Zustimmung. Er sagte: „Ihr müßt zu einer solchen Zeit fortwandern, daß ihr gerade am Abend ankommt, sodaß eure Mutter euch nicht sieht, sondern nur euer Vater.“ — Des Knaben Name war Hinazinci. Er sagte: „Laß uns nun gehen, meine Schwester.“ — Sie machten sich auf den Weg, als die Sonne untergegangen war. Als sie an ihres Vaters Haus kamen, lauschten sie von außen, um zu hören, ob ihre Mutter da wäre. Sie hörten nur die Stimme ihres Vaters, und so riefen sie ihn denn. Er kam heraus, und als er sie sah, wurde er traurig und sagte: „Weshalb seid ihr hergekommen, meine lieben Kinder? Wißt ihr nicht,

*) Die dieser Mythe eingefügten Motivnamen: „Verstecken, Menschenwitterung, Flucht,“ sind charakteristisch für die Frauendiebstahl-Menschfressermythen; siehe hierüber das vierte Buch. —

daß eure Mutter eine Kannibalin ist?“ Bald darauf hörten sie einen Ton wie einen Donner. Ihre Mutter nahte nämlich. Ihr Vater nahm sie mit herein, steckte sie in einen dunklen Winkel und bedeckte sie mit Häuten (*Verstecken*). Ihre Mutter kam mit einem Tiere und mit dem Körper eines Menschen herein. Sie stand und sagte: „Hier ist etwas. Was für einen lieblichen Geruch hat dies!“ (Menschenwitterung.) Sie sagte zu ihrem Manne: „Sohinazinci, was kannst du mir über diesen schönen Geruch, der in meinem Hause ist, sagen? Du mußt mir sagen, welches von meinen Kindern hier ist.“ — Der Mann antwortete: „Was träumst du? Sie sind nicht hier.“ — Sie kam in den Winkel, wo sie waren und nahm die Häute weg. Als sie sie sah, sagte sie: „Ich bin sehr traurig, daß ihr hier seid, denn ich muß Menschen essen.“ — Sie kochte für die Kinder und deren Vater das Tier, das sie mit nach Hause gebracht hatte und für sich selbst den toten Mann. Nachdem sie gegessen hatten, ging die Mutter hinaus. — Da sagte der Vater zu den Kindern: „Wenn wir uns zum Schlafen niederlegen, müßt ihr wach bleiben. Ihr werdet das Tanzen von Leuten, das Schreien von wilden Tieren und das Kläffen von Hunden in dem Leibe eurer Mutter hören. Daran werdet ihr erkennen, daß sie schläft, und ihr müßt euch dann schnell erheben und fortgehen.“ — Sie legten sich nieder. Der Mann und die Kinder stellten sich aber nur schlafend. Sie horchten nach den angekündigten Tönen. Nach einiger Zeit hörten sie denn auch das Tanzen der Leute, ein Heulen wilder Tiere und ein Hundekläffen! Da stieß sie der Vater an und sagte zu ihnen, sie müßten jetzt, wo die Mutter schliefe, gehen. Sie sagten ihrem Vater Lebewohl und krochen vorsichtig heraus, damit die Mutter sie nicht hören möchte. — (Hier beginnt die Flucht.) Nach Mitternacht wachte die Frau auf und nahm, als sie fand, daß ihre Kinder fortgegangen waren, ihre Axt und verfolgte sie. Sie waren schon ein ganzes Stück Wegs gegangen, als sie die Alte hinter sich sahen. Sie waren so müde, daß sie nicht mehr rennen konnten. — Als die Mutter ihnen nahe war, sagte der Knabe zu dem Mädchen: „Meine Schwester, singe deinen melodischen Gesang; vielleicht wird sie, wenn sie denselben hört, traurig und geht nach Hause, ohne uns zu vernichten.“ — Das Mädchen antwortete: „Sie wird jetzt auf nichts hören, denn sie verlangt nach Fleisch." — Hinazinci sagte: „Versuche es, meine Schwester, es ist vielleicht nicht vergebens." — Da sang sie denn ihren Gesang, und als die Kannibalin ihn hörte, rannte sie wieder zurück zu ihrem Hause und fiel über ihren Mann her, um ihn mit der Axt zu erschlagen, ihr Mann fing aber ihren Arm auf und sagte: „Ho! Wenn du mich totschlägst, wer wird dann dein Mann sein?" — Da ließ sie von ihm ab und lief wieder hinter den Kindern her. — Diese waren schon nahe dem Dorfe des Großvaters und waren schon ganz matt, als ihre Mutter sie erreichte. Das Mädchen fiel hin, und die Kannibalin fing und verschlang es (*Verschlingen*), dann rannte sie hinter dem Knaben her. Der fiel just am Eingange zu des Großvaters Haus ebenfalls hin, und sie nahm ihn auf und verschlang ihn ebenfalls (*Verschlingen*). Die Kannibalin fand nur die alten Leute und die Kinder des Dorfes daheim, da alle andern sich zur Gartenarbeit fortbegeben hatten. Sie fraß alles Volk, das zu Hause war und ebenso alles Vieh, das sie vorfand, auf (*Allverschlingen*). — Gegen Abend machte sie sich wieder auf den Rückweg nach ihrem eigenen Hause. Am Wege war ein tiefes Tal, und als sie an dasselbe kam, sah sie einen sehr schönen Vogel (beginnt: Vogelhülfe). Als sie sich demselben näherte, wurde der Vogel größer und größer, bis er zuletzt, als sie ihm sehr nahe war, so groß wie ein Haus (eine Eingeborenenhütte) geworden war. — Da begann der Vogel seinen Gesang zu singen. Das Weib schaute zu ihm und sagte zu sich: „Ich werde diesen Vogel mit nach Hause zu meinem Mann nehmen." — Der Vogel setzte seinen Gesang fort und sang: Ich bin ein hübscher Vogel des Tales, — du kommst und störst meinen Wohnsitz." — Der Vogel kam langsam auf sie zu, immer seinen Gesang fortsetzend. Als sie zusammen kamen, ergriff der Vogel die Axt der Frau und sang seinen Gesang immer weiter. — Die Kannibalin begann sich zu fürchten. — Sie sagte zu dem Vogel: „Gib mir meine Axt, ich will jetzt dein Fleisch nicht haben." — Der Vogel schlug einen ihrer Arme ab (Armausreißen). — Sie sagte: „Ich gehe jetzt fort; gib mir, was mir gehört." — Der Vogel hörte nicht auf sie, sondern setzte seinen Gesang fort. — Sie sagte wieder: „Gib mir meine Axt und laß mich gehen, mein Mann ist zu

Hause sehr hungrig: ich muß gehen und für ihn kochen.“ — Der Vogel sang lauter wie zuvor und schlug eines ihrer Beine ab. — Sie fiel nieder und schrie: „Mein Meister, ich habe große Eile nach Hause zu gehen, ich brauche nichts, was dir gehört.“ — Sie sah, daß sie in großer Gefahr war. Sie sagte wieder zu dem Vogel: „Du weißt noch nicht, wie hübsch dein Gesang gesungen werden kann: laß mich gehen und ich will ihn dir vorsingen.“ Der Vogel öffnete seine Schwingen weit und riß ihren Leib auf (*Öffnen*). Viel Volk kam heraus, die meisten von ihnen lebend; doch einige waren tot (*Allausschlüpfen*). Als sie herauskamen, fing sie dieselben wieder ein und verschlang sie wieder. Die beiden Kinder waren noch am Leben und sie rannten fort (*Heldenausschlüpfen*). Zuletzt starb die Frau. — Da war große Freude im Lande. Die Kinder kehrten zu ihrem Großvater zurück und auch alles Volk kehrte zurück und machte die Kinder zu Landesführern, weil durch sie die Kannibalin getötet worden war. — Das Mädchen heiratete später einen großen Häuptling, und Hinazinci erhielt die Tochter dieses Großen zum Weibe.

G. Allverzehrermythen der Buschmänner. — (Von diesen Mythen haben wir leider noch keinen vollständigen Bericht, da die Angaben von Bleek und Lloyd außerordentlich fragmentarisch sind. Jedenfalls ist soviel sicher, daß der Allverzehrer die Helden verschlingt (*Verschlingen*), daß aber ein anderer junger Held oder auch ein Kind den Leib des Allverzehrers aufschneidet (*Öffnen*) und die Helden wieder ans Tageslicht kommen (*Ausschlüpfen*).

H. Menschenfressermythe aus dem inneren Angola. — Eine Frau gebar Kinder. Als sie keine mehr zur Welt brachte, wuchsen die Kinder heran. — Der Vater starb. Einer, der ältere, sagte: „Ich will das Jägergewerbe lernen.“ Der jüngere sagte: „Ich will auch das Jägergewerbe lernen.“ Sie ergriffen ihre Flinten; sie machten sich auf den Weg, bis sie in die Wälder kamen. Sie sahen keine Beute. Es begann zu regnen; sie sagten: „Laß uns vor dem Regen fliehen.“ — Sie rennen; sie kommen zu dem Hause der Ma-kishi (Ogren); sie treten ein. Sie finden in demselben eine Mbanza (Musikinstrument) der Ma-kishi; sie spielen. Ein

Di-kishi (Singular von Ma-kishi) kommt; er trägt zwei Büffel. Er fragt: „Wer spielt hier die Mbanza?" Er hört, wie jemand darin sagt: „Wenn da ein starker Mann ist, trete er ein; du sollst die Nahrung meiner Hunde werden." Er bleibt draußen. Ein anderer Di-kishi kommt, er trägt auch drei Büffel. Er fragt den, der draußen geblieben ist: „Was ist denn in dem Hause, daß du davor fliehst?" Er sagt: „Ich floh vor zwei Menschen, die darin sind. Sie wollen uns als Nahrung für ihre Hunde töten." Es kommen noch andere dazu. Auch der Häuptling kommt. Der Häuptling fragt: „Weshalb flieht ihr vor dem Hause?" Sie sagen: „Wir fliehn vor zwei Menschen, die uns töten wollen." — (Die Ma-kishi wollen nun in das Haus gehen und die beiden Männer herausholen. Es entspinnt sich ein Kampf.) — Der ältere setzt sich nieder; der jüngere ficht mit den Ma-kishi; er tötet vier Ma-kishi. Es bleiben acht Ma-kishi übrig. Er tötet noch vier. Der jüngere setzt sich dann nieder. — Der ältere kämpft jetzt: er tötet die vier übrig bleibenden. Er ergreift den Häuptling: er schlägt dessen Haupt ab. Es kommt wieder ein Haupt hervor; er schlägt auch dieses ab. Da folgt wieder ein Haupt (*Drachenköpfe*). Der ältere sagt: „Wir können sie nicht töten; wir wollen uns niedersetzen!" — Der ältere verwandelt sich in einen Bagrefisch. Der Di-kishi nimmt ihn auf, er verschlingt ihn (*Verschlingen*). Der Bagre geht, um in seinem Herzen Umschau zu halten, in welchem die Schlüssel ihrer Häuser sind. (The bagre goes to look into his hearts, whether there are the keys of their houses.) — Wie die ganze Mythe der wörtlichen Übersetzung nach nicht ganz klar sein kann, so wird mir diese Stelle auch nach dem Vergleichen des Kimbundutextes nicht ganz verständlich. Ich vermute, daß es sich hier darum handelt, den Sitz des Lebens aufzufinden. Das wäre das Motiv: *Herz*; es kann sich aber ebensogut um ein *Öffnungs*-Motiv handeln. — Er findet sie, er nimmt sie, er kommt heraus (*Ausschlüpfen*). Der jüngere, der ihm folgte, schlägt das Haupt des Di-kishi ab. Der Di-kishi starb. — Sie öffneten die Räume. Sie fanden darin Sklaven; sie gaben ihnen zu essen. Sie gehen hinauf in das obere Stockwerk und öffnen es. Sie finden daselbst drei Frauen und geben ihnen ebenfalls zu essen. Sie sagen: „Laß uns hier leben!" — (Diesen

Schluß möchte ich dahin deuten, daß die beiden Heldenjünglinge, die früher von den Ma-kishi geraubten und nach älteren Versionen wahrscheinlich auch verschlungenen Menschen auffinden. Es würde sich hier also handeln um die beiden Motive *Allausschlüpfen* und *Preisjungfrau*. Ist diese Auslegung richtig, dann ist eine arge Verzerrung der Mythe auf dem Wege ihrer Wanderung von der Südostküste bis zur Westküste nachgewiesen. Dann dürfen wir ohne weiteres sagen, daß das letzte Aufsuchen und Öffnen der Räume sich früher nicht auf das Innere des Hauses, sondern auf das Innere des Ma-kishileibes bezog, und daß demnach das Herausschlüpfen erst nach der Auffindung und Fütterung der Sklaven und Frauen stattfand.)

I. Aus einer Unterweltfahrts-Heldenprobenmythe der Angolaneger. — (In dieser Mythe, auf die wir später im Kapitel XIV noch zurückkommen werden, nimmt die arg verkümmerte Walfischmythe die Stelle einer Heldenerprobung ein. Der Held hat seinen jüngeren Bruder daheim gelassen, er ist von seiner Wandergenossenschaft, nachdem er die Ma-kishi überwunden hat, in die unterirdische Höhle versenkt worden und auf dieses Bruderverfolgungsmotiv folgt die Wanderung in die Unterwelt. (Voraussenden muß ich noch, daß der Held (Sudika-Mbambi mit Namen) seinen Bruder Kabundungulu zu Hause zurückgelassen und ihm ein Todeszeichen zur Beobachtung übergeben hat. Sudika-Mbambi fordert von dem Unterweltsbeherrscher Kalunga-Ngombe dessen Tochter. Nachdem er eine Tat, die von ihm erforderrt wird, erfüllt hat, fährt die Mythe fort.)

Sudika-Mbambi sagt: „Na-kalunga-ngombe, gib mir nun deine Tochter." Na-kalunga-ngombe sagt: „Meine Tochter ist von Kinioka kia Tumba fortgeführt worden. Geh und hole sie zurück!" — Sudika-Mbambi macht sich auf den Weg; er langt bei Kiniokas Behausung an und fragt außenstehend: „Wo ist Kinioka hingegangen?" Das Weib von Kinioka sagt: „Er ist ausgegangen, um zu schießen." Sudika-Mbambi wartet eine Weile. (Er kämpft nun mit allerhand Ameisen, Bienen etc.) — Dann kommt ein Kopf von Kinioka; er schneidet ihn ab. Es kommt ein anderer Kopf; er schneidet ihn ebenfalls ab; er schneidet den Palmbaum von Kinioka (*Drachenköpfe*); er schneidet den Kopf ab. Dann kommt ein anderer Kopf; er schneidet den Kopf des Hundes Kiniokas ab; er schneidet den Kopf Kiniokas ab. Es kommt ein anderer Kopf; er schneidet den Bananenbaum Kiniokas ab; er schneidet den Kopf Kiniokas ab. Kinioka ist tot (*Drachenköpfe*). — Sudika-Mbambi tritt in das Haus Kiniokas ein. Er findet die Tochter Kalunga-ngombes (*Preisjungfrau*). Er sagt: „Laß uns gehen! Dein Vatet sendet mich nach dir.“ Sie kommen vor Na-kalunga-ngombes Haus an; er sagt: „Deine Tochter ist hier.“ — Na-kalunga-ngombe sagt: „Töte mir Kimbiji kia Malenda a Ngandu (etwa der große Krokodilsfisch), welcher meine Ziegen und Schweine gefangen hat.“ Sudika-Mbambi sagt: „Bring mir ein Milchschweinchen.“ Sie geben es ihm. Er steckt es an einen Haken; er wirft es in das Wasser. Kimbiji kommt, um es zu nehmen; er verschlingt das Schwein. Sudika-Mbambi beginnt zu ziehen; er stürzt in das Wasser. Kimbiji kia Malenda a Ngandu verschlingt ihn (*Verschlingen*). — (Inzwischen entdeckt zu Hause der jüngere Bruder Kabundungulu an dem vertrocknenden Kilembe (Todeszeichenmotiv), daß sein Bruder umgekommen ist. Er macht sich auf den Weg, geht durch die Höhle, in welche der erste Held gestürzt wurde, und gelangt so bei Kalunga-Ngombe an.) — Er fragt: „Wo ist mein älterer Bruder?“ Na-kalunga-ngombe sagt: „Kimbiji hat ihn verschlungen.“ Er sagt: „Gieb mir ein Schwein.“ Sie geben es ihm. Er steckt es an einen Haken, er wirft es in das Wasser. Kimbiji verschlingt den Haken. Kabundungulu fordert das Volk auf, Kimbiji herauszuziehen. Sie ziehen ihn heraus; er kommt an das trockene Land. — Kabundungulu nimmt sein Messer; er scheidet Kimbiji auf (*Öffnen*.) Er findet die Knochen seines älteren Bruders; er sammelt sie (statt *Ausschlüpfen*). Er sagt: „Mein älterer Bruder, erhebe dich!“ Sudika-Mbambi erhebt sich (*Wiederbeleben*). Der jüngere sagt: „Laß uns nun gehen, mein Bruder.“ Na-kalunga-ngombe gibt Sudika-Mbambi seine Tochter. — (Sie kehren zur Oberwelt zurück.)

Die Walfischdrachenmythen Nordafrikas.

K. Die Drachenmythe der Kabylen. — (Wie schon bei den Südafrikanern treffen wir auch hier eine große Reihe von wesentlichen Motiven des Zyklus der Menschenfressermythen. Somit gehört die Mythe eigentlich in den Bereich des Kapitels XV. Wenn ich dieselbe dennoch hier in ihrem ganzen Umfange wiedergebe, so geschieht es, um wenigstens für den vorliegenden Stoff das wichtigste und wesentlichste Material vereinigt zu haben.)

Ein Mann hatte zwei Frauen. Die eine hatte einen Sohn namens Mohamed ben Soltan, der Sohn der zweiten hieß Ali ben Aguemoun. Die Mutter des ersteren war gestorben und diejenige Alis überlebte sie und gab beiden Kindern die gleiche Nahrung, denn sie wußte nicht, welcher von beiden ihr Sohn war, derart glichen sie einander. Die Kinder verbrachten ihre Tage auf der Jagd. Eines Tages plauderte die Mutter mit anderen Frauen, während Ali in der Moschee war. „Warum machst du keinen Unterschied zwischen Mohamed und deinem Sohn?“ fragten sie. „Ich weiß nicht, welcher mein Sohn ist,“ antwortete die Frau. Die Frauen fuhren fort: „Bei ihrer Rückkehr von der Jagd töte eine Henne und lege dir ihre Eingeweide auf den Busen: dann tue, als ob du fällst, und schreie: Zu Hülfe, meine Kinder, ein Ochse hat mich gestoßen. Dein Sohn wird herbeieilen, und du mußt ihm dann ein Ohr verletzen, um ihn wiederzuerkennen. Wenn sie dann wieder zurückkehren werden von der Jagd, betrachte ihre Ohren: gieb deinem Sohne Weizenbrot und dem Sohne der andern Kleiebrot.“ — Alles geschah, wie verabredet. Eines Tages nahmen sie ihr Vesper ein. Als sie den letzten Bissen aßen, sagte Mohamed ben Ali: „O, mein Bruder, laß uns um Gottes willen diesen letzten Bissen Brot in den Brunnen werfen.“ „Gut,“ sagte Ali. Sie kamen zum Brunnen und warfen ihre Brotreste ins Wasser. Das Brot Alis sank hinab, dasjenige Mohameds schwamm oben auf. „O, mein Bruder,“ sagte Mohamed, „so schwimmt auch das Brot in meinem Magen. Deines dagegen sinkt hinab. Ich werde dieses Land verlassen.“ — „Warum, o mein Bruder, so scheiden?“ — „Weil unsere Mutter uns nicht gleich behandelt.“ — Dann fingen sie an zu weinen. „Was sollen wir tun, o mein Bruder," sagte Ali. — „Laß uns einen jungen Feigenbaum pflanzen," sagte Mohamed. „Wenn er verdorrt, so wirst du wissen, daß ich tot bin, wenn er grünt, wirst du wissen, daß ich noch lebe; wenn das Laub zu fallen beginnt, so weißt du, daß ich im Begriff bin, zu sterben." (Todeszeichen). — Und jeder entfernte sich nach einer andern Seite. — „Adieu, Ali." — „Adieu, Mohamed."

Mohamed nahm seinen Falken, seinen Windhund und sein Pferd. Er kam an einen Brunnen, wo er anhielt, um sich auszuruhen. Da kam die Königstochter und brachte einen Teller voll Reisbrei und ein Stück von einem Ochsen. — „O Mädchen," sagte zu ihr Mohamed, „gieb mir zwei Löffel von dem Reisbrei und ein Stück Fleisch." Sie antwortete ihm: „Unglücklicher Fremdling, wisse, daß in diesem Brunnen eine Schlange haust; ich bringe ihr diese Schüssel Reisbrei und dieses Stück Fleisch; wenn ich dir etwas davon gebe, so wird sie nicht gesättigt sein; sie hört auf, uns mit Wasser zu versorgen, und sie wird mich fressen." — Mohamed entgegnete: „Stelle deinen Reisbrei und das Stück Fleich hierher." — Im selben Augenblick erhob die Schlange ihren Kopf. — Mohamed versetzte ihr einen Säbelhieb, und der Kopf flog herunter. „Das ist nicht mein Kopf," sagte die Schlange. — Ein zweiter erschien und auch er flog herunter. — Sie erhob den dritten und wieder sprang er fort, sie erhob den vierten, dessen Maul schäumte; auch dieser ward abgehauen. — Der fünfte desgleichen; dieser schäumte und sprang herunter. Sie erhob nun den sechsten und auch dieser flog herunter. — Der siebente übertraf alle vorhergehenden an Größe. — Mohamed schlug ihn mit einem Säbelhieb ab und er flog zur Seite (*Drachenköpfe*). Als die Schlange tot war, gab der Brunnen viel Wasser. — Mohamed aß zwei Löffel Reisbrei und ein Stück Fleisch, und die Königstochter kehrte zur Stadt zurück, nachdem sie sich einer seiner Sandalen bemächtigt hatte. Als die Leute sie erblickten, sagten sie zueinander: „Dort kommt die Königstochter zurück; die Schlange hat sie nicht gefressen." — (Die gerettete *Preisjungfrau.*) — Sie kam zu ihrem Vater und sprach: „O mein Vater, ich habe dort unten einen Menschen gefunden, welcher mich um zwei Löffel Reisbrei und ein Stück Fleisch gebeten hat;

ich weigerte mich, es ihm zu geben; dann hieß er mich Reisbrei und Fleisch vor ihm hinsetzen und tötete die Schlange." — „Hast du irgend etwas von ihm mitgebracht?" fragte der Vater. — „Ich habe eine Sandale mitgebracht," antworte das Mädchen. — Der König ließ eine öffentliche Zusammenkunft anberaumen; er wollte allen Bürgern die in Frage stehende Fußbekleidung anmessen (Pantoffelgeschichte), Mohamed befand sich gerade in der Moschee. Er stach eine Nadel in das Knie seiner Tiere, damit sie hinkten: sein Pferd, sein Windhund, sein Falke hinkten; er selbst verkleidete sich in Lumpen (Verkleidung). Alle Einwohner der Stadt maßen die Sandalen an, sie paßten niemandem. Da sagte ein Mann zum König: „In der Moschee ist ein Fremdling in Lumpen, sein Pferd hinkt, sein Falke hinkt, sein Jagdhund hinkt." Man lief in die Moschee, man maß ihm die Schuhe an, sie paßten vollkommen auf seinen Fuß. Und der König sprach zu ihm: „Ich schenke dir meine Tochter; du sollst König werden, und ich werde dein erster Minister sein."

Eines Tages sprach Mohamed zu ihm: „Ich gehe auf die Jagd." „Es ist gut", entgegnete der Minister. „Du kannst dort und dort jagen, aber jage nicht dort, denn das ist das Reich der Menschenfresserin." Gewöhnlich jagte er bis zum Abend, und dann flogen die Rebhühner bis zu dem Orte, an dem die Menschenfresserin wohnte. Eines Tages sagte er zu seinem Minister: „Ich werde in das Gebiet der Menschenfresserin gehen; entweder wird sie mich töten oder aber ich töte sie." — So wanderte er in das Reich der Menschenfresserin. — Als diese ihn erblickt hatte, kam sie ihm entgegen: „Ich grüße dich, mein Sohn Mohamed ben Soltan." — „Ich grüße dich, du alte Hexe!" — „Hab acht, daß dein Pferd und dein Windhund und dein Falke mich nicht stoßen." — „Fürchte nichts." — Die Menschenfresserin trat her, band die Tiere mit Pferdehaaren fest und verschlang den Mann, das Pferd, den Falken und den Jagdhund (*Verschlingen*). Ali ben Aguemoun ging hin, um den Feigenbaum zu sehen und fand ihn vertrocknet (Todeszeichen). Sein Bruder war tot. Er begann zu weinen. Er ging weiter und kam an den Brunnen, wo sein Bruder die Schlange getötet hatte. Die Gattin seines Bruders kam und rief: „Ich grüße dich, o Sidi, wir dachten du wärst gestorben." — „Warum soll ich gestorben sein?“ — „Mein Vater hat zu dir gesagt: „Jage hier und dort, aber jage nicht dort. Denn dort ist das Reich der Menschenfresserin.“ — Ali ben Aguemoun begab sich zu dem Minister und ließ Speisen zubereiten, und Ali machte sich unverzüglich auf den Weg zur Behausung der Menschenfresserin. — „Schlage sie auf die Tätowierung ihrer Stirn,“ — sagte er zu seinem Pferd. „Kratze ihr die Augen aus,“ — sagte er zu seinem Falken. „Öffne ihren Leib,“ — sagte er zu seinem Jagdhund, „aber gib acht auf meinen Bruder, auf sein Pferd, auf seinen Falken und seinen Windhund!“ — Die Menschenfresserin erblickte ihn und kam ihm entgegen: „Ich grüße dich, mein Sohn Sidi ali ben Aguemoun, binde dein Pferd, deinen Falken und deinen Jagdhund fest.“ — Sie sind schon festgebunden!“ — „Wo soll ich beginnen? — „Fange bei dem Bauche des Pferdes an, denn es ist fett.“ — „Ich habe Furcht vor deinem Pferde!“ — „Fürchte nichts, alte Hexe!“ — Die Menschenfresserin trat heran, um das Pferd zu verschlingen, sie erhielt aber von demselben einen heftigeu Schlag mit dem Fuß auf ihre tätowierte Stirn, und sie fiel tot zu Boden. Der Falke flog hin (Vogelhülfe) und riß ihr die Augen aus (vielleicht *Herz?*) der Windhund zog vorsichtig den Menschen heraus, auch das Pferd, den Falken und den Jagdhund (also *Öffnen* und *Ausschlüpfen*). In ihrer Nähe kämpften zwei Taranteln, und eine tötete die andere. Ali sagte zur ersteren: „Fliehe von hinnen, du Böse, jetzt hast du deine Schwester getötet, weine über dein Unglück.“ — „Da ich sie getötet habe, —“ antwortete sie, „so werde ich ihr das Leben wiedergeben.“ — „Gut, gieb ihr das Leben wieder,“ antwortete Ali. Die Tarantel nahm ein Kraut, (Heilkraut) zerstieß es auf einen Stein, preßte den Saft in die Nase ihrer Schwester, die davon erwachte. Ali tat dasselbe mit seinem Bruder und dessen Tieren. (Wiederlebung) Mohamed stand auf und seine Tiere desgleichen: sie brachen zusammen zur Jagd auf, ließen das erlegte Wild braten, was ihnen großes Vergnügen verschaffte. Dann kehrten sie in den Palast zurück, wo man ihnen zu Ehren ein Fest feierte, welches sieben Tage und sieben Nächte währte.

L. Drachenmythe Senegambien. — Vor vielen Jahren war Bambouk von den Saracolais bewohnt. Das Land war fruchtbar.

fast im Überflusse brachte es Hirse und andere Lebensmittel hervor, die die Schwarzen gebrauchten. — Das Wild war leicht zu erjagen, die Herden gediehen und warfen für ihre Besitzer großen Nutzen ab. Mit einem Worte, alle Güter der Erde waren in Fülle im Lande, dessen Bewohner sich ganz besonders hätten glücklich nennen können, wenn es nicht ein Gesetz gegeben hätte, dessen Recht und Ursprung niemand mehr kannte: Sie mußten in jedem Jahre ein Menschenopfer bringen, und das war die Quelle eines ungeheuren Schmerzes vor allem für die betroffene Familie, der sich aber im selben Maße der ganzen Bevölkerung mitteilte. — Man wußte übrigens in Bambouk, daß der große Wohlstand, dessen man sich erfreute, nur unter der Bedingung fortbestand, daß in jedem Jahre ein junges Mädchen, die unter den Schönsten und Klügsten ausgesucht mit großer Pracht an einen schon längst bestimmten Ort im Sumpf gebracht wurde, wo sie die Beute einer riesengroßen Schlange wurde, die sich ihrer bemächtigte, sie auf den Grund des Wassers zog, ohne das man jemals wieder etwas von ihr sah (*Allverschlingen*). — Tausendmal hatten die Sarakolais schon versucht, sich von dieser entsetzlichen Steuer zu befreien: sie hatten Gold geboten, genug, um hundert Gefangene zu kaufen und so viel Reis und Ochsen, daß es genug gewesen wäre, hundert Krieger damit zu ernähren. — Das Ungeheuer war unerbittlich; sie wollte nur ein junges Mädchen, und man mußte nach den genannten Bedingungen auswählen und sie im Beisein der gesamten Bevölkerung zum Opfer führen. — Man hatte in Bambouk trotz alles Reichtums die Freude schon verlernt; die Mütter erfreuten sich nicht mehr ihrer Kinder und die jungen Männer zitterten, daß die, welche sie liebten, ihnen entrissen werden möchten; kurz, alle waren unglücklich. — Nur ein junger Mann und ein junges Mädchen fühlten ihr Herz nicht durch die Furcht vor der Schlange bedrückt. Sie waren Nachbarn, zusammen aufgewachsen und liebten sich zärtlich, sodaß sie nur den Verlauf der nächsten Ernte erwarteten um sich zu verheiraten. — Sie lebten glücklich, fanden immer einen Vorwand, um sich abends in den Feldern zu treffen, und an dem verabredeten Platze hatte das Mädchen stets ein Liebeswort für ihren Bräutigam in Bereitschaft, während der junge Mann, als Zeichen seiner Geschicklichkeit und Kühnheit, ihr ein prächtiges

Stück Wildpret oder die Haut eines wilden Tieres mitbrachte. — Eines Tages kam Coumba, so hieß das Mädchen, in Tränen aufgelöst an den Platz des Stelldicheins. Der junge Mann, welcher an diesem Tage vom Jagdglück ganz besonders begünstigt worden war, wollte sie die Trophäen bewundern lassen, als er den Schmerz seiner Geliebten bemerkte und sie bat, ihm die Ursache desselben zu sagen. Nach einem Tränenstrom erzählte sie ihm die Schreckenskunde, und die beiden Unglücklichen waren der Verzweiflung nahe. Bald jedoch ermannte sich der Jäger und riet dem Mädchen, in das Dorf zurückzukehren und die Tränen zu trocknen. — „Und wenn du selbst am Sterben wärest," so sagte er ihr, „so dürftest du nicht den Mut verlieren und müstest mir vertrauen, denn du wirst nicht das Opfer der gräßlichen Schlange, dieses zehnmal verwünschten Ungeheuers, sondern du wirst meine Frau werden." — Das arme Mädchen kehrte schluchzend zu ihren Eltern zurück, welche, wie man es sich leicht vorstellen kann, in Verzweiflung waren. — Inzwischen nahm der junge Mann alles, was er in seinem Hause fand und besuchte nacheinander alle Griots, alle Marabouts, alle einflußreichen Ältesten und beschwor sie, die Schlange dazu zu bringen, ein anderes Opfer als Coumba, seine Geliebte, anzunehmen. Aber die Furcht, dem Ungeheuer zu mißfallen, war so groß, daß jeder ihn schon bei den ersten Worten zurückwies; und so beschien die aufgehende Sonne alle Vorbereitungen zu dem schrecklichen Feste, welches in jedem Jahre mit großer Feierlichkeit begangen wurde. Die ganze Bevölkerung stellte sich in respektvoller Entfernung von dem Sumpfe auf, aus dem die Schlange kam, und die arme Coumba, die man mehr tot als lebendig herbeigeführt hatte, wurde an einen Baum festgebunden, wie es der Brauch war (*Preisjungfrau*). — Die Priester ließen das Tamtam ertönen, und die Frauen stießen von Zeit zu Zeit im Takt einen Schrei aus, wie es eben bei diesen Festen von alters her üblich war; alles wartete mit schmerzlicher Angst des Augenblicks, wo die Schlange, die schon nahe dem Ufer zu sein schien, — denn das Wasser des Sumpfes warf bereits Blasen, und endlich erschien der Kopf auf dem Wasser, — sich ihr Opfer holen würde. — Da erscheint das schreckliche Ungetier nach tausend Verzögerungen und Ansätzen, die selbst die Mutigsten erbebend macht; die Schlange nähert sich Coumba und betrachtet sie mit kaum zurückgehaltener Befriedigung: sie will sie eben ergreifen, als plötzlich der junge Liebhaber die Menge teilt. Er sitzt auf einem feurigem Rosse und ist mit einem Säbel bewaffnet. Alles Volk stößt einen Schreckensschrei aus, denn alle waren überzeugt, daß in diesem Jahre noch ein zweites Opfer fallen würde und dachten, weil alle überzeugt waren, daß es der junge Mann sein würde: „Nun wird die Schlange künftig auch noch einen Jüngling zu gleicher Zeit mit dem Mädchen verlangen.“ — Der junge Jäger läßt sich jedoch durch das Geschrei und die Gefahr nicht beirren; schneller als der Gedanke stürzt er sich auf die Schlange, welche schon das Mädchen erfaßt hat, um es wegzuschleppen, und mit einem Streich seiner Waffe streckt er die Schlange nieder und schneidet sie in zwei Stücke. — Dann nimmt er windesschnell Coumba hinter sich aufs Pferd und verschwindet mit ihr im Galopp, ehe die Einwohner des Dorfes ihn zu erreichen vermögen. Denn es ist für ihn zu befürchten, daß die Ältesten das liebende Paar doch opfern würden, um damit den Tod der Schlange zu sühnen, welche so lange das Land beherrscht hatte. — Schon am nächsten Tage wurde die Gegend von feindlichen Volksstämmen überschwemmt, welche mit Feuer und Schwert alle Dörfer verheerten, deren Einwohner Miene machten, Widerstand zu leisten. Andere Stämme bemächtigten sich durch Güte oder Gewalt der besten Landesstücke und der fettesten Herden Bambouks. — Heute haben die Sarakolais nur noch kleine Niederlassungen an Stelle ihrer großen Städte. Sie leben nur noch wie arme Bauern auf den von ihren Bezwingern verschmähten Landstrecken.

M. Dodomythe der Haussa. — Eine gewisse Frau ging mit ihrer Tochter und ihren Hunden auf die Farm, und als sie dort ein Haus gebaut hatten, wohnten sie in der Einsamkeit; sie kochten für ihre Hunde und für sich Essen; und sie machten Haferschleim für sie und sie tranken ihn. In der Nacht kam Dodo und schrie: sie riefen die Namen ihrer Hunde und diese trieben Dodo fort. Und als sie Dodo in den Wald gejagt hatten, kehrten die Hunde nach Hause zurück. In jeder Nachtstunde kam Dodo, und die Hunde trieben ihn immer wieder fort. Als die Mutter sich aufmachen wollte, um in die Stadt zu gehen, befahl sie ihrer Tochter, Haferschleim zu machen und ihn den Hunden zu trinken zu geben; sie befahl ihr, gute Nahrung für sie zu machen, sodaß die Hunde genug zu essen hätten. Das Mädchen sagte: „Schön so“. — Als aber die Mutter in die Stadt gegangen war, gehorchte sie den Worten ihrer Mutter nicht; und als ihre Freunde kamen, machte sie Haferschleim und gab ihn diesen und diese tranken ihn. Für die Hunde ließ sie nur den Abfall und diesen tranken sie nicht. Sie gab ihren Freunden Essen und diese aßen es, und das was verbrannt war, gab sie den Hunden, aber die Hunde weigerten sich, dies zu essen. Als es Nacht war, kam Dodo mit einem Schrei. Das Mädchen war erschrocken und rief die Hunde bei Namen „Shato! Shato!“ Shato kam, aber ging wieder weg und wollte Dodo nicht wegtreiben, sie rief nach Zari; er kam, aber entfernte sich auch wieder, ohne Dodo wegzutreiben.. Sie rief Shamukusa; er kam und ging wieder, ohne Dodo wegzutreiben. Jeder Hund kam und ging wieder weg. Dodo rief fortwährend laut, kam und ging in das Haus, und da blieb er stehen. Das Mädchen erhob sich, ging in ihr Zimmer und blieb dort, Dodo schrie, kam und ging in ihr Zimmer. Das Mädchen stieg in sein Bett. Dodo kam an das Bett. Das Mädchen kroch nun die Scheune herauf. Dodo schrie und ging in die Scheune. Das Mädchen kroch unter einen großen irdenen Topf. Dodo schrie und kam und verschluckte das Mädchen mitsamt dem Topf (*Verschlingen*). — Als ihre Mutter am nächsten Tage kam, schaute sie um sich, konnte jedoch ihre Tochter nicht sehen. Sie sagte: „Dodo hat das Mädchen verschlungen; das Mädchen hat Nahrung gemacht, aber hat dieselbe nicht den Hunden vorgesetzt; sie hat keinen Haferschleim gemacht, damit ihn die Hunde tränken.“ Nachdem die Mutter eine Masse Speise bereitet hatte, gab sie dieselbe den Hunden und diese fraßen sie auf und waren sehr befriedigt. Nachdem sie Haferschleim gemacht hatte, gab sie denselben den Hunden, die sie auch tranken und sehr zufrieden waren. In der Nacht kam Dodo wieder schreiend an; die Hunde erhoben sich, fingen Dodo, und nachdem sie Dodo getötet hatten, kam die Mutter des Mädchens, öffnete Dodos Leib (*Öffnen*) und fand den Topf; sie öffnete den Topf und fand ihre Tochter (*Ausschlüpfen*): sie war sehr froh.

ihre Tochter noch am Leben zu finden und daß sie nicht in Dodos Leib gestorben war. Ihre Mutter war glücklich, sehr glücklich, weil sie ihre Tochter noch lebend fand.

N. Spinnenmythe der Temne. — (Es wird mir von Kennern des Temnegebietes versichert, daß es eine Mythe gebe, in deren Verlauf Spinne das Feuer holen wollte und zu diesem Zwecke sich von einer Kuh verschlingen ließ, aus deren Leib dieser Tierheld auch glücklich wieder herauskommt. Bis näheres hierüber mitgeteilt werden kann, möge wenigstens auf eine verwandte Mythe hingewiesen werden. Dieselbe beginnt, nachdem geschildert worden ist, wie Spinne mit Tamba, einer mythischen Person, eine Kuh des Königs schon getötet, einen Teil von ihr genossen und den Ameisenbär als Sünder zum Tode befördert hatte.) Die Mythe fährt fort:

Als nun eines Abends, da die Leute des Königs schlafen gegangen waren, Spinne und Tamba dahin gegangen waren, wo sie die Kühe des Königs angebunden antrafen, ergriff Spinne seine Medizin, streichelte eine große Kuh und sagte: „Kuh laß einen Wind streichen, Kuh, laß einen Wind streichen!“ Die Kuh tat so, und die beiden schlüpften in den Bauch des Tieres (statt *Verschlingen*). Spinne zeigte Tamba das Herz und warnte den Genossen davor, dort zu schneiden. Spinne schnitt alsdann Fleischstücke heraus, und Tamba steckte sie in den mitgebrachten Korb. Danach forderte Spinne die Kuh wieder auf, einen Wind streichen zu lassen, und so gelangten sie wieder aus deren Leib (*Ausschlüpfen*). Vier Tage lebten sie von dem Fleische. Alsdann zogen beide abermals zu gleichem Zwecke aus. Wie damals gelangten sie in die Kuh (*Verschlingen*). Diesmal aber schnitt Tamba, und Tamba zerschnitt die Herzfibern (*Herz*), sodaß die Kuh tot zu Boden sank. Nun wußten sie nicht, was tun? Tamba setzte sich in den Mastdarm. Die Leute des Königs meldeten diesem den Tod der Kuh. Die Männer begannen, das Tier zu zerschneiden. Da schrie Spinne: „Seid vorsichtig, daß ihr mich nicht trefft!“ Die Leute erschraken und berichteten das dem König. Da kam dieser selber und befahl, an derselben Stelle weiter zu schneiden. Aber Spinne kroch an einen andern Ort. Als die Leute beim Zerlegen soweit gekommen waren (*Öffnen*), zogen sie Spinne und seinen Korb heraus

(*Ausschlüpfen*). Spinne wurde gebunden und sollte geschlagen werden, weil er das beste Stück der Herde des Königs getötet hatte. Da schrie Spinne: „Ich und Tamba, wir waren zusammen. Ich und Tamba waren zusammen! — „Wer ist Tamba?“ fragten sie. „Ich weiß nicht, von wo er kam“, sagte Spinne. Der König glaubte ihm nicht. Unterdessen saß Tamba im Mastdarm. Die Leute schnitten denselben heraus, um ihn am Wasser zu reinigen. Wie sie nun seinen Inhalt ausschütteten, kam Tamba mit heraus und sprang unbemerkt an das andere Ufer. Er beklagte sich nun, daß die Leute beim Ausspritzen ihn mit Kuhdünger überschüttet hätten. Der König schenkte ihm, um ihn zu beruhigen, darauf ein neues Gewand. Beim Palaver behauptete Spinne nun, daß Tamba sich an dem Diebstahl beteiligt hätte. Darauf rief man dessen Frau, um sie zu verhören. Diese sagte nun allerdings aus, daß Tamba seit gestern Mittag nicht zu Hause gewesen sei. Tamba wußte sich jedoch zu rechtfertigen, indem er darauf hinwies, daß, wenn er dabei gewesen wäre, er auch hätte in der Kuh gefunden werden müssen. Da wurde das Urteil über Spinne gefällt: er wurde an einen Palmbaum gebunden und mit Palmzweigen gestäubt. Deshalb hat er soviel Beine bekommen. Als Spinne genug gepeitscht war, ließ der König ihn laufen. Er wurde darauf krank, erholte sich aber wieder und hatte nun viele Beine. Er lief in den Wald von dannen.

O. Jonasmythe der Akpoto. — Unusa ben Mata war ein Prophet des wahren Gottes. Aber er überhob sich im Stolz auf seine Mission, und eines Tages warf er sich in das Wasser, in dem Glauben, ein Wunder würde ihn über demselben halten. Um ihn für seinen Dünkel zu strafen, erlaubte der Herr einem großen Fisch (kifi-kuka), ihn zu verschlingen (*Verschlingen*). Der Fisch aber wurde die Beute eines Alligators (Kada), der Alligator wurde von einem Flußpferd (dorina) verschlungen, und sie lebten einer im andern auf solche Weise tausend Jahre. Nach Ablauf dieser Zeit befahl Gott dem Hyppopotamus, den Alligator auszuspeien, dem Alligator, den Fisch auszuspeien, dem Fisch, Unusa ans Ufer zu speien (*Ausschlüpfen*). Unusa erkannte nun seine Kleinheit und Gottes Größe. Er gestand seinen Fehltritt und bekannte von Stund' an den wahren Glauben.

VII.

Die Walfischdrachenmythen der Mongoloiden Asiens.

Ein einheitliches und in allen seinen Teilen übereinstimmendes Geistesleben beherrscht die türkisch-tatarischen und mongolischen Völkerschaften Asiens. Diese Übereinstimmung ist natürlich als ein Produkt des ewigen Hin- und Hertreibens und des ständigen Wanderns aufzufassen. Je weiter unser Blick zurückreicht, je mehr wir in der Vergangenheit zu lesen vestehen, desto mehr erkennen wir die Gesetzmäßigkeit, die den Völkerwanderungen des Inneren Asiens innewohnt. Wir wissen von den Türkenströmungen, kennen die Mongolenflut und haben jetzt auch nicht nur die mächtige Brandung der Hunnenüberschwemmung, die den Westen und das Ufer der arischen Kultur ganz gerade so gut überdeckte wie den Osten, und die alt-mongoloide Kultur in China kennen gelernt, sondern wir haben auch die Ahnung gewonnen, als sei diese letztgenannte nicht die erste der riesigen Überschwemmungen gewesen. Und das Geistesleben anbelangend: Wir wissen wie ein Dschengis-Chan, zwischen den verschiedenen Glaubensformen schwankend, den Buddhismus aufnahm, und wie seine Nachfolger ihn über die Völker hin verbreiteten. Das sei uns ein Zeichen, das diese Nomadenstürme nicht nur verwüsteten, sondern daß sie die Samenkörner einer höheren Kultur aufnahmen und über die weiten Ebenen verstreuten. Als einheitlich tritt uns die tatarisch-mongoloide Mythologie entgegen, und gleich, ob wir unter den Völkern der Steppen Rußlands oder ob wir unter die Tarantschi, einer ins Chinesengebiet versprengten Türkengruppe, forschen, — überall finden wir die gleichen Mythen, die gleichen Stoffe, wenn auch überall in der Form leicht abgewandelt. — Und zum zweiten muß ich darauf hinweisen, daß neben der Hauptcharaktereigentümlichkeit der Einheit die zweite der epischen Behandlung des Stoffes nicht übersehen werden darf. Wenn wir bei den bisher betrachteten Stoffen zwischen den Bezeichnungen als Mythe oder Märchen manchmal schwanken möchten und deshalb lieber die einheitliche Bezeichnung als Mythe bevorzugten, so haben wir jetzt im Innern Asiens die episch abgewandelte und oftmals histologisch erklärte Mythe vor uns.

Anders wie das Becken der Mongoloiden im Innern Asiens zeigt der Ostrand der Mongoloiden Asiens seine Formen. Wohl übt auf China und Japan die verflachende Wiederholung der abschleifenden Sturmbewegungen aus dem Innern ihren Einfluß; Japan aber liegt am Rande des großen Meeres, des gewaltigen Seewanderns und hat demnach mancherlei Reste erhalten, die den Typus der alten solaren Mythologie noch durchschimmern lassen. Diesem Gedankengange folgend, behandeln wir den Stoff in zwei Abschnitten.

Die Walfischmythen der Mongoloiden Innerasiens.

A. Die Bogda-Gesser-Chanmythe in Tibet. — (Die Überschrift lautet nach der Übersetzung aus dem mongolischen Original: „Gessers Zug gegen den in einen ungeheuren Tiger verwandelten Riesen und dessen Besiegung.“) —

In der Nordgegend hauste die Verwandlung eines Mangus (Riesen) in der Gestalt eines schwarzgestreiften Tigers von der Größe eines Berges. Seine Körperlänge nahmen hundert Meilen Wegeslänge ein. Aus der Rechten seiner Nüstern loderte Feuer und aus der linken wirbelt dicker Rauch empor. Einen Menschen erblickte er in der Entfernung einer Tagereise, und er schnappte ihn zum Verschlingen in der Entfernung einer halben Tagereise. Die drei siegreichen Schwestern des Herrschers in den zehn Gegenden Gesser Chaghan, namens Dschamtso, Dari und Udam, diese Schwestern kamen zu Gesser und sprachen zu ihm: „Weist du es auch, liebes Rotznäschen, daß in der Nordgegend die Verwandlung eines Riesen in der Gestalt eines schwarzgestreiften Tigers von der Größe eines Berges haust?“ Ferner sprachen die drei durch magische Verwandlung siegreichen Schwestern: „Daß dieses dein Volk auf Dschamdudwip unter der Gewalt dieses Tigers steht, ist gegen die Ordnung; suche daher ihn mit Vorsicht zu bekämpfen und zu besiegen!“ Gesser erwiderte: „Meine Schwestern haben vollkommen Recht! Ich habe es nicht gewußt; nun aber will ich hingehen und ihn besiegen.“ Sogleich schickte er einen Boten zu seinem edlen Bruder Dsesse Schikir und zu seinen dreißig Helden mit dem Befehle, sie einen nach dem andern herzurufen. Als alle sich versammelt hatten, fragte Dsesse Schikir: „Mein Bogda, zu welchem Zweck hast du uns herbeprufen?“ Gesser Chaghan antwortete: „Hast du nichts davon gehört, mein Dsesse? In der Nordgegend haust ein schwarzgestreifter Tiger von der Größe eines Berges; einen Menschen erblickt er in der Entfernung einer Tagereise, und er schnappt und verschlingt ihn in der Entfernung einer halben Tagereise. Die rotfüßigen Menschen sollen nicht länger unter der Gewalt dieses Ungeheuers verbleiben. Da ich bis in mein fünfzehntes Jahr mein Dasein in verwandelter Gestalt (in niederer Gestalt als Joro) zeigte, so konnte ich euch kein einziges Zeichen meines Heldenberufes geben, nun aber will ich Euch ein solches Zeichen geben: Macht euch zum Aufbruch fertig!“ Gesser Chaghan, der Herrscher in den zehn Gegenden, hatte sein braunes geistiges (magisches) Pferd bestiegen, er hatte seinen tauschimmerfarbigen, schwarzblauen Panzer angelegt, er hatte seine weiße Schulterbedeckung angelegt, er hatte seinen weißen, wie aus Sonne und Mond vereint zusammengesetzten Helm aufgesetzt. Er hatte seine dreißig weißen Pfeile mit Kerben von Edelstein und seinen straffen, schwarzen Bogen eingesteckt. Er hatte sein geistiges (magisches) dreiklafterlanges Schwert von schwarzem Erze angeschnallt und rief: „Du, mein Dsesse Schikir, Sperber unter den Menschen, besteige mir nach, deinen geflügelten Grauschimmel, lege deinen beschuppten Panzer an, setze den Daghoris-choi genannten Helm auf dein edeles Haupt, stecke deine dreißig weißen Pfeile ein, ergreife (fasse) deinen straffen schwarzen Bogen, schnalle deinen Kärmi genannten Säbel von gegossenem Stahl um und folge unmittelbar nach mir, mein Dsesse! Sodann du, mein Schumar, Adler unter den Menschen, besteige, meinem Dsesse nach, deinen Apfelschimmel, lege deinen tauschimmerfarbigen, schwarzblauen Panzer an, stecke deine dreißig weißen Pfeile ein, fasse deinen straffen schwarzen Bogen, schnalle deinen Säbel von unabstumpfbarer Schärfe und von härtestem Stahle um; und folge unmittelbar hinter meinem Dsesse! Sodann du, Bam Schürtse, Sohn des Badmari, besteige, Schumar nach, deinen trefflichen Blauschimmel, lege deinen blauangelaufenen Panzer an, versieh dich mit deinem ganzen Waffengeräte und folge unmittelbar hinter Schumar! Sodann du, mein Buidong, mein Verwandter von Frauenseite, besteige. Bam Schürtse nach, deinen Apfelschimmel, versieh dich mit deinem ganzen Waffengeräte und folge unmittelbar hinter Bam Schürtse als Anführer der dreißig Helden in der Art, daß einer nach dem andern in ununterbrochener Linie dir folge!" — Nachdem der Herrscher in den zehn Gegenden Gesser diese Befehle erteilt hatte, machte er sich in Begleitung seiner dreißig Helden auf den Weg. Während sie dahinzogen, erblickte er in der Entfernung einer Tagereise den schwarzgestreiften Tiger von der Größe eines Berges. Als Gesser Chaghan nun rief: „Dort ist der schwarzgestreifte Tiger von der Größe eines Berges!" schaute auch der edle Dsesse Schikir hin und fragte: „Ist es etwa das gleiche, das gleich Nebel oder wie Rauch sich Ausbreitende auf dem Gipfel des Berges?" — „Das ist es mein Dsesse Schikir!" sprach Gesser. Die dreißig Helden fragten: „Was? Wo." Aber Dsesse Schikir entgegnete ihnen: „Geht ruhig weiter! Ihr seht es nicht. Laßt uns immer in der Richtung bleiben, wohin Gessers Zügel lenkt!" Der Herrscher in den zehn Gegenden, Gesser Chaghan, ritt im mäßigen Trott, aber der schwarzgestreifte Tiger von der Größe eines Berges, noch eine halbe Tagereise entfernt, nahm die Flucht. Der Herrscher in den zehn Gegenden Gesser Chaghan, gab seinem magischen Braunen einen Hieb über dem Schenkel und verstärkte dessen Lauf; hinter Gesser folgten die dreißig Helden in einer Reihe nach ihrer Ordnung. Der schwarzgestreifte Tiger von Bergesgröße versuchte aus der Entfernung einer Tagereise Gesser Chaghan zu verschlingen, verfehlte ihn aber. Nach diesem verfehlten Versuche erreichten und umzingelten sie ihn. Als die dreißig Helden sämtlich beisammen waren, wollte Gesser versuchen, welcher von ihnen herzhaft und welcher es nicht sei und sprang zu dem Ende in magischer Verwandlung in den Rachen des Tigers (*Verschlingen*). Innerhalb des Rachens stemmte er seine beiden Füße gegen die unteren Hautzähne des Tigers, stemmte sein Haupt gegen dessen Gaumen und seine beiden Ellbogen gegen die beiden Mundwinkel. Buidong mit den dreißig Helden ergriff die Flucht. Dsesse Schikir, dies sehend, rief: „O weh, warte doch, Buidong, was machst du!“ Aber Buidong, ohne sich umzusehen, floh weiter, fürs erste bis zur Grenzscheide, ehe er sich zurück zum großen Volke begab. Bei Gesser waren geblieben, der edle Dsesse, der Adler der Menschen, Schumar und Bam Schürtse, Sohn des Badmarie; diese drei Helden waren allein übriggeblieben. Trauernd sprach Dsesse Schikir zu den beiden andern Helden: „Den Herrscher in den zehn Gegenden, den Vertilger der Wurzel der zehn Übel, meinen heilbringenden Helden und Bodga Gesser Chaghan hat der schwarzgestreifte Tiger von Bergesgröße verschlungen. Der nichtswürdige Buidong ist geflohen und hat die dreißig Helden in seiner Flucht mit fortgerissen. Was würde aus dem teuern Namen meines Bodga werden, wenn auch wir drei die Flucht ergriffen! Was würden die mancherlei grausamen Feinde sagen! Was würden die neidisch grollenden Verwandten, was die Schiraighol'schen Chane sagen! Was ist eure Meinung meine Gefährten?“ Sie antworteten: „Wie können wir beide entscheiden? Du, unser Dsesse Schikir, magst wissen, was zu tun ist!“ Dsesse Schikir sprach: „Das kann so viel heißen als — ich möge entscheiden, ob ein Fest (d. h. nichts getan) werden soll: ihr gebt aber damit wohl eure Absicht zu verstehen, entweder umzukommen oder davon zu kommen (d. h. zu siegen).“ Dies gesagt, spornte Dsesse Schikir mit betrübtem Herzen seinen geflügelten Grauschimmel durch einen Schenkelstreich an, zog sein Kurmi genannten scharfen Säbel von gegossenem Stahl und war im Begriff, den Tiger anzugreifen, als ihm der Gedanke einfiel: „Mein Gesser Chaghan, der Herrscher in den zehn Gegenden, besaß das Vermögen magischer Verwandlungen: er mag nun tot oder noch am Leben sein, so muß ich, auf den Fall, daß er noch leben sollte, bis zu seinem edlen Körper zu gelangen suchen.“ Mit diesem Gedanken steckte er den Kurmi genannten Säbel von gegossenem Stahl ein und fiel den Tiger an, den er am Stirnfell packte und mit dem linken Arm umschlungen hielt.

Während der Tiger würgte und sich schüttelte, riß Dsesse Schikir ihm mit der festgekrallten Hand das Stirnfell herunter, schwang sich dann hinauf und bekam dessen beide Ohren zu packen, wodurch er ihm die Bewegung raubte. Nachdem Dsesse solcher Gestalt den Tiger in seiner Gewalt hatte, zogen die beiden andern Helden ihre Schwerter und kamen heran. Unterdessen rief Gesser Chaghan aus dem Innern des Tigerrachen folgendes: „Mein edler Dsesse Schikir, dich habe ich erkannt! Verdirb nicht das Fell dieses Tigers; wir werden ihn durch ein anderes Mittel töten! Denn aus dem Kopffell des Tigers können 100 Helme, sowie aus dem Fell des übrigen Körpers 150 Harnische verfertigt werden. Laß den Tiger los, mein Dsesse!" Mit Lachen ließ Dsesse den Tiger los und rief: „Was hat mein Bogda da gesprochen!" Unterdessen hatte Gesser Chaghan mit seiner linken Hand die Kehle des Tigers erfaßt, wodurch er ihn zum Wanken brachte (*Herz?*). Sodann zog er mit der rechten sein Messer mit kristallenem Griff hervor, stieß es dem Tiger durch die Kehle (*Öffnen*) und kam heraus (*Ausschlüpfen*). Nachdem Gesser Chaghan den Tiger getötet hatte, sprach er: „Bist du mein Dsesse nicht ein Künstler? Schneide doch aus dem Kopffell für die 30 Helden 30 Helme zu, so auch aus dem Fell des übrigen Körpers 30 Harnische. Das Übrige vom Fell wollen wir unter den Besten der 300 Hauptleute verteilen." — Nachdem Gesser Chaghan den Tiger getötet hatte, trat er mit seinen 30 Helden den Rückweg an. Unterwegs sprach Dsesse Schikir: „Mein Bogda, der nichtswürdige Buidong hat, deine 30 Helden mit sich fortreißend, die Flucht ergriffen! Welche Schmach deinem teuern Namen!" Der Herrscher in den zehn Gegenden Gesser Chaghan erwiderte: „Mein Dsesse Schikir, schweige davon, während ich von meiner kleinsten Kindheit an die Grausamen unterdrückte und besiegte, gebrauchte ich den Buidong beständig als Wegweiser. Dieser Buidong ist ein solcher Wegweiser, daß er z. B. in der finstersten Nacht eine irgendwo hingesteckte Nadel nie verfehlen wird. Überdies ist er ein vollkommener Meister in der Kenntnis der Sprachen aller sechs Wesensgattungen. Darum schweige und beschäme ihn nicht! Sein Titel ist fortan Mergen Tewene."

B. Die Täktäbäi-Märgän-Mythe der Altejar (Katunja). — (Der jüngste Sohn einer armen Familie, Täktäbäi-Märgän wird verjagt. Auf der Wanderschaft kommt er an die Jurte eines alten blinden Ehepaares, das einen goldenen Napf und eine goldene Schale besitzt, die von selbst kommen und sich von selbst füllen (Sonnenspeise). Sie wittern den Jüngling (Menschenwitterung) und werfen die kupferne Angel aus. Die kupferne Angel ergreift den Jüngling. Die beiden Alten nehmen ihn an Kindes Statt an. Eines Tages erhält er das Pferd und den Bogen des alten Mannes. Er galoppiert nun mit dem eisengrauen Pferde fröhlich umher).

Der Alte sprach:
„Nach Sonnenuntergang zu
Wird ein sehr großer Weg sein;
Auf diesem Weg reite nicht mein Kind.
Nach Sonnenaufgang hin reite."
Als der Sohn des Alten gehört,
Den mächtigen schwarzen Bogen
Gürtete er sich um.
Das schwarze mächtige Schwert
Gürtete er sich um.
Das bei der eisernen Pappel angebundene
Eisengraue Pferd
Bestieg er.
Als er das Pferd bestiegen hatte,
Sprach der Jüngling in seinem Herzen:
„Weshalb sagte er mir,
Nach Sonnenuntergang reite nicht!
Weshalb sagte er dies?
Vielleicht sein Vieh,
Sein Geld, sein Volk, seine Leute werden dort sein.
Wie kann man es wohl sehen?"
Der Jüngling ritt jetzt dorthin,
Nach Sonnenuntergang ritt er,
Auf einem großen Wege ritt er.
Des Himmels Staub fiel zur Erde nieder,
Der Erde Staub stieg zum Himmel auf.
Daß es Winter war,
Merkte er am bereiften Kragen.
Daß es Sommer war,
Merkte er am erhitzten Schulterblatt.
So ritt der Jüngling,
So ritt er.

Den Berg Aryskan
Als er überritten hatte,
Sprengte das eisengraue Pferd zurück.
Der Jüngling fragte das Pferd:
„Was weißt du,
Was weißt du, mein Pferd?
Was weißt du,
Was weißt du, mein Pferd?
Mein eisengraues Pferd,
Was hast du gesehen?“
Das Pferd sprach:
„Wenn wir dem Teufel nahe sind,
Wie sollen wir darauf denken, uns zu retten?“
Der Jüngling fragte wiederum:
„Was hast du gesehen, mein Pferd?“
Zum Jüngling sprach das Pferd:
„Sieh nach unten!
Sieh nach oben!“
Der Jüngling sah nach unten, sah nach oben.
Als der Jüngling so nachsah,
Mit der oberen Lippe
Nach dem Himmel schnappend,
Mit der unteren Lippe
Nach der Erde schnappend,
Steht Ker Jupta da.
Dies sah der Jüngling.
„Was für Rettung wird sein?
Keine Rettung wird sein!“ Sprechend,
Sein eisengraues Pferd
Zu einer grauen Krähe machte er;
Dorthin schüttelte er es;
Hierhin schüttelte er es;
Sein eisengraues Pferd
Zu einer grauen Krähe machte er;
Ließ es zum Himmel emporsteigen.
Der Jüngling selbst
Pferdemist seiend
Rollte zu Boden.
Einen Nagel nahm er,
In seine Tasche steckte er den Nagel,
In des Ker Jupta Mund trat er ein.
Der Jüngling nahm den Nagel,
Seine untere Lippe fest an die Erde,
Seine untere Lippe mit dem Nagel befestigte er.

Der Jüngling nahm einen Nagel,
Die Oberlippe fest an den Himmel,
Die Oberlippe mit dem Nagel als er befestigen wollte,
Da sprach Ker Jupta:
„Warte, warte doch!
Was für Fliegendes
Hat meinen Mund befestigt.
Laß ein wenig los,
Ich will ein Wort sprechen!"
Der Jüngling ließ ein wenig los,
Ker Jupta sprach:
„Mein Bauchfett nehmend,
Gürte es dir um.
In meinem Innern
Wird ein silberner Kasten sein;
In dem silbernen Kasten
Wir ein goldener Kasten sein;
In dem goldenen Kasten
Wird ein silberner Kasten sein.
Den silbernen Kasten nimm.
Diesen Kasten nehmend,
Wirf ihn in den Milchsee."
Der Jüngling trat in den Mund des Ker Jupta (*Verschlingen*).
Seine Unterlippe befestigte er fest an die Erde;
Seine Oberlippe befestigte er fest an den Himmel;
Den Bauch des Ker Jupta zertrat er (*Öffnen*).
Als er des Ker Jupta Bauch zertreten,
Wie viel unzählbares Volk kam heraus! (*Allausschlüpfen.*)
Wie viel Volk, Leute, Untertanen kamen heraus!
Wie viel Geld und Sachen kamen heraus!
Alle weinend,
Alle jammernd,
Kamen sie aus dem Leibe des Ker Jupta heraus.
Ein Teil der Menschen sprach:
„In einem warmen (Hitze) Lande lebte ich,
In ein kaltes Land bin ich gekommen."
Ein Teil der Leute sprach:
„Was für ein edler Mensch
Hat uns von der schwarzen Nacht befreit?
Was für ein edler Mensch
Hat uns den hellen Tag gezeigt?"
Jetzt nahm der Jüngling
Des Ker Jupta Bauchfett (*Herz?*),
Schlang es um die eiserne Pappel.

Die eiserne Pappel verbrannte ganz. (*Feuerentzünden?*)
Des Ker Jupta Eingeweide
Warf er in den Milchsee.
Der Milchsee trocknete ganz aus.
Den sibernen Kasten zertrat er.
In dem silbernen Kasten
War ein goldener Kasten.
Den goldenen Kasten zertrat er;
In dem goldenen Kasten
War ein silbernen Kasten.
Den silbernen Kasten zertrat er;
In dem silbernen Kasten
War ein zusammengeknotetes weißes Tuch.
Dieses Bündel nahm der Jüngling,
Steckte es in seine Tasche.
Aus dem Kasten kam viel Geld,
Volk und Leute nahm der Jüngling.
Alles Geld, alle Sachen nahm er.
Das weiße Vieh trieb er vor sich her
Und kehrte heim.
Voraus kam der Jüngling nach Hause.
Zu Hause schliefen der Alte und die Alte.
Der Jüngling das vorher in seine Tasche gesteckte
Weiße Tuch machte er auf, sah nach.
In dem weißen Tuche
Des Alten und der Alten zu je zweien
Beide Augen waren eingebunden.
Der Jüngling der Alten Augen
Mit der Handfläche er setzte ein.
Der Jüngling des Alten Augen
Mit der Handfläche er setzte ein.
Der Sohn zur Seite des Feuers
Setzte sich mit gekreuzten Beinen.
Setzte sich und rauchte Tabak.
Jetzt standen der Alte und die Alte auf.
Beide standen auf.
Ihre Augen waren sehr hell.
Ihre Augen waren sehr schön.
Den Jüngling sahen sie.
Bei der rechten Hand faßte ihn der Alte.
Bei der linken Hand faßte ihn die Alte.
Den Jüngling küßten sie,
Als sie herausgingen.
Draußen Kühe, Pferde, Leute, Volk.

Draußen stand alles.
Der Alte und die Alte freuten sich sehr.
Beide eilten ins Haus.
usw.

(Darauf verleiht der Alte dem Jüngling seine magischen Verwandlungen, und es folgen die weiteren Taten des Helden.)

C. Die Kara Kan-Mythe der Schor. — (Altün Aryg ist die einzige Tochter des wohlhabenden Kara Kan. Der Vater wird alt. Seine Tochter will ihm die Viehwartung abnehmen; als der Vater dies aber nicht will, flieht das Mädchen. Die Eltern bleiben weinend zurück. Sie trifft auf ihrem Wege das Lager des Helden Altyn Kan.)

Zum Helden trat sie ein.
Beide begrüßten sich.
Der Held fragte:
„Was für eines Menschen Kind bist du?
Sage mir das!"
Das Mädchen spricht:
„Des Kara Kan Tochter bin ich.
Ich bin Altyn Aryg.
Aber wer bist du?"
Der Held spricht:
„O Mädchen, mein Name ist
Altyn Kan mit weißblauem Rosse,
Wohin gehst du aber?"
Das Weib spricht:
„Von weiten bin ich gekommen,
Weit werde ich gehen.
Es gibt einen Kan der heißt Tschylan Kan (Schlangenfürst)
Dessen Jurte ist weit,
Den muß ich töten.
Wenn er stirbt, so möge er sterben,
Wenn ich sterbe, so möge ich sterben.
Dies ist ein starker Fürst,
Die andern Fürsten besiegt er,
Der andern Länder Tribut
Nimmt der Tschylan Kan.
Der andern Länder Helden
Fürchten ihn.
Weinen,
Zahlen ihm."

Das Weib ging zum Tschylan Kan.
Ob sie viel gegangen, ob sie wenig gegangen,
Den Tschylan Kan sieht sie.
Alles Wild steht dort,
Alle Vögel stehen dort.
Das Weib sieht sie,
Wild und Vögel weinen alle,
Des Tschylan Jurte ist nicht dort,
Auf weiter Steppe steht sie,
Dort ist des Tschylan Kan Mund.
Eine Lippe am Himmel,
Eine Lippe an der Erde,
Das Kinn ist in der Erde,
Das Weib sieht es.
Wenn ein Held kommt,
Wenn Wild und Vögel kommen,
Alle treten in den Mund ein.
Das Weib kam,
In den Mund trat sie ein (*Verschlingen*).
Menschen und Vögel,
Weib und Vögel
Befinden sich dort lebending.
Das Weib kam zum Herzen des Tschylan Kan (*Herz*).
Sein Herz hält sie und besieht es.
„Wo soll man es töten?“ sagt sie,
Sie fragt den Helden.
Die Helden sprachen:
„O Weib,
Wir können es nicht töten!
Sieh du zu, Weib,
Wo man es töten kann, sieh zu.“
Das Weib spricht:
„Gebt mir ein Schwert.“
Die Helden gaben das Schwert.
Das Weib mit dem Schwerte
Das Herz des Tschylan Kan schlug sie,
Tschylan Kan starb nicht,
Des Weibes Schwert zerbrach.
Jetzt nahm das Weib ihr eigenes Schwert.
Das Weib rief:
„Seht her, ihr Helden!
Ich will den Schlag versuchen.“
Das Schwert schwang sie.
Tschylan Kan starb.

Als Tschylan Kan gestorben,
Ging das Weib aus dem Leibe heraus, (*Heldenauschlüpfen*)
Die Vögel flogen,
Das Wild lief heraus,
Die Lebenden von den Helden
Aus dem Leibe gingen sie heraus (*Allausschlüpfen*).
Die Helden sprachen:
„Dein Leben möge lang sein,
Dein Wirken möge erhaben sein!
Du hast uns Gutes getan,
Du hast uns errettet,
Wir wollen dir Tribut zahlen!"
Das Weib sprach:
„O Helden,
Ich nehme euern Tribut nicht,
Ich bedarf seiner nicht,
Wo ihr früher gelebt,
Lebet auch jetzt."
Jetzt das Weib
Nahm sein Vieh,
Nahm sein Volk,
Zu ihrem Vater kehrte sie zurück,
Zu ihrer Mutter kehrte sie zurück.
Ihres Vaters Haus erreichte sie,
Trat ein, grüßte ihn.
Den Tisch deckte sie,
Speise stellte sie hin.
Speise aßen sie.
Ihr Vater frägt:
„Von woher kommst?"
Das Kind Altyn Aryg
Erzählte seine Fahrt,
Erzählte, daß es den Helden getötet.
Der Vater lobte sie.

(Der Vater übergibt nun der Tochter das Vieh zur Wartung, stirbt bald darauf, und Altyn Aryg heiratet kurze Zeit später einen besitzlosen Helden, mit dem sie ihr Eigentum teilt.)

D. Die Kan-Schentäi-Mythe der Kirgisen. — (Drei feindliche Fürsten rauben das Vieh des Helden Karys Kara. Derselbe macht sich auf, die Herden wiederzugewinnen, wird gefangen genommen und in einen Brunnen gesetzt, der zugedeckt und über dessen

Decke Wasser geleitet wird. 40 Wächter bewachen dies Gefängnis. Inzwischen gebiert seine fünfundachtzigjährige Frau, den kleinen Kan Schentäi, der alsbald auszieht, und seinen Vater befreit. Schentäi macht sich dann auf den Weg, auch die Pferdeherden wiederzugewinnen. In einem Tale trifft er eine Alte, an deren Brust er saugt und deren Adoptivsohn er wird, wenn deren drei Söhne auch damit zunächst nicht einverstanden sind. Er lebt bei der Alten. Nachdem er seinen drei Adoptivbrüdern Frauen besorgt hat, zieht er selbst aus, die Tochter des Aian Kan zu erobern, dessen Wohnsitz jenseits der tagereisenlangen Feuer- und Sandmeere liegt. Er kommt mit Hülfe seines Pferdes und der von der Alten erhaltenen Arznei glücklich hinüber und gewinnt im Wettkampfe die Braut. Er läßt sich von seinem Schwiegervater drei goldene Teppiche geben, besiegt erst noch die ins Land eingefallenen Freier seiner Braut und macht sich dann endgültig auf den Heimweg. Er kommt wieder an das Feuermeer).

Über das vierzig Tage lange Feuermeer legte er den einen Teppich als Brücke und ritt hindurch. Darauf kam er zu der vierzig Tage breiten Feuerstätte, machte den zweiten Teppich zur Brücke und ritt hindurch. Den dritten Teppich breitete er über dem Sandmeere aus und ritt hindurch. — Kan Schentäi sprach zu seinen Leuten: „Ich will voraus reiten, ihr drei (die drei begleitenden Helden Schagyrkai, Scharkei und Kaktyrkai) bringt meine Frau hin. An der Stelle, wo ich einen Kreis zeichne, übernachtet, wo ich eine Linie ziehe, geht. Ich werde schon wissen, ob ihr wohl und gesund seid." Kan Schentäi ließ sie zurück und zog voraus. — Als er vorausgezogen, da kam es dem Helden Kara Tün, der unter der Erde wohnt, in den Sinn: „Wenn ich doch des Aina Kan Tochter freite!" Früher hatte er sich vor Aina Kan gefürchtet. Als Kan Schentäi fortgezogen, kam er zur Oberfläche der Erde hervor. Des Kan Schentäi Weib, die sechzig buntköpfigen Kameele, die vierzig Mädchen und vierzig Jünglinge, allen ihren Reichtum (alles dieses hatte Aina Kan seinem Schwiegersohn als Mitgift mitgegeben), alle verschluckte er (*Allverschlingen*). Schnappend sank er unter die Erde nieder. Da wollten jene drei Helden in das Loch der Erde zugleich mit hinuntersinken. Als sie aber ihren Fuß hineinsteckten, wurde ihr Fuß von der Erde abgeschnitten und sie wurden Krüppel. Dann steckten sie die Hände hinein, aber auch diese verloren sie. Ohne Hände und Füße blieben sie sitzen. — Eines Tages, als Kan Schentäi ritt, und dann eingeschlafen war, sah er einen bösen Traum. Als er erwachte und aufgestanden war, ritt er zu jenen zurück, indem er sprach: „Ist ihnen etwas zugestoßen?“ Als er zurückkam, war nichts von seinen Leuten zu sehen, es saßen nur die drei Helden da. „Was hat das zu bedeuten,“ fragte er. Die drei Helden sprachen: „Ein Dschalmaus hat sie verschluckt.“ Kan Schentäi weinte, weinte. Er band hier sein Pferd fest an einen Strick an. Einen Strick band er um seine Hüften und sprach: „Ich will mich in die Erde herunterlassen, ihr erfaßt das eine Ende des Strickes, wenn ich das eine Ende dieses Strickes bewegen sollte, so ziehet!“ — Kan Schentäi ließ sich unter die Erde hinab (Strickleiter); unterhalb der Erde war ebenso eine Welt, dort ließ er den Strick zurück und ging nach Sonnenuntergang zu. Eines Tages kam er zu zahlreichem Vieh. Als er zur Mitte des Viehes kam, stand dort ein Haus wie ein Berg, in dieses Haus trat er ein. Dies war das Haus des siebenköpfigen (*Drachenköpfe*) Dschalmaus, drinnen lag dieser selbst: er pflegte sieben Tage und sieben Nächte zu schlafen und gerade an diesem Tage schlief er. Des Kan Schentäi Weib saß an seiner Seite und weinte. — Kan Schentäi und sein Weib begrüßten sich, bewillkommneten sich, sprachen zueinander den Gruß. Sein Weib sagte: „O mein Gemahl, du wirst sterben.“ Kan Schentäi sagte: „Wenn ich diesen nicht töte, kann ich dich nicht fortführen, wenn ich dich fortführe, ohne ihn zu töten, wird er uns wieder verfolgen. Ich will sterben, wenn es sein muß, will aber doch mit ihm kämpfen.“ Sein Weib sprach: „Deine Kraft reicht nicht aus.“ Kan Schentäi zog sein Schwert und hieb nach dem Kopf des Dschalmaus. Der Dschalmaus sprang auf, da kämpften beide an dieser Stelle, alles im Hause warfen sie durcheinander und sieben Tage und sieben Nächte kämpften sie. Dann beredeten sie sich, auszuruhen. Da fürchtete sich Kan Schentäi und meinte, er müsse sterben, da seine Kraft nicht ausreiche. Zu dieser Zeit kam ein weißbärtiger Mensch dorthin. Er fuhr den siebenköpfigen Dschalmaus an und sagte: „Diese ganze Welt hier hast du verschlungen, was hast du nur in der zweiten Welt zu schaffen? Die Tränen der Augen der von dir verschlungenen Menschen sind zu einem Blutmeere geworden, daß die Erdoberfläche bedeckt; du bist nie umsonst ausgezogen.“ So sprach er und schlug ihn mit dem eisernen Stocke, da wurden seine sieben Köpfe zertrümmert (*Drachenköpfe*). Dieser Mensch war Kydyr; durch den Segensspruch seiner Mutter war Kydyr gekommen. Er nahm die Seele (*Herz?*) des siebenköpfigen Dschalmaus. — Kan Schentäi erhob sich, schnitt den Leib des Dschalmaus auf (*Öffnen*). da waren alle verschluckten Menschen in seinem Innern lebendig. diese sprachen: „O Gott möge dein Auge öffnen!“ Und lärmend kamen sie heraus (*Allausschlüpfen*). Alle diese Leute nahm er mit sich. — Volk und Vieh, alles trieb er zu dem Loch der Erde. hin und her bewegte er den Strick, die drei (Helden in der oberen Welt) zogen, aber vermochten nicht sein Volk, Vieh und sein Weib hinaufzuholen zu jener Welt. Kan Schentäi blieb mit aller seiner Habe unter der Erde. Da sprach Kan Schentäi weinend: „Anstatt euch zu sehen und in einer andern Welt zu leben, will ich euch lieber nicht sehen, umherirren und sterben.“ Weinend steckte er sich die Röckschöße auf und zog davon. — Als er eines Tages ging, stand vor ihm eine mächtige Espe: neben dieser Espe lagerte er sich und schlief ein: als er so einschlief, war eine gewaltige Stimme zu hören. Als er erwachte. hörte er. daß diese Stimme von der Spitze der Espe ertönte, und als er zur Espe aufschaute, sah er dort ein Nest, in dem Neste waren drei junge Vögel. diese weinten laut. Ein Drache hatte den Baum erstiegen. um sie zu verschlingen: vor dieser Schlange fürchteten sich die jungen Vögel und schrien. (Das folgende ist natürlich ein Vogelschlangenkampf). Kan Schentäi sagte: „Diese Schlange will die jungen Vögel gewiß verschlingen. diese Schlange, die dem Dschalmaus gleicht, welcher mein Weib verschlungen, will ich töten.“ Er zog sein Schwert hervor und hieb nach ihr mit dem Schwert, der Drachen war in zwei Stücke zerteilt, — von hier aus zog er weiter. Da riefen ihn die drei jungen Vögel und sprachen: „Was bist du für ein Mensch. komme hierher!“ Er kehrte zurück. grüßte sie. „Was für ein Mensch bist du?“ sagten sie und Kan Schentäi erzählte ihnen, wie sein Weib verschlungen worden, wie er den Dschalmaus getötet habe, wie er nicht zur Oberfläche sich emporzuheben vermocht und hiergeblieben und zuletzt, wie er alles verlassen habe und allein fortgezogen sei. Da sprachen die jungen Vögel: „Unsere Mutter ist ein Vogel namens Held Kara Kus, niemand ist größer als sie; unsere Mutter fliegt in beiden Welten ganz gleich gut. Von Jugend auf hat sie alle Jahre drei Kinder geboren, diese Kinder hat jedes Jahr dieser Drache verschlungen und hat sich darauf in die Erde in eine Höhle (*Höhle*) versteckt. Die zuletzt geborenen Kinder sind wir, nach uns wird sie keine Kinder gebären. Du hast unsere Seelen gerettet; wenn sie nicht zu alt geworden, meine Mutter, der Held Kara Kus, so wird sie dich hinbringen, wohin du wünschst. Du hast uns viel Gutes zugefügt.“ Kan Schentäi sprach: „Wohin ist deine Mutter gegangen?“ Die jungen Vögel sprachen: „Uns Speise zu holen ist die Mutter fortgezogen; bis unsere Mutter kommt, steige zu uns auf den Baum.“ Sie halfen dem Kan Schentäi auf die Spitze des Baumes hinauf und bedeckten ihn mit Flügeln. „Sieht dich unsere Mutter, wird sie dich fressen.“ Eines Tages kam die Mutter weinend, „hat meine Kinder wiederum die Schlange verzehrt?“ sagend, setzte sie sich auf die Spitze der Espe, die Espe bog sich, berührte dreimal die Erde und richtete sich dreimal wieder auf. Da sprachen die jungen Vögel: „Mutter, folgt auf eine gute Tat Gutes? auf eine böse Tat Böses?“ fragten sie dreimal. Ihre Mutter sagte: „Auf Gutes folgt Gutes, auf Böses folgt Böses.“ Da sagten die jungen Vögel: „Wenn auf Gutes Gutes folgt, dieser hat uns Gutes zugefügt.“ Da sprach die Mutter zu Kan Schentäi: „Du hast mir viel Gutes getan, wenn ich nicht so alt geworden, würde ich dich auf die Erdoberfläche bringen. Du hast mir diese meine drei Kinder zurückgegeben, ich werde dir den Lohn in dieser Welt geben. Du bringe mir von den Kulan und von den Elentieren sechzig Hengste! Füttere mich, dann will ich zu fliegen versuchen.“ — Kan Schentäi legte die Flinte auf die Schulter und zog früh am Morgen eilends fort. Er brachte von den Kulan und Elentieren sechzig Hengste. Dreißig von diesen verzehrte der Kara Kus, dreißig lud er auf, ließ den Kan Schentäi ihn besteigen und flog davon. Zu der Stelle kam er, wo jener sein Weib zurückgelassen. Auf seinen Vogel lud er das Vieh und die Leute; mit allen diesen flog er zum Himmel empor. „Wenn ich mich nach hierhin umsehe, lege mir das Fleisch eines Hengstes in den Mund, wenn ich mich dorthin umsehe, lege das Fleisch von zwei Hengsten in meinen Mund!" Kan Schentäi tat, wie er gesagt. Wenn er sich nach hierin umsah, legte er ihm eines Hengstes Fleisch in den Mund, wenn er sich nach dorthin umsah, legte er ihm das Fleisch von zwei Hengsten in den Mund. Als er ihn so im Fluge fortführte und als nur noch eines Tages Weg übrig geblieben war, da ging das Fleisch der Hengste zu Ende. In der Eile schnitt Kan Schentäi sich das dicke Fleisch von den Schenkeln und warf es ihm in den Mund. Mit der Kraft des Menschenfleisches erreichte Kara Kus die Erdoberfläche. Als er ihn dort hingebracht, aßen die drei Helden, die er früher hier zurückgelassen hatte, ihre eigenen Exkremente, kochten sich die Fetzen ihrer Kleidung und die Schäfte ihrer Stiefel und aßen sie. An diesem Tage war alles zu Ende gegangen, wenn er an diesem Tage nicht gekommen wäre, wären alle drei gestorben. Da sprach Kara Kus: „Was sind das für Leute?" Kan Schentäi sprach: „Diese drei Menschen waren meine Gefährten." Kara Kus sprach: „Auf Gutes folgt Gutes" — so sagend, verschluckte sie alle drei (*Verschlingen*) und spie sie alle drei aus (*Ausschlüpfen*). Alle drei waren wieder in dem Zustande, in dem sie von Hause ausgezogen. Da sprach Kara Kus: „O Kan Schentäi, du hast mir vorher Menschenfleisch gegeben. Dies war das Fleisch deiner eigenen Schenkel. Nimm", sprach er, indem er das Fleisch wieder ausspie, „lege dieses Fleisch an deine Schenkel!" Kan Schentäi legte es an, da kam es in seinen früheren Zustand. Darauf sprach Kara Kus: „Lebe wohl!" und zog davon.

(Der Held besucht nun seine Freunde, die er in ihren Kriegen unterstützt, kommt nach Hause, findet seine Eltern, die vor Freude ganz jugendlich werden und regiert sein Volk.)

Die Drachenmythen der Mongoloiden Ostasiens.

E. Der ostasiatische Drache. — Die Reisenden des Mittelalters waren außerordentlich erstaunt, als ihnen beim ersten Betreten der ostasiatischen Gegenden nicht nur der Drache als ein beliebtes Gebilde der Künste auffiel, sondern noch vielmehr, als sie von der Bedeutung dieses Tieres Kenntnis erhielten, da sie der europäischen gänzlich entgegengesetzt ist. Während bei uns in Europa der Drache ein feindseliger wilder Geselle, ein Unsegen spendendes räuberisches Wesen ist, stellt er im östlichen Asien das Glück, die Fruchtbarkeit und alle gewaltige Herrlichkeit dar. Die einzelnen Eigenschaften des ostasiatischen Drachens können in aller Kürze zusammengefaßt werden. Der äußeren Erscheinung nach vereinigt er Kennzeichen des Rehbocks, des Pferdes, des Fisches, der Schlange, des Kamels, des Ochsen, des Tigers etc. Die verschiedenen Stämme zeichnen ihn verschieden, setzen ihn verschieden zusammen. Fast immer aber kommt trotz aller phantastischen Beigaben ein dem Krokodil etwas ähnliches Gebilde heraus, welches in mächtigen Schlangenwindungen bald mit, bald ohne Flügel mit etwa vier Füßen versehen ist. Soweit die äußere Gestalt. Seinem innern Wesen nach ist der chinesische Drache unter allen ostasiatischen Kameraden am klarsten ausgebildet. Vor allen Dingen ist er der Repräsentant des Ostens. Dementsprechend ist er das Geschöpf des Frühlings, der aufgehenden Sonne und — was wir ebenfalls damit in Zusammenhang bringen müssen — der Träger des Kaisertums. Bekanntlich ist es das Vorrecht des chinesischen Kaisers und seiner Angehörigen, die Darstellung eines Drachen mit fünf Klauen zu verwenden. Sehen wir nun von der Bedeutung des Drachen am ostasiatischen Sternenhimmel, die wir unserer Disposition nach erst im nächsten Bande erwähnen werden, ab, so fällt zweierlei besonders auf. Zum ersten ist der Drache stets ein Tier des Wassers, nie eines des Landes, und während für den Chinesen das echte Landtier, der weiße Tiger, den Westen repräsentiert, stellt für ihn der Drache das blaue Meer im Osten dar. Aber nicht hierin allein erkennt man die Bedeutung dieses Wassertieres. Wenn das östliche Meer dem chinesischen Drachen den Ursprung verlieh, dann ist die Eigenschaft des Regenspendens, des Aufenthaltes in den Wolken eine weitere Entwicklung, die diesem Ursprunge aus dem Wasser entspricht. Es liegt lediglich auf dem Wege dieser Entwicklung, wenn die Tibeter und Mongolen die Blitze als die Pfeile eines auf einem Drachen reitenden Gottes und den Donner als die Stimme dieses Drachen bezeichnen. — Eine andere auffallende Eigenart der Drachenbilder Ostasiens charakterisiert Ernst Ruhstrat mit folgenden Worten: „Der

Drache in der chinesischen Flagge hält den weit aufgesperrten Rachen einer roten Scheibe entgegen. Der Überlieferung nach wurde diese, die aufgehende Sonne, das Wappen Japans darstellende Scheibe vor etwa tausend Jahren vor den Rachen des Drachen gesetzt, als die Chinesen in Japan einfallen wollten. Sie suchten dadurch anzudeuten, daß der Drache die verachteten Japaner verschlingen würde." Diese wertvolle Angabe über die heutige Volksanschauung wird mit Leichtigkeit aus dem klassischen Werke Schlegels ergänzt. Bei diesem Autor finden wir nichts über das angebliche Sonnenbild der Japaner. Da heißt es ganz einfach, daß der Drache das Symbol der herrschenden Sonne sei. Ergänzend fügen wir hinzu, daß die Schlangen Chinas ganz ähnlich den deutschen Drachen ein Juwel hüten oder im Munde tragen. Dennys kann hiervon sogar eine Geschichte erzählen, und wenden wir uns weiter nach dem Osten, so hören wir von dem bekannten japanischen Autor Bakin: „Die Krystallkugel, die der Drache besitzt, hat er in seinen Wangen." Also auch in Japan schon diese Scheibe im Drachenmaul! — Mit diesen kurzen Angaben über das Bild und die Bedeutung des Drachen in Ostasien wolle sich der Leser begnügen, bis wir zu einer eingehenderen Besprechung in dem zweiten der nachfolgenden Kapitel gelangen. —

F. Drachenmythe aus China. — In alten Zeiten lebte einmal ein strebsamer Bauer, dessen Name Ah-Tseung war. Dieser Jüngling fand einmal eine junge Schlange, welche er mit sich nach Hause nahm und die zu füttern sein größtes Vergnügen war, so lange er lebte. Er machte in seinem Büchergehäuse ein Bett für sie zurecht und gab ihr nach jedem Mahle einen Anteil an seiner Speise: sie teilte sein Bett und war sein ständiger Genosse. Lange Zeit hindurch blieb diese Sache vor den Eltern des Knaben geheim; sein Lehrer hatte jedoch seine häufigen Gänge zu dem Buchgehäuse bemerkt, wünschte festzustellen, was denn die Anziehungskraft für ihn bilde und entdeckte zu seinem nicht geringen Schrecken eine riesige Schlange, welche eines der Fächer vollständig ausfüllte, denn das Tier war allmählich ausgewachsen (*Schlangengroßziehen*). Wenige Monate danach starb dieser Ah-Tseung, worauf seine Eltern die Schlange zu den nächsten Hügeln forttrieben. Bei jeder nun stattfindenden Trauerzeremonie der Eltern und an jedem Jahrestage des Todes des Jünglings erschien aber die Schlange in dem Hause des toten Freundes und kehrte dann, nachdem sie mehrmals das Haus umwandert hatte, zu ihren Hügeln zurück. Den Nachbarn waren diese periodischen Besuche eine natürliche Quelle des Unbehagens und man fing an, dem unbequemen Besucher Widerstand zu leisten. Die Mutter ergriff ein Messer, warf es nach ihr und schnitt ihr einen Teil des Schwanzes dabei ab. Nun kehrte die Schlange nicht mehr wieder. Sie begab sich nach einem See, dessen Wasser eine unterirdische Verbindung mit dem großen Strome von Kwangtung, dem Ngaimun, haben. In der Gegend dieses Sees lebte Ah-Tseungs Schlange bis zur Gegenwart und ihr Erscheinen auf einer entfernten Hügelspitze, zuweilen in der Form eines weißgekleideten Mannes und zuweilen in der Gestalt eines weißen Drachen oder auch der aufschwellende Schaum des Seewassers, der als ein Zeichen erachtet wird, daß die Schlange sich badet, werden als sichere Anzeichen eines nahestehenden Sturmes angesehen.

G. Drachenmythe aus China. — In den östlichen Gegenden von Yueh Min (dem jetzigen Fuhkien) verläuft eine Gebirgskette, die Yung Ling genannt wird. Auf den nordwestlichen Abfällen dieser Berge hatte eine mächtige Schlange von sechzig bis siebzig Fuß Länge ihren Aufenthalt. Dieselbe hielt die umwohnende Bevölkerung in ständiger Furcht. Zu einer gewissen Zeit teilte sie entweder in dem Traume oder auch in der Form der Divination irgend jemand mit, daß ihr danach gelüste, ein Mädchen im Alter von zwölf oder dreizehn Jahren zu verschlingen. Daraufhin suchten dann jedesmal die Gouverneure und die andern maßgebenden Persönlichkeiten dieses Landes aus Furcht vor dem Untiere eine weibliche Leibeigene oder die Tochter eines Verbrechers aus, um den Hunger der Schlange zu befriedigen. Das arme Mädchen wurde alsdann am Morgen des gleichen Tages im achten Monat, nachdem Opfer dargebracht waren, an den Eingang der Höhle der Schlange gebracht, und zur Nachtzeit schoß das Untier dann plötzlich hervor und verzehrte seine Beute (*Allverschlingen*). Jahr auf Jahr ereignete sich das, bis zuletzt neun Mädchen schon diesem Tode entgegengeführt waren. Da wurde ein neues Opfer gefordert; es fand sich aber kein geeignetes Mädchen. Zu dieser Zeit hatte Li Tan, der Magistrat von Tsing Lo sechs Töchter aber keine Söhne. Seine jüngste Tochter namens Ki beschloß auf den Aufruf hin zu der Höhle zu gehen, fand aber bei ihren Eltern nicht die Einwilligung. Sie setzte es aber dennoch durch, indem sie allen Gegenreden entgegensetzte, daß sie keinerlei Nutzen für die Eltern biete, und daß sie diesen sogar nur unnütze Ausgaben verursache. Sie bat sich lediglich aus, mit einem guten Schwerte und mit einem Hunde, der auf Schlangen dressiert sei, versehen werde. Am Morgen des betreffenden Tages im achten Monat besuchte sie mit dem Schwert an ihrer Seite und mit dem Hunde den Tempel. Sie hatte sich vorsichtigerweise auch mehrere Maße gekochten Reises vorbereitet, welche sie nunmehr am Eingang der Höhle aufstellte. Als es Nacht war, kam die Schlange hervor. Ihr Kopf war so groß wie eine Reisstaude und ihre Augen wie Spiegel von zwei Fuß Durchmesser. Sobald sie das Aroma aus dem Reisgefäß verspürte, begann sie sich auch schon auf dasselbe zu stürzen. Sogleich ließ Ki ihren Hund los, welcher der Schlange auch sofort in die Zähne fiel. Das Mädchen selbst aber griff nun die Schlange von hinten an und verstümmelte sie derart, daß sie sich sogleich an den Eingang der Höhle (*Höhle*) flüchtete und dort starb. Darauf betrat das Mädchen diesen unheimlichen Ort, entdeckte die Knochenreste der neun früheren Opfer, deren unglückseliges Schicksal sie beweinte. Dann kehrte sie heim. Sie wurde später die Gattin eines Prinzen, der sie zur Königin erhob.

H. Drachenmythe aus Anam. — Ein chinesischer Wahrsager, der nach Anam gekommen war, um seiner Kunst obzuliegen, entdeckte in einem tiefen See einen goldenen Drachen. An gewissen Zeichen erkannte er, daß derselbe größere Zauberkraft besaß, als alle anderen. — Es ist bekannt, daß Drachen die Spender von Macht und Glück in dieser Welt sind. Wenn es einem Menschen gelingt, die Gebeine seines Vaters in den Rachen eines solchen Drachen zu legen, ist er sicher, König zu werden. — Unser Chinese wußte das; da er indes nicht schwimmen konnte, packte er die Gebeine seines Vaters zusammen und suchte in der Umgegend einen geschickten Taucher, welcher etwa zu bewegen wäre, auf den Grund des Sees hinabzusteigen und das Packet in den Rachen des Drachen zu legen. Er versprach als Belohnung für den Fall des Gelingens eine Stange Silber. Der See war aber tief, und niemand wollte das Abenteuer wagen, so daß der Chinese schon fast von der Unmöglichkeit des Unternehmens überzeugt war, als eines Tages sich ein junger Mann erbot, in den See hinabzutauchen. Der Chinese nahm sein Anerbieten mit größter Bereitwilligkeit an und versprach aus eigenem Antriebe, die versprochene Summe zu verdoppeln. — Dieser Taucher besaß nun eine nie erreichte Geschicklichkeit. Er war nämlich auf der einen Seite wohl der Sohn einer menschlichen Frau, auf der andern Seite aber der einer männlichen Fischotter und hatte von diesem seinem Vater die amphibische Eigenschaft, auch unter Wasser atmen zu können, geerbt. Nur seine Mutter war noch am Leben; die Gebeine seines Vaters wurden dagegen in einer Ecke seiner Hütte an der Decke hängend aufbewahrt. Der Jüngling nahm diese Gebeine, zerstieß sie in Pulver, vermischte sie mit Reis und bereitete aus diesem Gemisch einen Kuchen. — Am nächsten Morgen ergriff er diesen Kuchen, trat vor den Chinesen und sprach: „Erlaubt mir Mundvorrat mitzunehmen, denn die Ausführung des Unternehmens mag lange währen und schwierig sein." — Der Chinese lachte über die Vorsicht und übergab dem jungen Manne ohne jedes Mißtrauen das Bündel, welches er bereit hielt. — Der Jüngling ergriff dies Bündel und tauchte unter. Auf dem Grunde des Sees sah er den goldenen Drachen vor sich, welcher seinen Rachen furchtbar aufsperrte. Der junge Mann nahm sich aber Zeit. Als er sich umschaute, erblickte er einen Stein; denselben hob er auf und legte das Bündel des Chinesen darunter. Dann ergriff er den Kuchen, welcher aus den Gebeinen seines Vaters bereitet war und warf ihn dem Drachen ins Maul, welches sich allsogleich schloß. — Der Chinese freute sich, als der Taucher wieder kam und händigte ihm die bestimmte Summe aus. Darauf kehrte er wieder in seine Heimat zurück und harrte geduldig der Ereignisse, die ihn auf den Thron berufen sollten. Er würde noch heute darauf warten, wenn er nicht schon vor 3000 Jahren gestorben wäre. Dagegen wurde der junge Mensch an seiner Stelle König und regierte etwa 3000 Jahre vor der christlichen Zeitrechnung unter dem Namen Dinh Thien Hoang.

(Eine ähnliche Mythe bezieht sich auf den sogenannten Roten Fluß. An den Quellen dieses Flusses soll auch ein Drache leben. Und wem es gelingt, die Gebeine seines Vaters in dessen Rachen zu werfen, der soll König werden. Die Sache soll aber in sofern seine Schwierigkeit haben, als jeder, der dem Drachen ins Angesicht schaut, erblindet. Nun sagte sich ein junger Mann: „Wenn ich nur ein Auge riskiere, werde ich dieses allerdings zweifellos verlieren, aber ich werde dann immer noch eins übrig haben, und werde zur Herrschaft gelangen." Gesagt — getan. Er bedeckte die eine Hälfte des Gesichtes mit der einen Hand und unternahm den Versuch. Das Ergebnis war, daß er auf dem einen Auge erblindete, im übrigen aber König und Gründer der Dynastie Hung wurde etc.)

I. Drachenmythe aus Japan. — (Die Mythe setzte nach der Vertreibung Sosanoos aus dem Himmel ein. Zur Strafe für seine Untaten waren ihm die Haare und Nägel abgeschnitten worden.)

Sosanoo konnte sich noch immer nicht entschließen, in das Reich der Unterwelt, das er sich doch nach freier Wahl von seinem Vater als Wohnsitz erbeten, einzukehren, und so stieg er zunächst auf die Erde nieder, nachdem ihm infolge seiner Vergehen der Himmel verschlossen war. Hier auf Erden gedachte er noch einige Zeit zu verweilen; er durchstreifte Corea, wo er indessen nicht bleiben mochte, und kam nach Idzumo, das an der Nordküste des westlichen Japan liegt. Hier ging er am Ufer des Sonnenflusses hinauf, und als sein Blick die Wasserfläche streifte, da sah er zwei Eßstäbchen daherschwimmen. „Ah," rief er aus, „da, woher ihr kommt, müssen auch Leute wohnen." Und als er so gesprochen, ging er raschen Schrittes weiter, denn er war neugierig zu erfahren, wer hier hause. So wanderte er fort und fort und hörte endlich ein lautes Weinen und Wehklagen. Er stutzte, horchte, ging eilig nach der Gegend hin, woher die Jammertöne kamen, und wie er in eine Talschlucht einbog, da sah er einen Greis mit seiner Gattin, zwischen denen ein wunderschönes

Mädchen saß, das bitterlich weinte und schluchzte. Er vernahm, wie die beiden alten Leute das Mädchen vergebens zu trösten suchten, und wie sie selbst immer wieder in laute Klagetöne ausbrachen. „Ich bin Aschinadzutschi, der Gott dieses Landes“ — sprach der Greis. Er hatte sich erhoben und grüßte mit tiefer Verbeugung den Fremdling. Dann fuhr er fort: „Friedlich pflege ich mit den Meinen des Reisbaues, und es bliebe uns nichts zu wünschen übrig, wenn wir nicht von einer furchtbaren, unbeschreiblich grausamen Plage heimgesucht wären. Sieben Töchter, welche mir diese meine Frau schenkte, sind bereits von einem gewaltigen Seeungeheuer verschlungen. Das Ungetüm kam daher, wenn meine Töchter gerade in der Blüte ihrer Schönheit standen, doch es kannte kein Erbarmen, es kümmerte sich nicht um unser Wehgeschrei, sondern verschlang sie. Nun haben wir nur noch unsere letzte Tochter, unsere schöne und gute Inada, und auch diese wird das Ungeheuer uns rauben, wir wissen es nur zu wohl, und deshalb weinen und klagen wir mit unserem lieben Kinde.“ — Sosanoo war über die Maßen erstaunt, als er die Leidensgeschichte des Greises hörte. Er erkundigte sich umständlich nach dem Ungeheuer und erfuhr, daß dasselbe ein fürchterlicher Drache mit acht Köpfen (*Drachenköpfe*) sei, dessen glühende Augen weithin leuchteten und so rot wie rote Beeren wären. Sein Rücken sei mit förmlichen Wäldern bewachsen, und sein Bauch sei blutrot und stets mit Blut besudelt; das ganze Ungetüm aber so lang wie eine Talwindung. — Jetzt gab sich Sosanoo zu erkennen und versprach den Ärmsten Hülfe in ihrer Not. Zugleich aber bat er den Greis und seine Gattin, ihm die schöne Inada zur Frau zu geben, im Falle es ihm gelingen sollte, dieselbe aus den Klauen des Drachen zu erretten (*Preisjungfrau*). Mit tausend Freuden versprachen dies die alten Leute, und auch Inada war es zufrieden. Nachdem nun Sosanoo ein Weilchen über die Sache nachgedacht hatte, gebot er den Eltern, eine große Menge Sake (das ist der feurige Wein, den die Japaner aus Reis herstellen) zu bereiten. Er selbst baute acht Zimmer, die er oben offen ließ, und in jedes stellte er einen großen Bottich mit Sake. Als nun das Ungeheuer im Anzuge war, da zog er rasch Frauenkleider an und stellte sich so, daß sein Spiegelbild auf dem ersten Bottich zu sehen war. Der gierige Drache sah den Schatten und stürzte sich sofort auf den Bottich, da er glaubte, der Schatten sei die Jungfrau selbst. Blindlings leerte er den Bottich voll Sake, und als er emporsah, da schwebte der Schatten auf den zweiten Bottich, und ebenso rasch und gefräßig fiel das Ungeheuer über diesen her. Und wie auch der geleert war, ging es an alle die übrigen; aller Sake war verschlungen, und ganz wie Sosanoo es sich gedacht, so kam es. Als der Drache den achten und letzten Bottich geleert hatte, fiel er betrunken zur Erde, schlief ein und rührte kein Glied. Jetzt trat Sosanoo herver, zog sein Schwert und hieb mit kräftiger Hand dem Unhold alle Köpfe ab und zerschnitt den mächtigen Körper. Als er aber den Schwanz durchhauen wollte, da ward sein gutes Schwert schartig; er verwunderte sich sehr darüber, denn das war ihm noch nie vorgekommen. Als er aber der Ursache nachforschte, da entdeckte er in dem Schwanz des Drachen ein Schwert, das ungleich besser als das seinige war. Er nannte es das Wolkenschwert, weil der Drache stets mit dickem Gewölk umgeben war, und sandte es zu fernerer Sühne an seine Schwester Amaterasu in den Himmel hinauf zum Geschenk. Diese hielt das wunderbare Schwert hoch in Ehren und gab es später ihrem Enkel, dem Uran der Mikados, mit auf die Erde herunter. Alsdann ist es mit den übrigen Schätzen der Mikados von einem auf den andern übergegangen, und viele große Heldentaten sind mit ihm verrichtet. — Nachdem Sosanoo die schöne Inada, ihre Eltern und das ganze Land von dem greulichen Drachen befreit hatte, bekam er zur Belohnung Inada zur Gemahlin. (Sosanoo gründete ein Herrschergeschlecht, von dessen berühmtesten Sprößling Okuninuschi wir im vierten Buch noch mehr hören werden.)

K. Fischmythe aus Japan. — In der Urzeit waren die Erdbeben in Japan noch häufiger und schrecklicher als jetzt. Der Grund davon ist, daß ein riesiger Fisch mit ungeheurem, breitem Kopfe, langen Bartfäden und mächtigen Flossen, dessen größte Kraft in seinem endlos langen Schweife enthalten ist, sich unter der Insel befindet. Sein Kopfende liegt gen Norden, sein Schweif reicht bis ins Herz der Insel, bis nach Yamato, in die Nähe der großen Stadt Kioto. Das ist denn auch der Grund, weshalb in letzterer Gegend die Erde am häufigsten erbebt, denn meist rührt das Ungetüm nur den Schweif. — Damit dasselbe nicht noch größeres Unheil schafft, hält der mächtige Gott Kaschima Wache und lastet nicht nur selbst auf dem Rücken des Tieres, sondern beschwert denselben auch noch mit Felsen. Ist auch dies nicht ausreichend, so ergreift der Gott sein mächtiges Schwert, das er einst in der Landschaft Hidadschi in die Erde stieß und dessen Griff einen mächtigen Felsen bildet, den man den Kanamefelsen, den Grundpfeiler der Insel Nippon genannt hat. Das Schwert vermag niemand zu heben als Kaschima; erfaßt er es aber, so ergreift Furcht den großen Erdbebenfisch, und ohne daß Kaschima es wirklich zu zücken braucht, beruhigt er sich und das Erdbeben hört auf.

L. Fischmythe der Aino. — An der Quelle des Saruflusses ist ein großer See. In diesem See lebte eine riesige Forelle, die so mächtig war, daß, wenn sie mit den Brustflossen gegen das eine Ufer schlug, sie mit ihrem Schwanze am entgegengesetzten Ende die Wellen zum Aufbäumen brachte. Es kamen einmal die hochverehrten Vorfahren überein, diesen Fisch zu töten, fanden aber alsbald, daß sie nicht imstande wären, das Unternehmen auszuführen, obgleich sie es viele Tage versuchten. Da sie sich so sehnlich wünschten, diesen Fisch zu töten, beschlossen die Götter, welche eine besondere Liebe für die Wohlfahrt des Ainolandes empfanden, vom Himmel herab Hülfe zu senden. Herabsteigend, ergriffen die Götter mit ihren Händen die Forelle. Daraufhin tauchte der Fisch mächtig und mit großer Gewalt bis auf den Boden des Sees hinab, die Götter aber strengten alle ihre Kraft an, trieben die große Forelle an die Oberfläche des Wassers und brachten sie ans Ufer. Sobald dies geschehen war, ergriffen die hochverehrten Ahnen ihre Schwerter und hieben auf den Fisch ein, bis er tot war.

(Hierzu bemerkt der wohlbewanderte Batchelor etwa folgendes: Man erzählt sich, daß diese mächtige Forelle nicht nur Tiere wie Rindvieh und Bären, die an das Ufer des Sees kamen, um zu trinken, sondern auch Männer, Frauen und Kinder zu verschlingen pflegte. Ja nicht nur diese, sondern sogar ganze Boote mit ganzer Mannschaft! Ja Boote mit allen Insassen! Daher kommt es, daß die Alten sich so sehr davor fürchteten, auf das Ungetüm einen Angriff zu wagen. — Die Aino scheinen vor großen Seen eine ganz besondere Furcht zu haben, weil sie große Angst davor haben, daß immer wieder einer von diesen riesigen Fischen hervorkommen und sein Vernichtungswerk mit dem Verschlingen von Tieren und Menschen wieder beginnen könne. Man sagt, daß erst vor wenigen hundert Jahren einer dieser fürchterlichen Fische an den Ufern des Chitose-Sees gefunden sei. Das Ungetüm hatte ein großes Rind mit Hörnern und allem verschlungen. Die Hörner hatten aber einen peinlichen Anfall von Unbehagen verursacht, welches der Fisch nicht zu überwinden vermochte; ja, diese Hörner waren so lang, daß sie seinen Leib zuletzt durchbohrten und seinen Tod herbeiführten. [Dies scheint mir eine stark verdorbene Walfischverschlingungsmythe zu sein.] Die Bewegungen dieser mächtigen Fische sind es, auf die die Bewohner von Yezo die in dieser Gegend so häufigen Erdbeben zurückführen. Die Erde — das heißt, so weit das Ainoland sich erstreckt — glaubt man auf dem Rücken eines dieser Geschöpfe liegen; wenn dieses sich nun bewegt, so pflanzt sich das Beben durch den Erdkörper fort. Dieser Erdbeben erzeugende Fisch wird zuweilen Tokuschisch, d. h. Forelle, manchmal aber auch Moschiri ikkewe chep, d. h. „der Rückgratfisch der Welt", genannt.)

VIII.

Die Walfischdrachenmythen der Semitoiden und Arioiden.

Wenn ich vorhergehend die Mythen der Mongoloiden Asiens in einem Kapitel und hier die der Semitoiden und Arioden in einem gemeinsamen Abschnitt zusammenfasse, so mag das im ersten Augenblick Verwunderung erregen. Denn es ist sicher, daß bei einigermaßen guter Disposition die Kapiteleinteilung nicht nur einer Raumfrage, sondern viel wesentlicher einer Stofffrage entspringt. Mit dieser Zusammenfassung deute ich also eine gewisse Zusammengehörigkeit an, in der die Mongoloiden nicht aufgenommen sind. Zur Erläuterung muß ich zunächst auf das hinweisen, was ich im II. und III. Kapitel über die geographischen Typen schon gesagt habe. Es mag das hier kurz wiederholt werden.

Gerade der Kreis von Mythen, der uns hier interessiert, zeitigt die hoffentlich einleuchtenden Schlußfolgerungen, daß wir bei der Priorität der babylonischen Kultur vorsichtig sein müssen. Es sei vorweg genommen, daß die Tiamatmythe schon der höheren priesterlichen Kosmologie ihre in den Tontafeln reproduzierte Gestalt verdankt. Auf der Rückseite des ersten Fragmentes der uns hier interessierenden Inschriftenserie steht nach Smith: „Palast Assurbanipals, des Königs der Nation, des Königs von Assur, welchem Nebo und Tasmit achtsame Ohren verliehen: er suchte mit sorgsamen Augen die Weisheit der geschriebenen Tafeln, so da unter den Königen vor mir keiner die Schriften gesucht hatte. Die Weisheit Nebos, die Eindrücke (?) des Gottes, meines Lehrers (?), alle prächtig, schrieb ich auf Tafeln, erforschte, beobachtete ich und stellte ich zur Einsichtnahme meines Volkes innerhalb meines Palastes auf.“ — Die Unterschrift wird einerseits zeigen, welchen Wert man den Urkunden beilegte, andererseits das Datum der vorliegenden Abschriften erkennen lassen. — so fügt Smith hinzu. Es geht aber aus dieser Unterschrift noch etwas Wertvolleres hervor. Die Aufstellung der Tontafeln im Palaste mit dem ausgesprochenen Zweck, daß das Volk Einsichtnahme nehmen könne, bedeutet nichts anderes, als daß eine Weisheit volkstümlich werden solle. Und was wir nach der ganzen Form, dem altertümlichen Charakter des Sprachbaues, den falsch verstandenen Verdrehungen, die offenbar in diesem Urtexte schon enthalten sind, entnehmen können, wird dadurch zur Sicherheit, führt uns zu der Überzeugung, daß diese Weisheit früher eben nur priesterliches Eigentum gewesen ist. Nun fängt keine Mythologie der Erde mit einer priesterlichen Geheimlehre an. Auch hierüber wurde oben schon gesprochen. Wo das Volk erst unterrichtet werden muß, da ist die Lehre entweder von außerhalb gekommen — und das ist stets das Wahrscheinlichere — oder sie ist im Volke im Laufe der langen Zeit erstorben. Wenn ich das Letztere als das Unwahrscheinlichere hinstelle, so verweise ich auf die Tatsache, daß eine Volksweisheit in jenen alten Zeiten ebenso lebenskräftig gewesen sein muß wie in den heutigen. Zum mindesten ebenso kräftig! Gerade in diesem Kapitel haben wir uns mit der Frage zu beschäftigen. Das Mythengut der Arioiden, das heute dem Volke in seiner asiatischen Form z. B. in Deutschland noch näher steht als in seiner vorchristlichen Epengestalt, beweist uns diesen Satz. Und wahrlich! Es waren den Mythengütern nordischer indogermanischer Völker, die doch heute noch in der Märchengestalt erhalten sind, gefährlichere und wuchtigere Feindschaften entstanden als irgend einem Volke des Altertumes. Ich meine hier nicht das Christentum. „Religionen" vernichten nicht die Volksweisheit, sondern bilden sie höchstens um. Die schlimmste Feindschaft war vielmehr die Schrift, sobald sie Volksgut wurde. Denn die Schrift als Volksgut hat jene gewaltige, uns nicht mehr verständliche Riesenmacht des Volksgedächtnisses gelähmt. Und als weitere Feindschaften sind das langsame Aufkeimen der naturwissenschaftlichen Anschauung und last not least die seit dem Mittelalter mächtig heranwachsende Weltflutung des über die Ozeane hinströmenden neuarioiden Wanderlebens zu bezeichnen. Solche Feindschaften hat unsere Volkweisheit ertragen. Sie ist auf der einen Seite vielleicht durch die Schrift, durch die Aufzeichnung der Märchen erstarkt. Aber diese Aufzeichnung der Märchen ist jungen Datums. Soweit mir bekannt ist, besitzt ein einziges unter den nordischen Völkern eine alte Niederschrift wie die Schrift Morlinis (Mitte des 16. Jahrhunderts) und den Pentamerone.

Also bei den Semitoiden tritt uns die vollendete Priesterweisheit entgegen, der wir wenig an Volksweisheit zur Seite zu stellen haben. Betreffend das Buch Jonas, welches den zweiten Typus unseres Materials repräsentiert, bin ich mir nicht sicher. Das Buch Jonas enthält ein priesterliches Lehrstück. Insofern ist es Priesterweisheit. Aber ist diese Priesterweisheit nicht vielleicht wieder aus dem Volke geschöpft worden? — Das Buch Jonas ist eine frappierende Erscheinung. Bei allen Semitoiden scheint die eigentliche Walfischmythe in ihrer ursprünglichen Gestalt verschwunden. Da taucht mit einmal dieses Stück wieder auf. Ich muß aber fragen, ob denn nicht eine verhältnismäßig junge Befruchtung hier stattgefunden haben kann. Diese Frage wird entschieden werden, wenn wir besser orientiert sind über jene Kulturformen, die die arioiden Einwanderungen von Norden über Griechenland und von Osten über Persien antrafen. Es ist nicht zu vergessen, daß einerseits die italienische Volksweisheit des Mittelalters die Walfischmythe in einer Form birgt, die nicht zu den Semitoiden des Südens, sondern zu den Arioiden des Nordens weist, denn sie tritt auf im Anhang an das Hänsel und Gretelmotiv. Es ist fernerhin darauf hinzuweisen, daß die Heraklesmythe, die ich im Gegensatz zu manchen neueren Autoren teilweise als arioid bezeichnen möchte, das Verschlingungsmotiv in guter Erhaltung aufweist, daß fernerhin das Buch Jonas verhältnismäßig spät und vielleicht nicht in Ländern, die dem Persischen Golf, sondern in solchen, die dem Mittelmeer näher lagen, entstand. Alles in allem erscheint mir die Auffassung des Buches Jonas als einer Schöpfung aus der Volksweisheit zu unsicher, daß ich sie nicht wage. Damit aber fällt der letzte Anhalt.

Wir brauchen ja nicht nur die Walfischdrachenmythen zu nehmen. Es liegt ja jetzt schon Material die Hülle und Fülle vor. Und ein Studium etwa des Werkes von Jensen über die

Kosmologie der Babylonier und ein Vergleich mit dem grundlegenden Werk Schlegels über die Uranographie der Chinesen, muß wohl bei jedem die Überzeugung hervorrufen, daß wir in dem Gehalt beider Priesterweisheiten die Wiedergabe eines uralten, tief ausgebauten und feingegliederten Priesterlehrens vor uns haben, dessen Ursprung wir weder bei den Mongoloiden Ostasiens noch bei den Semitoiden Westasiens suchen dürfen, ohne die Behauptung aufzustellen, daß in damaliger, für uns uralter Schöpfungszeit schon beide Kulturformen und auch Rassen voll ausgebildet gewesen wären, — eine Behauptung, die uns sehr gewagt erscheint, und der wir auf jeden Fall die Annahme gegenüber setzen müssen, daß beide Kulturformen Produkte der Isolierung langer Abgesondertheit und vielleicht der Kolonialbildung sind. Wir müssen ja auf jeden Fall an dem Satze festhalten, daß auf keinen Fall bei den Schlußfolgerungen ein Zwang ausgeübt werden, sondern daß man nur der größeren Wahrscheinlichkeit folgen darf.

Soweit die Vorbemerkungen zur semitoiden Mythologie.

Anders als die vorhergehenden Stoffansammlungen werden im vorliegenden Kapitel die arioiden Mythen und Märchen behandelt. Es würde einen Band für sich beanspruchen, wenn wir die einzelnen Mythen und Märchen hier vollkommen wiedergeben wollten. Aber hiervon abgesehen, darf ich wohl annehmen, daß die Stoffe im großen und ganzen dem Leser bekannt sind. Sollte dies nicht der Fall sein, so verweise ich auf die gründlichen Arbeiten von Gubernatis und Schwartz, die ziemlich alles Einschlägige mit vollkommener Literaturangabe angeführt haben. Wir müssen aber auch in diesem Stoffe eine Trennung der einzelnen Gruppen festhalten, um die wünschenswerte Ordnung aufrecht zu erhalten. Diese Gliederung ergibt sich von selbst. Eine kurze Besprechung der asiatischen arioiden Mythenbildungen zum ersten, der europäischen Arioiden zum zweiten und der europäischen Märchen zum dritten erleichtert die Übersichtlichkeit. Hinsichtlich der letzten beiden Gruppen muß ich aber auch noch eine Bemerkung voransenden, deren Sinn zwar im ersten Teile schon zu finden, deren Wiederholung aber wünschenswert ist, um den laufenden Inhalt auch dieses Kapitels zu einer Einheit zu gestalten.

In der Mitte des vorigen Jahrhunderts wurden von kompetenter Seite Versuche unternommen, die alten Mythen der europäischen Völker. die uns aus einem dichtungsreichen Mittelalter erhalten geblieben sind, als die Stammväter unserer Märchen, soweit sie noch heute im Volksmunde leben, hinzustellen. Ich erinnere z. B. an den Versuch, das Dornröschenmärchen mit seinem Rosenwalle mit der Brunhildenmythe und ihrem Feuermeer etc. in einen derartigen Zusammenhang zu bringen. Absichtlich wähle ich dasjenige Beispiel, welches für diese Abstammungstheorie des Märchens aus dem Epos am beweiskräftigsten ist, um es dem Leser möglichst leicht zu machen, meine Ansicht nicht zu teilen. Denn ich gebe selbst zu, daß eine derartige Anschauung nicht nur viel Verlockendes, sondern auch sehr viel Einleuchtendes birgt. Wenn ich dennoch anderer Ansicht bin, so ist dies, weil jener Versuch sich im wesentlichen nicht etwa auf die formalen Übereinstimmungen, sondern auf die Wahrscheinlichkeit der zeitlichen Beziehung stützt. Es ist gar nicht zu leugnen, daß es nahe liegt, das anscheinend so junge, jedenfalls erst ganz kürzlich aufgezeichnete Märchen von dem Jahrhunderte alten epischen Mythenstoff abzuleiten. Der Zeitunterschied ist es, der für diese Annahme spricht.

Wenn ich dagegen die Behauptung aufstelle, daß das deutsche Volksmärchen eine ältere und besser erhaltene Volksweisheit und Volksanschauung birgt als das alte Epos, dann stütze ich mich ad 1 auf die Behauptung, daß die alten Ependichter und Epensänger aus einem alten Priesterstande hervorgegangen und somit die Träger einer alten Priesterweisheit waren, und ad 2 auf die Tatsache, daß die Volksweisheit, die dem Sinne entsprechenden Formen nicht nur reicher, sondern auch deutlicher im deutschen Märchen erhalten hat. Was die erstere Behauptung anbetrifft, so brauche ich wohl nur an einige Worte unseres alten Zunftmeisters Jacob Grimm zu erinnern, um einen wesentlichen Schutz zu gewinnen. „War nun die Dichtkunst den Menschen mit den Göttern gemein, von Göttern erfunden und übertragen worden (wie Grimm dies vorhergehend bewiesen hat), so folgt notwendig, daß sie dem Altertum auch für ein Amt und Geschäft der Priester galt und die Begriffe von Priester, Weissager und Dichter aneinander rührten."

Die Beziehung des Sängers und Dichters zum Priester ist hierdurch als Tatsache gut markiert. Wie ist aber nun die Abstammungsfrage zu stellen, d. h. stammt etwa der Dichter vom Priester oder der Priester vom Dichter ab? Als Antwort darauf muß ich auf das verweisen, was ich im ersten Teile dieses Buches gesagt habe. Die große Bedeutung des Rythmus in allen Anfängen der Dichtkunst und Musik ist erwiesen, und mit diesem Beweise ist auch der Gehalt der ersten Dichtkunst, das Material, das zur Verwendung kam, deutlich charakterisiert. Aus der Arbeit kam der Sang, die Melodie, der Rythmus, mit der Arbeit hing der erste Stoff zusammen. Die Arbeit steht aber nirgends in Beziehung zur kosmogonischen Dichtung. Das mythologische Element kann nicht aus der Arbeit entstanden sein, sondern das mythologische Element muß durch eine Priesterschaft in das Bereich der Gesangeskunst hineingetragen worden sein. Wie vordem alles Volk Sänger war und sich nicht der Beruf eines Sängers abzweigen konnte, so muß auch einstmals die mythologische Weltanschauung eine Volkanschauung gewesen und kann erst später zur Priesterwissenschaft geworden sein. Dadurch ist aber auch der Anhaltepunkt für den Sänger gegeben worden. Nicht der Epensänger, sondern der Priester ist der ältere. — Es ist nicht die Aufgabe dieses Bandes, sondern es ist eine Aufgabe des zweiten, festzustellen, ob der priesterliche resp. göttliche Sänger ein Wesenszug der altindogermanischen Kultur war. Wir wollen nur zunächst festhalten, daß er in Deutschland an der historischen Grenze auftrat, daß er in allen Deutschland umlagernden Ländern im Osten, Westen und Norden noch in später Zeit fortgelebt und gewirkt hat, und daß seine Produkte der Form nach eher aus der Volksweisheit geschöpft haben als etwa die Volksweisheit aus seinen Epen.

Damit komme ich auf meine zweite Behauptung. Diese ist es, welche ich im vorliegenden Kapitel zu beweisen haben werde. Der Beweis mag gleich hier vorne Platz finden.

In der Götterdämmerung der deutschen Mythologie verschlingt der Wolf als Darstellung des Meeres Sonne und Mond. Die Behandlung dieses Stoffes hört mit dieser Tatsache auf. — Im deutschen Märchen verschlingt der Wolf einerseits die Großmutter und Rotkäppchen und andererseits die Geislein bis auf das jüngste. Das Märchen schneidet nicht ab wie die Mythe, sondern schildert es, wie der Bauch des Wolfes aufgeschnitten. mit Steinen gefüllt. in den Brunnen befördert wird.

Aus dem ganzen Zusammenhange unserer Darstellung der Walfischdrachenmythe hoffe ich mit genügender Überzeugungskraft bewiesen zu haben, daß wir es überall mit einem einheitlichen Stoffe, mit einer einheitlichen Bedeutung und mit einem geschlossenen Darstellungskreis zu tun haben. In diesen Darstellungskreis gehört für den Abend das Verschlungenwerden, für den Morgen das Öffnen des Ungetüms und das Herausschlüpfen. Die beiden Tatsachen, die des Abends und die des Morgens, müssen unbedingt zusammen gehören. Es ist das eine jener Notwendigkeiten, die wir als Annahme in den Vordergrund stellen müssen. wenn wir nicht alle Geistesprodukte des menschlichen Anschauens als tote Maschinenprodukte bezeichnen wollen. Von dieser Zusammengehörigkeit ist uns aber in der deutschen Mythologie nur der eine Teil gerettet worden, während das deutsche Volksbewußtsein im Märchen beide Teile und die Zusammengehörigkeit vollständig sinngemäß gerettet hat. Das heißt aber. daß wenn auch die Mythologie zeitlich die ältere ist. sie dennoch nicht die Mutter des Märchens genannt werden darf. Es sind beides Abzweigungen des Volkswissens und der Volksweisheit. Und wenn der Ependichter auch die größeren Gestalten gemalt hat. so hat das Volksmärchen doch den reineren Inhalt und die größere Vollständigkeit der Bedeutung in der Form gewahrt.

Dieses glaubte ich gerade dem vorliegenden Abschnitte voraussenden zu müssen.

Die Walfischdrachenmythen der Semitoiden.

Die neuere Zeit hat erst wieder das Interesse an der altbabylonischen Kultur gewonnen. Es waren aber schon die Gelehrten im Anfange des vergangenen Jahrhunderts, die auf die Bedeutung altbabylonischer Mythologie hinwiesen. Die Quellen, welche damals zur Verfügung standen, waren außerordentlich mangelhaft. Vor allen Dingen war es Berosus, ein babylonischer Priester, der um das Jahr 330—260 v. Chr. gelebt und geschrieben hat und dessen in die griechische Literatur übergegangenen Notizen von größerem Werte sein konnten. Erst in neuerer Zeit wurden Inschriften aus altbabylonischer Zeit entziffert, die eine hinreichende Aufklärung über ältere Anschauungen boten. Das Hauptinteresse an dieser neueren Entdeckung erwarb sich die Übereinstimmung mit den biblischen Schöpfungsmythen, — eine Übereinstimmung, die allerdings genügte, um die Abstammung der biblischen von der altbabylonischen Mythologie zu beweisen. Das daraus hervorgehende Bestreben, nun alle Kultur aus dem alten Babylonien abzuleiten, muß durchaus verworfen und als unwissenschaftlich bezeichnet werden. Ich habe hier an der Hand der sogenannten Tiamatmythe die Aufgabe, zu zeigen, daß die alte babylonische Mythologie nicht mesopotamischen Ursprunges sein kann, von anderen Völkern den Babyloniern überliefert und von den Babyloniern selbst mißverstanden worden ist. Wir stellen im folgenden den Bericht des Berosus in der Übersetzung des alten Münter (nach den Angaben des Alexander Polyhistor) der Übersetzung der Keilinschriften von Smith-Delitzsch gegenüber.

Berosus berichtet, daß seinerzeit ein gewisser Oannes, der aus dem erythräischen Meere kam, die Babylonier unterrichtet habe. Dieser Oannes hatte ganz den Leib eines Fisches, jedoch unter dem Kopf einen andern unter dem Fischkopf hervorgewachsenen Kopf, Füße eines Menschen, hervorgewachsen aus einem Fischschwanze und eine menschliche Stimme. Dieser Oannes verkehrte am Tage mit den Menschen, ohne Speise zu sich zu nehmen, und überlieferte diesen die Kenntnis der Schriftzeichen und Wissenschaften und mannigfache Künste, lehrte sie, wie man Städte bevölkert und Tempel errichtet und Gesetze einführt und das Land vermißt; er zeigte ihnen Säen und Einernten der Früchte und überliefert überhaupt den Menschen alles, was zur Sittigung des Lebens dient. Mit Sonnenuntergang sei dieser Oannes wieder in das Meer getaucht und habe die Nächte in der See verbracht, denn er war amphibienartig. Oannes habe aber über Entstehung und Staatenbildung geschrieben und dieses Schriftwerk den Menschen übergeben.

Der Schöpfungsbericht, den dieser Oannes nach Angabe des Berosus niederlegte, lautet etwa folgendermaßen:

„Es war eine Zeit, in der alles Finsternis und Wasser war. In der Finsternis und dem Wasser wurden wunderbare und ganz außerordentlich gestaltete Tiere erzeugt: Menschen mit zwei, einige mit vier Flügeln und doppelten Angesichtern. Sie hatten nur einen Körper, aber zwei Köpfe, einen männlichen und einen weiblichen. Dabei auch doppelte Geschlechtsteile. Andere Menschen hatten Bockschenkel und Hörner; andere waren Pferdefüßler und hatten die hinteren Teile vom Pferde, die vorderen von Menschen, wie die Gestalt der Hippokentauren. Da wurden auch Ochsen erzeugt mit Menschenköpfen, Hunde mit vier Leibern und Fischschwänzen; Menschen und andere Gestalten mit Pferdekörpern und Köpfen und mit Fischschwänzen, auch andere lebende Wesen in der Gestalt der verschiedensten wilden Tiere; desgleichen Fische, Gewürme, Schlangen und andere wunderbare Tiere mit den verschiedensten Gestalten, deren Bilder alle im Tempel des Bel bewahrt werden. Die Fürstin aller dieser Tiere war ein Weib, Omorka genannt. Dieser Name heißt auf kaldäisch Thaletth, ins Griechische übersetzt Thalassa (gleich Meer) und ist gleichen Zahlenwertes mit dem Namen des Mondes, selene. — So war das Ganze beschaffen, als Bel hinzukam, das Weib mitten durchhieb, aus der einen Hälfte die Erde, aus der andern den Himmel machte, die Tiere aber tötete. — Auf diese Art (so sagte er) werde der Ursprung der Dinge allegorisch gelehrt. Da aber das Ganze und die in demselben erzeugten Geschöpfe feuchter Natur gewesen wären, hätte der Gott sich seines eigenen Hauptes (über die heute als falsch erachtete Schreibweise dieses Teiles siehe nachstehend!) beraubt; das ausströmende Blut hätten die andern Götter mit der Erde vermischt und daraus die Menschen gebildet, die daher auch mit Vernunft begabt und des göttlichen Wesens teilhaftig waren. Bel habe hierauf die Finsternis mitten durchschnitten, Himmel und Erde voneinander geschieden, die Welt geordnet und die Tiere, so die Kraft des Lichtes nicht hätten ertragen können, wären umgekommen. Als Bel nun das wüßte, jedoch fruchtbar gesehen, habe er einem der andern Götter geboten, seinen eigenen Knopf abzuschneiden, Erde mit dem aus sich herausströmenden Blute zu vermischen und daraus sowohl Menschen wie Tiere, welche die Luft ertragen könnten, zu bilden. Er selbst aber habe die Gestirne, die Sonne, den Mond und die fünf Planeten gemacht."

Ehe ich weiter gehe, sei darauf hingewiesen, daß es nicht klar zu ersehen ist, ob Bel nach der Spaltung des Weibes Omorka sich das Haupt selbst abgeschnitten habe oder der Omorka. Es ist dies insofern wesentlich, als aus der Leseart zu schließen ist, ob die alten Babylonier den Sinn dieser Mythe noch gekannt haben oder nicht. Da aber auf jeden Fall der Schluß der Darstellung und die zweite Schilderung des Abschlagens eines Götterkopfes die Unklarheit des Berichterstatters verrät, sind wir berechtigt, die Unwissenheit auch für den ersten Teil anzunehmen.

Die Bruchstücke der Keilschriften, welche den altbabylonischen Schöpfungsbericht enthalten, beginnen folgendermaßen:

1. Als droben der Himmel nicht aufgerichtet,
2. und drunten auf Erden eine Pflanze nicht aufgesproßt war,
3. auch die Tiefe der Wasser nicht durchbrochen hatte ihre Schranken:
4. Mummu-Tiamat war die Gebärerin ihrer aller.
5. Jene Wasser wurden im Anbeginn geordnet; aber
6. ein Baum war nicht gewachsen, eine Blume hatte sich nicht entfaltet.
7. Als die Götter noch nicht erstanden waren, keiner von ihnen:
8. eine Pflanze nicht gewachsen war, und Ordnung nicht existierte;
9. auch die großen Götter wurden geschaffen.

Dieses Tiamaturgeschöpf bedeutet in seinem Namen Mummu-Tiamat, soviel wie „Seewasser" oder „Seechaos". Das Tiamat ist also direkt eine Personifikation des Meeres. Der zweite Teil dieser Berichte, in dem das Tiamat eine wesentliche Rolle spielt, ist uns leider sehr mangelhaft erhalten, und ich fürchte sogar zunächst infolgedessen auch nicht einmal ganz genau richtig übersetzt. Die betreffenden Fragmente enthalten eine Schilderung des Entscheidungskampfes zwischen Tiamat und Merodach oder Bel. Ich gebe die Vorder- und Rückseite dieses Teiles vollständig und fülle gleich Smith die Lücken mit Punkten aus.

Vorderseite:

1. . . . . . . bereitete er . . . .
2. . . . . seiner rechten Hand teilte er zu
3. . . und Köcher schleuderte seine Hand
4. er sandte den Blitzstrahl vor sich her,
5. . . . Grimm erfüllte seinen Körper.
6. Er machte das Schwert zum Schweigen bringen den Drachen des Meeres,
7. die sieben Winde bannte er, nicht herauszukommen aus ihrer Wunde.
8. Nach Süden, Norden, Osten und Westen.
9. ließ er seine Hand das Schwert halten vor dem Hain seines Vaters, des Gottes Anu.
10. Er machte den bösen Wind, den feindlichen Wind, das Unwetter, den Sturm,
11. die vier Winde, die sieben Winde, den Wind . . . den regellosen Wind.
12. Er ließ los die Winde, die er geschaffen hatte, sieben an der Zahl,
13. der Drache des Meeres streckte sich aus, kam hinter ihm drein.
14. Er trug den Donnerkeil, seine große Waffe,
15. auf einem Wagen . . ohnegleichen fuhr er dahin:
16. Er packte sie und vier Fesseln befestigte er an ihre Hände
17. . . . unnachgiebig, stürmend . . . sie
18. . . . . mit ihrem Stachel todbringend
19. . . . . . . hinwegfegend Erkenntnis
20. . . . . Zerstörung und Kampf

Rückseite.

1. . . . . dein Unheil sollst du bezwingen,
2. der Tribut an deine Mutterschaft soll ihnen aufgezwungen werden durch deine Waffen,
3. ich (dein Gemahl) will beistehen, und dir sollen sie gemacht werden zur Beute.
4. Tiamat, als sie dies hörte,
5. trat sie auf einmal hinzu und änderte ihren Entschluß.
6. Tiamat rief und stand behend auf,
7. stark und fest umgab sie sich mit ihrer Schutzwehr,
8. sie nahm einen Gürtel (?) und legte . . . . .
9. und die Götter machten für sich bereit ihre Waffen zum Kampf.
10. Tiamat griff an den gerechten Götterfürsten Merodach.

11. Die Banner richtete sie auf in dem Streit gleich einer Feldschlacht!
12. Auch Bel zog sein Schwert und verwundete sie.
13. Der böse Wind kam hinterher und schlug gegen ihr Gesicht.
14. Tiamat öffnete ihren Mund, ihn zu verschlingen,
15. aber den bösen Wind ließ er hineinfahren, bevor sie ihre Lippen zu schließen vermochte;
16. die Gewalt des Windes füllte ihren Magen, und
17. ihr Herz erbebte, und ihr Gesicht war verzerrt.
18. . . ergriff mit Ungestüm ihren Magen,
19. zerriß ihr Inneres und besiegte ihr Herz.
20. Er kerkerte sie ein und machte ein Ende ihrem Werk.
21. Ihre Helfershelfer stunden ob ihr erstaunt,
22. als Tiamat, ihre Führerin, bezwungen war.
23. Ihre Reihen zerbrach er, ihre Gesamtheit ward zerstreut,
24. und die Götter, ihre Helfer, die ihr zur Seite gingen,
25. bebten, fürchteten sich und lösten sich auf,
26. der Aushauchung ihres Lebens gingen sie aus dem Weg.
27. Krieg ringsum, flohen sie unaufhaltsam (?) davon.
28. . . . . . sie und ihre Waffen zerbrach er,
29. gleich einem Schwert niedergeworfen, in Finsternis sitzend,
30. ihrer Gefangenschaft sich bewußt, voll Kummer,
31. ihre Stärke entrückt, geschlagen in Banden,
32. und auf einmal ward die Stärke ihres Werkes von Furcht überkommen,
33. das Schleudern von Steinen, gehend . . .
34. Er warf nieder den Freund, seine Hand . . . .
35. einen Teil des Feindes unter sich . . . . . .
36. Und der Gott Kingu wiederum . . . .

Wir schließen den Inhalt des Buches Jona hier an. Jona erhält vom Herrn den Auftrag, in die große Stadt Ninive zu gehen und zu predigen. Jona flieht aber, wollte hinab gen Tharsis und kam hinab nach Japho. Er fand da auch ein Schiff, das nach Tharsis wollte, gab sein Fährgeld und war so auf dem besten Wege, zu entfliehen. Da ließ Jahwe einen großen Wind aufs Meer kommen, sodaß die Schiffsleute in große Angst gerieten. Inzwischen schlief Jona unten im Schiffe. Der Schiffsherr fordert Jona auf, zu beten. Darauf ziehen die Schiffer das Los, um festzustellen, wessenwegen das Ungewitter wohl hereingebrochen sei.

Das Los fällt auf Jona, der denn auch den Schiffern beichtet: „Ich bin Ebräer und fürchte den Herrn, den Gott des Himmels, welcher gemacht hat das Meer und das Trockene.“ — Als die Not nun kein Ende nehmen wollte, nahmen sie Jona und warfen ihn ins Meer: da stand das Meer still von seinem Wüten. Der Herr schaffte aber einen großen Fisch, Jona zu verschlingen, und Jona war im Leib des Fisches drei Tage und drei Nächte. Im Bauch des Fisches betete Jona und beichtete. Da sprach der Herr zum Fische und der Fisch spie Jona ans Land. — Darauf wanderte nun Jona nach Ninive und predigte, daß noch 40 Tage wären, dann würde Ninive untergehen. Die Leute in Ninive ließen sich daraufhin zur Sündenbekenntnis überreden und zogen Säcke an, das Volk und der König. Es war allgemeine Landesreue. Ob dieser Reue erbarmte sich der Herr und vernichtete Ninive nicht, was Jona außerordentlich verdroß. Und Jona ging zur Stadt hinaus, und setzte sich morgenwärts von der Stadt und machte sich daselbst eine Hütte; da setzte er sich in den Schatten, daß er sähe, was der Stadt nun widerfahren würde. Inzwischen ließ aber der Herrgott einen Ricinus wachsen, den aber gar bald ein Wurm zerfraß, sodaß die schattenspendende Pflanze verdorrte und Jona nun der prallen Sonne ausgesetzt war. Als darüber nun Jona verzagt, da sagt ihm der Herr: „Dich jammert des Ricinus, daran du nicht gearbeitet hast, hast ihn auch nicht aufgezogen, welcher in einer Nacht ward, und in einer Nacht verdarb; und mich sollte nicht jammern Ninives, solcher großen Stadt, in welcher sind mehr denn 120000 Menschen, die nicht den Unterschied wissen, was rechts und links ist, dazu auch viel Tiere?“

Aus dem Urgewässer steigt wie bei allen Völkern, die im Besitze der älteren Mythologie sind, das All empor. Die Personifikation dieses Urgewässers ist Tiamat. Tiamat wird zerteilt (siehe nächstes Kapitel), aus dem Leibe des Tiamat wird die Welt geschaffen. Die Sonne steigt leuchtend aus dem Meere empor und strahlt über die Erdoberfläche dahin. Insofern verstehen wir Tiamat vollständig. Es ist nicht viel hier hinzuzufügen. Die Projektion des Sonnenaufgangs als Schöpfungsmythe an den Anfang der Dinge ist hier genau dieselbe wie bei allen alten Kulturvölkern. Diese Schöpfungsmythe ist aber in der Berosusversion offenbar verquickt mit dem Stoffe, aus dem sie gebildet wurde, d. h. es ist ein Rückfall eingetreten. Der Streit, ob Bel-Marduch oder Oannes sich selbst das Haupt oder dem Tiamat das Haupt abgeschlagen habe, ist aus dem Bereiche der Jonassage zu beantworten. —

Diese Walfischjonasmythe nun ist uns in den beiden Lesarten der Keilinschriften des Alten Testamentes erhalten. In der Version des Alten Testamentes fehlen einige wesentliche Glieder. Das Herzmotiv vermisse ich vor allen Dingen. Dasselbe ist der Tiamatversion offenbar noch eigen, aber diese Tiamatversion der Keilinschriften haben die alten babylonischen Priester anscheinend selbst von älteren Versionen falsch abgeschrieben. Gehen wir die Zeilen der Reihe nach durch. (Es handelt sich natürlich um die Rückseite der Tafel.) In Zeile 14 öffnet Tiamat den Mund, um den Gott zu verschlingen, und in Zeile 15 läßt dieser den bösen Wind hineinfahren, bevor sie ihre Lippen zu schließen vermochte. In Zeile 16—19 spielt sich der Vorgang im Magen des Drachen ab. Aber angeblich ist nicht der Gott, sondern nur der Wind verschlungen. Von dieser Stelle an herrscht eine andere Anschauung vor. Angeblich kerkert Bel Tiamat ein (Zeile 20). In Zeile 29 sitzt sie in Finsternis, in Zeile 31 ist sie in Banden geschlagen. Es ist also eine Abänderung des alten Textes vorgenommen worden. In der ursprünglichen Mythe, die wir nun schon bei so vielen Völkern der Erde angetroffen haben, sitzt zunächst der Sonnenheld in der Finsternis des Walfisch- resp. Drachenbauches, und es folgt darauf das Aufschneiden des Ungetümes und das Ausschlüpfen des Sonnenhelden. Diese beiden Motive sind infolge der ursprünglichen Form verloren gegangen. Aber auch die neuere Darstellung, daß Tiamat nach dem Verschlingen des bösen Windes resp. Bels gefangen genommen und gebunden worden ist, ist nicht vollständig klar ausgesprochen. Vielmehr glaube ich noch einige Symptome älterer Versionen feststellen zu können. — Es sei mir ein Sprung erlaubt. Ich greife auf die Bogda Gesser Chanmythe zurück. Dort fliehen die Genossen des in den Leib des Ungetüms geschlüpften Sonnenhelden. Hier fliehen angeblich die Helfershelfer der Tiamat. Ich frage aber, ob denn nach allem Wesenssinn der Mythe Tiamat G ö t t e r zu ihrer Hülfe gehabt haben kann? — Und doch heißt es ausdrücklich in Zeile 23—24, die Götter, ihre Helfer, wurden zerstreut, und Zeile 26, daß sie der Aushauchung ihres Lebens aus dem Wege gingen. Das hat offenbar ursprünglich so geheißen: „Als Bel im Leibe der Tiamat verschwunden war, sprangen die ihn begleitenden Götter entsetzt zur Seite, bis Tiamat ihr Leben aushauchte“ — oder „bis sie ihn wieder ausspie“. Es ist also um den Tatbestand kurz festzustellen, schon 1500—2000 Jahre v. Chr. bei den Babyloniern eine sinnlose Umbildung der Mythe vor sich gegangen, die sich darin äußert, daß zwar noch eine Erinnerung an das Verschlungenwerden und an das Herzmotiv bestand, daß aber der Rest des Öffnens und ans Tageslichtkommens durch die Gefangennahme und Fesselung der Tiamat ersetzt wurde.

Erkennen wir somit aus den Formen schon eine Sinnverbildung in jener alten Zeit, so läßt sich auf der andern Seite diese Erkenntnis noch durch eine Betrachtung des Grundwesens der babylonischen Schöpfungsmythe ergänzen und vertiefen. Die Schlange spielt bekanntlich auch in der Schöpfungsmythe des Alten Testamentes eine große Rolle. Sie ist mit an dem Apfeldiebstahl verschuldet. Die Hauptschuld trifft aber in der alttestamentarischen Auffassung den Menschen. Das ist eine vollständig ethische Auslegung der Mythe bei vollständigem Verlust des ursprünglich kosmogonischen Sinnes. Denn daß der verschlungene Apfel die Sonne darstellt, versteht sich ganz von selbst. Bei den alten Babyloniern ist dieser ethische Sinn noch nicht so vollkommen durchgedrungen, und es ist der ursprüngliche Sinn noch wirksamer auch in der Formgestaltung. Aber der ethische Grundsinn liegt auch schon bei den Babyloniern klar zutage, wovon sich ein jeder Leser der babylonischen Schöpfungstexte ohne weiteres überzeugen kann. Dieser ethische Grundgedanke ist auch in der Jonasmythe noch erhalten, wenn auch die Formen — wie ich annehme infolge Berührung mit besser erhaltenen arioiden Gedanken? — noch eine bessere Erhaltung aufweisen. — Immerhin ist es sicher, daß die ganze altsemitoide Anschauungswelt darauf hinauszielte, ethische Gedanken den alten Mythen unterzuschieben, — ein Prozeß, den wir mit Leichtigkeit bis in das Neue Testament hinein zu verfolgen vermögen.

Es wird an anderer Stelle meine Aufgabe sein, zu zeigen, daß auch die Offenbarung Johannis überall die alten Mythen als Stoff zur Formung geistigen Wesens verwendet hat. Wesentlich ist aber für uns, nachgewiesen zu haben, daß die alten Babylonier, so weit wie wir sie historisch zurückzuverfolgen vermögen, stets den Stoff der alten solaren Mythologie verwendet haben.

Dieser Schlußsatz führt mich dazu, hier noch einige Worte einer eigenartigen Provinz der semitoiden Mythologie, nämlich dem alten Ägypten zu widmen.

Die altägyptische Mythologie ist uns leider nur außerordentlich fragmentarisch bekannt. Das Wesentlichste ist noch heute, was der alte Plutarch in seinem Werke Osiris und Isis aufgeschrieben hat. Was dann und wann ein Papyrus uns verrät, deutet mehr an, als es ausführt. Die Inschriften in den Tempeln und in den Grabstätten enthalten Gebete und zahlreiche Hinweise auf eine ziemlich große Menge von Mythen, die man jedoch sämtlich als dem Leser bekannt voraussetzte. Immerhin erschließen sich uns zwei Teile der ägyptischen Mythologie noch klar; es handelt sich einmal um die Göttergeschichte des Osiris und zum andern um die Fahrten des Ra. Wenn wie in den altsemitischen Staaten Mesopothamiens auch jede Ortschaft resp. jede Stadt oder Provinz ihren eigenen Landesgott hatte, so ragten doch über all die vielen Erscheinungen gerade diese beiden genannten Göttergestalten gar mächtig empor. Wir haben dabei den Eindruck, als ob die Ramythologie vielleicht doch eine ältere, die Osirismythologie eine jüngere sei. Die Ramythologie ist es, die den Sonnenlauf von West nach Ost in der Barke über das Wasser hin schildert, während die Osirismythe den Sonnenlauf den Nil entlang im Kasten vor sich gehen läßt: den Nil hinab, d. h. also von Süd nach Nord.

Die Sonnenbarkenfahrt Ras entsprechend dem Lauf der Sonne über ein Wasser hin kann natürlich nicht an den Gestaden des Nils entstanden sein. Diese Mythe muß aus einem Bereiche kommen, dessen geographische Eigentümlichkeit das Aufgehen und Untergehen der Sonne im Meere auszeichnen.

In der Ramythologie sind zwei Drachensagen enthalten, einmal in jenem Teile, der für uns noch unverständlich ist, in dem nämlich Isis sich bemüht, den heiligen Namen Ras zu erfahren, und zum zweiten in der täglichen Nachtsonnenfahrt des Gottes. In der siebenten Stunde dieser Nachtfahrt legt sich die Schlange Mehen, „die Umspannerin“, um die Kajüte des Ra; hier gilt es den schwersten Kampf gegen die Apepschlange, die zuletzt glücklich besiegt und mit Messern durchbohrt wird, während die Sonnenbarke sich von selbst fortbewegt. Dieser schwerste Teil der Nachtfahrt wird sehr häufig erwähnt. Die Widersacherin erscheint in den verschiedenen Namen Apep, Apap, Apophis etc. Es ist hier offenbar der Kampf mit den Nachtgewässern gemeint. Aber nicht nur Ra kämpf tmit diesem Ungetüm, sondern wir sehen auch Horus vom Boote aus das durch das Wasser hinschleichende Ungetüm durchbohren.

Daß das Motiv des Verschlungenwerdens der Sonne den alten Ägyptern geläufig war, erkennen wir an verschiedenen Stellen der alten Aufzeichnungen. Nach der im 55. Kapitel von Plutarch wiedergegebenen Sage soll Typhon das Auge des Horos bald verletzt, bald ausgerissen und verschluckt, dann dem Helios wieder zurückgegeben haben. Die alten Ägypter erzählten diese wahrscheinlich griechisch abgewandelte Form folgendermaßen: Eines Tages wünschte Horus alle Wesen zu sehen, die Ra erschaffen hatte: da zeigte ihm dieser ein schwarzes Schwein, und in dem gleichen Augenblicke fühlte Horus einen heftigen Schmerz im Auge, denn Set hatte sich, um Horus zu verletzen, in ein Schwein verwandelt. — Das Sonnenauge, in den Fluten des Meeres verschwindend, ist eine der ältesten Versionen des solaren Zeitalters. —

Die Walfischdrachenmythen der Arioiden Asiens.

Aus den ältesten und heiligsten Schriften, die uns aus dem Bereiche der altarischen Kulturvölker Asiens erhalten geblieben sind, geht die große Bedeutung, die schon in ältesten Zeiten die Geschichte vom Drachenkampfe gehabt haben muß, hervor. Greifen wir erst in den Norden, so fällt uns das Beispiel der Zendbücher ein, die den Kampf zwischen dem Sonnen und die Lichtwelt schaffenden Ormuzd und dem das Reich der Dunkelheit schaffenden und beherrschenden Ahriman ein. Ahriman wird bei seinem Versuche, die Lichtwelt zu zerstören, als Schlange in die Tiefe zurückgeschleudert. Vieles spricht dafür, daß Ahriman der Herr der Wasser ist. Als interessante Parallele zum Merudach-Tiamatkampf mag erwähnt werden, daß Ahriman gefesselt wird, — eine Schilderung, die andererseits auch wieder an die Fesselung des Fenrirwolfes gemahnt.

Und im Anschluß hieran die Dschemschidmythe! Wie wundervoll klar ist diese Zeichnung: Am Ende seines großen Werkes wird Dschemschid gestürzt. Der Widersacher ist Zohak, aus dessen Körper die Drachen emporsteigen. Das deutet die Westverschlingung an. Und dann: Nicht für immer ist Dschemschid verstoßen; nach hundert Jahren erscheint er wieder am Gestade des chinesischen Meeres. Also der Aufgang im Osten. Das ist ein wohl aus weiter Ferne und ein spät zurückschallendes Echo. Aber wir erkennen es als solches ohne Schwierigkeit. Wer hier noch mehr will, spüre der Geschichte von der Verschlingung der Rinder Dschemschids nach. Darin steckt auch uralte Anschauung.

Uns nach dem Süden wendend, bemerken wir vor allen Dingen die wichtigste Geschichte aus dem Leben und den Taten Indras: den Kampf mit dem Ungeheuer, nach dessen Unterliegung der Gott selbst, vom Schrecken erfaßt, flieht. Also Drachenkämpfe treten uns in jeder der altarischen Mythologien Asiens als große und wesentliche Ereignisse entgegen. Ein Eingehen auf die Einzelheiten würde hier zu weit führen, zumal auch hier ein großer Teil der Volksweisheit und der älteren kosmogonischen Mythen nicht in den Schriften des Priestertumes, sondern in den Erzählungen des Volkes erhalten ist, aus denen nachgehend wenigstens einige Zeilen ausgewählt werden mögen.

Wichtig ist uns vor allen Dingen aus dem älteren Bereiche eine Flutmythe, welche nachfolgend in einigen Zügen charakterisiert werden mag.

Der fromme weise Manus ging einst am Ufer eines Flusses spazieren, als ihm ein Fischchen um Schutz gegen die größeren Raubfische anflehte. Der Weise setzte ihn in einen größeren Teich, wo der Fisch aber so wuchs, daß er ihn herausnehmen und in den Ganges bringen mußte; aber auch dieser Strom wurde ihm bald zu enge und der Weise war genötigt, seinen inswischen riesenhaft ausgedehnten Schützling in das Weltmeer zu bringen. Hier zeigte sich erst, daß der Fisch ein überirdisches Wesen, nämlich Brahma selbst war. Er zeigte dem Manus an, daß die Zeit gekommen wäre, wo eine allgemeine Flut die ganze Erde überschwemmen und alle geschaffenen Wesen vernichten würde. Zugleich befahl er dem Manus, ein festes Schiff zu zimmern, Samen von allen Gattungen mit in das Schiff zu nehmen etc. — Wir haben hier das Motiv des Schlangengroßziehens, das uns nicht nur schon mehrmals entgegentrat, sondern das wir auch in der nordischen Mythe noch einmal treffen werden.

Unter den Inkarnationen Wischnus interessiert uns vor allen Dingen die erste, die Fischinkarnation. — Wischnu ruhte im Verzückungsschlafe auf den Gewässern, da erhob sich durch diesen Schlaf der Gott Brahma aus dem Nabel Wischnus auf einem Lotos thronend und die Weddas eifrig studierend. Währenddessen hatte eine Wasserflut die ganze Welt überschwemmt, da das Element durch den Schlaf Wischnus entfesselt worden war. Ein böser Geist benutzte diesen Augenblick, um dem in Nachdenken über den Inhalt der Weddas versenkten Brahma das Werk zu stehlen und damit in den Abgrund zu fliehen. Dies gelang ihm auch, und nachdem Brahma in Verzweiflung geraten war, ward Wischnu aus seinem Schlafe erweckt. Wischnu erkannte sofort den Raum und den Ort, wo der Räuber sich verborgen hatte. Er verwandelte sich alsbald in einen Fisch, tauchte in den Ozean hinab, kämpfte mit dem dahin geflüchteten bösen Geist, erlegte ihn, brachte die heiligen Schriften zurück und bannte die übergetretenen Gewässer in ihre Grenzen.

In weniger priesterlich verdrehten Formen äußert sich die Walfischmythe im Ramayana, welches bekanntlich die Göttlichkeit des Sonnenhelden in der Gestalt des Affen Hanumant verherrlicht. Auszugsweise sei ein Stück wiedergegeben.

Die Sonne, in welcher Hanumant durch die Luft eilt, wirft einen Schatten auf das Meer: ein Meerungeheuer bemerkt denselben und zieht durch ihn Hanumant an sich. Als dieser sieht, daß das Ungeheuer ihn verschlucken will, dehnt er seine Gestalt ganz maßlos aus: das Ungeheuer nimmt dieselben gigantischen

Proportionen an. Als es das tut, wird Hanumant so klein wie ein Daumen, schlüpft in den großen Leib des Ungeheuers hinein und kommt auf der anderen Seite wieder heraus. An einer andern Stelle des Gedichtes sagt Hanumant selbst, daß er bei dem rechten Ohr des Fisches wieder herausgekommen wäre, wogegen der Ausgang in der Schilderung selbst am Schwanze erfolgt zu sein scheint. Alsdann setzt Hanumant seinen Flug über den Ozean fort, um auf eine Insel zu gelangen. Der Ozean hat Mitleid mit ihm und erhebt, um ihm zu helfen, „den Berg mit dem goldenen Nabel", das ist der Berg, aus welchem die Sonne hervorkommt; Hanumant sagt denn auch in der Tat, daß er den Berg mit seinem Schwanze traf und ihm die Spitze abbrach, welche gleich der Sonne glänzte, um sich darauf auszuruhen. Hanumant nimmt dann seinen Flug wieder auf und findet ein neues Hindernis in dem Meerungeheuer, das ist die Mutter Rahus (also des Dämons, der Sonne und Mond packt und dadurch die Verfinsterung derselben bewirkt). Diese zieht ebenfalls den Schatten Hanumants an sich; dieser nimmt wieder zu der früheren Kriegslist seine Zuflucht, wird klein und schlüpft in ihren Leib hinein; doch kaum ist er darin, so wächst er zum riesigen Klumpen an, schwillt auf, zerreißt sie, tötet sie und macht sich davon, ein Streich, der ihm die Huldigung der Vögel einbringt, welche fernerhin ungestraft den Ozean werden kreuzen können.

In dieser alten Mythe sind die meisten Züge des uns beschäftigenden Stoffes enthalten und fehlt auch ein Anklang an das Motiv der Vogelhülfe nicht.

Zum Schluß mag noch ein Stück aus der Somadeva Bhatta folgen. Die Hindusage von Saktideva erzählt, es sei einst eines Königs Tochter gewesen, die keinen andern als den Mann heiraten wolle, der die goldene Stadt gesehen hätte. Da Saktideva diese Königstochter liebt, so macht er sich auf, die Welt zu durchreisen und jemand zu suchen, der ihm sagen könne, wo diese goldene Stadt sei. Im Laufe seiner Reise schifft er sich an Bord eines nach der Insel Utsthala bestimmten Schiffes ein, wo der König der Fischer wohnt, der, wie Saktideva hofft, ihn würde zurechtweisen können. Auf der Seefahrt erhebt sich ein großer Sturm und das Schiff geht in Stücke, aber ein großer Fisch verschlingt

Saktideva auf einmal. Durch die Macht des Schicksals getrieben, geht darauf der Fisch nach der Insel Utsthala, und dort fangen die Diener des Königs der Fischer diesen riesigen Fisch. Der König, erstaunt über dessen Größe, läßt ihn aufschneiden, und Saktideva kommt unverletzt heraus, besteht noch andere Abenteuer, sieht endlich die goldene Stadt und heiratet zum Schluß nicht nur die von ihm so geliebte Prinzessin, sondern auch noch deren drei Schwestern.

Anhangsweise sei noch auf die Naga hingewiesen. Wir werden auf diese Schlangen bei der Besprechung des Motives „Vogelschlangenkampf" zurückkommen. Auch wird uns im zweiten Bande die Figur des Schlangenkönigs, der mit seinem Leibe wie die Mitgartschlange um die Welt liegt, beschäftigen. Hier sei nun darauf hingewiesen, daß diese Nagaschlangen wie überall in Asien und Europa, die Besitzer der Schätze sind, die durch die Vögel geraubt werden. Wenn die alten Heldensagen berichten, daß die einwandernden Arier die Schlangen anbetenden Stämme der Naga schon angetroffen hätte, die überall Schätze und schöne Frauen besessen hätten und deren Fürst den Talisman in Händen hatte, der selbst Tote wieder zum Leben erwecken kann, so ist das eben eine Mythe, die dahin auszulegen ist, daß der Sonnenheld in die Tiefe fährt, um den Schatz des Feuers und der Sonne zu erobern. Denn die Helden der Vorzeit sind ja im Zeitalter des Sonnengottes die Söhne der Sonne oder der Sonnengott selbst gewesen.

Zusammenfassend können wir erklären, daß die Arier in Asien schon in alter Zeit im Besitze der solaren Mythologie waren, daß sich aus ihren Schriften, die allerdings auch oftmals dogmatisch zugestutzte Reste dieser alten Mythologie heute noch herausfinden lassen, daß sich dieselben aber in größerer Reinheit erhielten, als bei den Semitoiden.

Die Walfischdrachenmythen der Arioiden Europas.

Die Indogermanen Europas treten uns in ihrer Weltanschauung in keinem Punkte ihres Gebietes und in keinem Punkte der Geschichte als echtes Naturvolk entgegen. Sie haben überall als

Hauptmerkmal ihres kulturellen Wesens den Aufschwung gezeigt, und von diesem Standpunkte betrachtet werden wir demnach nicht, hoffen dürfen, eine klar ausgebildete alte Mythe aus dem Zeitalter, das uns hier beschäftigt, herübergerettet zu finden. Sie schließen sich in diesem Punkte durchaus den Arioiden Asiens an. Wir können demnach den Satz aufstellen, daß wir kein arioides Volk nachzuweisen vermögen, welches die alten Güter des solaren Zeitalters in jener konservativen Treue bewahrt hat, die wir bei vielen Naturvölkern bewundern. Alle arioiden Völker haben diese Stoffe weiter entwickelt, und wenn wir aus dem Besitze der Arioiden Europas dem Anscheine nach ältere und besser erhaltene Materiale zu gewinnen vermögen, so liegt dies teilweise daran, daß die unteren Volksschichten der Arioiden Nordeuropas noch nicht in der Weise wie die Völker des Südens und Südasiens von einer unaufhaltsam aufwärts und zur höheren Entwicklung aufstrebenden Anschauungswelt ergriffen sind.

Aber diese älteren Güter beruhen nicht in dem, was wir Mythologie nennen, sondern sie sind uns in der Märchenwelt erhalten.

Von solcher Kritik des Stoffes müssen wir ausgehen. Der Gesamttypus und die Gesamtmateriale verleihen uns das Recht, also zu urteilen und derart zur Spezialisierung überzugehen.

Eine eigentliche Walfischmythe bietet meines Wissens die gesamte Mythenwelt der Arioiden Europas nicht. Dagegen finden wir den Typus der Drachenmythen ausgebildet wie sonst nirgends auf der Erde, — es sei denn, daß China, dessen Mythenstoffe wir noch so wenig kennen, ein Mehreres bietet. Aber Reste der Walfischmythen lassen sich aus dem Wesen der Entwicklung nachweisen, und vor allen Dingen ist es leicht, zu zeigen, daß die Walfischmythe ursprünglich den Arioiden bekannt gewesen ist. Da ich voraussetzen darf, daß meine Leser sämtlich mit den Drachenmythen bekannt sind und ich dies Büchlein nur unnötig belasten würde, so ich auf all die Geschichten von Apollo, Perseus, Herakles, Kleostratos, Cadmus, Jason etc. oder Siegmund, Siegfried, Beowulf etc. des näheren eingehen würde, so beschränke ich mich darauf, die wesentlichsten Züge kurz zu erwähnen. Das Buch von Schwartz über den Ursprung der Mythologie bietet ja außerdem jedem die Möglichkeit, sich sehr schnell über die Einzelheiten zu orientieren.

Der Drache ist ein Repräsentant des Wassers. Er ist ursprünglich kein Landtier. Das homerische Zeitalter spricht vom Meere direkt als von einem Drachen. Die griechischen Drachen leben sämtlich an Quellen und sind teilweise zu deren Schutz angestellt. Das klingt uns noch nach aus dem Wesen der schweizer Drachen, von denen Rocholz schon gesagt hat, sie lebten sämtlich an Gewässern. Wie weit solche Anschauung reicht, läßt sich an unendlich vielen kleinen, aber charakteristischen Zügen erkennen. In einem alten Werke des alten Holländers Pyrard (um 1600) werden die Wasserhosen direkt als Drachen bezeichnet. Ein etwas späterer Schriftsteller englischer Abkunft erzählt uns, die bösartige Drachennatur des Meeres könne man am besten in Ostindien nachweisen. — Daß diese Wasserungeheuer als durch die Luft fliegende Drachen mythologisch oftmals als Gewitterwolken, als große Regenbringer aufgefaßt werden müssen, soll nicht bestritten werden. Man vergesse aber nicht, daß es sich in der vergleichenden Mythologie immer darum handelt, w o r a u s etwas entstanden ist. Die Bestimmung der Umbildungsformen und Umbildungsweise ist hinsichtlich mythologischer Perspektivenbestimmung immer die wesentlichste Erkenntnis. Da müssen wir feststellen, daß die Drachen der arisch europäischen Mythologie zunächst sämtlich nicht am Himmel, sondern auf der Erde aufgesucht werden müssen, daß wir bei allem eine Beziehung zum Meere, zu Strömen, Quellen oder irgendwelchen anderen irdischen Gewässern nachzuweisen vermögen.

Der zweite Zug in den uns beschäftigenden Mythen ist der Frauenraub. Ich brauche wohl nicht erst an Perseus usw. und seine nordischen Genossen zu erinnern. — Zum dritten fällt der Besitz besonderer Schätze, vor allem des Goldes in die Augen. Ob dies ein goldenes Flies, ein Rheinschatz oder ein Juwel ist, ist gleichgültig. — Fernerhin erinnere ich daran, daß Drachen stets ihre Höhle haben, ein Motiv, daß besonders in der Siegfriedsage in die Augen sticht, das aber in den vielen Drachenhöhlen und in den stets mit einer Kluft versehenen Drachensteinen der europäischen Gebirge einen lebhaften Nachklang gefunden hat.

Wir sahen im Vorhergehenden mehrere Male das Motiv des Schlangengroßziehens auftauchen. Eine kurze Angabe, die Grimm schon in seiner Mythologie machte, zeigt, daß das Motiv bis zum Norden heraufreicht, während es in slavischen Ländern nicht fehlt. Man höre: der schönen Thora Borgarhiörts wird ein kleiner Lyngorna geschenkt, den sie in ein Kästchen, Gold unter ihn, legt; wie er wächst, wächst auch das Gold, so daß die Kiste zu eng wird und der Wurm sich im Kreise um die Kiste legt; bald ist kein Raum mehr im Zimmer, er legt sich also um das Zimmer und nimmt den Schwanz in den Mund; er läßt niemand in das Zimmer als den, der ihm Futter bringt; zu jeder Mahlzeit braucht er aber einen Ochsen; nunmehr soll der, der ihn erlegt, die Jungfrau und das unter dem Drachen liegende Gold heimführen: Ragnar Lodbrok erlegt das Ungetüm. — Das ist das Motiv des Schlangengroßziehens, wie wir es schon manches Mal trafen, in gleicher Umgebung und in gleicher Klarheit erhalten. —

Wertvoll ist es mir, daß in den Drachensagen Europas sich des weiteren aber ein kleiner Zug findet, der mich stark an das Herzmotiv erinnert. Oftmals, wenn der Held den Drachen erlegt hat, naht ein anderer und raubt die Ehre des Helden, indem er angibt, er sei es gewesen, der den Drachen erlegt habe. Später vermag der Held die Tat aber daraus zu beweisen, daß er die herausgeschnittene Drachenzunge vorzeigt. (Vergl. Grimm Märchen Nr. 60, in dem dieser Typus gut erhalten ist.) Diese Geschichte ist vom Norden bis nach Italien, von Westen bis weit zu den slavischen Völkern hinein verbreitet. Sollte diese abgeschnittene Zungenspitze, die zu Glanz und Ehren verhilft, nicht dem Herz entsprechen, das der verschlungene Held in der Walfischmythe dem Ungeheuer ausschneidet und das in Vertretung des entzündeten Feuers vielleicht die aufgehende Sonne darstellt?

Wir haben aber noch einen siebenten kleinen Zug zu erwähnen, der in der Mythologie der Arier Europas allein dasteht. Als nämlich Herakles seinen Drachenkampf vollbringt, heißt es, daß er selbst in den Schlund des Drachen hineingesprungen sei (*Verschlingen*), daß er ihm von innen die Leber aufgeschnitten habe (*Herz*), daß ihm aber infolge der Glut der Eingeweide des Drachen alle Haare verbrannt seien (*Haar*). — Hier haben wir im Drachenkampf noch die Walfischmythe erhalten. Dies ist an der Grenze der altarioiden Mythenbildung Europas, und wir wissen, daß der Streit, ob die Heraklesmythen althelenisches Eigentum seien oder nicht, im wesentlichen zugunsten letzterer Anschauung entschieden ist. Dies räumt aber nicht die Tat des Existierens der Mythe in Griechenland aus dem Wege und ist für uns, die wir danach trachten, festzustellen, daß diese Mythen alle einheitlichen Ursprunges und Eigentum eines uralten Kulturzeitalters gewesen sind, nicht sehr wesentlich. Ob die heutigen Anschauungen betreffend die Abstammung der Heraklesmythen immer wird beibehalten werden können, erscheint mir so wie so etwas zweifelhaft. — Die Hauptsache ist aber, daß dies alte Stück der Walfischdrachenmythen uns erhalten ist. —

Wir kommen nunmehr zu dem nordischen Spezialfall: Midgardschlange, Fenriswolf. — Bekanntlich heißt die Midgardschlange, dieses die Welt umspannende Wasserungeheuer, Jörmungandr (Gandr gleich Wolf). Jörmungandr heißt also wörtlich der „allgemeine Wolf.“ Nun ist aber die Midgardschlange sicherlich kein Wolf gewesen, sondern eine ganz regelrechte Riesenschlange, die Personifikation des Meeres. Wie kommt die Schlange zu diesem Namen?

Haben wir bei der Midgardschlange den Namen des Wolfes, so wollen wir daran erinnern, daß Simrock beim Wolfe auch schon die Wassereigenschaft nachgewiesen hat, denn der Name Fenris erinnert an das Meer. Fen, das auch in Fensalir (Meersäle), der Wohnung der Frigg, erscheint, bedeutet erst auf zweiter Stufe Sumpf, ursprünglich aber das Meer.

Wir haben also in den beiden Ungeheuern, welche die wichtigsten Vernichter in der Götterdämmerung des Nordens darstellen, Erinnerungen daran erhalten, daß die Verschlingung ursprünglich vom Meere oder einem Meerungeheuer ausging. Diese Erinnerung ist uns auch sonst erhalten. Im Wöluspa heißt es ja nicht nur, daß die Erde im Meer versinkt, sondern wir haben auch den Versteil: „Es erhebt sich die Flut“, mit welchem das Aufbäumen der Midgardschlange anhebt. Es verbirgt sich demnach hinter der jüngeren Anschauung einer Weltverbrennung die ältere Anschauung einer Flutvernichtung.

Für den Sinn der Mythe, an deren Ursprung: „Die Sonne geht im Meere unter, wird vom Meere verschlungen“, jetzt ausdrücklich erinnert werden soll, ist also hier schon mancherlei gewonnen. Sehen wir davon ab, daß das Landvolk, das lange genug auf den Hochsteppen und mitten im weiten Kontinente gelebt hat, an Stelle des Wasserungeheuers den Wolf gesetzt hat, schieben wir für den Fenris dies ursprüngliche Wasserungeheuer ein, so verstehen wir die gesamte Entwicklung der Götterdämmerung aus der Walfischdrachenmythe. Denn der Untergang hebt damit an, daß Fenris (— wohl ursprünglich die ja in der Götterdämmerung immer noch vorhandene Midgardschlange —) los wird und das Meer das Land überflutet, und fährt fort, daß der Fenriswolf mit klaffendem Rachen einherstürzt, daß sein Oberkiefer den Himmel, der Unterkiefer die Erde berührt, und daß er diesen Rachen noch weiter aufsperren würde, wenn Raum genug vorhanden wäre. Und während es klar ausgesprochen wird, daß ein Wolf die Sonne verschlingt, ein anderer den Mond, stürzt Odhin in den Schlund des Fenris, in dem er seinen Tod findet.

Wir haben hier viele Varianten eines einzigen Motives neben einander. Das ursprüngliche Motiv muß geheißen haben: Die Midgardschlange dringt in der Flut empor und in ihrem weitaufgerissenen Rachen verschwindet der Sonnengott. — Alle anderen Parallelen sind jüngeren Datums und haben sich mit der Einbürgerung des Wolfgedankens eingestellt.

Aber auch der Weitergang der Mythe läßt sich aus einigen wenigen Angaben noch nachweisen. Der ursprüngliche Sinn war natürlich den alten Priestersängern nicht mehr bekannt. — Als der Sonnengott verschlungen ist, kehrt sich Widar gegen den Wolf und setzt ihm den Fuß in den Unterkiefer. Widar greift dem Wolf nach dem Oberkiefer und reißt ihm den Rachen entzwei und das wird des Wolfes Tod. — Indem der alte Sonnengott stirbt, der junge aber, der, wie wir sehen, auch in den Rachen des Wasserungeheuers getreten ist, dieses tötet, ist uns die Fortsetzung der Walfischmythe geboten. Statt des Herausreißens des Herzens, tritt das Entzweireißen des Rachens ein, — das alte kosmogonische Element, denn indem der Sonnenheld das Tier, in dessen Leib er gefahren ist, zerteilt, schafft er aus seinem unteren Körper die Erde, aus dem oberen den Himmel. (Siehe nächstes Kapitel.) Aber die Mythe hat noch mehr schöne Reste erhalten. — Nachdem der Sonnengott aus dem Ungeheuer wieder herausgeschlüpft ist, beginnt die Erneuerung: „Die Erde taucht aus der See auf, grün und schön, und Korn wächst darauf ungesät. Widar und Wali leben noch." — Ging vordem die Erde im Meere unter (die Flutsage), so steigt sie aus diesem auch wieder empor. Aber der Aufgang der Sonne nach dieser Verschlingung wird uns noch schöner erzählt. Wöluspa 59 berichtet: „Da werden sich wieder die wundersamen goldenen Bälle im Grase finden, die in Urzeiten die Asen hatten." — Damit ist die Mythe abgeschlossen. Der Tages- resp. Frühlingslauf beginnt von vorn. Der Sonnenball, der vom Wasserungeheuer verschlungen wurde, steigt wieder empor.

Ich glaube damit nachgewiesen zu haben, daß die letzten Reste der alten Walfischmythe in der nordischen Götterdämmerung erhalten wurden, daß sie aber dadurch dem Verständnis schwer zugänglich gemacht sind, daß das Landvolk an Stelle des Wasserungeheuers den Meerwolf setzte, trotzdem die Midgardschlange als Nebenperson weiter bestehen blieb. —

Kurz noch eins. Betreffend den Ursprung des für das Wasserungeheuer eingesetzten Wolfes verweise ich darauf, daß aus dem Süden Asiens, in dessen Küsten- und Inselwelt wir ja das Ursprungsgebiet dieser ganzen Mythologie zu suchen haben, dieser Wolf nicht kommt. Seine Entstehung muß in einem Gebiete gesucht werden, das seine Anschauungsströmungen nicht nur nach Europa, sondern auch nach Nordostasien entsandte. Denn ich habe auf Seite 89 schon gesagt, daß in Nordostasien der Sonnenvogel vom Wolfe verschlungen wird, und ich muß hinzufügen, daß in einer anderen Mythe aus diesem Gebiete der Wolf die verschlungene Sonne dem Rachen entfallen läßt. Damit ist diese Anknüpfung geboten.

Die Walfischdrachenmärchen der Arioiden Europas.

Es wäre eine besonders verführerische Aufgabe, die Entwicklung des Drachen bis zum Teufel zu verfolgen. Aus den

Teufelsgeschichten Deutschlands läßt sich noch so mancher wertvolle Zug der alten Anschauungswelt gewinnen. Es würde das aber zu weit führen, und ich wende mich demnach sogleich einer anderen Materie zu, die noch ein regeres Interesse vorfinden dürfte: Der Märchenwelt.

Das allgemeine über die Märchen ist oben schon gesagt worden, soll aber mit wenigen Zügen hier wiederholt werden, um dem Leser das Rückschlagen zu ersparen.

Über das Alter der europäischen Märchen wissen wir nichts. Wir wissen nicht, wie dieselben im primitiveren Deutschland, im Norden oder Osten einst ausgesehen haben und müssen uns damit begnügen, festzustellen, daß dieselben abseits aller ethischen Entwickelung, religiösen Beeinflussung und philosophischen Auffassungsweise ein fröhliches Dasein erlebt haben. In Italien wurden schon zur Renaissancezeit Märchen gesammelt und aufgeschrieben. Ein Vergleich mit den unseren beweist, daß diese Spanne Zeit von ein paar hundert Jahren für das Märchen offenbar einen gänzlich unbedeutenden Zeitraum darstellt. Denn was die Menschen damals in Italien aufschrieben, das erzählt heute noch gar manches Bauernmütterlein in deutscher Weise, aber dem Stoff nach gleich. Dieses eine Maß gibt uns allerdings gar keinen Anhaltepunkt für eine weitere Abschätzung. Wir stehen der Frage gegenüber, ob in jenen alten Zeiten, in denen die Priestersänger den Mythenstoff zu Epen umbildeten, diese alten Märchenstoffe schon lebendig waren, oder ob sie sich erst später etwa von der Ependichtung abzweigten.

Die Entscheidung dieser Frage ist nicht so schwierig, als es vielleicht auf den ersten Augenblick erscheint. Wenn es auch nicht möglich ist, eine klare Beweisführung hier wiederzugeben, so geben doch schon einige Andeutungen feste Anhaltepunkte für die Kritik.

Vor allen Dingen muß ich darauf hinweisen, daß die Reste der alten Mythologien, auf die wir oben wenigsten mit einigen Absätzen eingingen, die ursprüngliche Form der Mythen nicht so gut erhalten haben wie die Märchendichtung. Die nachfolgenden Stücke mögen hierfür Belege bilden. Der Priestersänger verwandte offenbar für seine Epen den in diesen Gegenden vorherrschenden religiösen Stoff. Ein religiöser Stoff liegt aber im Märchen nicht vor. Wir haben damit demnach eine Entwickelung der religiösen Stoffe schon in sehr alter Zeit und zwar eine Entwicklung des Stoffes zu Formen, die genau den geographischen nordischen Verhältnissen entsprechen: Die Mythen stellen Winter und Frühling gegenüber. Dies tun die Märchen nicht. Im Märchen ist viel eher noch der Tageskreislauf der Sonne beibehalten. Die Märchen stellen also wohl das ältere Material dar. Ich möchte sie demnach als eine alte Volksüberlieferung bezeichnen, die ihren religiösen Charakter verloren hat, als die Priesterschaft die Mythologie zu ihrem Eigentume erhob. Diese Abzweigung der Priestermythologie von der Volksanschauung vermögen wir ja auch in anderen Gebieten der Erde nachzuweisen. Daß dadurch die alte Mythologie ihren religiösen Charakter mehr und mehr verlor und den einer Volkserzählung mehr und mehr annahm, versteht sich ganz von selbst. Ebenso natürlich ist es aber auch, daß das Volk, einmal beim Geschichtenerzählen angekommen, dies Geschichtenerzählen auch fortsetzte, die älteren Stoffe, soweit sie nicht mehr in die jeweiligen Natur- und Kulturverhältnisse paßten, umbildete, unverstandene Teile fallen ließ und neue Züge nach histologischem Verfahren einfügte.

Wir haben aber wenigstens einen Anhaltepunkt für die Bestimmung des Alters der arioiden europäischen Märchenwelt. Ich brauche wohl nicht darauf hinzuweisen, daß wir ja nicht nach Jahreszahlen (also nicht nach Jahrzehnten oder Jahrhunderten) sondern nach Kulturformen rechnen. Die Kulturform, die die Märchenwelt in ihren wesentlichen Zügen zu der jetzt noch vorhandenen Gestalt umbildete, läßt sich aber festhalten, wenn wir daran denken, daß in dem im nördlichen Europa heimischen Märchen der Wolf schon an Stelle des verschlingenden Wasserungeheuers getreten ist. Der Ursprung muß also in jener Gegend zu suchen sein, die auch nach dem Nordosten Asiens ihre Kulturströmungen sandte: die Umbildung muß demnach stattgefunden haben vor der Ausstreuung aus dem Innern Asiens und nach der Einführung der Mythologien aus dem Süden nach dem Inneren Asiens. Um es klar zu sagen: Der Märchenstoff muß seine wesentliche Umbildung in einem Lande erhalten haben, in welchem infolge geographischer Umstände das Verständnis für die im Meere untergehende Sonne verloren ging.

Prüfen wir nun einige der wesentlichsten Typen.

A. Das deutsche Rotkäppchenmärchen. — Eine kleine süße Dirne, die alle Welt und vor allen Dingen ihre Großmutter sehr liebt, wird von letzterer mit einem Käppchen von rotem Samt (eine Erinnerung an die Sonne) beschenkt und erhält daher seinen Namen. Rotkäppchen soll eines Tages der Mutter Kuchen und Wein bringen, weil dieselbe schwach und krank ist. Sie macht sich auf den Weg. Sie trifft den Wolf. Dieser erkundigt sich, wohin Rotkäppchen gehe und läßt sich genau berichten, wo die Großmutter wohne. Der Wolf denkt bei sich: „Das junge zarte Ding, das ist ein fetter Bissen, der wird noch besser schmecken als die Alte, du mußt es listig anfangen, daß du beide erschnappst.“ Er fordert also Rotkäppchen auf, umherzuschauen, und dieses wird so auf die prangende Blumenwelt aufmerksam. Während sie eilig einige Blumen pflücken will und dabei ziemlich weit vom Wege abkommt, geht der Wolf gerade weg auf das Haus der Großmutter und klopft an die Tür. „Wer ist draußen?“ — „Rotkäppchen, das bringt Kuchen und Wein, mach auf.“ — „Drück nur auf die Klinke,“ ruft die Großmutter, „ich bin zu schwach und kann nicht aufstehen.“ Der Wolf kommt herein, geht auf die Großmutter, die im Bett liegt, gradwegs zu und verschluckt sie (*Verschlingen*), dann tut er ihre Kleider an, setzt ihre Haube auf, legt sich in ihr Bett und zieht die Vorhänge vor. — Inzwischen kommt Rotkäppchen auch hin. Es ruft Gutenmorgen, bekommt aber keine Antwort. Da geht es zum Bett und zieht die Vorhänge zurück: da liegt die Großmutter und hat die Haube tief ins Gesicht gesetzt und sieht sehr wunderlich aus. Es folgt eine Unterhaltung über die großen Ohren, die großen Augen, die großen Hände, das große Maul, die der Wolf zum besseren Hören, zum besseren Sehen, und um Rotkäppchen besser packen und fressen zu können hat. Der Wolf tut einen Satz aus dem Bett und verschluckt das arme Rotkäppchen. (*Verschlingen.*) Danach legt er sich wieder ins Bett, schläft ein und fängt überlaut an zu schnarchen. Der Jäger, (— ich darf wohl darauf hinweisen, daß in der Götterdämmerungsmythe der Frühlingsgott Wali ein großer Schütze ist, —) geht am Hause vorbei, wird auf das merkwürdige Schnarchen der Großmutter aufmerksam und tritt in das Zimmer. Er entdeckt den Wolf. Er will schon seine Büchse anlegen, da fällt ihm ein, der Wolf könnte die Großmutter gefressen haben und sie könne noch leben. Er schießt also nicht, sondern nimmt eine Scheere und fängt an, dem schlafenden Wolf den Bauch aufzuschneiden. (*Öffnen.*) Wie er ein paar Schnitte getan hat, da sieht er das rote Käppchen leuchten und noch ein paar Schnitte, da springt das Mädchen heraus und ruft: „Ach was war ich erschrocken, wie war es so dunkel in dem Wolf seinem Leib!" (*Ausschlüpfen.*) Und dann kommt die alte Großmutter auch lebendig heraus. (*Allausschlüpfen.*) Rotkäppchen holt geschwind große Steine (Glutsteine) und füllt damit den Leib des Wolfes, und wie er aufwacht und fortspringen will, sind die Steine so schwer, daß er niedersinkt und tot hinfällt.

Als Rotkäppchen zum andern Male der Großmutter wieder Gebackenes bringt, spricht sie ein anderer Wolf an. Sie läßt sich aber nicht vom Wege abbringen, sondern geht weiter. Sie erzählt das Erlebnis aber der Alten. „Komm," sagt die Großmutter, wir wollen die Tür verschließen, daß er nicht herein kann." Der Wolf klopft auch bald, wird aber nicht hereingelassen. Die beiden sind still. Der Graukopf schleicht einige Male um das Haus und springt endlich aufs Dach, um zu warten, bis Rotkäppchen abends nach Hause ginge. Dann will er ihr nachschleichen und sie auffressen. Die Großmutter merkt, was er im Sinn hat. Vor dem Hause steht ein Steintrog. Die Großmutter sagt zu dem Kind: „Nimm den Eimer, Rotkäppchen, gestern habe ich Würste gekocht, da trag' das Wasser, worin sie gekocht sind, in den Trog." Rotkäppchen trägt nun so lange, bis der große Trog ganz voll ist. Der Geruch der Wurstbrühe steigt dem Wolf in die Nase, der zu schnuppern anfängt, einen langen Hals macht und zu rutschen beginnt. Er fällt gerade in den Trog hinein und ertrinkt.

B. Das deutsche Geisenmärchen. — Eine alte Geis hat sieben Junge. Sie will eines Tages in den Wald gehen, um Futter zu holen. Sie warnt die zu Hause bleibenden sieben Kinder davor, den Wolf hereinzulassen, sagt ihnen, daß er sich oft verstelle, daß man ihn aber an seiner rauhen Stimme und seinen schwarzen Füßen erkennen könne. Die Alte geht. Es dauert nicht lange, so klopft es an der Haustür. An der rauhen Stimme des draußen Harrenden erkennen sie, daß er nicht, wie er vorlügt, ihre Mutter ist. Der Wolf geht, kauft sich ein Stück Kreide, ißt sie und macht dadurch seine Stimme fein. Als er nun wiederkehrt und mit feiner Stimme ruft, verlangen die Kinder, er soll seinen Fuß zeigen. Sie sagen ihm, daß sie ihn an dem Fuß als Wolf erkennen. Er läßt sich daraufhin von einem anfangs widerstrebenden Bäcker die Pfote mit Mehl bestreuen. Als er nunmehr zurückkehrt, sich mit seiner feinen Stimme als die Mutter der Geislein ausgegeben und zum Beweis ferner die weiße Pfote zum Fenster hineingezeigt hat, machen die Geislein auf. Der Wolf kommt hinein, die Geislein stürzen zwar fort, um sich zu verstecken, er erwischt aber die sechs ältesten und verschlingt sie (*Verschlingen.*) Das jüngste hat sich im Uhrkasten verkrochen und bleibt darin, bis die Mutter wiederkommt, während der Wolf hinausgeht, um auf einer grünen Wiese unter einem Baum zu schlafen. Die Mutter kommt heim, sieht mit Entsetzen die Unordnung und hört von dem jüngsten Geislein (Jüngste) was geschehen ist. Die Mutter läuft mit dem jüngsten Geislein hinaus, sie finden den Wolf. Sie betrachtet ihn von allen Seiten und sieht, daß in seinem angefüllten Bauch sich etwas regt und zappelt. „Ach Gott", denkt sie, „sollten meine Kinder, die er zum Abendbrot hinunter gewürgt hat, noch am Leben sein?" Das kleine Geislein muß nach Hause laufen und Scheere, Nadel und Zwirn holen. Dann schneidet sie dem Ungetüm den Wanst auf (*Öffnen*), und kaum hat sie einen Schnitt getan, so steckt schon ein Geislein den Kopf heraus, und als sie weiter schneidet, da springen sie alle sechs nacheinander heraus. (*Ausschlüpfen.*) Sie sind noch am Leben. Allgemeine Freude. Die Alte: „Jetzt geht, und sucht wacker Steine, damit wollen wir dem gottlosen Tier den Bauch füllen, so lange der Wolf noch im Schlaf liegt." Die sieben Geislein schleppen. Der Bauch ist bald mit Steinen gefüllt und zugenäht. (Glutsteine.) Der Schläfer erwacht endlich. Die Steine im Magen verursachen ihm großen Durst und er will zum Brunnen gehen. Er geht zum Brunnen und trinkt, und als er sich vornüberbeugt, ziehen ihn die Steine herunter und er ersäuft jämmerlich.

C. Russisches Geisenmärchen. — Die Ziege geht Futter suchen und läßt die Zicklein allein zu Hause; sie schließen die Tür hinter ihr zu. Sie kommt zurück und sagt: „Öffnet meine Söhne, meine kleinen Väterchen; eure Mutter ist da; sie bringt etwas Milch, ein halbes Gläschen Milch, ein halbes Horn frischen Käse, ein halbes Hörnchen helles Wasser.“ Die Zicklein öffnen sofort. Den zweiten Tag geht die Ziege wieder aus: der Wolf, der die Worte gehört, versucht sie ebenfalls den Zicklein vorzusingen: diese merken jedoch, daß es nicht die Stimme der Mutter ist und öffnen nicht. Am nächsten Tage ahmt der Wolf auch die Stimme der Mutter nach; die Zicklein öffnen, alle werden aufgefressen (*Verschlingen.*) ausgenommen eines, das sich im Ofen verbirgt und nachher der Mutterziege das Vorgefallene erzählt. Die Ziege rächt sich folgendermaßen: Sie geht mit dem Wolf in den Wald, und kommt an einen Graben, wo einige Arbeiter Hafergrütze gekocht und das Feuer brennen gelassen hatten. Die Ziege fordert den Wolf heraus über den Graben zu springen: der Wolf versucht es und fällt hinein: das Feuer macht seinen Bauch platzen; (*Feuerentzünden* und *Öffnen.*) Aus demselben springen die Geislein heraus *Ausschlüpfen* und laufen zu ihrer Mutter.

D. Deutsches Märchen vom Daumesdick. — Nachdem Daumesdick von Hause fortgekommen und schon eine Weile unterwegs ist, gerät er auf der Flucht in einen Heuschober. Zwischen den Heuhälmchen hat er sich einen guten Lagerplatz zum Schlafen ausgesucht. Er will sich ausruhen bis es Tag ist, und dann zu seinen Eltern heimkehren. Als es dann aber Tag wird, kommt die Magd, holt ein Bündel Heu und wirft es den Kühen vor. Daumesdick ist in dem Heu und merkt es nicht eher, als bis er in dem Maul der Kuh ist (*Verschlingen*), die ihn mit dem Heu aufgerafft hat. Er denkt, er sei in eine Walkmühle geraten, paßt aber auf, daß er nicht zwischen die Zähne komme und etwa zermalmt werde, und so rutscht er glücklich bis in den Magen. Daumesdick denkt: „In dem Stübchen sind die Fenster vergessen und scheint keine Sonne hinein: ein Licht wird nicht gebracht.“ Es gefällt ihm nicht. Immer mehr Heu kommt zur Tür herein. Ihm wird angst und bange, weil der Platz enger wird. „Bringt mir kein frisch Futter mehr, bringt mir kein frisch Futter mehr!“ — schreit er. Die Magd erschrickt ob der schreienden Kuh. Der Herr Pfarrer kommt selbst, erschrickt nicht weniger, und läßt die Kuh töten. Sie wird geschlachtet. (*Öffnen.*) Der Magen aber, worin Daumesdick steckt, auf den Mist geworfen. Daumesdick hat große Mühe, sich herauszuarbeiten. (*Ausschlüpfen.*) Doch ein neues Unglück passiert: ein hungriger Wolf kommt daher und verschluckt den ganzen Magen mit Daumesdick auf einen Schluck. (*Verschlingen*). Daumesdick bekommt große Angt, denkt aber, vielleicht lasse der Wolf mit sich reden. Er nennt darauf dem Wolf ein Haus, in dem viel Kuchen, Speck und Wurst zu finden seien, es ist das Haus seines Vaters. Durch die Gosse kriecht der Wolf in die Vorratskammer. Er will sich nach Herzenslust satt essen, tut es auch, frißt sich so dick, daß der Däumling nun zu schreien anfing, — worob er große Angst bekommt und zu entfliehen sucht, — er kann nicht mehr zur Gosse hinaus. Daumesdicks Vater kommt auf das Schreien, hört, wie der Kleine ruft: „Lieber Vater, ich bin hier, ich stecke im Leib des Wolfes.“ Der schlägt den Wolf mit einem Schlag vor den Kopf tot, nimmt Messer und Scheere, schneidet ihm den Leib auf (*Öffnen*) und zieht den Kleinen wieder heraus. (*Ausschlüpfen.*) — Das Märchen schließt mit den Worten: „Die Eltern gaben ihm zu essen und zu trinken und ließen ihm neue Kleider machen, denn die seinigen waren ihm auf der Reise verdorben.“ (Haar! — wenn auch ziemlich stark umgebildet, da aber genau am Ende stehend? doch noch an seiner alten Stelle wiederzuerkennen.) —

(In einer anderen Version: „Daumerlings Wanderschaft“ gerät der kleine Mann erst in die Kuh, wird dann in eine Wurst gestopft und kommt endlich in den Fuchs.)

E. Das italienische Märchen von Nennillo und Nennella. — (Das Märchen beginnt wie das Hänsel- und Gretelmärchen in

Deutschland. Infolge der bösartigen Stiefmutter werden Nennillo und Nennella in den Wald gebracht und allein gelassen. Im Walde verbirgt sich der Knabe in einem hohlen Raum, während das Mädchen fortläuft und zur Meeresküste gelangt. Der Prinz, der auf der Jagd mit seinen bellenden Hunden die Kinder so erschreckt hat, findet den Knaben und nimmt ihn mit sich, um ihn zu Hause als Vorschneider bei der Mahlzeit zu erziehen. Das Mädchen dagegen wird an der Meeresküste von einem Seeräuber und dessen Frau an Kindes Statt angenommen.)

Es wurde entdeckt, daß der Schiffseigner, in dessen Hause sich Nennella befand, ein Seeräuber wäre, und man wollte ihn ins Gefängnis setzen: weil der aber die Gerichtsleute zu Freunden hatte und sie in seinem Solde hielt, so bekam er Wind und machte sich mit seinem ganzen Hause aus dem Staube. Es war aber vielleicht die Gerechtigkeit des Himmels, die es bewirkte, daß der, welcher sein Verbrechen auf dem Meere verübt, auch auf dem Meere dafür büßen sollte. Denn da er sich auf einer schwachen Barke eingeschifft hatte und sich nun eben mitten auf der See befand, kam ein solcher Windstoß und Wogendrang, daß die Barke umschlug und alle ertranken. Nur Nennella, die nicht wie seine Frau und Kinder an den Räubereien teil genommen hatte, entkam der Gefahr, indem sich in derselben Zeit in der Nähe des Schiffes ein großer bezauberter Fisch befand, welcher seinen furchtbaren Rachen öffnete und Nennella verschlang. (*Verschlingen.*) Als sie aber eben glaubte, daß es mit ihr vorbei wäre, erblickte sie in dem Bauche des Fisches wunderbare Dinge: denn es befanden sich darin herrliche Gefilde, wunderschöne Gärten und ein prächtiger Palast mit allen Bequemlichkeiten, in welchem sie wie eine Prinzessin wohnte. Der Fisch brachte sie hierauf mit größester Schnelligkeit an eine Seeküste, und da eben die drückendste Glut des Sommers war, welche sengte wie ein Kalkofen, so hatte sich der Prinz gerade dorthin begeben, um sich an der Meeresfrische zu erquicken. Während man nun ein prächtiges Mahl bereitete, war Nennillo auf einen Balkon des Palastes, der sich am Ufer befand, getreten, und schliff dort einige Messer, indem er, um sich Ehre einzulegen, seinem Amte mit vielem Eifer vorstand. Sobald ihn daher Nennella durch die Kehle des Fisches erblickte, erhob sie ihre Stimme aus der Tiefe und rief: „Mein Brüderlein, mein Brüderlein, die Messer sind geschliffen fein, der Tisch gedecket nett und rein, doch schmerzt es mich gar bitterlich, in diesem Fisch zu sein ohn' dich." Nennillo selbst achtete zwar anfangs nicht auf diese Stimme, der Prinz jedoch, welcher sich auf einem anderen Austritte befand, und diese klagenden Töne gleichfalls vernommen hatte, wandte sich nach dieser Richtung hin und erblickte so den Fisch. Als er nun dieselben Worte noch einmal wiederholen hörte, geriet er vor Erstaunen ganz außer sich und schickte eine Anzahl Leute ab, die sehen sollten, ob sie vielleicht den Fisch durch List oder sonst irgend eine Weise ans Land ziehen könnten. Inzwischen hörte er immer dieselben Worte: „Mein Brüderlein, mein Brüderlein" wiederholen und fragte daher jeden einzelnen seiner Diener, ob er vielleicht eine Schwester besäße, die er verloren hätte, worauf endlich Nennillo erwiderte, er erinnere sich wie im Traume, daß, als er im Walde gefunden wurde, er eine Schwester gehabt habe, von der er nimmer wieder etwas gehört. Der Prinz sagte hierauf zu ihm, er solle sich dem Fisch nähern und sehen, was da los wäre, vielleicht ginge die Sache gerade ihn an. Nennillo ging an den Fisch heran, worauf dieser seinen Kopf dem Ufer nahe brachte und seinen sechs Ellen hohen Rachen öffnete (*Öffnen*), aus welchem Nennella in solcher Schönheit heraustrat (*Ausschlüpfen*), daß sie ganz wie eine Nymphe aussah, welche in irgend einem Zwischenspiel durch die Zauberei eines Magiers aus dem Bauche eines Fisches hervorkommt.

(Die Eltern der Kinder werden nun zitiert. Der Prinz wäscht dem Vater den Kopf und nennt ihn einen einfältigen Pinsel, daß er sich von seiner Frau so habe ins Bockshorn jagen lassen und zwei solche Juwelen, wie seine Kinder gewesen wären, von sich gestoßen hätte. Es wird ihm jedoch das Plaster des Trostes aufgelegt, indem ihm die Kinder zugeführt werden und er in neue Kleider gesteckt wird. Die Mutter wird dagegen in ein geschlossenes Faß gesteckt und einen Berg heruntergerollt. Nennillo und Nennella werden mit einem Edelfräulein und mit einem Edelmann verheiratet.)

Ziehen wir das Facit. In alter Zeit muß den Ariern der Zyklus der Motive der Walfischdrachenmythe bekannt gewesen sein. Sie werden ihn aus dem Süden Asiens empfangen und nach dem Norden getragen haben. Dasselbe vermögen wir von den Semiten zu sagen, die jedoch von allen Punkten eine schwächere Ausbildung aller Mythenteile besitzen. — Hinsichtlich der einzelnen Entwickelungsgänge ist folgendes zu bemerken:

An den Gestaden des Mittelmeeres ist die Mythe einmal lebendig gewesen, denn hier wird von Herakles noch gesagt, daß ihm im Drachenbauche vor Hitze die Haare verbrannten. Das ist ein Beweis, wie lebendig hier noch die Einzelheiten einmal gewesen sind. In Italien, also im Mittelmeere ist es auch, wo die letzte Version des Walfischmärchens noch erhalten ist. Die Frage ist nur die, ob dieses Märchen von Nennillo und Nennella wirklich altitalienisches oder etwa vom Norden eingeführtes altdeutsches Besitztum ist. Denn der Anfang ist genau ein Hänsel- und Gretelmärchen. Ich komme gleich darauf zurück.

Ein weiterer charakteristischer Zug ist die Umbildung der im europäischen Norden erhaltenen Motive der Walfischmythe in der Form, daß neben dem Wasserungeheuer oder für dasselbe der Wolf eingeschoben wird. Für die deutschen Formen kommt aber noch ein wichtiges Moment dazu, das ist die weibliche Auffassung der Sonne. Ein Märchen wie Grimm 6 „Der treue Johannes", in dem ganz klar und deutlich die strahlende Sonne als Braut heimgeholt wird, oder wie das Rapunzelmärchen, in dem die Haare des Sonnenmädchen die ursprüngliche Bedeutung behalten haben, zeigen uns die weibliche Auffassung der Sonne unverkennbar. Auch Rotkäppchen mit seinem schönen Hauptschmucke verrät in allen Zügen die weibliche Sonne. Es ist schon von Grimm darauf hingewiesen worden, wie noch im Mittelalter diese weibliche und die männliche Auffassung der Sonne miteinander gekämpft haben. Die weibliche Auffassung ist also wohl hier als eine nicht sehr alte zu betrachten, obgleich zugegeben werden muß, daß eine verschiedene jeweilen männliche, jeweilen weibliche Auffassung auch schon im alten Indien hervortritt. Nun ist aber auch Nennella eine weibliche Sonne. Der Sonnenaufgang mit seiner Schönheit ist in dem italienischen Märchen betont. Aus diesem Zuge folgere ich, daß das Nennellamädchen zum mindesten deutsch beeinflußt ist. Hat nun dieses Märchen in Deutschland auch existiert? — Es ist eine nicht unwichtige Aufgabe, dem nachzuspüren.

Dagegen ist daneben die männliche Auffassung der Sonne nicht nur in den anderen deutschen Märchen gewahrt, sondern herrscht vor allen Dingen in der nordischen Götterdämmerung vor.

Ich will aber zum Schluß darauf hinweisen, woher die weibliche Auffassung der Sonne kommt. Sie stammt offenbar aus der alten Drachenmythe. Sie entstammt dem Motive des Frauenraubes.

Wir werden im vierten Buche sehen, wie die Hülfsalte zur menschenfressenden Hexe werden kann. Es ist der gleiche Umwandlungsprozeß, der hier das geraubte Fräulein zur Sonnenheldin, zur Sonne bildet.

Wer war aber dies geraubte Fräulein?

IX.

Sinn und Ergänzung der Walfischdrachenmythe.

In den vorhergehenden Kapiteln ist das wichtigste Textmaterial vereinigt, welches ein Verständnis der Mythen ergeben muß, wenn wir sie nämlich mit Recht als einheitlichen Ursprunges und als einheitlicher Bedeutung auffassen. Gehen wir erst die Walfischmythe durch, so erhalten wir etwa folgende Reihenfolge der Motive: Verschlingen, Meerfahrt, W-O-Bewegung, Herz, Feuerentzünden, Landen, Öffnen, Ausschlüpfen, Haar. Hinsichtlich dieser Einzelteile und ihrer Stellung verweise ich auf die dem Werke eingefügte Tafel, die uns in schematischer Weise das Bild erklären soll. In Bezug auf Einzelheiten ist zu bemerken, daß erstens das Motiv des Verschlingens in ein Allverschlingen und in ein Heldenverschlingen und das des Ausschlüpfens in ein Allausschlüpfen und ein Heldenausschlüpfen mehr als einmal zerfällt. Zweitens muß es auffallen, daß das Herzabschneiden und das Feuerentzünden sehr häufig vereinzelt vorkommt, und daß dementsprechend eins von beiden sehr leicht fortfällt. Verschiedene Male taucht das Hitzemotiv auf und scheint dasselbe seinerzeit mit dem Haarmotiv in Verbindung gestanden zu haben. — Fremde Motive, die sich mehr oder weniger häufig einstellen, und vor allen Dingen das Motiv der Vogelhilfe, welches nicht unbedingt der Gruppe der fremden Motive zugezählt zu werden braucht, werden nachgehend kurz erwähnt.

Was bedeutet diese Mythe? — Sehen wir bei denjenigen Autoren, die sich mit dieser Sache beschäftigt baben, nach, z. B. bei Goldziher, Baur, Minckwitz, Schwartz etc., so fällt es zunächst auf, daß die Gruppe dieser Gelehrsamkeit sich zumeist nur mit den asiatisch europäischen Perallelen beschäftigt, daß Jonas fast als einziger das Interesse angeregt hat, daß die Naturvölker gänzlich unberücksichtigt blieben. und daß die meisten sich darüber einig sind, daß wir es hier mit einer alten Sonnensage zu tun haben. Wir haben in vorliegenden Zusammenstellungen diesen kleinen Interessenkreis bedeutend zu erweitern versucht, und es ist nun die Frage, ob sich die Annahme Goldzihers von der solaren Eigenschaft des Sonnenhelden gegenüber derjenigen von Schwartz betreffend die Auffassung des Drachens als einer Gewitterwolke aufrecht erhalten läßt. Ich muß das entschieden bejahen. Nehmen wir eine Mythe wie diejenigen aus Melanesien. Nordwestamerika, Südamerika usw.. so ist nicht zu zweifeln. Die Wanderung geht hier direkt mit der Sonne. Der Held ist stets der Sonnenheld und wird auch als solcher ausdrücklich bezeichnet.

Wie die Mythe uns so entgegentritt, enthält sie ein ausgesprochen geographisches Bild. Die Örtlichkeit ist einfach: im Westen ein Meer des Sonnenunterganges. im Osten ein Meer des Sonnenaufganges. Und wir können sogar diese geographische Bestimmung an der Hand eines der eigenartigsten Motive, als welches ich das Haarmotiv bezeichne, noch erweitern. Das Haarmotiv lautet: „Als der Sonnenheld aus dem Walfischbauche entronnen ist, ist ihm infolge der Hitze das Haar ausgegangen." Wir haben dies Motiv gefunden in Nordwestamerika, in Ozeanien und in der Heraklesmythe. Wenn unsere ganze Annahme nicht hinfällig sein soll, dann muß hier ein ganz besonderer Zug, eine ausgezeichnete Eigenart des Himmelsbildes, der Vorgänge beim Sonnenaufgange geschildert sein. Was bedeutet diese Haarlosigkeit am Morgen, die entschieden einem bedeutenden Haarreichtum am Abend gegenüber gesetzt ist? — Der einfache Schluß, der sich uns aufdrängt ist der. daß diese Haare die Sonnenstrahlen symbolisieren, da die Sonne ja in vielen Mythen direkt als Kopf bezeichnet wird. Danach wäre also eine Strahlenlosigkeit am Morgen eine besondere Eigenart. der ein besonderer Strahlenreichtum am Abend gegenüber steht. Wer in unseren nordischen Ländern Sonnnenaufgang und -untergang häufiger zu beobachten Gelegenheit hat, wird einen besonderen Gegensatz nicht gefunden haben. Nun höre man aber, was der alte Diodor von Sizilien über die Eigenart der bei Arabien gelegenen Länder und astronomischen

Erscheinungen zu sagen vermag. Nachdem er erzählt hat, daß in den verschiedenen Monaten das Sternbild des Bären anders auftauche als im Mittelländischen Meere, fährt er fort: „Der Tagesanbruch soll nicht, wie bei uns, kurz vor dem Aufgang der Sonne vorgehen, sondern aus der finstern Nacht soll sie plötzlich mit ihrem Schein hervorbrechen, weshalb es auch in diesen Gegenden vor Aufgang der Sonne nicht Tag werden soll. Sie soll bei ihrem Aufgang, mitten aus dem Meer, einer sehr feurigen Kohle ähnlich sehen, große Funken von sich werfen, und nicht, wie es uns scheint, in Gestalt einer länglichen Halbkugel, sondern einer Säule mit einem etwas dicken Kopf aufgehen. Bis zur ersten Stunde soll sie weder einen Glanz geben, noch Strahlen schießen, sondern wie ein Feuer aussehen, das im Finstern, ohne Flimmerglanz, leuchtet: zu Anfang der zweiten Stunde soll sie schildförmig werden, und ein plötzliches, überaus feuriges Licht geben. Bei ihrem Untergange sollen sich entgegengesetzte Ereignisse bei ihr finden. Denn dann soll sie nicht weniger als zwei, oder wie Agatharchides von Knidus schreibt, drei Stunden, gleichsam mit neuen Strahlen die Welt erleuchten."

Diese Schilderung Diodors findet sich meines Wissens in neueren Reisebeschreibungen nicht wieder. Aber Leute, die in jenen Meeren des Südens gefahren sind, versichern mich, daß die meisten Punkte ihnen selbst anfangs aufgefallen sind, daß sie aber von keinem erwähnt werden, weil sie nach längerem Verweilen zu selbstverständlich erscheinen, um eine Erwähnung zu verdienen. Jedenfalls ist sicher, daß die den Tropen zugelegenen Meere dies Bild bieten und zwar als ein Bild, das uns Nordländern zunächst ungewohnt erscheint. Damit haben wir, glaube ich, hier schon auf ein außerordentlich wesentliches geographisches Moment hingewiesen, dem sich später, vom anthropologischen Standpunkte aus betrachtet, weitere Gedanken aufdrängen werden. — Wir haben das Motiv an drei Stellen gefunden, von deren Eigenart wir behaupten dürfen, daß es nur an einer, nämlich in Ozeanien durch den Bereich der Tatbestände erhalten worden ist, während es sowohl in Nordwestamerika, als in Griechenland im Bereiche dieser Mythe und dieser Auffassung nicht mehr berechtigt erscheint. Wir haben hier also ein festgewachsenes Motiv, das nur durch die Erinnerung des Erzählens und durch genaue Buchung der Erzählungsform und Reihenfolge erhalten wird.

Sehen wir nun unter den weiteren Motiven nach einem festeren Anhaltepunkte um, so schließt sich das Feuerentzünden als Sonnenaufgangsmotiv unserer Auffassung direkt an, während wir hinsichtlich des Herzmotives einerseits daran erinnern müssen, daß bei vielen Völkern die Sonne als Herz des Himmels bezeichnet wird, während andererseits ein eigentliches Diebstahlsmotiv hier vorliegt. Den Sonnenaufgang als einen Feuerdiebstahl werden wir im vierten Buche noch näher kennen lernen, doch ist das ja eine Sache, die nach Kuhn und schon viel länger vorher und, so lange als man die Prometheusmythe betrachtet hat, gleichlautend aufgefaßt wurde.

Haben wir so einerseits geographische Anhaltepunkte sowohl im Sonnenuntergang und -aufgang im Meere als in der Form der Sonnenaufgangsschilderung gefunden, dann brauche ich nicht mehr ausdrücklich darauf hinzuweisen, daß schon das W-O-Bewegungsmotiv uns direkt die Nachtfahrt der Sonne charakterisiert. Wir hätten uns also nur noch kurz mit dem Tiere abzufinden, welches den Sonnenhelden verschlingt. Dies Tier betreffend sahen wir ja schon im vorhergehenden Kapitel die Identifizierung des nordischen Wolfes mit der die Welt umspannenden Midgardschlange. Die Verschlinger sind im Norden zum Gandrvolke, zum Wolfgeschlechte, geworden. Ähnlich ist es im Innern Asiens. In der Dschemschidmythe ist der Tagesfeind der Drache, bei den Tataren ist der Verschlinger der Schlangenfürst. Wäre noch die mongolische Form des Bogda Gesser Chan zu berücksichtigen. Es ist ein Irrtum, wenn die alte Darstellung erzählt, das Tier lebe in der Nordgegend. Denn dies Tier wird uns als Tiger geschildert, und dieser Tiger stellt nach ostasiatischer Anschauung nicht den Norden, sondern den Westen dar. — So können wir eins nach dem andern durchgehen, und wir werden immer auf das Westungeheuer und zumeist auf eine Repräsention des Meeres stoßen.

Die Walfischmythe dürfen wir demnach unbedingt als eine a-priori-Form auffassen, und ich glaube nicht, daß in diesem Punkte ein ernster Widerspruch erfolgen wird. Der Klarheit dieser Mythe steht aber eine gewisse Unsicherheit der Formgestaltung der

Drachenmythe gegenüber. Ihr fehlt die Selbstverständlichkeit, die wir für a-priori-Mythen in Anspruch nehmen müssen. Es drängen sich hier verschiedene Motive auf, die teilweise der Walfischmythe angehören, die aber andererseits offenbar aus verwandten Mythenkreisen übernommen worden sind. Da ist z. B. die Höhle, die Preisjungfrau oder der Frauenraub. Eine Frauengestalt gehört der Walfischmythe nicht an. Sie stammt aus einem anderen Bereiche, das sich in vieler Hinsicht ostentativ als dasjenige der Feuerdiebstahls- und Menschenfressermythen dokumentiert. Grimm hat schon darauf hingewiesen, daß die Drachen und die Ogren verwandte Erscheinungen sind. Diese Ogren, Menschenfresser oder Riesen werden im vierten Buche ihre Würdigung erfahren. Nur weniges soll hier vorweg genommen werden. Wenn der Held in die Region der Ogren kommt, so trifft er dieselben fast immer als in Höhlen lebend an oder versteckt sich selbst zunächst in einer Höhle. Bei der Überwindung dieser Geschöpfe hilft ihm fast immer ein Weib, die sich, wenn sie alt ist, als seine Mutter erweist oder die er, wenn sie jung ist, als jungfräuliche Maid entführt und später heiratet. Alle Ogrenmythen sind Nachtmythen. Da auch die Walfischmythe als eine Nachtmythe in Anspruch genommen werden muß, so liegt die Analogie außerordentlich nahe. Ja, in einzelnen Mythenkreisen läßt sich schwer erkennen, ob wir es mit einer Ogren- oder mit einer Drachenmythe zu tun haben, und im Siegfriedzyklus kämpft der Held zur Befreiung der Jungfrau erst mit einem Riesen und dann mit einem Drachen. Somit nehme ich diese Form als eine Vermischung der Ogren- und Walfischmythen an.

Aber ich will mich hier nicht in Erörterungen, die zum größeren Teil dem zweiten Bande vorbehalten bleiben müssen, ergehen, sondern will in aller Kürze noch einige Ergänzungen hinzufügen.

Ergänzung 1. Das Gestirnverschlingen. — Die Walfischmythe erinnert uns unwillkürlich an eine Vorstellung, die wir bei den meisten Trägern der solaren Weltanschauung oder ihrer Nachklänge wiederfinden: Bei Finsternissen wird angenommen, daß sich ein Tier der Sonne oder dem Monde nähere, um das Gestirn zu verschlingen. Bei den Indiern kennen wir den Unhold Rahu oder die Schlange Sessen, resp. Wasughi als Sonnenverschlinger. Rahu wandert hinüber bis in die Molukken und bis zu den Philippinen, bei denen ein Krokodil an seine Stelle tritt, während die Javaner das Ungeheuer Remda Chulung in Anspruch nehmen. Nach Norden gehend treffen wir im Schahname ein Meerungeheuer oder Krokodil, welches die Sonne verschlingt. Bei den nordischen Germanen verfolgen die Wölfe Sköll und Hati das Tagesgestirn. Bei den Kelten suchen Riesen den Mond zu verschlingen, und so finden wir den Glauben hier verbreitet bei Tschuwaschen, Esten, Finnen, Litthauern, bei den Römern und Mongolen und bei den Berbern im nördlichen Afrika. In südlichen Meeren brauche ich nur Mangaja, Rarotonga, Tahiti zu erwähnen, während in den ostasiatischen Gewässern von den Chinesen ausgehend ein Volk nach dem andern gleiche Anschauung verkündet. In Amerika schließt sich der die Sonne verschlingende Jaguar der Mexikaner, das Verschlingungsungeheuer der Kalifornier und die weitausgebaute Mythe der Peruaner an, die zu erzählen weiß, daß Löwe und Schlange den Gestirnen nachstellen. Bis tief nach Brasilien hinein läßt sich solcher Glaube hier verfolgen.

Die Parallele zur Anschauungen der Walfischmythe spricht zu deutlich, um noch viele Worte zu machen. Eine Mythe muß hier mit der andern in Zusammenhang stehen, und es ist nur die Frage, welche die ältere sei.

Ergänzung 2. Die Rimumythe. — Eduard Stucken beginnt seine Astralmythen mit der Etanalegende und weist darauf hin, daß das Rimumotiv, das wir gleich des näheren kennen lernen werden, bei Babyloniern und Israeliten gleich beliebt gewesen ist. Der Held versteckt sich in dem Kadaver eines Tieres und fängt von hier aus den Sonnenvogel. — Diese Geschichte vom Leben im Tierkadaver erinnert uns insofern an die oben nach Long im 5. Kapitel unter N. wiedergegebene Mythe, als auch dort der Held nicht durch den Mund sondern durch den aufgeschnittenen Bauch in das Innere des toten Tieres kriecht. Die Mythe hat dadurch einen Zug erhalten, der sie der ursprünglichen Form der Walfischmythe entfremdet. Es sei hier aber gezeigt, daß dieses Rimumotiv im weitesten Umkreise bekannt ist.

In Südamerika erhalten Keri und Kame, die wir oben schon kennen lernten, den Auftrag, die Sonne zu holen, die der rote Urubu oder Königsgeier besitzt. Im Zenith gibt es nun ein schwarzes Loch, das den Urubus gehört. In dieses Loch stürzt der Tapir, den man in der Milchstrasse sieht, weil es finstere Nacht ist. Keri sieht den Tapir und geht in seinen Vorderfuß hinein. Kame geht aber in einen kleinen gelben Singvogel und setzt sich auf einen Ast: er soll Keri, der nichts sehen kann, von allem was vorgeht, unterrichten. Der rote Geier öffnet die Sonne, es wird hell, und so erblicken die Urubus den Tapir. Die ganze „Urubusiada", schwarze und weiße Geier — nur der rote bleibt noch fern — stürzten sich auf den Tapir. Sie holen Schlingpflanzenstricke herbei, ziehen ihn mit aller Mühe aus dem Loch und wollen ihn zerteilen. Da macht Kame auf seinem Ast „Neng, neng, neng", Keri bläst und die Geier können mit ihren Schnäbeln den Tapir nicht öffnen. Sie rufen den Königsgeier zu Hülfe. Er kommt und Kame hört auf „Neng, neng, neng" zu machen. Der rote Geier öffnet den Tapir mit seinem Schnabel und in diesem Augenblick ergreift ihn Keri, ihn so fest packend, daß er fast stirbt. Nur wenn er die Sonne hergibt, soll er am Leben bleiben. Da schickt der Königsgeier seinen Bruder, den weißen Geier, die Sonne zu holen. Dieser bringt die Morgenröte. „Ist das recht?" fragt Kame Keri, der festhalten muß. „Nein, nicht die Morgenröte", erwidert Keri. Da bringt der weiße Urubu den Mond usw. Er muß aber die Sonne bringen, ehe Keri den roten Urubu freiläßt.

In Nordwestamerika sagt der Held zu seinem Vetter: „Komm, laß uns gehen und Vögel fangen". Sie gehen zusammen aus, und als sie an eine sandige Stelle am Flußufer kommen, heißt er seinen Vetter sich niederlegen. Dann zerschneidet er die Brust desselben mit Pfeilspitzen und bedeckt ihn bis zur Brust mit Sand. Er sagt zu ihm: „Ich verberge mich jetzt. Bald werden Adler zu dir kommen. Wenn sie von der Seite her auf dich zufliegen, dann blase und du wirst sie damit verjagen können. Wenn aber einer von gerade oben sich auf dich hinabstürzt, dann schließe deine Augen. Er wird sich niederlassen wollen und ich fange ihn dann“. Der Vetter tut, wie jener geheißen. Als ein Adler von der Seite her auf ihn zufliegt bläst er und jener fliegt von dannen. Endlich erscheint einer gerade über seinem Haupte. Da hält er seinen Atem an und schließt seine Augen. Der Adler stürzt sich herab und greift seine Brust mit den Fängen. In diesem Augenblick stürzt sich der Held aus seinem Versteck hervor, ergreift den Adler und schüttelt ihn so stark, daß alle seine Knochen und sein Fleisch zur Erde fallen. Dann zieht er den Balg des Adlers an, nimmt Abschied, seine Rückkehr in einer roten Wolke verkündend, und fliegt zum Himmel. — Die Mythe findet sich auch noch bei andern Völkern des Nordwesteus.

Im Innern Asiens — wohin wir uns mit einem Sprunge der Kürze halber gleich wenden — benötigt Gesser Chaghan zu allen Kleinnodien noch des Nasenblutens des männlichen schwarzen Adlers, der Milch aus den Brüsten des weiblichen schwarzen Adlers, der Tränen aus den Augen der Jungen des schwarzen Adlers und des saftigen Krystalls aus dem Meere. Der Herrscher in den zehn Gegenden Gesser Chaghan gibt dem am Himmel sich aufhaltenden männlichen schwarzen Adler einen Traum ein. Als der Adler des Morgens bei Tagesanbruch erwacht, spricht er zu seinem Weibchen: „Seit meiner Geburt habe ich keinen solchen Traum gehabt: mir träumte nämlich in dieser Nacht, daß am Ursprunge des Flusses Nairandsa eine durch achtjährige Unfruchtbarkeit fett gewordene, krepierte bunte Kuh liege, und daß ich hinging, ihr Fleisch zu verzehren. Was für ein herrlicher Traum war das“. Sein Weib entgegnet hierauf: „Es ist gegen Sitte und Gebrauch, daß am Himmel sich aufhaltende Wesen sich auf die Erde herab auf dort liegendes Aas senken, so wenig es Sitte ist, daß auf der Erde wandelnde Wesen sich zum blauen Himmel erheben. Als Gesser Chaghan, der Herrscher in den zehn Gegenden geboren wurde, geschah dies in seiner Menschenhaut; man sagt, daß er sich in allen zehn Gegenden verwandeln könne. Vielleicht ist jenes Fleisch seine Speise und (jenes Wasser, der Fluß) sein Trank. Du bist unbekannt mit der List eines Menschen, der über magische Verwandlungen gebietet, deshalb bleibe hier, gehe nicht hin!“ Der Adler versetzt: „Ich werde am Himmel kreisend umherschweben und wenn kein Mensch da ist, mich herabsenken; ist aber ein Mensch da, so drehe ich um und komme zurück. Ich muß doch sehen, ob mein Traum Wahrheit oder Täuschung ist.“ Mit diesen Worten entfernt er sich und sein Weib, das ihn nicht zurückhalten kann, bleibt zurück. Der Herrscher in den zehn Gegenden Gesser Chaghan hat eine durch achtjährige Unfruchtbarkeit fettgewordene bunte Kuh geschlachtet und ihren Körper an den Quellen des Stromes Nairandsa hingelegt. Über die Brust des Tieres hat er seine eiserne neunästige Fangschlinge aufgestellt. Für sich selbst hat er eine Grube gegraben, in welcher er, den Zugfaden der Schlinge haltend, verstekt liegt. Unterdessen kommt der männliche schwarze Adler, kreist am Himmel umher und senkt sich, als er findet, daß kein Mensch da ist, herab. Er fängt mit dem Hinterteile der Kuh an, frißt weiter bis zur Brust, und nun zieht Gesser Chaghan an der Schnur seiner neunarmigen, eisernen Fangschlinge und fängt den Vogel. Nachdem er ihn gefangen hat, läßt er ihn herumspringen, und während er sich dabei den Schnabel zerstößt, sammelt Gesser eine Hornbüchse voll von dessen Nasenblute. Unterdessen schwebt das Weibchen des Adlers am Himmel umher und ruft ihrem Manne zu: „Habe ich es dir nicht gesagt? Jetzt ist dir der Tod gewiß!“ Gesser Chaghan, der mittels seines magischen Wissens die Trauerworte des weiblichen Adlers versteht, spricht zu ihr: „Weiblicher, schwarzer Adler! Dein Männchen werde ich nicht töten; du aber schaffe mir aus deinen Brüsten eine Hornbüchse voll Milch und aus den Augen deiner Jungen eine Hornbüchse voll ihrer Tränen. Ferner gibt es im Meere einen saftigen Krystall von der Größe einer steinernen Walze, den schaffe mir her! Diese drei Sachen schaffe herbei, wo nicht, so werde ich dein Männchen töten.“ Bei diesen Worten läßt er den gefangenen Adler springen und flattern. Der weibliche Adler erwidert: „Herrscher in den zehn Gegenden! Furchtbarer Gesser Chaghan, töte ihn nicht! Ich werde die verlangten Sachen zu schaffen suchen.“ Mit diesen Worten entfernt sie sich, säugt ihre Jungen nicht und sammelt dadurch eine Hornbüchse voll Milch aus ihren Brüsten. Sodann quält sie ihre Jungen bis zum Weinen und sammelt eine Hornbüchse voll Tränen aus ihren Augen. Zuletzt findet sie auch im Meere den saftigen Krystall von der Größe einer steinernen Walze und holt ihn heraus. Diese drei Sachen bringt und überliefert sie dem Herrscher in den zehn Gegenden. worauf sie sich mit ihrem Männchen entfernt. —

Es wird genügen, sich mit diesen vollendeten Beispielen hier abzufinden und nur nach rechts und links den Anschluß zu suchen. Eduard Stucken, der die vorliegenden Texte nicht gekannt hat, führte schon den wichtigen Beweis, daß das schon oben zitierte Rimumotiv der Etannalegende in der Simsonmythe. in der Abrahammythe usw. nachklingt. Aus dem Bereiche eines Tierkadavers wird der Vogel gefangen. Und wir vermögen noch mehr anzuknüpfen. Das asiatische Märchen erzählt, wie der Held sich in der Haut des verstorbenen Esels versteckt und die bedeutsame Elster fängt.

Und hieran vermögen wir nun allerhand weitere Bildungen ähnlicher Art anzuknüpfen. Schon Grimm und Simrock haben sich mit den nordischen Versionen beschäftigt. Um die zweite Version besser zu verstehen, müssen wir uns klar machen, daß in vielen Mythologien der Sonnenvogel ein Repräsentant des Sonnenhelden, der aufgehenden Sonne ist. und daß dementsprechend eine leichte Nüancierung im Leben der Sonnenhelden erscheinen kann, derzufolge der Sonnenheld an Stelle des Vogels tritt. Als der russische Sonnenheld Oleg an den Schädel des erschlagenen Pferdes tritt. fährt eine Schlange daraus hervor und sticht ihn in den Fuß, woran er erkrankt und stirbt. In ähnlicher Weise stirbt der Jarl im Norden. Hackelberg in Deutschland und Orion in Griechenland. Die Parallelen sind schon von anderen so durchgeführt, daß ich nicht näher darauf einzugehen brauche. Liegt es mir doch so wie so hier lediglich am Herzen. die Beziehung noch nicht verwendeter Stoffe alten Ergebnissen hinzuzufügen. Alle jene nordischen Sagen. die ich eben erwähnte. werden mit sehr viel Berechtigung als Sonnenwendmythen bezeichnet. Der Sonnenheld wird verwundet, so daß er in der nächsten Jahreszeit nicht mehr mit jener Gewalt auftreten kann. Es braucht der Held nicht nur die Sonne zu sein, sondern es kann sich die ganze Mythe sehr wohl in den Sternbildern wiederspiegeln, in deren Bereich jeweilen die Sonne ein- oder austritt.

Und daß wir es hier mit einer Sonnenmythe zu tun haben, möchte ich auch aus einem wenig beachteten Sagenkreis heraus motivieren. Es ist wohl allen bekannt, daß es einmal dem alten ägyptischen Sonnengotte Ra sehr schlecht erging. Als derselbe nämlich alt war, beschloß Isis, ihm das Geheimnis seines Namens zu entwinden. Es heißt da: „Der Gott Ra kam jeden Tag auf seinen Thron; er war alt geworden, sein Mund lief und der Speichel floß auf die Erde: was er ausspie, fiel auf den Boden. Das knetete Isis mit ihrer Hand zusammen mit der Erde, die daran war. Sie bildete daraus eine heilige Schlange, der sie die Gestalt eines Speeres gab. Sie wand sie nicht um ihr Gesicht, sondern warf sie auf den Weg, den der große Gott durchschritt, so oft er es wünschte, in seinem Doppelreiche. Der ehrwürdige Gott trat hervor, die Götter, die ihm als ihrem Pharao dienten, begleiteten ihn, er erging sich, wie alle Tage. Da biß ihn die heilige Schlange. Der göttliche Gott öffnete den Mund, und sein Schrei drang bis zum Himmel. Sein Götterkreis rief „Was ist das?“ Und die Götter schrieen „Siehe da!“ Er konnte nicht antworten, seine Kinnbacken klapperten, seine Glieder zitterten, das Gift ergriff sein Fleisch usw.

In dieser Mythe haben wir sehr deutlich eine Sonnenwendmythe vorliegen. Der alternde Gott, das ist der Gott des Herbstes, der nun bald im Winter sterben wird. Wir haben den Figurenreichtum des Sonnengottes entsprechend den verschiedenen Jahreszeiten, wie er im Mittelländischen Meere blühte, von Macrobius hinsichtlich des Bacchus so genau beschrieben erhalten, daß hierüber kein Zweifel mehr bestehen kann. — Eine andere Frage ist es, ob wir in diesen Mythen durchgehends symbolische Anschauungen der Sonnenwende erkennen dürfen. Die Sonne wird gefangen; es wird der Sonne entschieden die Kraft geraubt: die Sonne wandert wohl nachher weiter, aber sie geht langsamer. Und alles das wird erreicht: entweder indem sie nur gefangen genommen oder indem sie gestochen wird, sei es von einem Skorpion, sei es von einer Schlange. Letzteres anbelangend, möchte ich auf die geradezu ungeheuerliche Analogie zur Ra-Isismythe hinweisen, die sich bei den Nordamerikanern vorfindet und welche ich in dem Kapitel der Orpheusmythe (Kap. XIV) zur Erwähnung bringen werde. Auch hier wird die Sonne von der Schlange gebissen und muß sie dann, als sie lange abseits gelebt hat, wieder zu fröhlichem Auflodern angeregt werden. Und damit kommen wir denn auf die berühmte alte Sage indischen Ursprungs, derzufolge die Kinder eines Adlers von einem Drachenungeheuer immer wieder geraubt werden. — Doch bleiben wir noch einen Augenblick bei der Sonnenwende.

Die Sonne braucht nicht nur vom Tierkadaver aus gefangen zu werden. Es gibt noch eine große Reihe anderer Varianten, von denen besonders die Mythen vom Sonnenschlingenfang unser ganzes Interesse in Anspruch nehmen müssen. In Polynesien fordert Maui seine Brüder auf, ihm bei der Bändigung der Sonne behülflich zu sein. Diese Mythe wollen wir in der Maoriform nach Manning hier wiedergeben.

Zu jener Zeit war die Sonne viel heißer als heute, und die Tage waren sehr kurz; denn die Sonne blieb nicht lange am Himmel, ihr Schritt war so schnell ehe sie unterging; und wegen der Hitze und der Kürze der Tage konnten die Menschen nicht arbeiten, um sich Nahrung zu verschaffen, wären aber die Tage länger gewesen, so würde die Welt verbrannt sein, weil die Hitze der Sonne so groß war. So sprach Maui zu seinen Brüdern: „Lasset uns die Sonne angreifen und ihr etwas von ihrer großen Hitze fortnehmen und sie binden und ihren Lauf langsamer machen, auf daß die Tage länger werden und die Menschen mehr Zeit haben mögen, die Erde anzubauen.“ Aber seine Brüder antworteten: „Kein Mensch kann der Sonne nahe kommen, so heftig ist ihre Hitze.“ Da sprach der Held: „Ihr habt meine vielen Arbeiten gesehen, und daß mir nie etwas mißlungen ist. Auch hierin werde ich erfolgreich sein — und auch in größeren Dingen.“ So ließen sich seine Brüder überreden und willigten ein, die Sonne anzugreifen. So begannen sie nun, Stricke zu machen. Da konnte man wahrlich die Kunst, Stricke zu machen, erblicken — gedrehte Stricke, geflochtene Stricke, geknotete Stricke, alle Arten von Stricke machten sie; und als sie damit fertig waren, nahm Maui seine Keule, und während seine Brüder die Stricke trugen, begab er sich nach dem Aufgange der Sonne. Lange wanderten sie und gingen bei Nacht und ruhten bei Tage in den offenen

Ebenen, bis sie, immer näher und näher kommend, endlich den Ort erreichten, wo die aufgehende Sonne hervorkommt. Nun bauten sie Mauern von Erde und Häuser von Baumzweigen, um sich gegen die Hitze zu schützen, und nun erheben sie die Schlinge von Stricken, mit der sie die Sonne bei ihrem Aufgehen fangen wollen, und als sie dies vorbereitet haben, stellen sie sich auf: Maui an der einen und seine Brüder an der andern Seite des Aufganges der Sonne, und alle haben ihre Kriegsmatten umgehängt. Da redete Maui, der den Kinnbacken Muri-ranga-whenuas in der Hand hielt, seine Brüder an: „Seid geduldig und vorsichtig und mitleidslos: erschreckt sie nicht: laßt sie von unseren Schlingen umfangen werden bis zu den Achselhöhlen: dann, wenn ich rufe, zieht eure Stricke ein und haltet sie lange, während ich sie angreife und mit meiner Keule verstümmele. Habt nur kein Mitleid: wenn sie um Erbarmen fleht, seid erbarmungslos, o meine Freunde." Jetzt erhebt sich die Sonne wie flammendes Feuer, leuchtend über die Erde. Sie schreitet vorwärts: ihr Haupt ist in der Schlinge: jetzt sind ihre Achselhöhlen umgarnt: jetzt ziehen sie die Stricke ein. Ha! Der Held ist in der Schlinge gefangen. Jetzt springt Maui-tiki-tiki-o-Taranga vorwärts: die Keule in der Hand, greift er die Sonne an. Nieder fällt die schwere Waffe auf ihr gelbes Haar: ihre glänzenden Locken teilen sich voneinander und erreichen nun die Enden der Erde in zerstreuten Strahlen, nicht mehr wie ehemals in dichten Feuerflammen. Da ruft der umgarnte Held: „Weshalb greifst du mich an, o Mensch! Du, der du selbst „das Große-Kind-Ra" anzugreifen wagst?" — So vernahm man zuerst den wahren Namen der Sonne: „Tama-nui-te-Ra." Der heftige Angriff dauert fort, endlich lassen sie die Sonne frei; verwundet und der Hälfte ihres Lichtes beraubt verfolgt sie langsam ihren Weg und es währt lange, ehe sie ihren Untergangsort erreicht. So sind seitdem die Tage länger und kühler geworden, und die Menschen können in Ruhe arbeiten. So kehrten Maui und seine Gefährten heim. —

Ehe ich die interessanten Teile der Mythe bespreche, sei darauf hingewiesen, daß auch das nördliche Amerika derartige Mythen besitzt, und zwar werde ich eine derselben im folgenden hier wiedergeben. Es ist ein Stück aus dem Gebiete des Seenbeckens.

Der Sonnenfänger ist unter den Ojibwas offenbar die nämliche Person, wie der vom Fisch verschlungene Knabe in der oben zitierten Walfischmythe (vergl. Seite 88, G.). Zur Zeit als die Tiere auf der Erde herrschten, hatten sie alles getötet, ausgenommen ein Mädchen und ihren kleinen Bruder, und diese beiden lebten in Zurückgezogenheit und Furcht. Der Knabe wuchs nicht größer als ein kleines Kind und seine Schwester pflegte ihn mit sich hinauszunehmen, wenn sie sich entfernte, um Vorrat für das Hüttenfeuer zu holen. Er war zu klein, um alleingelassen zu werden: ein größerer Vogel hätte ihn im Fluge mit sich wegnehmen können. Sie machte ihm eines Tages Bogen und Pfeile und hieß ihn dieselben verstecken, wo sie Holz gehauen hatte und forderte ihn auf, nach den Schneeammern zu schießen, wenn sie kämen und Würmer aus dem Holze pickten. Zunächst versuchte er es vergebens, eine derselben zu töten, aber schon gegen Abend des nächsten Tages, hörte sie die Tritte seiner kleinen Füße auf dem Schnee. Der Knabe brachte einen Vogel mit und forderte seine Schwester auf, die Haut abzuziehen und den halben Vogel auf einmal in das Gemüse zu tun, denn damals hatten die Menschen noch nicht gelernt, Nahrung aus dem Tierreiche zu essen, sondern lebten nur von Pflanzenkost. Als der Knabe endlich 10 Vögel getötet hatte, machte die Schwester ihm ein Röckchen von Häuten, aus deren Federpelz. Eines Tages fragte er die Schwester, ob sie allein am Leben wären und in der Welt. Sie erzählte ihm nun, daß diejenigen, die die Verwandten umgebracht hätten und vor denen sie sich fürchteten, in einer gewissen Gegend lebten, und daß er sich hüten müsse, diesen Weg einzuschlagen. Dies machte ihn begierig. Er nahm seinen Bogen und Pfeile und brach auf. Als er eine lange Zeit gewandert war, legte er sich auf einen Hügel, von dem die Sonne den Schnee weggeschmolzen hatte, und dort schlief er ein; während dessen aber brannte die Sonne so heiß auf ihm, daß sein Vogelhautrock ganz versengt ward und einschrumpfte. Als er erwachte und seinen Rock so verdorben sah, nahm er sich vor, sich an der Sonne zu rächen und hieß seine Schwester, ihm eine Schlinge zu machen. Sie machte ihm eine solche von Hirschsehnen und dann eine solche von ihrem eigenen Haar: sie taugten aber beide nichts. Endlich gab sie ihm eine. die ihm paßte: als er sie zwischen seinen Lippen durchzog, ward sie wie ein roter Metallfaden. Mit diesem Gerät bewaffnet, machte er sich nach Mitternacht auf den Weg, und befestigte seine Schlinge genau da, wo die Sonne ans Land treten mußte, während die sich über die Erde erhob; und so fing er denn auch die Sonne, die auf solche Weise in Stricken festgehalten ward und nicht aufzugehen vermochte, Die Tiere, welche damals die Erde beherrschten, gerieten dadurch in große Erregung, denn es fehlte das Licht. Sie hielten eine Versammlung ab, um sich über die Sache zu beraten und jemand ausfindig zu machen, der hingehen und den Strick zerschneiden solle; dies war nämlich ein gefährliches Wagestück, da die Sonnenstrahlen jeden verbrannten, der ihr zu nahe kam. Endlich versuchte es das Murmeltier, das damals das größte Tier auf der Erde war. Wenn das Murmeltier aufstand, sah es aus wie ein Berg. Als es dahin kam, wo die Sonne in der Schlinge gefangen war, begann die heftige Hitze auf seinem Pelz zu rauchen und zu brennen. Der obere Teil seines Körpers verwandelte sich in einen mächtigen Aschenhügel. Es gelang ihm jedoch, den Strick mit den Zähnen zu zernagen und der Sonne die Freiheit wiederzugeben. Aber es war ganz klein geworden und so klein ist es seitdem geblieben.

In Amerika finden wir Reste dieser Mythe auch sonst. In der Sierra Perus liegt bei Andahoayllas der Rest zweier Steintürme mit eingefügten Klammern auf gegenüberliegenden Zerros, die dazu dagewesen sein sollen, um zwischen ihnen ein Netz auszubreiten und darin die Sonne zu fangen, und nach Gargilasso de la Vega verglich der Inka die Sonne mit einem gebundenen Tier, das immer auf der gleichen Bahn um läuft. Die ozeanischen Inseln kennen die Mythe durchgehend und sind nur kleine Varianten zu vermerken. Auch in Indonesien fehlen Spuren nicht. In Asien bindet der tatarische Held die Sonne an das Ohr des Pferdes, und Bogda Gesser Chan hat unter seinen Kleinodien eine goldene Fangschlinge, die Sonne zu fangen, eine silberne, den Mond zu fangen. Im Ditmarschen haben die Einwohner von Bösum auf dem Kirchturm sitzend die Sonne am Tau gehalten und im Reinecke Fuchs wird der Tag mit Seilen gebunden. Also weite Verbreitung der Sonnenschlingenfangmythe.

In welchem Verhältnis steht dieselbe nun zur eigentlichen Rimumythe. Der Tierkadaver, in den sich der Held versteckt, ist verschwunden, und der Held ist nur noch mit Wällen und Baumzweigen bedeckt. Wir hören nichts mehr von einem Vogel, der gefangen werden soll, sondern wir hören überall von der gefesselten Sonne. Und das Merkwürdigste ist: Während sonst der Sonnenheld als ausgeprägter Vertreter der Sonne mit dieser identifiziert wird, lenkt er hier in feindlicher Gesinnung das Schicksal des Tagesgestirnes. Das ist ein gewaltiger Unterschied, der uns erkennen läßt, daß hier eine Umbildung stattgefunden hat, die aber auch schon im Rimumotiv sich erkennen läßt, wenn wir daran denken, daß bei den Brasilianern es ja auch der Sonnenheld ist, der dem Urubugeier die Sonne raubt und sie zum Aufgehen zwingt.

Die Einheitlichkeit aller dieser Stücke beruht aber wohl darin, daß die entweder als Vogel aufgefaßte Sonne oder nach ausdrücklicher Aussage die Sonne selbst in ihrem Laufe geregelt wird. Wir haben oben die Vermutung ausgesprochen resp. uns der Vermutung anderer angeschlossen, die angegeben haben, diese Mythengedanken bezögen sich auf die Sonnenwenden und auf das Wandern der Sonne durch bestimmte Tierkreise. Hinsichtlich des Sonnengottes Ra sind wir uns dessen ziemlich sicher. Und es besteht eine entschiedene Beziehung zwischen den beiden vorliegenden Mythen von Ra und Maui, denn es kann kein Zufall sein, daß beide den merkwürdigen Satz enthalten: „Da erfuhr man zum ersten Male den Namen des Gottes.“ Ich möchte annehmen, daß dies nichts anderes bedeuten kann, als daß der Gott im Wechsel der Jahreszeit und seiner Kräfte nunmehr einen andern Namen empfängt. Ist das so und sind die asiatisch europäischen Formen dieser Mythen die älteren, dann haben wir ein sehr merkwürdiges Beispiel dafür, wie in der Übertragung und Wanderung der Sinn der Mythen sich ändert. In Asien haben wir noch den ausgesprochenen Sinn der Sonnenwendmythe, und in Ozeanien resp. Amerika haben wir den Sinn einer den Tageskreislauf beschreibenden Geschichte. In den Tropen, in denen die Jahreszeiten gegenüber der Bedeutung der Regenzeiten eine verhältnismäßig geringe Rolle spielen, geht der Sinn verloren, der weiter nördlich wohnenden Völkern mit dem Begriff der Sonnenwende verbunden ist.

Es ist hier nicht der Ort, um der Differenz des objektiven und subjektiven Sonnenhelden nachzuspüren. Für uns ist es wichtig, festgestellt zu haben, daß der Schlangenbiß, der dem Verschlingen der Sonne beim Untergehen im Westmeere, also dem täglichen Ereignis entspricht, hier in der Sonnenwendmythe wiederkehrt und daß wir andeuten können, wie eine Sonnenwendmythe bei dem Wege über Ozeanien mit dem Ziele Amerika sich umbildet.

Wir verstehen auf der andern Seite hier aber auch schon die Bedeutung des Motives der Vogelhilfe. Ein Vogel hilft dem verschlungenen Sonnengotte wieder an das Tageslicht und ein Vogel wird als Sonne hier gefangen. Die Bedeutung der aufgehenden Sonne als Vogel liegt hier klar zutage.

Im folgenden Abschnitt werden wir nun die Tagesmythe aber auch noch als Schöpfungsmythe wiederkehren sehen. Was der Schlangenbiß, hervorgegangen aus einer Beziehung zum Verschlingungsmoment, bei der Sonnenwendmythe wird, das wird das Ausschlüpfen in der Schöpfungsmythe.

Ergänzung 3. Die Schöpfung aus dem Fischleib. — Von der Schöpfung und vom Weltuntergange haben wir in den vorhergehenden Texten schon mancherlei gehört, und es wird sich hier darum handeln, festzustellen, inwieweit eine einheitliche Auffassung sich in den verschiedenen Regionen nachweisen läßt. Wir werden das Gebiet in vier Provinzen nachprüfen, nämlich einmal bei den Semitoiden, dann bei den Arioiden, drittens bei den Völkern Ozeaniens und viertens bei den Amerikanern.

I. Die Schöpfungsmythe der Semitoiden knüpft an die Tiamatmythe an. Das das Meer darstellende Urtier Tiamat oder Tehom, ein Drache oder eine Schlange, wird von dem Sonnengotte Marduk überwunden. Für Marduk tritt bei den Israeliten Jahve ein. Tiamat spannt ein Netz am Horizonte aus. Wir sahen oben, daß sich heute noch Reste einer älteren Mythenform nachweisen lassen, der zufolge der Sonnengott in den Leib des Meerungetümes hineinfährt. Alles weitere siehe Seite 167 ff. Diese

Schöpfungsmythe klingt dann in der Schilderung des Beginnes aus. Tiamat wird wie ein Fisch durchgeschnitten. Aus der einen Hälfte wird der Himmel, aus der unteren die Erde gebildet; Sonnenaufgang usw. Delitzsch hat in den letzten Jahren die Mythe ja sehr populär gemacht, und nachdem Gunkel die alten Bibelmateriale zur Schöpfung aus dem Chaos schon beigebracht hat, zeigte Heinrich Zimmern die völlige Identität der israelitischen und babylonischen Schöpfungsmythe dem Ursprunge nach, der durchaus auf diese Teilung des Tiamatungetümes zurückgeht. Die Mythe knüpft also direkt an die Walfischmythe an und stellt eine Projektion des Sonnenaufgangs in den Urbeginn der Dinge dar.

II. Es wird sich nun darum handeln, festzustellen, ob wir eine entsprechende Auffassung bei den Arioiden zu finden vermögen. Einen Vorsprung haben wir gewonnen, als wir Seite 179 ff. zeigten, daß der Weltuntergang der Verschlingungsgruppe der Walfischmythen entspringt. Wäre also zu prüfen, ob auch die eigentliche Schöpfung aus dem Leibe des Urwalfisches aufzufinden ist. Wir müssen uns zu diesem Zwecke mehrere Stellen der älteren und jüngeren Edda in ihrem einstigen Zusammenhange rekonstruieren. Das Material glaube ich in den Ymirmythen gefunden zu haben. Der solare Gott ist in das Riesenreich gezogen. Die näheren Details werden wir in der Ogrenmythe des vierten Bandes wiederfinden. Es ist eine Nachtfahrt. Während der Nacht war Thor bei den Riesen zu Gaste. Als es tagt, steht Ymir auf und macht sich fertig, auf die See zu rudern zum Fischfang. Thor steht auch auf und ist gleich bereit und bittet, daß Ymir ihn mit sich auf die See rudern lasse. Ymir sagt, er könne wenig Hilfe von ihm haben, da er so klein und jung sei. Thor aber entgegnet, er dürfe um dessen willen nur immer recht weit hinausfahren, da es noch ungewiß sei, wer von ihnen beiden zuerst auf die Rückkehr dringen werde; Thor zürnt dem Riesen so, daß wenig fehlt, jenen seinen Hammer fühlen zu lassen. Doch unterläßt er dies, weil er seine Kraft anderweitig zu versuchen gedenkt. Er fragt Ymir, was sie zum Köder nehmen wollen, und Ymir sagt, er solle sich selbst seinen Köder verschaffen. Da geht Thor dahin, wo er eine Herde Ochsen sieht, die Ymir gehört, und er nimmt den größten Ochsen, der „Himmelsbrecher" heißt, reißt ihm das Haupt ab und nimmt dies mit an die See. Ymir hat das Boot indessen ins Wasser geflößt. Thor geht an Bord, setzt sich hinten ins Schiff, nimmt zwei Ruder und rudert so, daß Ymir denkt, von seinem Rudern habe er gute Fahrt. Ymir rudert vorn so, daß sie schnell fahren. Ymir sagt, sie wären nun an die Stelle gekommen, wo er gewohnt sei, zu halten und Fische zu fangen. Aber Thor sagt, er wolle noch viel weiter rudern; sie fahren also noch lustig weiter. Da sagt Ymir, sie wären nun so weit hinausgekommen, daß es gefährlich sei, in größerer Ferne zu halten wegen der Midgardschlange. Aber Thor sagt, er werde noch eine Weile rudern, und so tut er, womit Ymir übel zufrieden ist. Endlich zieht Thor die Ruder ein und rüstet eine sehr scharfe Angelschnur zu, und der Hamen daran ist nicht kleiner oder schwächer. Thor steckt den Ochsenkopf an die Angel, wirft sie von Bord, und die Angel fährt zu Grunde. Die Midgardschlange schnappt nach dem Ochsenkopf, der haftet dem Wurm im Gaumen. Als die Schlange das merkt, zuckt sie so stark, daß Thor mit beiden Fäusten auf den Schiffsrand geworfen wird. Da wird Thor zornig, fährt in seine Asenstärke und sperrt sich so mächtig, daß er mit beiden Füßen das Schiff durchstößt und sich gegen den Grund des Meeres stemmt: also zieht er die Schlange darauf an Bord. Und das mag man sagen, daß niemand einen schrecklichen Anblick gesehen hat, der nicht sah, wie jetzt Thor die Augen wider die Schlange schärft und die Schlange von unten ihm entgegenstiert und Gift bläst. Es wird gesagt, daß der Riese Ymir darob die Farbe wechselt und darob erbleicht, als er die Schlange sieht und wie die See im Boot aus- und einströmt. Aber in diesem Augenblick, da Thor den Hammer ergreift und in der Luft schwingt, stürzt der Riese hinzu mit seinem Messer und zerschneidet Thors Angelschnur, und die Schlange versinkt in die See, und Thor wirft den Hammer nach ihr und die Leute sagen, er habe ihr im Meeresgrund das Haupt abgeschlagen; doch dem Erzähler der alten Mythe dünkt, die Wahrheit sei, daß die Midgardschlange noch lebe und in der See liege. Aber Thor schwingt die Faust und trifft den Riesen so ans Ohr, daß er über Bord stürzt und seine Fußsohlen sehen läßt. Dann watet Thor ans Land. — — Wir sehen, der

Mythenerzähler weiß davon zu berichten, daß nach dem Glauben einiger Thor der Midgardschlange das Haupt abgeschlagen habe. Es hat also eine ältere Version noch existiert. Hiergegen läßt sich nichts sagen. Schwer ist es jedoch, diese ältere Lesart aufzufinden resp. wiederzuerkennen, und ich muß hier das vollständige geographische Verständnis meiner Leser voraussetzen, wenn ich verlange, daß die nun folgende Anknüpfung als eine berechtigte erkannt werden soll. Die Schöpfung erfolgt nämlich nicht aus der Midgardschlange, sondern sie erfolgt aus Ymir. Die Riesen sind hier im Norden die Vertreter der schneeigen, eisigen Winterzeit geworden; der Frühling bricht hier aus der Eiszeit hervor, und somit ward auch die Welt aus dem Eise geschaffen, statt aus dem Meere. Wenn diese Völker aber einst weit im Süden diese Mythen empfingen, dann kann nicht der Eis-Ymir, sondern dann kann nur die Meermidgardschlange das Wesen gewesen sein, aus dem die Welt geschaffen ward. In der Tat vermögen wir sowohl die Schöpfung aus Ymir nachzuweisen als Reste des Endkampfes mit der tiamatartigen Midgardschlange. Der Urriese Ymir wird von den Göttern zerteilt. Aus seinem Hirnschädel wird der Himmel gebildet, aus seinem Fleische die Erde, aus seinen Knochen die Berge usw. Feuerfunkel aus Muspelheim erscheinen als Gestirne dieser neugeschaffenen Welt. — Aber auch Reste des Endkampfes mit der Midgardschlange sind noch erhalten. Der Erzähler der Edda berichtet nicht nur, wie andere Leute vom Abschlagen des Schlangenhauptes zu erzählen wüßten, sondern wir haben auch in der Mythe selbst noch einen Rest des Hineinschlüpfens in den Rachen des Ungetüms, und dies Hineinschlüpfen muß ja dem Ursprunge der Mythe nach der eigentlichen Schöpfung vorausgehen. Es heißt nämlich, daß, als die Midgardschlange nicht gleich in die Höhe kommt, Thor mit beiden Füßen das Schiff durchstößt und sich gegen den Grund des Meeres stemmt. Das ist eine derartige Übertreibung und Unmöglichkeit in der Erfahrung, daß diese Angabe nicht ursprünglicher Natur sein kann. Wir brauchen auch nicht so weit auszuschauen, um in den Analogien ein Verständnis dieser wunderlichen Angabe zu finden. In der Gesser Chanmythe, die bekanntlich aus Indien stammt, spreizt sich der Held im Rachen des

Ungeheuers (vergl. Seite 131). Das Motiv ist nicht vereinzelt. Wir finden es in ähnlicher Weise in der Ratamythe (vergl. Seite 65) und in der Manabozhomythe (vergl. Seite 94), in denen sowohl Speere als Boote zur Spreizung dienen. Ich glaube, daß diese Spreizung an Stelle der Zerteilung getreten ist. Jedenfalls geht aus der angegebenen wunderlichen Angabe der Edda hervor, daß in früherer Zeit Thor offenbar im Haupte der Midgardschlange gestanden hat, und ich darf wohl annehmen, daß dem Abschlagen des Hauptes eine Schöpfung des Landes entsprach. — Es sei mir noch vergönnt, darauf hinzuweisen, daß übrigens auch die Vedas schon eine Schöpfung entsprechend der Ymirschöpfung besitzen. Nach diesen ward Viraj, das erstgeschaffene Wesen, von den Göttern geopfert, und alle Teile des Weltalls werden als aus seinen verschiedenen Gliedern entspringend dargestellt. — Nunmehr werden wir aber die Parallelen zu Thors Fischzug in einem hübsch weit entfernten Gebiete aufsuchen und wird der Zuhörer, der mir nun schon ein paarmal über die Weltmeere gefolgt ist, nicht davor zurückschrecken dürfen, von der nordischen Mythologie über den Äquator und einige Breitengrade hinweg mitten hinein in die polynesische Inselwelt zu springen. Trösten mag es ihn, daß man ja sowohl die Arioiden als die Ozeanier ohne große Mühe mit dem Süden Asiens in Verbindung bringen und annehmen kann, daß dieselben einfach nach verschiedenen Seiten aus dem Bereiche einer Region sich entfernten, die beiden Gruppen der Menschheit die Mythologie schenkte. Und somit erstaunen wir nur darüber, wie ungeheuerlich die Gewalt des Gedächtnisses ist, welche die Menschen beim Erzählen kaum den kleinsten Zug der Schilderung vergessen ließ.

III. Die Schöpfung der Erde ist bei den Ozeaniern eine Fischermythe. Sie kehrt auf den sämtlichen Inseln Polynesiens wieder, läßt sich in Mikronesien noch nachweisen, hat sich in kleinen Zügen nach Melanesien und Neuholland verzogen und fehlt vor allen Dingen dem Übergangsgebiete nach Asien, Indonesien, nicht. Die Maorimythe lautet etwa folgendermaßen: Maui verfertigt sich einen Fischhaken aus dem Kinnbacken, den er sich von Muri-ranga-vhenua geholt hat. Dazu dreht er sich eine Schnur. Als die Brüder zum Fischen hinausfahren wollen, und er darum bittet, sie begleiten zu dürfen, schlagen sie ihm dies zunächst ab. Als sie zur Nacht zurückkehren, versteckt sich aber Maui abends unter dem Gestell des Bootes und wird so am nächsten Morgen, ohne daß die Brüder es wissen, mit hinausgenommen. Erst auf hoher See kommt er hervor. Nun angeln sie. Maui fordert sie nun auf, immer weiter hinauszufahren. Sie fahren immer weiter. Endlich erbietet sich auch Maui, seinen Haken auszuwerfen. Die Brüder verspotten ihn, weil er keinen habe. Maui zieht aber seinen Haken aus dem Mantel hervor; der Haken glänzt von eingelegten Perlen, ist geschnitzt und verziert, mit Büscheln von Haar und Federn. Maui will nun einen Köder haben. Sie geben ihm aber keinen. Da schlägt er sich endlich mit der eigenen Faust an die Nase, so daß das Blut herausfließt, und dies reibt er an seinen Haken, den er ins Meer auswirft. Der Haken sinkt in die Tiefe. Dort unten packt etwas an. Jetzt zieht Maui mit seiner ganzen Kraft; er zieht weiter, und das Angebissene kommt mit herauf! Jetzt fühlt er den ganzen Widerstand; seine göttliche Kraft hat ihresgleichen gefunden: nicht näher kommt der Haken. Der trübe Ozean wallt auf; die Gipfel der Meere sind nahe und manch ein wirbelnder Strudel tost. Jetzt ergreift Maui Wut: grimmig zieht er und jauchzt laut seinen hochhebenden Gesang. Ha! Der Fisch Mauis erhebt sich aus dem Wasser — ein Landfisch — ein großes Land — Papa-tu-a-nuku! (Dies letzte Wort bedeutet eigentlich: die Walfischerde.) So liegt nun Mauis Kanoe trocken auf dem Lande, und er geht nun fort, um den Göttern zu opfern. Er fordert seine Brüder auf, den Fisch nicht zu zerteilen, ehe die Götter ihr Opfer davon erhalten und von ihm gekostet haben. Als aber der Held fort ist, beginnen die Brüder Mauis den Fisch zu zerschneiden und von ihm zu essen. Als dies der Meergott sieht, ergrimmt er und läßt den Fisch sich heftig sträuben. In grimmigen Zuckungen wirft er sich umher und wird dadurch unförmig und ungestaltig. Und hierdurch ist das Land so häßlich gestaltet — Berge, Täler, Ebenen, Schluchten und Abgründe, alle gemischt; ohne die Gottlosigkeit von Mauis Brüdern würde der Fisch stillgelegen haben, und so würde auch mit dem Lande geschehen sein, denn der Fisch Mauis ist das Land. — Einige kleine Varianten sind zu bemerken. Einige behaupten, es wäre ein ganzer Kontinent hervorgekommen, wenn Mauis Schnur nicht gerissen wäre. Nach mikronesischer Version riß die Schnur, weil die Begleiter zu früh auf das heraufkommende Land sprangen. Die Analogie zur Ymirmythe erstreckt sich auf folgende Punkte: 1. Beim Hinausfahren ist der eigentliche Sonnenheld mit der Entfernung noch nicht einverstanden, und er will immer weiter hinaus. 2. Mit dem Köder hat es jedesmal eine besondere Bewandnis, einmal ist es der Kopf des „Himmelsbrechers", in welchem Worte direkt die Zerteilung im Aufgange angedeutet ist, und zum andern schlägt sich der Sonnenheld das eigene Gesicht blutig, welches man als eine Parallele zur Glut, des die Nacht zerteilenden Sonnenaufganges auffassen kann. 3. Nun entsteht auf der einen Seite der Zorn Thors, auf der andern Seite die Wut Mauis. 4. Thor steht mit den Füßen auf dem Grund des Meeres, und Mauis Boot sitzt auf dem Trocknen. 5. Die den Sonnengott begleitenden Fischer sind entweder unwillig über den Fischfang (Ymir) oder sie wollen den Sonnenhelden nicht mitnehmen, resp. handeln gegen den Befehl des Sonnengottes beim Fischfang (Mauis Brüder). Jedenfalls liegt ein gewisser Streit vor. 6. Die Angelschnur reißt. — — Diese Übereinstimmungen sind so merkwürdig, daß es sich nicht um einen Zufall handeln kann. Die ganze Grundidee habe ich ja schon in der Ymirmythe und in der Tiamatform charakterisiert, so daß ich hier nur darauf hinzuweisen brauche, daß durch diesen Fischzug das Land gebildet wird, um den Anschluß an die Schöpfungsmythe zu gewinnen. Im Verlauf der Aufzählung der ozeanischen Texte habe ich schon mehrmals das Motiv der Landbildung angeführt, und auch anderweitig sehen wir hierin immer die Schöpfung im Anschluß an die Walfisch- resp. Sonnenaufgangsmythe. — Im Anschluß an die ozeanischen Mythen sei darauf hingewiesen, daß eine Spur von Landfischen auch in Japan nachklingt, wo im Urbeginn der Dinge Izanagi das Erdenland schafft. Er taucht nämlich seine mit Edelsteinen geschmückte Pike (vergl. Mauis Angelhaken!) in die weite See und rührt die Wogen um. Die trüben Wassertropfen, die von der aus dem Gewässer gezogenen Pike abströmen, verdichten sich und bilden in einem Augenblick eine Insel, auf die sich Izanagi mit seinem Weibe niederläßt, nach dem Vorbilde der Vögel die Begattung beginnend. — Also ein letzter Rest, der um so bedeutungsvoller ist, als wir ja oben (Seite 152 und 153) gesehen haben, daß die Japaner ihr Land für einen Fisch halten!! Das ist direkt polynesische Anschauungsweise! — Übrigens glauben auch indische Völker, daß die Erde auf einem Fisch ruhe.

IV. Eine wenig beachtete Mythe Mexikos stellt die Parallele zu den vorhergehenden Mythen dar. Nach der einen Version heißt es, daß Tezcatlipoca und Ehecatl die Schöpfung vollbracht haben, indem der eine durch den Mund, der andere durch den Nabel der Göttin Tlatleutl in dieselbe gelangten und im Herzen, also im Mittelpunkte, zusammenkamen. Sie hoben dann das Himmelsgewölbe empor. — Nach Torquemada stellten die Mexikaner sich die Erde als Frosch mit blutigen Mäulern in allen Gelenken vor, weil sie alles verschlinge. Mit Zugrundelegung dieser Angabe verstehen wir die zweite Lesart der gleichen Mythe. Nachdem die Göttin der Erde, Atlalteutli, die mit Mündern an allen Gelenken versehen war und diese, um sich beißend, öffnete, vom Himmel herabgekommen war, verwandelte sie sich in Schlangen. Die Götter zerrissen dieselbe, worauf die obere Hälfte zum Himmel emporflog, während aus den unteren die Erde geschaffen ward. Aus den Haaren wurden die Kräuter gebildet, aus den Augen die Quellen und Seen, aus ihrem Munde die Flüsse und Höhlen und aus ihrer Nase und ihren Schultern Tal und Berg. — Hier sehen wir die vollständig ausgebildete Ymir-artige Schöpfungsmythe. Ich glaube nichts weiter hinzufügen zu müssen, um es verständlich zu machen, daß diese verschrobene Mythe aus der Region der Verschlingungs- und Ausschlüpfungsmotive entstanden ist. Im übrigen fehlen auch weitere Parallelen in Amerika nicht. In der oben wiedergegebenen Manabozhomythe (Seite 93ff.) haben wir eine ausgesprochene Angelsage, der nur das Motiv der eigentlichen Landbildung fehlt. Ähnlich verhält es sich mit anderen Versionen der Algonkin. Und um den Anschluß nach Süden zu gewinnen, sei darauf hingewiesen, daß Im Thurm uns aus Guiana berichtet, daß die Eingeborenen vom Fischfang der Sonne zu erzählen wissen.

Aber auch nach anderer Richtung mag angeknüpft werden.

Sehr weit verbreitet ist das schöne deutsche Märchen vom Fischer un syner Fru, die bekanntlich im Pisputt leben. Dieselbe Geschichte kehrt nicht nur wieder unter dem Titel „Die Goldkinder" (bei Grimm Nr. 85), sondern sie ist auch durch die normännischen Länder und nach der andern Seite über Rußland hinweg bis tief hinein nach Asien verbreitet. Im Kapitel XII werden wir hierüber weiter sprechen. Jedenfalls haben die alten Mythologen recht, wenn sie eine gewisse Beziehung zur Schöpfungsmythe annehmen, da hier sogar die Entstehung der verschiedenen Stände in den Vordergrund geschoben wird, wie wir dies im XI. Kapitel in der Mythe vom Eiursprung der Peruaner wiederkehren sehen werden. Und da hier der Name der Eiursprungsmythe einmal genannt ist, mag gleich darauf hingewiesen werden, daß in allen diesen hier wiedergegebenen tiamatartigen Mythen eine Verwandtschaft zu den Eiursprungsmythen geboten ist. Wie hier aus dem Fisch Himmel und Erde durch Zerteilung gebildet werden, so dort aus dem Ei. Die hier besprochenen Mythen entstammen aber dem Cyklus der Walfischmythe und jene anderen dem Cyklus der Vogelmythe. Während die Konsequenz der Walfischmythe ist, daß am Morgen der Fisch zerteilt wird, entspringt der Anschauung, daß die Sonne morgens als Vogel emporsteigt, die konsequent durchgeführte Mythe, daß die zerteilte Dunkelheit das Ei ist, aus dem der Vogel ausschlüpft. — Doch wenden wir uns nunmehr kurz noch einigen anderen Beziehungen der Walfischmythe zu.

Ergänzung 4. Die Arionmythe. In der Mädchenangelmythe, die im Kapitel XII besprochen werden soll, findet sich als ein verhältnismäßig häufiges Motiv die Arionheimkehr. Der Held setzt sich auf den Rücken des Fisches und wird von diesem nach Hause getragen. Der Ausgang dieser Fahrt erfolgt stets aus dem Nachtmeere. Wir haben also damit ein Sonnenaufgangsmotiv, wie dies schon aus dem Bereiche der griechischen Mythe, der ich ja den Namen entnommen habe, hervorgeht. Besonders ausgebildet ist das Motiv auf Madagaskar. Eine der vielen auf dieser Insel kursierenden Versionen soll hier wiedergegeben werden: Rasoanor ist der einzige Sohn eines sehr mächtigen und reichen

Königs. Sein Vater will ihn mit der Tochter eines andern benachbarten Königs verheiraten, welche sehr schön ist. Rasoanor weist diese und andere Partien ab, so groß ist seine Liebe zu der Frau eines großen Herrschers, des Königs einer Insel, die weit entfernt von dieser Erde liegt. Er ist in der Sache so leidenschaftlich, daß er beschließt, mehrere große Kanoes oder Boote bauen zu lassen, um diesen Herrscher zu besuchen und ihm seinen Dienst anzubieten. Sein Vater tut alles, um ihn von diesem Plane abzubringen. Als es ihm aber nicht gelingt, einen Einfluß auf seinen Sohn zu gewinnen, läßt er alle Boote zerstören und verbrennen und verbietet, andere Seefahrzeuge zu bauen, ehe sein Sohn nicht seinen Plan geändert habe. Als Rasoanor sieht, daß er auf diese Weise nicht weiterkomme, sagt er zu seinem Vater, daß er schwimmend nach der Insel reisen werde, auf der seine Geliebte lebe. Diesen Beschluß tut er dem Vater und der Mutter, allen seinen Verwandten und Untertanen kund. Er bestimmt den Tag und nimmt am Ufer von allem Volk und von seinen Eltern Abschied. Er stürzt sich ins Meer und schwimmt von dannen, bis ihn die am Ufer Zurückbleibenden aus dem Gesicht verlieren. Da nimmt ein Walfisch ihn auf den Rücken, trägt ihn in einem Zeitraum von drei Monaten bis zu jener Insel, wo es Rasoanor gelingt, die Liebe des Herrschers und die Neigung seiner Geliebten zu gewinnen. Er steigt mit seiner Geliebten in ein Boot und entführt dieselbe. Glücklich kommt er daheim wieder an. — Eine andere Version erzählt, daß ein gewisser Burahe auszog, einen Walfisch zu fangen. Er sah ihn und traf ihn glücklich mit seiner Harpune. Der Walfisch aber zog seine Piroge weit ins Meer hinaus. Die Begleiter forderten ihn auf, die Schnur abzuschneiden. Burahe tat dies aber nicht eher, als bis sie in Sicht eines Landes gekommen waren. Da schnitt er das Tau durch. Als sie landeten, bemerkten sie, daß dieses Land nur von Weibern bevölkert war. Alle Matrosen starben; Burahe allein überlebte sie. Er lebte bei einem alten Weibe, das ihn in einer Lade verbarg. Jede Nacht fischte er. Einmal ging er zwei Tage von da weg. Bei seiner Rückkehr begegnete er einem Delphin. „Wenn du mich töten willst“, sagte er, „mach, daß du fortkommst, wenn du mir aber helfen willst, so bleib!“ Der Delphin blieb. Burahe band nun ein Stück Holz auf den Rücken des Tieres und ging zu der Alten, die ihm gute Reise wünschte. Der Held bestieg sodann den Delphin, der ihn nach Nosy-burahe zurücktrug. Der Delphin, der den Leuten auch noch zeigte, wie sie zu frischem Wasser kommen könnten, ward in hohen Ehren gehalten. —

Eine entsprechende Heimkehr findet sich in den Mädchenangelmythen Japans, Indonesiens, Lapplands. Wir finden sie im Pentamerone und bei den Semitoiden (Dezertosage) usw. Sie fehlt Amerika nicht, und der Held der Micmac benutzt den Fisch gerade so als Reittier wie die Toten der Araukaner, die mit seiner Hilfe in das Jenseits gelangen.

Die Beziehung zur Walfischmythe ist leicht zu verstehen. Es ist das Motiv der Meerfahrt, das hier zur Ausbildung gelangt ist, nur daß die Meerfahrt nicht im Bauche des Fisches, sondern auf seinem Rücken stattfindet.

Ergänzung 5. Die Polykratesmythe. — Der Name sagt alles. Nicht die Sonne wird vom Fische verschlungen, sondern das die Sonne repräsentierende Sonnenjuwel. Ähnlich ist es ja in der Mädchenangelmythe, wo ein Fisch den Angelhaken abbeißt, der später in seinem Rachen wiedergefunden wird. In den Polykratesmythen ist es zumeist ein Ring oder ein mit zauberischen Kräften ausgebildetes Juwel, welches verloren geht, aber mit Fischhilfe wiedergefunden wird. Man denke auch an Kutkas Geschlechtsverlust! Die wohl aus Indien stammende Version, der zufolge das Juwel mit Hilfe von verschiedenen Tieren (Katze und Maus, Fisch) aus dem Meeresgrunde zurückgeholt wird, findet sich bei den Lappländern, den Russen, den Tataren, den Mongolen und in Korea, — also in langer Linie quer durch ganz Asien.

Ergänzung 6. Das Gegessenwerden der Seelen. — Die Schicksale der Toten des solaren Zeitalters entsprechen denen der Sonne auf ihrer Nachtwanderung. Und so ist es denn leicht verständlich, wenn wir oben sahen, daß der Walfisch bei den Araukanern die Seele ins Jenseits trägt, wenn der Polynesier glaubt, daß seine Seele am Horizonte verschlungen wird und zum Weiterleben im Jenseits wieder ausgespien wird. Es geht ihr ebenso wie dem verschlungenen Sonnengotte. Die Verbreitung und Eigenart der Mythe in Polynesien und den benachbarten Gebieten habe ich schon an anderer Stelle besprochen und darf auf die entsprechende Arbeit hinweisen. Zwei kleine Züge sind es, auf die ich hier aber noch eingehen möchte. Einmal nämlich treffen wir dasselbe Verzehren der Götter beim Tode, wenn auch in einer gewissen Umkehrung, bei den alten Ägyptern, und zum zweiten ist von Indien aus durch Asien eine Mythe gewandert, die hier Erwähnung verdient. In der Kan-Schentäi-Mythe sahen wir (Seite 144), wie der Held verschlungen wird und heil wieder herauskommt. Allen seinen Genossen begegnet dies. Eine derartige Rekonstruktion der Kranken, Einfüßigen, Einäugigen, Einarmigen zu gesunden und vollendeten Menschen ist in der Tatarenmythologie häufig, und aus den Beispielen, die uns Bogoras kürzlich aus dem Tschuktschengebiet zugänglich gemacht hat, ersehen wir, daß die Fabel auch hier heimisch geworden ist. Diese eigenartige Geschichte glaube ich auch mit der solaren Walfischmythe in Zusammenhang bringen zu müssen. Denn wenn die Sonne abends verschlungen wird, dann ist sie alt und gebrechlich und im Kampfe überwunden; wenn sie dagegen morgens aufgeht, dann ist sie jung und kraftvoll und siegreich.

Der Mangel an Platz gebietet mir hier Halt zu machen. Es wird in diesem wichtigen Kapitel gar mancherlei allzu kurz behandelt sein; aber man wolle daran denken, daß dies Werk überhaupt nur eine Einleitungsarbeit ist, und daß wir die volle Verwertung aller Materiale und die allseitige Verknüpfung nur anbahnen wollen und in so kurz bemessenen Schritten nicht vollenden können. Aber ich hoffe, daß es mir doch wenigstens gelungen ist, den Sinn dieser Mythen klarerzustellen und ihre große Bedeutung für die ganze Entwicklung der gesamten Mythologie wenigstens anzudeuten.

Gehen wir nunmehr zu einer weiteren Konsequenz der Verschlingungsmythe über und sehen wir im Beginne eines neuen Buches eine neue Sonne geboren werden! Es folge die Conceptio immaculata!

DRITTES BUCH

GÖTTINNEN

X.

Die Mythe von der Conceptio immaculata. (Die Jungfraumuttermythe.)

Als ich mich im ersten Teile bemühte. ein Verständnis für den Entwicklungsgang der Mythenbildung zu gewinnen, wies ich darauf hin, daß nur aus den Erfahrungen des Naturlebens die Keime der Mythenbildung hervorgegangen sind. Anders ist es mit der Weiterentwicklung. Wenn der Ursprung auch stets naturgetreu ist, so sind dies die Weiterbildungen, die sich aus der Fortführung des angesponnenen Fadens ergeben, um so weniger. Das eigentlich Wunderbare in den Mythen, das Nichtnaturwahre, das Übertreibende und Verzerrende, müssen wir als derartige konsequente Fortführungen eines einmal angesponnenen Fadens bezeichnen. Nur wenn wir diese Theorie festhalten, können wir hoffen. die komplizierteren Mythen und den ganzen Zusammenhang der Mythologien erkennen zu lernen. Die Form der Schlußfolgerungen, der Fortsetzungen einmal eingeleiteter Vergleichungen, einmal begründeter Symbole zeugt von einer wunderbaren Konsequenz. die vor keinerlei Naturlüge zurückscheut. Eines der besten Beispiele für diese Erscheinung ist das Motiv der Jungfraumutter. der Conceptio immaculata, wie sie nach römisch-katholischer Mythologie benannt ist.

Daß eine Jungfrau Mutter wird, ist trotz allen Hin- und Herredens und trotzdem von manchem unverheirateten Mädchen die Theorie noch nach Möglichkeit aufrecht erhalten wird, unmöglich. Hier haben wir einen Punkt der natürlichen Lüge, der nur erklärt werden kann als Fortsetzung eines einmal gewonnenen Gedankens. Den Ansatz oder den einleitenden Gedanken habe ich im vorigen Buche eingehend durcharbeitet. Ich zeigte, daß die Sonne im Westen im Meere untergeht. Die Sonne wird verschlungen. Während nun nach der einen Richtung die Weiterentwicklung so durchgeführt wird, daß das als Sonnenverschlinger in tierischer Gestalt aufgefaßte Nachtmeer im Osten wieder zerschnitten und geöffnet wird, setzt diese zweite und uns hier interessierende Folgeform das Verschlingungsmotiv fort, indem sie eine Geburt einfügt. Das Westmeer ist ein altes Weib. Es ist nicht meine Aufgabe, hier dies zu beweisen, sondern hat die Betrachtung an anderer Stelle zu folgen. In einer Anmerkung im Index des zweiten Bandes wird der Leser einige Anknüpfungspunkte finden. Ist das Meer im Westen ein altes, so gibt es doch auch ein junges Weib. Dies junge Weib nun hat den Sonnengott verschluckt und bringt nunmehr dessen Sohn zur Welt. Wer dies junge Weib ist, wäre anderweitig zu untersuchen. Ist es das jungfräuliche Meer des Ostens? oder ist es die jungfräuliche Erde? (Siehe Weltelternmythe im XIV. Kapitel.)

Anhaltspunkte für die Richtigkeit meiner Auffassung liegen ausdrücklich bestätigt in den nachfolgenden Stoffsammlungen. Mehr als einmal wird erklärt, daß die Sonne der Vater des von der Jungfrau geborenen Knaben sei. Auf der andern Seite erkennen wir aus der Persönlichkeit des die Verschluckung Anregenden dessen deutliche Beziehung zum Sonnengotte. — Aber das wird ja alles gelegentlich der Vorführung des Stoffes des näheren gezeigt werden. Festhalten müssen wir nur von vornherein, daß die Geburt im Osten und zwar aus dem Wasser stattfindet, daß der Geburt in den meisten Teilen ein Verschlucken vorangeht, z. B. das Zusichnehmen irgend welcher Speise, und daß aus den späteren Taten des geborenen Knaben (es ist natürlich bis auf die Deutschen, bei denen die Sonne weiblich ist, immer ein Knabe oder ein Zwillingspaar) seine Natur als Sonnengott hervorgeht. Dem entspricht auch das Motiv des Sonnenaufwachsens. Der junge Held ist entweder schon völlig bewaffnet und umsichtig bei der Geburt, oder er wächst in unglaublich kurzer Zeit auf. Denn die Sonne ist ja in wenig Stunden schon alt. Schon am Mittag gilt sie als Mann und am Abend zuweilen schon als altersschwacher Greis. Dies Motiv ist sehr wichtig.

Es schließt sich nun zuweilen an diese Conceptio immaculata das Motiv der Aussetzung an, dem aus diesem Grunde hier einige

Worte gewidmet werden sollen. Das Motiv der Aussetzung hängt in engster Weise mit dem Aufenthalt im dunklen Walfischbauche zusammen. Der Sonnenheld ist in der dunklen Nacht eingesperrt. Ich will nicht behaupten, daß etwa die Einsperrung bei der Aussetzung eine Folgeform, hervorgegangen aus der Einsperrung im Walfischbauche, ist. Diese verschiedenen Auffassungen der Einsperrung, sei es im Walfischbauche, sei es in der Arche, sei es im Bambusrohr, sei es im Ei, sei es in dem Kürbis etc. entspringen direkt der dunklen Eingeschlossenheit in der Nacht. Ich möchte sie demnach mehr als Parallel-Entwicklungen erklären. Mit der Walfischmythe sind sie insofern verwandt, als die Kiste, das Ei, der Bambus usw. zumeist auf dem Wasser schwimmen. Das Wasser ist das Element der Nacht, denn die Sonne ist im Meere untergegangen und die subjektive Auffassung der Erde fehlt, so daß auch der Ursprung des nächsten Tages aus dem auf dem Wasser schwimmenden Behälter erfolgt. Es wird hierauf noch des weiteren in dem kurzen nächsten Kapitel eingegangen werden.

Wenden wir uns nun dem Stoffe selbst zu.

Die Jungfraumuttermythe in Ozeanien.

Die Mythe war in Ozeanien nicht sehr „Mode“ und trat anderen, bevorzugteren gegenüber sehr in den Hintergrund. Allen Anzeichen nach hat sich dieselbe einstmals in der Mauimythologie befunden. Aber nur auf Hawai ist eine direkte Aussage noch erhalten. Als einmal Akalanai beim Baden den dort zurückgelassenen Gürtel des Häuptlings Akamalo anlegte, wurde sie schwanger und gebar aus einem Ei den Sohn Maui. Die Gürtelgeschichte ist wenigstens noch in schwachen Spuren auch auf den anderen Inseln erhalten, wenn sie auch an eine ihr ursprünglich fremde Stelle rückte. Maui stiehlt nämlich den Gürtel seiner Mutter. Wenn aber auch nicht in der Mauimythologie, so finden wir doch in einem andern Cyklus in den Ratamythen das Motiv z. B. auf Neuseeland. Eines Tages geht Apakura, die Schwiegertochter Ratas, an der Seeküste entlang und wirft ein Stück ihrer Schamschürze in das Meer. Ein Gott ergreift dasselbe, formt es und gibt ihm die Gestalt eines Kindes. — Ein andermal wird ein ins

Meer geworfener Nabelstrang zu einem Kinde. — Von Hawai hören wir: Das Mädchen Rapai-opua (Bank nächtlicher Wolken) fand zwei wunderbar schöne Bananen. Um diese vor Dieben zu bewahren, verbarg sie sie auf ihrer Brust unter dem Gewande. Sie wurde hierdurch schwanger. (Man denkt unwillkürlich an Quetzalcoatls Schurz und an Tsimishian-Varianten.)

Auf Samoa hören wir: da saß einst ein Weib draußen im Freien beim Aufgange der Sonne, und die Strahlen der Sonne gelangen zu der Frau. Da kam ein Sonnenstrahl zu dem Weibe und sagte ihr: „Gib dem Kinde den Namen Aloaloalela." Dieser Held ist es, der die Hauptrolle in der Erfindung der Fischrolle spielt. — Zum anderen wird ein Weib mit Namen Mangamangai von der Sonne geschwängert, und das Kind wird später zum Schlingenfänger, der seinem Vater nachstellt.

Auf den Gilbertinseln nimmt das Weib Emabine den in ein Kind verwandelten Gott auf ihren Schoß und wird schwanger. — Auf den Herveyinseln gebiert Hena, von Taaroas Brotfruchtbaum überschattet, den Sohn Oro. Auf den Palauinseln trinkt ein Weib aus einer Muschelschale, in der der als Larve verwandelte Gott schwimmt. Sie wird schwanger und gebiert den ungeheuer rasch aufwachsenden Sonnenhelden.

Auf den Inseln der Torresstraße wird die ausgesetzte Frau Bukari schwanger, als sie sich, aller andern Mittel beraubt, von dem als Schmuck in ihren Ohrmuscheln getragenen Samenkörnern ernährt und legt darauf ein Ei, dem das Sonnengeschöpf entsteigt.

Wir sehen also überall das Motiv noch erhalten, wenn der Zusammenhang, in welchem es auftritt, auch stark gelockert ist. Auf der einen Insel ist nur noch die Beziehung zum Sonnenvater, in der anderen nur noch diejenige zum Ursprung aus dem Wasser im Gedächtnis der Leute geblieben.

Die Jungfraumuttermythe in Amerika.

Außerordentlich beliebt und sehr modisch war dagegen die Mythe in Amerika, aus dessen Nordwestgegend uns ein ganz besonders starker Quell entgegenströmt. Hier oben können wir den Zusammenhang am besten erkennen und mag demnach hier ein gehäufteres Material zur Darstellung gelangen. Ich wähle zunächst eine Form der Koluschen nach Erman. alsdann eine der Awikyenoq, eine der an der Beringstraße wohnenden Eskimo usw.

A. Jungfraumuttermythe der Koluschen. — Es gab eine Zeit. wo kein Licht auf Erden war. so daß alle im Finstern gingen und arbeiteten. In dieser Zeit lebte ein Mann und bei ihm seine Frau und seine Schwester. Die Frau liebte er so sehr. daß er sie durchaus nichts arbeiten ließ. und daß sie daher den ganzen Tag mit Stillsitzen hinbrachte, sei es im Hause, sei es vor den Häusern auf der Klippe. An ihrem Leibe aber trug diese Frau acht von den kleinen roten Vögeln Kun (roter Kolibri) zu vier auf jeder Seite. Nach anderen waren es im ganzen nur vier Kun. von denen zwei an den Brüsten. neben den Armen und die beiden anderen weiter unterhalb saßen. Sie verließen aber ihre Plätze augenblicklich und flogen davon. sobald die Frau. sei es auf das sittsamste. mit einem andern Manne als ihrem eigenen zu tun bekam. Ihr eigener Mann war nun so eifersüchtig. daß er sie. wenn er von Hause ging. in einen Kasten einschloß. Er ging aber täglich zur Arbeit in den Wald. wo er einstämmige Boote machte und war Meister in dieser Kunst.

Seine Schwester hieß Kitchuginsi. das ist die Nordkapertochter. Sie hatte. man wußte nicht von wem. einige Söhne. und diese wurden von ihrem argwöhnischen Mutterbruder einer nach dem andern getötet. Nach einigen soll er einen solchen Neffen. sobald derselbe heranwuchs und etwa anfangen konnte. nach seiner Tante zu blicken. mit sich zur See genommen und dann weit von der Küste das Boot, worauf er saß, mit dem Kiel nach oben gekehrt haben. Die Sitchaer Koluschen erzählen dagegen. daß der eifersüchtige Onkel seine Neffen in die trogartig ausgehauenen Stämme. die er zu Booten ausweiten wollte. gesteckt und darin verspundet habe. — Auf die eine oder andere Weise waren mehrere dieser Jünglinge getötet. und die Mutter klagte hilflos über den Verlust ihrer Kinder. So saß sie weinend auf der Klippe, als nahe an dem Strande ein Schar von Nordkapern vorbeizog, von denen der eine stehen blieb und ein Gespräch mit der trostlosen Mutter anfing. Nachdem er die Ursache ihrer Trauer gehört hatte, befahl er ihr ins Wasser zu steigen und einen kleinen Stein vom Brunnen zu nehmen, ihn zu verschlucken und Wasser nachzutrinken. Einige Koluschen erzählen, daß der Nordkaper selbst ihr den Stein gegeben, und andere, daß sie ihn gefunden habe. Genug, Kitchuginsi verschluckte einen Stein und trank danach von den Wellen, die der Abzug des Walfischs hinterließ. Infolge davon wurde sie schwanger und gebar schon nach acht Monaten einen Sohn, den sie für einen gewöhnlichen Menschen hielt, der aber der El (der Rabe) war. Während der Schwangerschaft hatte sie sich vor ihrem Bruder an einem Orte verborgen gehalteu. (El geht darauf zur Jagd, erbeutet so viele Kun, daß seine Mutter sich ein Federkleid daraus machen kann, schießt den Himmelsvogel mit dem eisernen Schnabel und kann nun mit Hilfe des Balges dieses Vogels fliegen. Ein andermal schießt er eine Ente, deren Balg ihm die Möglichkeit des Schwimmens verleiht. Alsdann befreit El die Kolibris aus dem Kasten. Der erregte Onkel nimmt ihn mit zur See und wirft ihn über Bord. El geht aber ungesehen auf dem Meeresgrunde landwärts, wo er nach vier Tagen wohlbehalten wieder auftritt." Der Onkel ruft: „Dann komme die Flut!" Die Flut kommt und zieht über alle Berge hin. El fliegt mit seinem Vogelkleid gen Himmel. Zurückkehrend fällt er auf einen Haufen Seekohl.)

B. Jungfraumuttermythe der Awikyenoq. — (Damals, als es noch keine Sonne gab, sondern nur der Mond am Himmel leuchtete!) Der Rabe, „der wahre Häuptling" oder „der Haupterfinder" mit Namen, wußte, daß der Häuptling Menis die Sonne im Besitz hatte und beschloß, sie zu rauben. Da verwandelte er sich in eine Kiefernadel und ließ sich in den Brunnen fallen, aus dem Menis' älteste Tochter täglich Wasser zu holen pflegte. Sie schöpfte Wasser, und der Rabe schlüpfte als Nadel in ihren Eimer; als sie aber trank, blies sie die Nadel zur Seite. Da diese List mißglückt war, verwandelte sich der Rabe in glänzende Beeren, und diese sah das Mädchen sich im Wasser spiegeln. Es verlangte sie. dieselben zu essen; sie pflückte und verzehrte sie. Da gebar sie nach vier Tagen einen Sohn, dieser wurde rasch groß und konnte schon am ersten Tage sprechen. Er spielte auf dem Boden des Hauses und fing bald an zu schreien und wollte sich nicht beruhigen lassen. Der Großvater fragte ihn: „Was willst du denn haben?“ „Mach mir eine Lachswehr, ich will Lachse haben.“ Menis erfüllte den Wunsch des Knaben, aber dieser weinte und wollte Bogen und Pfeile haben. Der Großvater erfüllte auch diesen Wunsch und machte ihm einen Bogen und vier Pfeile. Da beruhigte sich der Knabe. Am zweiten Tage konnte er schon gehen und lief hinunter zum Wasser. Am dritten Tage fing er wieder an zu schreien und beruhigte sich nicht eher, als bis ihm sein Großvater ein Ruder gemacht hatte, wie er es begehrte. Damit ging er zum Wasser hinab, kam aber bald schreiend zurück und wollte auf dem Wasser fahren. Da bat seine Mutter den Menis, ihm einen Kahn zu bauen. Der Großvater erfüllte ihre Bitte und machte ein Boot aus Seelöwenfell. Da freute sich der Knabe, bestieg den Kahn und spielte damit auf dem Wasser. Bald aber kam er wieder zurück und schrie: „Ich will mit der kleinen Kiste dort spielen.“ Diese hing oben an einem Dachbalken des Hauses, und der Großvater bewahrte das Tageslicht darin auf. Da schalt ihn die Mutter und sprach: „Du schlechter Bube, du bist gar nicht wie andere Kinder, alles willst du haben. Diese Kiste bekommst du nicht.“ Da schrie der Knabe noch mehr und ließ sich gar nicht beruhigen. Endlich erlaubte der Großvater seiner Tochter, die Kiste ein wenig herunter zu lassen, damit der Enkel sie sehen könne. Dieser aber war damit noch nicht zufrieden und ertrotzte sich endlich die Erlaubnis, mit der Kiste zu spielen. Er nahm sie mit in den Kahn und fuhr sie auf dem Wasser umher. Bald aber kehrte er nach Hause zurück. Am folgenden Tage schrie er wieder, bis er die Kiste hatte. Er setzte sie in den Schnabel des Bootes und fuhr damit weit in das Meer hinaus. Dort öffnete er sie ein wenig. Als die Mutter, die ihn beobachtet hatte, dieses sah, rief sie Menis zu: „O siehe, was für Schlechtigkeiten jener treibt!“ Als er den Kasten noch mehr öffnete, fuhr die Sonne heraus und erleuchtete die Erde.

C. Jungfraumuttermythe von den Eskimo an der Beringstraße. — Die Mythe kennt zwei Raben. Zum ersten den eigentlichen Schöpfer und zum zweiten dessen Bruder. Der Schöpferrabe hat den Menschen, weil sie zu viel Tiere töten, die Sonne genommen und hält sie nun sorgfältig in einem Sack verborgen. Das Bitten der Menschen hilft nicht. Nun fürchtet der Rabebruder für das Leben der Menschen und unternimmt es auf folgende Weise, die Sonne wieder zu gewinnen. Er stellt sich sterbend und tot, worauf er in eine Grabkiste gesteckt wird. Sobald die Trauernden das Grab verlassen haben, geht er in eine gewisse Entfernung fort und verbirgt seine Rabenmaske und sein Kleid in einem Baum. Alsdann kehrt er zurück zu der Stelle, an welcher die Dörfler ihr Wasser schöpfen. Dahin kommt auch das Weib Rabes und schnell verwandelt sich Rabebruder in ein Blatt, welches die trinkende Rabenfrau mit dem Wasser verschluckt. Sofort wird die Frau schwanger und nach wenigen Tagen wird ein Knäblein geboren, das ist gar munter und rennt schon nach kurzer Frist umher. Dies Kind schreit nun unaufhörlich nach der Sonne, und da der Alte es gar lieb hat, gibt er ihm dieselbe auch als Spielzeug hin. Das Kind spielt erst im Hause mit der im Beutel befindlichen Sonne, als aber just niemand hinsieht, läuft es hinaus, rennt schnell zu dem Baum, aus dem es Maske und Rock herausholt und fliegt von dannen. Darauf ordnet das wiedergeborene Rabenkind, d. h. Rabebruder, Tag und Nacht.

Wir wollen uns mit diesen Versionen begnügen, ich will aber auf einige Punkte der Verbreitung hinweisen. Bogoras hat festgestellt, daß diese Rabenmythe sich auch bei den Nordostasiaten, d. h. hier bei den Tschucktschen, findet. Daselbst läßt sich Rabe, in ein Blatt verwandelt und als solches in einen Teich gefallen, von einem Mädchen mit dem Wasser nach Hause nehmen und dann beim Trinken verschlucken. Soweit die Ausdehnung nach Nordwesten. Nach Osten zu reicht die Verbreitung der Mythe nicht sehr weit. Im Süden begegnen wir ihr jedoch noch im nördlichen Kalifornien und zwar bei den Chihalis. Hier ist die Mythe außerordentlich verkümmert. Wir erkennen deutlich, daß wir uns an der Grenze einer jüngeren Verbreitungsregion befinden. Jedoch ist eins interessant. Wenn die eigentliche Jungfraumuttermythe mit ihren wesentlichen Motiven auch wohl verschwunden ist, so hören wir doch folgenden Anfang: „Es war einmal ein Häuptling, welcher die Sonne in einer Kiste verwahrte. Wenn seine Tochter ausging, Beeren zu pflücken, nahm sie dieselbe mit und öffnete sie ein wenig, um sehen zu können.“ Es ist hier also das Motiv des Beerenpflückens noch geblieben, und wir haben somit zwei verschiedene Gruppen. Im Norden mit den Tlinkit als Zentrum finden wir die Auffassung des Verschluckens „einer Zedernadel“, das ist wohl entschieden „eines Sonnenstrahles“. An der Grenze der Verbreitung der eigentlichen Mythe haben wir schon neben der Zedernadel bei der Awekyinok die glänzende Beere, welche die Jungfrau verschluckt. Das ist wohl der glänzende Sonnenball. Ganz im Süden ist das eigentliche Verschluckungsmotiv nicht mehr vorhanden, wir haben aber noch das Motiv der Beeren. Dies Beispiel ist uns in sofern außerordentlich wichtig, als es zeigt, wie die wesentlichen und wertvollen Mythen der nordwestamerikanischen Provinz auf eine bestimmte geographische Fläche des Küsten- und Inselgebietes Nordwestamerikas beschränkt sind.

Also der Sonnenstrahl oder die Sonne wird verschluckt. Die Verschluckende ist die Nordkapertochter. Sie ist also vielleicht das jungfräuliche Meer. Auch für die Sonne als Raben und ihren Lauf haben wir eine hübsche Stelle. Der Rabe wird draußen ins Meer geworfen, läuft aber auf dem Meeresgrund zurück und kommt an der Küste, d. h. auf dem Lande, wieder zum Vorschein: das ist ein regelrechter Sonnentageslauf.

Der wesentliche Rahmen der Mythe, wie wir sie hier wiedergegeben haben, ist gefaßt als eine Feuerdiebstahlmythe von der Form der Menschenfressersage. Näheres siehe im nächsten Buche. Die wichtigsten handelnden Persönlichkeiten sind der Feuerbesitzer und das junge Mädchen. Der Feuerbesitzer, den wir als das Meer personifizierenden Riesen oder Menschenfresser ja baldigst sehr genau kennen lernen werden, ist auch hier in seiner Gestalt als Vernichter noch vollständig erhalten. Er sucht ja die Sprößlinge des Tages zu töten. Das junge Hilfweib ist nicht immer die Frau dieses Feuerbesitzers. Sie gehört eigentlich nicht in seine nächste Familie, — wenigstens nicht nach der sonst vorherrschenden mythologischen Auffassung. Dieses Hilfweib ist das jugendliche Meer des Ostens, kann aber auch, wie wir nachgehend sehen werden, den Mond darstellen. Es leuchtet wohl jedem Leser ein, daß den Nordwestamerikanern die Sonne nicht aus einem Meer aufgeht. Wir werden also den Ursprung dieser Mythe auf jeden Fall in einem andern geographisch anders gearteten Wohnplatze der Menschen aufzusuchen haben. Die Sonne selbst ist im Kasten verborgen. Dem Sonnenaufgange folgt die Flut. Der Knabe, der die Sonne freiläßt, vollführt diese Tat draußen auf dem Meere. Das alles heißt, daß die Sonne aus der dunklen Nachthülle emporsteigt. — Ich muß es mir versagen, hier des näheren auf die Rabenerzählung einzugehen und verweise auf frühere und spätere Bearbeitung.

Nordwestamerika stellt das für diese wie manche andere Mythe wertvollste Quellgebiet dar, weil die Motive hier in einer wunderbaren Konsequenz durchgeführt und von einer wunderbar konservativen Natur festgehalten worden sind. Aber Amerika ist auch sonst reich an derartigen Mythen und besonders der östliche Teil Amerikas gibt uns mancherlei weiteren Stoff. Da ist z. B. der wunderbare Knabe in den Schirokimythen, der aus dem Blute entsteht, das beim Waschen des Wildbretes in das Wasser fällt. Aus dem Wasser muß er weggefangen werden. Er entwickelt sich zu einem regelrechten Sonnenhelden. Eine Mythe der Mandan mag mit festeren Strichen gezeichnet werden.

Vor langer Zeit kam Ochkih-Häddäh in Begleitung des ersten Menschen von Westen her in das Dorf der Mandan und setzte sich neben eine Frau, die nur ein Auge hatte und Getreide häufelte. Ihre Tochter, welche sehr schön war, kam zu ihr, und der böse Geist bat sie, ihm Wasser zu bringen, doch wünschte er, daß sie vorher noch zu ihm komme und etwas Büffelfleisch esse; sie möge, sagte er, nur ein Stück aus seiner Seite nehmen. Sie tat dies, aß und fand, daß es wie Büffelfett schmeckte. Dann holte sie Wasser, von dem beide, die unterdes nach dem Dorfe gegangen waren, tranken — und weiter geschah nichts. Die Freunde des Mädchens suchten sie bald darauf in Unehre zu bringen, indem sie erzählten, daß sie schwanger sei, was sie zwar nicht leugnete, zugleich aber ihre Unschuld beteuerte und kühn jeden Mann im Dorfe aufforderte, sie anzuklagen. Dies verursachte eine große Aufregung im Dorfe, und da niemand auftrat, um sie zu beschuldigen, so wurde sie als große „Medizin" betrachtet. Bald nachdem dies geschehen, ging sie heimlich nach dem oberen Mandandorfe, wo das Kind geboren wurde. Es wurden eifrige Nachforschungen angestellt, ehe man sie fand, denn man erwartete, daß das Kind ebenfalls große Medizin und für das Bestehen und die Wohlfahrt des Stammes von großer Wichtigkeit sein werde. Zu diesem Glauben bewog sie die sonderbare Weise der Empfängnis und der Geburt des Kindes. Auch bestätigten die Wunder, welche es verrichtete, diesen Glauben. Außer anderen Wundern gab das Kind den Mandan, als sie nahe daran waren, vor Hunger zu sterben, vier Büffel und sagte, daß dieselben sie für immer mit Nahrung versorgen würden, auch war, nachdem sie sich gesättigt, noch ebensoviel Fleisch vorhanden, wie vorher, ehe sie gegessen hatten. Der erste Mensch war jedoch entschlossen, das Kind zu töten, und nachdem er es lange vergebens gesucht, fand er es einst an einem dunklen Orte, worauf er es ergriff und in den Fluß warf.

Wir haben hier eine außerordentlich wertvolle Zusammensetzung der Motive, deren Bedeutung offenbar vergessen ist. Die Jungfraumutter holt das Wasser, — ein Rest des früheren Wassertrinkens. In dem Essen des Büffelfleisches aus der Seite der Gottheit ist der Rest der Empfängnismythe herauszulesen. Darauf folgt eine regelrechte Aussetzung. Denn das junge Mädchen entfernt sich heimlich aus dem unteren Mandandorfe und muß erst lange gesucht werden. Fernerhin folgt ein Motiv, das uns hier noch nicht begegnet ist, das wir aber später noch des näheren kennen lernen werden, das Motiv der Sonnenspeise. Der Sonnengott gibt nämlich unerschöpfliche Speise. Wir finden das in allen älteren Mythologien. Es ist gleichgültig, ob mit einem Kalbe tausend Menschen genährt werden oder mit ein paar Fischen zehntausend, — es bleibt immer noch so viel übrig, als im Anfang gegeben war. Es ist hier nicht die Aufgabe, an dieser Stelle auf die Bedeutung des Motives näher einzugehen. (Siehe das Verzeichnis im zweiten Bande.) Endlich ist aber in vorliegender Mythe auch der Sonnenuntergang im Wasser geboten, denn der

Sonnengott, noch jung, wird in das Wasser geworfen. — Dieselbe Mythe erzählt uns der Prinz Wied. Wir werden auf dessen Fassung im nächsten Buche des näheren eingehen.

Kurz auf die entsprechende Mythe bei den Huronen hinweisend, wende ich mich dem Süden zu. Bei den Pima wird die Göttin des Maises durch einen Regentropfen geschwängert und gebiert den Stammvater der Menschen. Bei den Navahos wird das Türkisweib schwanger, als die Sonne es bescheint, und die weiße Muschelschalenfrau ebenfalls, als die Wassertropfen im Sonnenschein auf sie fallen. Die Kinder wachsen außerordentlich schnell heran und sind in vier Tagen zur Größe zwölfjähriger Knaben aufgeschossen. Das ist das Aufwachsen der schnell sich entwickelnden Morgensonne, ein Motiv, das wir ja auch schon oben in der Rabenmythologie vorfanden. Im übrigen ist zu erwähnen, daß die deutliche Aussprache der Schwängerung durch die Sonne mehr auf Polynesien und polynesische Formen zurückzuführen ist, als die entsprechende Lesart in Nordwestamerika.

Treten wir nun in das Gebiet der Kulturvölker. Wie bei den nördlichen Naturvölkern Manabozho und Joskeha, so ist im Süden ein Quetzalzoatl, ein Huitzilopochtli und auch ein Viracocha der Sohn einer Jungfrau. Also ist wohl bei allen Kulturvölkern Amerikas diese Mythe heimisch. Über die Geburt der verschiedenen großen Götter der Zentralamerikaner weichen die verschiedenen Lesarten außerordentlich ab. Am häufigsten ist noch der Bericht über die Entstehung des Kriegsgottes. Eine Frau steckt einen aufgefundenen Fehdball in ihr Busentuch, will ihn daheim herausnehmen, findet ihn aber nicht mehr. Sie ist schwanger geworden und bringt den vollständig ausgebildeten und gerüsteten Kriegsgott zur Welt, der mit seinen Brüdern, welche ob der Schwangerschaft seiner Mutter zürnen, hart abrechnet. Nach Mendieta fand die Mutter Quetzaquatls einen kleinen Grünstein, der die Geburt dieses Gottes verursachte. Im Popol Vuh wird der neue Sonnengott geboren, als der alte in der Unterwelt seines Kopfes beraubt ist. Dieser Kopf speit nämlich in die Hand der Fürstentochter, welche dadurch geschwängert wird und die Zwillinge, die jungen Sonnengötter hervorbringt. Auch die Flucht der Mutter nach der Konzeption, also das Aussetzungsmotiv fehlt in Zentralamerika nicht. — Im übrigen ist zu bemerken, daß wir ja bei den Zentralamerikanern denselben Zustand der mythologischen Neuschöpfung und Bildung vorfinden wie bei den alten Babyloniern. Jede Stadt hat ihren Spezialsonnengott. Die siegreichen Städte oder Stämme lassen ihre Sonnengötter über die Unterworfenen herrschen. Auf diese Weise gelangt ein Motiv immer von einem Gott auf den anderen. Eine ununterbrochene Verwechslung tritt ein.

In Südamerika dürfte das Motiv am weitesten vorgeschoben bis nach Paraguay sein, wo das von der Jungfrau geborene Kind nach vielen Wundern als Sonne in die Luft erhoben wird. Wir wollen hier aber die Variante der Warrau wiedergeben.

War da ein Wasser, in dem die Warrau zu baden pflegten. Dies taten auch einmal zwei Frauen, von denen eine, mit Namen Korobona, einen die Oberfläche des Wassers emporragenden Baumstumpf berührte, der sie darauf ergriff und sogleich zu seinem Weibe machte. Korobona ging heim und gebar nach einiger Zeit ein Kind. Anfangs wollten die Brüder, eifersüchtig auf die der Schwester zu teil gewordene Ehre, das Kind töten: endlich ließen sie jedoch von diesem Gedanken ab. — Trotzdem starb das Kind nach einiger Zeit. — Darauf ging Korobona nach dem Wasser zurück. Wieder traf sie den Baumstumpf und wieder empfing sie und wieder gebar sie ein Kind. Diesmal einen Knaben. Der Eifersucht der Brüder gedenkend, verbarg die Mutter das Kind im Walde. Die Brüder entdeckten aber das Geheimnis, schossen ihre Pfeile auf das Kind und ließen es als tot zurück. Aber die Mutter nährte das Kind, brachte es zum Leben zurück und zog es auf. Die Brüder entdeckten erst, daß das Kind noch lebte, als es schon zum starken Jungen herangewachsen war. Den griffen sie nun wieder an und schnitten ihn in kleine Stücke. Aus dem Grabe, in dem die Mutter das arme Opfer bestattete, entstand wieder ein Indianer, gewaltiger und mächtiger, als irgend ein Warrau je gewesen. Das war der Caraibe, und er und seine Nachkommen führten den beständigen Krieg mit den Warrau, der diese Völker so außerordentlich schwächte.

Es ist sehr interessant, von Norden kommend, jenseits der zentralamerikanischen Kulturhöhe wieder eine Mythe zu finden, die mehr Ursprünglichkeit aufweist, als die der Zentralamerikaner. Hier steigt uns die Sonne wieder aus dem Wasser empor. — Des ferneren treten die Feindschaften der älteren Brüder des Sonnengottes in ihre Rechte; denn die jüngere Sonne wurde als bevorzugtes und leuchtendes Tagesgestirn von den älteren Brüdern angefeindet. — Ich will hier darauf hinweisen, daß Karl von den Steinen bei den Bakairi eine entsprechende Mythe gefunden hat. Wir dürfen aber nicht vergessen, daß dieselbe entschieden Nu-aruak-Ursprunges ist. „Nimagakaniro verschluckte zwei Bakairi-fingerknochen, von denen viele im Hause waren, weil Oka sie für seine Pfeilspitzen gebrauchte und viele Bakairi tötete, deren Fleisch er aß. Von den Fingerknochen und nur von diesen, nicht von Oka wurde die Frau schwanger. Die Schwiegermutter Mero kommt jedoch zu Besuch, als Oka auf Jagd war; sie wollte nicht, daß er von einer Bakairi Söhne habe, denn sie haßte und aß die Bakairi. Sie riß Nimagakaniro mit ihren Krallen die Augen aus und ging wieder. Nimagakaniro starb, aber der Oheim Kuara schnitt den Leib auf, holte die Zwillinge Keri und Kame hervor und legte sie in eine Kallebasse wie junge Papa-geien.“ — Es ist zu erwähnen, daß Nimagakaniro das aus dem Maismörser entstandene Weib, Mero, Oka und Kuara aber vom Jaguargeschlecht sind. Wir befinden uns also vollständig im Gebiete der animalistischen Mythologie. Und dennoch die schönsten solaren Charakterzüge! Das Verschlucken der zu Pfeilspitzen zu verwertenden Knochen — die schwängernden Sonnenstrahlen! Dann das Augenausreißen, — der Sonnenaufgang (wie anderweitig gleich gezeigt werden kann).

Alles in allem stellt die Conceptio immaculata in Amerika ein reiches Material. Der Zusammenhang nach allen Seiten ist klar, der Ursprung kaum verkennbar.

Die Jungfraumuttermythe in Afrika.

Wir werden die afrikanische Mythologie auch hier wieder in zwei verschiedenen Provinzen nachprüfen müssen, nämlich erstens im Südosten und zweitens im Norden.

Die Südostprovinz hat mehrere Jungfraumuttermythen. Wir werden uns hier mit drei Formen beschäftigen, deren jede irgend welche wesentlichen Bestandteile der ursprünglichen Form aufzuweisen hat. Da ist erst die Sage von dem weisen Sohn des Königs: Eines Königs Töchter baden regelmäßig an einer bestimmten Stelle des Flusses. Als dies auch eines Tages geschieht, beginnen ganz unvermittelt die Brüste eines kleinen Mädchens, das eigentlich noch viel zu jung zur Empfängnis ist und das noch nie mit einem Manne etwas zu tun gehabt hat, zu schwellen. Die Brüste werden wie die einer Frau. Der König und alle alten Männer sind erstaunt, und der Herrscher läßt, aus Furcht, daß das Kind ein Tier zur Welt bringen könnte, die junge Mutter vertreiben. Alle Mädchen weinen, als das junge Schwesterlein verjagt wird. Unter fremden Leuten gebiert die junge Mutter einen richtigen menschlichen Knaben. Inzwischen sind ihr ihre Freunde nachgeschlichen. Sie sehen, daß es nicht ein Tier, sondern ein regelrechter Mensch ist, den sie zur Welt gebracht hat, und bringen sie mit ihrem Kinde zu ihrem Vater zurück. Daher große Freude. Der kleine Knabe wird ein berühmter Arzt. Im übrigen ist der Schluß der Mythe nach Callaways Angabe christlichen Ursprunges.

Weiterhin die zweite, ebenfalls von den Zulu stammende Version: In uralter Zeit kommen einmal einige Felsentauben zu einem Hause, vor dem eine Frau sitzt. Sie fliegen herein und spielen am Feuerplatz. Die Frau schreit auf. Denn obgleich sie eine verheiratete Frau ist, hat sie kein Kind (Kinderlosigkeit ist hier eine Schande), und so glaubt sie, daß die Tauben, die an ihrem Feuerplatz spielen, als wenn sie ihre Kinder wären, sich über sie lustig machen wollen. Diese sechs Tauben belehren sie aber eines besseren, sie raten ihr, sich mit einem Horn, wie dies bei den Zulu üblich ist, zu schröpfen. Einen Blutstropfen soll sie in einem Topfe auffangen, den Topf verschließen und ihn für acht Monate verschlossen beiseite stellen, im neunten Monat aber aufdecken. Sie folgt dem Rate, öffnet im neunten Monat den Topf und findet ein Kind in demselben. Die Tauben raten ihr nun, das Kind herauszunehmen, es in einen Sack zu stecken und ihm Essen zu geben. Eine andere Taube gibt den Rat, das Kind vor den Augen der anderen Frauen zu verbergen und ihm viel Nahrung zu geben, damit es möglichst schnell aufwachse. Sie tut dies auch, und das Kind wächst ganz plötzlich auf. Als der Mann abends heimkommt, ist er über das Kind sehr überrascht und fragt, woher es komme. Die Frau entgegnet, daß es ihr Kind sei und erzählt, wie sie zu demselben gekommen wäre. Da ist der Mann mit der Frau froh, daß sie nun ein Kind haben. — In anderen Versionen derselben Mythe bringt die Frau Zwillinge zur Welt. Wichtiger ist für uns aber ein Zug, der in der wiedergegebenen Form fehlt, der mir aber bedeutungsvoll erscheint: in anderen Lesarten erbitten nämlich die Tauben Beeren. Sie essen dieselben und schröpfen dann die Frau, die darauf schwanger wird. Das Verzehren der Beeren kennen wir schon aus Nordwestamerika und aus Melanesien. Es ist hier nur auf die Tauben übertragen worden. Die ursprüngliche Mythe muß geheißen haben, daß die Tauben der Frau die Beeren zu essen gaben.

Einen dritten Typus finden wir bei den von der Ost- an die Westküste Südafrikas verdrängten Hottentotten. Hahn erzählt die Mythe folgendermaßen: Gras wuchs und er (eigentlich es) wurde von einer Kuh abgeweidet, und die Kuh wurde trächtig und gebar ihn (Heitsi Eibib) als ein Stierkalb.

Also Schwängerung durch Baden im Wasser, Verzehren von Beeren und Verzehren von Gras. Das ist also Schwängerung durch Sonnenstrahlen und Verschlucken der Sonne und endlich in der Form des Badens auch Aufgehen der jungen Sonne aus dem Wasser. Endlich bringen auch Vögel, hier Tauben, die Konzeption hervor. Die Austreibung resp. Aussetzung ist in der ersten Version erhalten. Das Hervorgehen der Sonne aus dem dunklen Raum oder Kasten bietet die zweite Version in dem Aufwachsen des Kindes im Topf oder Sack. — An Beziehungen soll hier darauf hingedeutet werden, daß die Hottentottenmythe von der sonnengebierenden Kuh an ägyptische Auffassungen erinnert und daß die sonnentragende Taube ein vor allen Dingen semitisches Motiv ist. Wir dürfen aber nicht vergessen, daß die sonnentragende Taube überhaupt dem Süden und den Äquatorialgebieten mehr angehört, während die Mythe von sonnentragenden Raben ja ihren Siegeszug hauptsächlich über den Norden der Erde gehalten hat.

Die Nordprovinz Afrikas bietet mehrere Typen, die an westasiatische Versionen erinnern. Ich denke vor allen Dingen an gedruckte und ungedruckte Erzählungen der Kabylen. Die Sache lautet meist folgendermaßen: Ein Mann hat sieben Frauen. Er reist einst über sieben Meere und bringt sieben Äpfel mit. Da trifft er einen Mann, der ihn um eine der Früchte bittet. Dem antwortet er, daß er nur sieben Äpfel, also nur je einen für jede seiner Frauen hat. Er gibt dem Manne aber einen halben Apfel. Die sieben Frauen werden, nachdem sie die sieben Äpfel gegessen haben, schwanger. Und zwar bringt diejenige Frau, die nur den halben Apfel gegessen hat, denjenigen Sonnenhelden hervor, der die größten Taten vollführt. — Also Ursprung der Äpfel aus dem Meere. Dann Verzehren des Sonnenballes.

Anlehnend hieran komme ich auf die Jungfraumuttermythe der alten Ägypter, die sehr wertvoll ist. Es ist die Mythe von Anup und Bata. Die beiden Brüder haben sich um ein Weib gestritten, das den jüngeren verführen will, aber die Geschichte umgekehrt dem älteren Anup erzählt hat. Bata flieht, und der Sonnengott Ra schafft hinter ihm einen Fluß, über den der Verfolgende nicht zu gelangen vermag. Anup erfährt von Bata das Todeszeichen. (Siehe im Motivindex des zweiten Bandes.) Bata wird nun von den Göttern besonders ausgezeichnet, sein Leben mit dem einer Baumblüte in Verbindung gebracht, und außerdem erhält er ein Göttermädchen zum Weibe. Dem König von Ägypten wird auf dem Meere eine Locke des Weibes zugetragen und derselbe sendet Boten aus, läßt das Weib entführen, und nachdem sie ihrem neuen Gatten den Lebenszauber Batas verraten hat, läßt er den Akazienbaum fällen. Anup erkennt inzwischen an dem Todeszeichen, daß sein Bruder Bata mit dem Umstürzen des Baumes gestorben ist, derselbe sucht nun das Herz des Toten auf, macht ihn wieder lebendig und führt den in einen Stier verwandelten Bata der Königin zu. Der Batastier verkündet der Königin, daß er ihr alter Gemahl sei. Die Königin läßt nun den Stier töten, aus dessen Blut zwei Bäume aufsprossen. Die Königin läßt die Bäume fällen; ein Holzsplitter gerät ihr aber in den Hals und hierdurch wird sie geschwängert. Der aus dem Holzsplitter entstandene Sohn wird Thronfolger, läßt die Königin töten und tritt mit seinem Bruder die Herrschaft an.

Das Götterweib, das entschieden mit dem Wasser zusammenhängt, da ihre Locken über das Meer fluten, wird also durch den Holzsplittersonnenstrahl geschwängert. Das ist sehr klar. Wesentlich ist es aber, daß die Stierfigur, die sich hier einmischt, auch in den Mythen des ältesten Ägypten ihre Beziehung hat. Im Ptahtempel zu Memphis verehrte man nämlich die Kuh, von der es hieß, daß sie durch die Berührung eines Mondstrahles zur Mutter des Apis geworden sei, — auch ein Überbleibsel der alten Conceptio immaculata.

Die Jungfraumuttermythe der Mongoloiden in Asien und Europa.

Das in mythologischen Dingen von den Arioiden und noch älteren Völkern Südasiens genährte Zentral- und Nordasien bietet eine solche Fülle von Versionen der uns hier interessierenden Mythen, daß es gut sein wird, wenn wir uns an der Hand einiger vollständig wiedergegebenen Stücke erst über Wesen und Wanderung der Stoffe klar werden, ehe wir zu einem eigentlich summarischen und zusammenfassenden Berichte übergehen.

A. Jungfraumuttermythe der Kirgisen. — („Der Kirgisen Abkunft“ überschrieben.) Es lebte ein Chan mit Namen Altyn Bel; der Fürst hatte einen einzigen Sohn mit Namen Kaischyly Kan, andere Kinder hatte er nicht. Eines Tages wurde die Frau des Chan schwanger und gebar zu einer Zeit ein Mädchen. Herrlich wie der Mond war es, schön wie die Sonne war es. Als die Mutter, die es geboren, diese ihre Tochter erblickte, fiel sie in Ohnmacht über ihre Schönheit. Ein solches Mädchen hat sie geboren, sagte man dem Fürsten. Der Fürst sprach: „Zeiget sie keinem Menschen! Damit sie kein Mensch erschaue, ernähret sie, sie unter der Erde verbergend!“ sprach er. Darauf rief des Chans Frau ein altes Weib, gab der Alten jährlich 100 Dilla. Die Alte nahm das Kind, brachte es in ein dunkles Eisenhaus und nährte das Kind. — Dieses Kind erwuchs zu einer Zeit zum Mädchen. Als es erwachsen, fragte das Mädchen eines Tages die Alte: „Wohin gehst du nur immer?“ Die Alte sprach: „Ja, mein Kind, es gibt eine helle Welt, in dieser hellen Welt lebt dein Vater, lebt deine Mutter, da sind allerlei Leute, dahin gehe ich." Das Mädchen sprach: „O Mütterchen, ich will es niemand sagen, zeige mir doch diese helle Welt." Die Alte sprach: „Nun schön, wenn du es niemand sagst, so will ich sie dir zeigen." Die Alte brachte das Mädchen hinaus; als sie es hinausgebracht und das Mädchen die helle Welt gesehen hatte, schwankte es und verlor das Bewußtsein. Zu der Zeit, als sie hinausgekommen, fiel das Auge Gottes auf sie und auf Gottes Befehl wurde das Mädchen schwanger. Zu einer Zeit wuchs ihr Leib und wurde groß. Die Alte wußte nun, daß das Mädchen schwanger war, und sie betrübte sich sehr, da sie meinte, man würde sie töten. „Wenn man mich jetzt tötet, so fließe mein Blut, ich will es doch der Frau des Fürsten sagen!" — Die Alte kam und sprach zu des Fürsten Gattin: „Eure Tochter ist schwanger geworden, ich habe sie keinem Menschen gezeigt; wenn ihr mich tötet, so sei es mein Blut! bleibe ich lebendig, so ist es mein Glück!" Des Fürsten Frau sprach: „Was hast du denn anderes getan?" Die Alte sprach: „Was ich getan habe, verberge ich nicht; die Sünde, die ich begangen, ist nur die: ich habe sie hinaus ins Freie geführt. Von dem Tage an, wo ich sie hinausgebracht, ist sie schwanger geworden. Des Fürsten Frau sprach: „Wenn du keine böse Tat begangen hast, so will ich das vor dem Fürsten schon selbst verantworten." So sprechend ging sie zum Fürsten. — Zum Fürsten kommend, sprach sie: „Eure Tochter ist schwanger geworden nach dem Befehle Gottes. Kein Mensch hat sie erschaut." Der Fürst sprach: „Wenn es so ist, so töte sie." Da sprach die Frau zum Fürsten: „Es wird ein schlechter Ruhm sein, wenn es heißt: Der Fürst hat seine Tochter getötet." Der Fürst sprach: „So tue, was du willst, nur bringe sie aus meinen Augen!" — Die Frau vermochte ihre Tochter nicht zu töten. Sie tat sie in einen goldenen Kasten, hinein tat sie auch Nahrung, den Deckel schloß sie, band den Schlüssel draußen an und setzte ihn auf dem fließenden Wasser draußen aus. — In einem Lande befanden sich Domdagul Sokur und Toktagul Mergän auf der Jagd. In der Mitte dieses Meeres sahen sie den Kasten herbeischwimmen. Als Toktagul Mergän ihn gesehen, sprach er: „O Geführte, in der Mitte des Wassers sehe ich irgend etwas Glänzendes kommen. Wenn Gott es gibt, werden wir es nehmen, nimmst du das Innere oder das Äußere? Jetzt werden wir es teilen; wenn wir es in unsere Hand bekommen, so werden wir uns streiten und uneinig werden." Domgagul Sokur sprach: „Ich will das Äußere nehmen." Toktagul Mergän sprach: „Ich will das Innere nehmen. Was auch nur herauskommt, es kommt von meinem Glücke." — Darauf verfertigten sie eine Schnur aus Seide und banden sie an einen Pfeil. Toktagul Mergän schoß diesen ab; dieser Pfeil flog, im Kasten blieb er stecken, den Kasten zogen sie herbei und nahmen ihn aus dem Wasser heraus. Des Kasten Öffnung öffneten sie, als sie ihn öffneten, war drinnen ein Mädchen, schön wie der Vollmond (wie der am 14. Tage aufgehende Mond). Als die beiden es gesehen hatten, schwand ihnen von der Schönheit die Besinnung. „Was für ein Mädchen bist du, was hast du begangen", sprachen sie. Das Mädchen sprach: „Ich bin des Altyn Bel Kan Tochter, man hat mich in einem dunklen Hause aufgezogen, und dort wurde ich nach Gottes Befehl schwanger. Darauf wollte mich mein Vater töten lassen, aber die Mutter vermochte mich nicht zu töten, sie meinte, wohin ich ginge, möchte ich wenigstens lebendig hinkommen, daher hat sie mich in diesen Kasten ausgesetzt." Da sprach Toktagul Mergän: „Dich will ich freien, nimmst du mich?" Das Mädchen sprach: „Ich will dich nehmen; wenn ich dieses in meinem Leibe befindliche Kind geboren habe: dann werde ich dich nehmen." Toktagul Mergän war damit zufrieden. — Darauf, nachdem die Zeit herangekommen, gebar sie einen Knaben, der schöner als sie selbst war. Darauf wurden sie getraut. — (Dieser Knabe Schyngy ist der Sonnenheld. Er wird Fürst, aber wird infolge der Eifersucht der drei nach ihm geborenen Fürstensöhne wieder vertrieben. Seine Tüchtigkeit siegt aber zuletzt über die Eifersucht der Brüder.)

B. Jungfraumuttermythe der Baraba. — („Altyn Tsabak" = „der goldene Tschebak" überschrieben.) In einem Lande lebte ein Alter mit drei Söhnen, der jüngste Sohn war ein Narr. Der Greis sagte zu dem jüngsten Sohne: „Du liegst den ganzen Tag unnütz da, arbeitest nichts, geh' zum See und fange Barsche."

Der jüngste Sohn ging fort, um Barsche zu fangen, nahm die Angel mit sich, hieb ein Loch durch das Eis, ließ die Angel ins Wasser. Ein Fisch biß an, als er ihn herauszog, hatte ein Tschebak mit goldenen Schuppen angebissen. Der Jüngling wollte ihn mit einem Stocke schlagen. Da sprach der Tschebak: „Nein, Jüngling. schlage mich nicht! Ich tauge noch zu etwas!" „Wozu taugst du denn?" sagte er. Der Tschebak sagte: „Wenn du etwas brauchst, so sprich: auf Befehl des einen Gottes, durch den Schwanz des Goldtschebaks! Wenn du dies sagst, will ich das dir Notwendige tun! Jetzt lass mich frei!" Der Jüngling liess diesen Tschebak wieder ins Wasser, kehrte nach Hause zurück, legte sich wieder in die Asche. — Seine beiden Brüder machten sich fertig, irgendwohin zu gehen. Der Narr fragte: „Wohin geht Ihr?" Die Brüder sprachen: „Der Kan hält das Erntefest." Die beiden Brüder gingen zum Erntefest. Der Narr richtete drauf einen Schlitten zu, um zu dem Erntefeste des Fürsten zu fahren. Zum Anspannen hatte er aber kein Pferd. Er setzte sich auf den Schlitten und sprach: „Auf Befehl des einen Gottes, durch den Schwanz des Goldtschebaks, Schlitten fahr zu!" Der Schlitten fuhr ohne Pferd davon, fuhr zu dem Heu des Kans. Der Jüngling stieg vom Schlitten herab, es sprach der Jüngling: „Auf Befehl des einen Gottes, durch den Schwanz des Goldtschebaks, Schober steig auf meinen Schlitten!" Der ganze Heuschober hob sich von selbst auf, legte sich selbst auf den Schlitten. Der Jüngling setzte sich auf das Heu und sprach: „Auf Befehl des einen Gottes, durch den Schwanz des Goldtschebaks, fahr o Schlitten zu dem Fürsten!" Wiederum eilte der Schlitten davon, kam zu dem Torweg des Fürsten. — Der Fürst hatte eine Tochter, diese Tochter öffnete das Fenster und erblickte den Jüngling. „Was ist das für ein Wunder", sagte sie, „ein Schlitten ohne Pferd kommt selbst herbeigefahren." Der Jüngling sah das Mädchen, sah, daß sie auf ihn blickte. Als der Jüngling sie gesehen, sagte er: „Auf Befehl des einen Gottes, durch den Schwanz des Goldtschebaks, sei von mir ein Kind im Mädchen!" Dieses Heu brachte er in den Hof, sprach: „Auf Befehl des einen Gottes, durch den Schwanz des Goldtschebaks, steig Heu auf das Dach des Schuppens!" Der Heuschober hob sich von selbst empor und legte sich auf das

Dach des Schuppens. Der Jüngling kehrte nach Hause zurück, legte sich wieder in die Asche. — Des Fürsten Tochter ward schwanger, gebar einen Sohn. Einen Tag lebte er, da war er ein Jahr alt, zwei Tage lebte er, da war er zwei Jahre alt. Er ward groß, fing an zu sprechen. Der Kan war beschämt, daß seine Tochter ein Kind geboren. Der Kan versammelte sein Volk, nicht ein Mensch blieb in der Stadt, alle versammelte er. Der Fürst sprach: „Wo ist der Sohn? Er wird seinen Vater finden.“ Auf eine goldene Schüssel legte er Speise, gab sie dem Kinde jenes Mädchens. „Gieb diese Schüssel Speise deinem Vater. Der Sohn nahm die Schüssel, ging zu den Leuten, die nebeneinander dasassen und sprach: „Hier ist mein Vater nicht.“ Der Kan sprach: „Ist noch jemand zurückgeblieben?“ Die Leute sagten: „Des Alten jüngster Sohn, der Narr, ist zurückgeblieben.“ Der Fürst sprach: „Bringt ihn her.“ Hingehend brachten sie den Narren zum Fürsten. — Das Kind brachte die Schüssel und gab sie dem Narren. „Da, Vater,“ sagte es. Da war der Fürst sehr beschämt. Der Fürst sprach: „Ich werde meiner Tochter den Kopf abhauen lassen.“ Die dort sitzenden alten Leute sprachen: „Schlage ihr nicht den Kopf ab! Lege deine Tochter in einen Kasten! Ihr zur Seite lege den Narren! auch das Kind lege zu ihnen! Den Kasten mache zu und wirf ihn ins Meer!“ — Der Kan legte seine Tochter in den Kasten, auch den Narren legte er hinein, auch ihren Sohn legte er hinein, der Kasten wurde zugemacht, dann brachte man ihn zum Meere und warf ihn hinein. Das Wasser führte den Kasten davon. Das Mädchen jammerte in dem Kasten. Der Narr sprach. „Was jammerst du? Wir werden ans Ufer gehen.“ Das Mädchen sprach: „Wir liegen in dem Kasten, wie sollen wir hinauskommen?“ Das Mädchen lag in dem Kasten und schlief ein. Da sagte der Narr: „Auf Befehl des einen Gottes, durch den Schwanz des Goldtschebaks, möge ein Wind im Meere wehen!“ Ein Wind erhob sich, das Meer schlug Wellen, das Wasser führte den Kasten fort, brachte ihn ans Ufer. Da sprach der Narr: „Auf Befehl des einen Gottes, durch den Schwanz des Goldtschebaks, Kasten mögest du zerbrechen!“ Der Kasten zerbrach, diese stiegen ans Ufer. Der Jüngling sprach zum Mädchen: „Du lege dich hin und schlafe!“ — (Der Jüngling läßt nun durch den Schwanz des Goldtschebaks ein Steinhaus entstehen, das mit allem Komfort ausgerüstet ist. In großem Reichtum lebten sie darinnen.)

C. Jungfraumuttermythe der Lappländer. — Ein junger Bursch war eines Tages auf der Rebhühnerjagd. Als er so dahinging, kam ihm ein Riesenknabe entgegengelaufen und hinter dem Riesenknaben eine greulich große Katze. Der Riesenknabe sprang an dem Jungen vorbei und rief: „Lieber Junge schieß die Katze!“ Die Katze. welche hinterdreinkam, rief: „Lieber Junge, schieß den Riesen!“ Der Riesenknabe schrie wieder: „Lieber, guter Junge, schieß die Katze!“ Der Junge tat das letztere, und die Katze lag tot auf der Erde; der Riesenknabe war aber so außer sich, daß er gleichzeitig in Ohnmacht fiel. Der Junge machte sich daran, der Katze das Fell abzuziehen. Als er damit fertig war, kam der Riesenknabe wieder zur Besinnung: „Wo ist die Katze“, fragte der Riesenknabe. „Hier ist der Balg!“ antwortete der Junge. Der Riesenknabe nahm den Balg in die Hand und roch an demselben. „Ja, ganz richtig, eine Zauberkatze ist es!“ sagte er. „Kann schon sein!“ sagte der Junge. — Hierauf steckte der Riesenknabe den Balg in die eine Westentasche und den Jungen in die andere und ging dann wieder heim nach dem Riesenhofe. Auf dem Wege sagte er zu dem Jungen: „Der Vater wird dich schon dafür bezahlen, daß du mir das Leben gerettet hast. Er wird dir ein vergoldetes Pferd und eine ganz jämmerliche Mähre anbieten. Du kannst dir dann von den beiden Pferden nehmen, welches du willst; nimm jedoch nicht das vergoldete Pferd, sondern nimm die schlechte Mähre, mit ihr wird dir am besten gedient sein! Er wird dir ferner eine goldene und eine hölzerne Dose anbieten; wähle jedoch die hölzerne. Noch zwei Dinge wird er dir anbieten, nämlich eine goldene und eine beinerne Flöte; wähle die letztere! Nun hast du Bescheid erhalten und weißt, was du tun sollst, wenn du nach dem Hofe meines Vaters kommst!“ So wanderten sie dahin, bis sie zu dem Orte kamen, wo der Riese wohnte. Der Riese nahm sogleich den Balg, roch daran und sagte, wie der Sohn gesagt hatte: „Eine Zauberkatze ist es!“ Er wollte nun den Jungen belohnen, der seinem Sohne das Leben gerettet hatte. Es traf so ein, wie der Riesensohn es vorhergesagt hatte. Er konnte sich drei Dinge auswählen. Der Junge wählte das schlechte Pferd, die schlechte Dose und die schlechte Flöte und mit diesen drei Dingen zog er nun nach dem Königshofe. Der König brauchte gerade einen Holzträger, und der Junge erhielt sogleich Dienst. Am nächsten Tage befahl ihm der König, in den Wald zu gehen und ein Fuder trockenes Holz herbeizuschaffen. Der König hatte aber eine einzige Tochter. Es traf sich nun so, daß sie gerade in demselben Augenblicke am Fenster stand und in den Hof hinausblickte, als der König dem Jungen diesen Auftrag gab: da dieser bemerkte, daß die Königstochter ihre Augen auf ihn gerichtet hatte und der König bereits seines Weges gegangen war, holte er die Dose hervor und öffnete sie. „Was verlangst du“, fragte die Dose. „Daß meine Axt zu einem Pferde werden möge“ sagte der Junge so laut, daß die Königstochter es hörte. Sie fand diesen Wunsch sehr sonderbar und brach in lautes Lachen aus. Darüber wurde der Junge ärgerlich, holte seine Dose hervor und öffnete sie: „Was verlangst du?“ „Daß die Königstochter ein Kind bekomme!“ sagte der Junge, und von diesem Augenblick an war die Königstochter schwanger. Als der Junge aus dem Walde kam, wurde das Pferd wieder zur Axt und zerspaltete Holz. — Es dauerte nicht lange, so wurde dem König hinterbracht, daß seine Tochter schwanger sei. Hierüber wurde derselbe sehr aufgebracht, und sein Ärger stieg noch mehr, als seine Tochter gar nicht angeben konnte, wer der Vater des Kindes sei. Als das Kind geboren war, versammelte er alle vornehmen Herren aus dem ganzen Königreiche um sich im Königshofe und ließ das Kind zu jedem einzelnen hintragen, um zu sehen, wen es anlächeln würde. Derjenige, den es anlächelte, mußte der Vater sein. Aber das Kind weinte nur immer und lächelte keinen einzigen von den vornehmen Herren an. Der König befand sich in großer Verlegenheit. Endlich wurde das Kind auch zu dem Holzträger gebracht, und es lächelte denselben auch sogleich an. War der König schon früher sehr erzürnt, so wurde er es jetzt noch mehr, als er glauben mußte, daß seine Tochter mit einem erbärmlichen Jungen zu tun gehabt habe. Er befahl daher, daß die Tochter und der Bursch zusammen in eine Tonne gesteckt und ins Meer geworfen werden sollten. Die Tonne war so eingerichtet, daß sie in der Mitte durch eine hölzerne Wand in zwei Räume abgeteilt wurde. In den einen Raum wurde der Bursch gesteckt, in den andern die Königstochter. Dieser gab man ein Stück Leber mit als Proviant, der Bursch aber erhielt nichts. Die Tonne wurde ins Meer geworfen und trieb nun in Wind und Sturm auf demselben umher. Endlich wurde der Bursch hungrig; er öffnete die Dose, erhielt Speise und begann zu essen. Die Königstochter hörte es, wie der Junge speiste, konnte es aber nicht erklären, von woher er Speise erhalten habe, da ihm die Leute des Königs nicht das geringste mitgegeben hatten. Auch sie wurde bald hungrig, war aber gleichwohl nicht imstande, etwas von der Leber zu verzehren. Da bat sie den Burschen, daß er ihr etwas von seinem Essen geben möchte. — (Der Bursche verpflichtet nun das junge Mädchen, seine Gattin zu werden; sie stimmt zu. Darauf wird die Bretterwand entfernt, Speise beschafft und ein großer Königshof mit allem Luxus bestellt. Alles geschieht mit Hülfe der Dose. Es soll nun Hochzeit gefeiert werden. Alle hohen Herren und auch der König wird eingeladen, es ist ein großes Fest. Die Erzählung fährt fort:) — Eines Tages ging der Bursche spazieren, und hatte seine Dose in der Gästestube vergessen. Als er zurückkam, war die Dose weg. Ein Zauberweib war aus dem Meeresgrunde heraufgekommen und hatte sie genommen. Die Hochzeitsgäste wußten von nichts, als bis sie und der Hof und alle plötzlich auf dem Meeresgrunde standen. — (Die Fortsetzung, die das Wiederholen der Dose behandelt, ist eine Polykratesmythe. Siehe Seite 219).

Das Auffallendste an diesen Mythen ist das Fehlen des eigentlichen Verschluckungsmotives. An seine Stelle tritt hier das Wunschmotiv. Stark betont ist hier die Aussetzung, und in diesem Punkte sehen wir eine gewisse Verkümmerung der ursprünglichen Form langsam vor sich gehen. In der Mythe A werden Mutter und Kind, in der Mythe B Mutter, Vater und Kind und in der Mythe C Mutter und Vater ausgesetzt. Es ist aber klar, daß die Aussetzung sich ursprünglich nur auf den jungen Sonnenhelden bezieht. Die Mutter gehört schon eigentlich nicht dazu; den Vater geht dies Motiv nun schon eigentlich gar nichts an. zumal die Empfängnis ja in unserem Sinne ursprünglich eine absolut vaterlose ist. Diese Verbildung des Motives ist aber eben darauf zurückzuführen, daß das Verständnis für die Form der Konzeption und (bei der Weiterbildung) überhaupt für die Form des Wesens, das heißt für das Wesen der Mythe verloren gegangen ist. Also das Verschluckungsmotiv ist verloren und das Wunschmotiv ist dafür eingetreten. Der Gott, d. h. der allgemeingültige (und nicht der Sonnengott), also die von der Natur losgelöste Gottheit schafft mit ihrem Worte das Kind im Mutterleibe. Das tritt uns hier zum ersten Male entgegen. und es mag demnach sogleich betont werden, daß dieses Motiv den westlichen Mongoloiden nicht etwa allein eigen ist. Es herrscht vielmehr überhaupt auf der nordwestlichen Wanderbahn vor. Wir finden es, um dies Gebiet genau zu umschreiben, bei den westlichen Mongoloiden, bei den Ariern Europas und bei den Semitoiden. Zumal bei den Semotioden ist diese Form des Motives die vorherrschende. Mit dem Worte des Herrn wird Sarah geschwängert. Es wird von ihr ausdrücklich gesagt, daß es ihr nicht mehr nach der Weiberweise ging. Im deutschen Märchen klingt bei alten kinderlosen Eheleuten der Wunsch auch immer wieder durch, und der Wunsch wird direkt zum Konzeptionsmotiv.

Des ferneren ist auffallend, in welcher Weise der Wasserursprung charakterisiert wird. Im Motiv B haben wir ein starkes Anklingen an die Geschichte von dem Fischer und seiner Frau. Die Bedeutung des aus dem Wasser hervorgehenden Fischsegens ist aber schon Seite 217 besprochen und wird nachgehend noch weiter erörtert. In der Mythe A wohnt der vertriebene Held später am Oberlauf des Flusses und herabschwimmende Federn zeigen der Mutter an, daß er sich gesund und am Leben befindet. Da haben wir gleichzeitig den Rest des Vogelmotivs. Denn eine Auffassung der Sonne als Vogel spielt ja stark in die Mythen hinein. In Nordwestamerika ist Jetl, der Rabe, der Befruchtende, in Zentralamerika ist ein Federball, also auch ein vom Vogel stammendes Gebilde, das Schöpfungsmaterial für die Sonne. in Polynesien und in Melanisien wird aus dem von der Jungfraumutter gelegten Ei der Vogelgott geboren. in Südafrika bringen die Tauben die Befruchtung hervor, eine Fassung, die uns sehr stark an die Mythen der Semiramis erinnert, — eine sehr wichtige Mythe, die ja aber leider auch nur äußerst fragmentarisch erhalten ist. Und hier schwimmt vom Vogelgott wenigstens das Federwerk noch den Strom hinab. Das Wohnhaus dieses Sonnenhelden Schyngys wird aber noch in bezeichnender Weise geschildert: „Eines Tages erreichten sie das Land des Schyngys, das aus Wildfellen gemachte Haus des Schyngys sahen sie, die wie einen Berg aufgehäuften Federn sahen sie.“ Und nachher heißt es, daß die Boten sich selbst in dem Federwerk versteckten. — Also einiges von den Eigenschaften des Sonnenvogelgottes, dessen Motive ursprünglich unbedingt in der Jungfraumuttermythe vorgeherrscht haben, läßt sich auch noch in den arg verwischten Mythen der westlichen Mongoloiden erkennen.

Der Wasserursprung in diesen Mythologien mag aber auch sonst noch mit einigen Beispielen belegt werden. Ich denke vor allen Dingen an die Kalewala, das große finnische Volksepos. Die alte Rune der Finnen beginnt die Schöpfung mit etwa folgender Schilderung:

Im Beginn der Zeiten gab es weder Erde noch Sonne, weder Mond noch Sterne, sondern nur Licht und Wasser. In der Lüfte weiten Räumen hielt sich eine Jungfrau, eine der schönsten Töchter der Natur, namens Ilmatar auf, welche während ihres ganzen Lebens einen keuschen, jungfräulichen, heiligen Wandel geführt hatte. Endlich hatte sie doch bei diesem ihrem einfachen Leben in der Lüfte öden Strecken lange Weile und ließ sich auf die Meerfläche hinab. Hier erhob sich ein heftiger Wind aus Osten; das Meer brauste auf, und die Jungfrau Ilmator wurde von den Wogen auf dem weiten Meeresrücken umhergetrieben. Sie wurde durch den Wind schwanger und fuhr fort, in diesem Zustande siebenhundert Jahre, neun Mannsalter, zu wandern, ohne das Kind, welches sie in ihrem Leibe trug, zur Welt bringen zu können. Endlich wurde ihr auch die Zeit auf dem Meere zu lang, sie fühlte sich durch die Leibesfrucht belastet, und sie klagte bitter über ihren Unverstand, daß sie nicht lieber als Jungfrau in der Luft geblieben war, als es zu unternehmen, als „Wassermutter“ auf dem Meere umherzuirren. In ihrer Betrübnis rief sie Ukko, den

Gott des Himmels an, daß er kommen und sie von der beschwerlichen Leibesfrucht befreien möchte. Doch die Erlösungsstunde war noch nicht gekommen, sondern sie fuhr stets fort. auf den Wogen umherzuirren, und es heißt, daß sie unterdessen die Welt schuf. Mittlerweile fing ihr ungeborenes Kind Wäinämöinen an, lange Weile in seiner dunklen Wohnung zu empfinden und sich nach dem Tageslicht zu sehnen. In der Hoffnung, diesen Wunsch durch Hülfe der Sonne, des Mondes und des großen Bären erfüllt zu sehen, wandte er sich an sie mit einem Gebet um Befreiung; als dies aber keinen Erfolg hatte, bahnte er sich selbst den Weg zum Lichte. Er wurde auf dem Meere geboren, irrte dann viele Jahre auf der Meeresfläche umher und landete endlich bei einer Landspitze. -- Hier haben wir die Jungfrau auf dem Urmeere in einer Zeit, da die Sonne noch nicht geschaffen ist. Mit der gewaltsamen Erscheinung des Sonnenhelden wird die Tagesschöpfung vollendet. Das Verschluckungsmotiv fehlt auch hier, das Wasserursprungsmotiv ist aber in indonesischer Klarheit ausgebildet.

Aber das Verschluckungsmotiv vermögen wir auch bei den Mongoloiden nachzuweisen. Die Teleuten erzählen z. B. von einem jungen Mädchen, das in einem öden Lande umherirrte, bis sie auf ein dichtes Volk traf. Ein unverheirateter Mann nahm sie zu seiner Frau. Als das Mädchen zu ihm kam, war sie aber schwanger und als sie hierüber befragt wurde, erzählte sie: „Als ich von meinem Vater und von meiner Mutter getrennt war, und ohne Speise zu finden umherirrte, floß ein großer Regen herab; nachdem nun der Regen vorbei war und ich die Stelle, wo ich gesessen hatte, ansah, lag ein Stück Eis da, welches mit dem Regen zusammen heruntergefallen war. Ich nahm es und zerbrach es, da waren in seiner Mitte zwei Weizenkörner. Nachdem ich nun diese beiden genommen und gegessen hatte, so war es mir sogleich so, als ob in meinem Innern zwei Kinder sich erkennen ließen.“ — Die Zwillinge werden darauf geboren, es sind die Sonnenhelden. Nehmen wir diese Teleutenmythe mit der finnischen Kalewalamythe zusammen, dann haben wir eine ursprünglichere Fassung. Denn in beiden irrt eine Jungfrau umher. Die Empfängnis erfolgt nach einem Naturereignis, nach einem Winde hier und nach einem Regen dort. Das Wassermotiv ist außerordentlich ausgeprägt, es ist ja auch in dem Regen erhalten (ein goldener Regen bringt die Konzeption in der griechischen Mythe, ein Regentropfen schwängert in der Mythe der Pima und ebenso bei den Navahos), aber während in der finnischen Mythe das Verschluckungsmotiv vermißt wird, tritt es bei den Teleuten deutlich hervor: die beiden Weizenkörner sind wieder die Sonnenstrahlen.

Und noch weiteres Material von solcher Art können wir bieten: In einer Mythe der Schor fällt auf ein junges Mädchen ein „goldener Perlmutterschnee". Als darauf der Held herantritt, rollt auch schon ein Knäblein herab. Also wieder der Regen. Und dann bei den Kirgisen: Lebt da ein Reicher, namens Sarybai, der war lange verheiratet, aber sein Weib hatte ihm keine Kinder geschenkt. Als er zu einem Gastmahle kommt, wird er nicht aufgenommen, weil er noch keine Kinder hat. Da erflehen Sarybai und sein Weib ein Kind. Und nach einen Opfer erfolgt die Konzeption auf dem Rückwege von der Mahlzeit, an der sie nicht teilnehmen durften. Da heißt es: „Das Weib war müde geworden und setzte sich hin. Sarybai schlief ein, die Frau schlief aber nicht. Vom Himmel kam ein silberner Napf mit Honig herab, in dem Napf war ein silberner Löffel. „Steh' auf, Gemahl!" sprach sie, „vom Himmel ist ein Napf herabgekommen." Sarybai stand auf, sagte: „Bism'illah" und aß einen Löffel Honig. Der Mann sprach zu seinem Weibe: „Iß du! Gott wird ein Kind geben." Das Weib aß alles auf. Darauf kehrte er nach Hause zurück, da wurde sein Weib schwanger. Zu seiner Zeit gebar das Weib ein Kind, einen Sohn gebar sie und eine Tochter gebar sie.

Doch verfolgen wir nunmehr die Jungfraumuttermythe zu den Mongoloiden Hinterindiens.

A. Jungfraumuttermythe aus Kambodia. — Aufgezeichnet im Jahre 1687. Damals heißt es schon, die Geschichte soll sich vor 2231 Jahren zugetragen haben. Ein junges Mädchen hat sich in den tiefsten Wald von Siam znrückgezogen und erwartet dort die Ankunft des Gottes, den die Menschen sehnsüchtig erharren. Sie wird schwanger, ohne ihre Jungfräulichkeit zu verlieren, indem die Sonne durch den Minister ihrer Strahlen die Gestalt eines Kindes während eines Gebetes formen läßt. Verschämt zieht sie sich noch weiter in die Wälder zurück und kommt endlich bei einem großen See zwischen Siam und Kambodia an, wo sie ohne viel Mühe das schönste Kind der Welt gebiert. Da sie keine Milch zur Ernährung hat, will sie sich ertränken, aber die Natur sorgt für die Sicherheit des Kindes, das ja vom Gotte stammt. Als die Mutter es auf die Blütenknospe einer Blume setzt, blüht dieselbe sogleich von selbst auf, um das Kind entgegen zu nehmen und um dasselbe wie in einer Wiege zu umschließen. Das Mädchen verschwindet darauf, ein Einsiedler jedoch, dem ein Engel prophezeit hat, daß er vor seinem Ende das Kommen des Herrn schauen würde, nimmt das Kind aus der auf dem See schwimmenden Lotosblume heraus und erzieht es mit Milch und Honig. So erwächst der König der Könige, der Sonnengott.

B. Jungfraumuttermythe aus Kambodia. — Aufgezeichnet von Bastian. Während der Zeit der Regieruug eines schlechten Königs, der das Volk durch die Edelleute unterdrücken läßt, lebt im Walde in der Nähe der Stadt ein frommer Einsiedler, der die Religionsgesetze streng und eifrig beobachtet. Er läßt täglich sein Wasser in einem ausgehöhlten Stein, der neben seiner Zelle steht, fließen. Nun geschieht es, daß ein Waldbewohner von der Rasse der Bergbewohner eines Tages mit seiner Frau und Tochter im Walde Wurzeln ausgräbt und daß die letztere, als sie sich auf dem Heimweg verirrt hatten, unwohl wird. Die Eltern suchen nach Wasser, um sie zu erfrischen und finden im hohlen Steine das Wasser des Eremiten, das sie ihrer Tochter in ihrer Unwissenheit zu trinken geben. Diese fühlt sich bald darauf schwanger. Da ihre Tochter nie männliche Gesellschaft gekannt hat, wundern die Eltern sich sehr. Sie sind völlig von deren Unschuld überzeugt, wie ja auch das Mädchen auf alle Fragen beteuerte, von keinem Manne zu wissen. Nach 10 Monaten der Schwangerschaft wird ein Sohn geboren, der mit allen Zeichen der Schönheit ausgestattet ist und den die Großeltern bei sich aufziehen. Als der Knabe herangewachsen im Alter von etwa 7 Jahren von den Kindern des Dorfes im Spiele als vaterloser Sohn gescholten wird, befragt er, darüber erzürnt, seine Mutter, die ihm gesteht, daß sie keine andere Ursache ihrer Schwangerschaft wisse, als Wasser, das sie einst aus einem Stein im Walde getrunken und das etwas urinös gerochen habe. Um nicht im Dorfe verlacht zu werden, zieht der Knabe, trotz der Bitten seiner Mutter und seiner Großeltern in die Fremde, um seinen Vater zu suchen und trifft im Walde den Eremiten, der aus den Erzählungen seines Ursprunges den Zusammenhang ahnt und ihm anbietet, in seiner Einsiedelei zu bleiben, um die magischen Wissenschaften zu erlernen. — (Der Jüngling bleibt beim Eremiten, erhält ein wundertuendes Stück Eisen und wird später König. — ein echter Sonnenheld.)

C. Jungfraumuttermythe in Siam. — (Den Ursprung der Laoskönige erklärend.) In alter Zeit lebt ein Aussätziger, der am ganzen Körper mit Geschwüren bedeckt ist, der das Feld bestellt und Pfeffer und Liebesäpfel pflanzt. Er sammelt die reifen Früchte und verkauft sie, um seinen Lebensunterhalt zu gewinnen. An einem der Äpfelbäume, die nahe bei seiner Hütte stehen, pflegt er täglich zu urinieren und die Samenteilchen imprägnieren die Wurzeln, so daß der Baum durch ihre Größe ausgezeichnete Früchte trägt, weil das Prinzip des Lebens in ihnen schwillt. Nun geschieht es, daß die Prinzessin des königlichen Hauses ein Gelüst verspürt, Liebesäpfel zu essen. Sie schickt eine ihrer Dienerinnen, die zum Kaufe ausgeht und einen besonders großen und schönen Apfel zurückbringt. Die Prinzessin fühlt sich schwanger und teilt es ihrem Vater mit, der strenge Nachforschung anstellen läßt, aber sich überzeugt, daß kein männlicher Besuch bei ihr eingetreten ist. Die Schwangerschaft schreitet fort und nach 10 Monaten gebiert sie einen Sohn, der die Zeichen des Königstums an sich trägt. Seine königlichen Verwandten beeilen sich alle um die Wette, ihn zu liebkosen, zu pflegen und sorgsam zu hüten. Als er das Alter von drei Jahren erreicht hat, beschließt sein Großvater, sein Prognostikon zu stellen und wünscht deshalb ausfindig zu machen, wer sein Vater sei. Er läßt deshalb durch das Schlagen des Gong verkünden, daß alle männlichen Bewohner seines Königreiches ohne irgend eine Ausnahme sich auf der Ebene versammeln sollen, jeder Mann mit Kuchen und Früchten verschiedener Art in seinen Händen. Nachdem der König im Gebet um Erkennung des wahren Vaters nachgesucht hat, läßt er seinen Enkel herbeibringen und durch die Versammlung tragen. Der Aussätzige hat nun nichts in der Hand als einen Klumpen kalten Reis. Dennoch fällt aber der Prinz, als er an ihn vorbeikommt, ihm um den Hals und beginnt von dem Reis in seiner Hand zu essen. Als die Leute dies sehen, verwundern sie sich: man hört Murren und Spotten und allgemeiner Unwille gibt sich kund. Der König ist im höchsten Grade beschämt und niedergeschlagen. Er gibt den Befehl, daß die Prinzessin und der Enkel mit dem Aussätzigen zusammen auf ein Floß gesetzt und ihrem Schicksal überlassen werden sollen. Das Floß aber treibt zu dem Apfelbaume in der Nähe der Stadt, und der Aussätzige hilft dort seiner Frau und dem Kinde ans Land. — (Der Knabe wird nun mit einem prächtigen Gong vom Gotte beliehen. An diesem Gong, der später wieder verschwindet, erkennen wir so recht die Eigenart des Sonnengottes, der auch hier natürlich als König auftritt.)

Vergleichen wir den Zusammenhang der geographischen Verbreitung, so erkennen wir wohl sogleich den Einfluß der Nähe Vorderindiens; dem das Sperma, das von der Jungfrau im Urin oder im Apfel hinuntergeschluckt, die Schwangerschaft herbeiführt, ist eine vorderindische Idee, die wir im nächsten Abschnitt wiedertreffen werden. Im übrigen haben wir hier denselben Stoff wie er auch von den Mongoloiden im Westen Asiens und auf der Nordspitze Europas erhalten worden ist. Die Aussetzung ist klar, zumal in der Version 3.

In der eben wiedergegebenen Laosmythe verschluckt die Jungfrau, das jungfräuliche Meer (?), den Apfel, den Sonnenball. Dies Motiv läßt sich im Osten Asiens auch sonst nachweisen. Blicken wir an den Küsten der östlichen Gewässer einmal um uns!

Bei den Chinesen steigen drei himmliche Genien weiblichen Geschlechts aus ihren Paradieswohnungen, um sich in einem Flusse zu baden. Kaum hat das Wasser ihre Körper berührt, als die schönste derselben auf ihrem Gewande eine Lotospflanze mit Blüten und Früchten erblicke, ohne zu wissen, woher dieselben gekommen. Sie kann dem Wunsch, von dieser Frucht zu kosten, nicht widerstehen. Der Versuch aber hat zur Folge, daß sie schwanger wird. Sie gebiert einen Sohn. Bis zu den männlichen Jahren erzieht sie denselben, dann kehrt sie in ihr himmliches Reich zurück. — Das Königsgeschlecht der Mandju stammt von der Himmelsjungfrau Fäcula, die zur Erde gekommen von der herangetriebenen Pflanzenfrucht ißt, und die so die Mutter des von der Elster beschützten Sonnenhelden wird. Und dann Japan: Im Momotaromärchen sind zwei alte Leute arg betrübt, da sie keine Kinder haben. Das Mütterchen findet eines Tages an den Strom tretend, um die Kleider zu waschen, im Sonnenscheine auf dem Wasser dahertreibend, einen Kürbis. Sie nimmt ihn mit nach Haus. Beim Aufschneiden steigt aus der Frucht der kleine Momotaro heraus. Er ist der Sonnenheld, der später über das Meer zieht und die Tore der Oni erbricht. — So hat sich hier im Osten das Motiv des von der Jungfrau verschluckten Sonnenballes umgebildet.

Die Jungfraumuttermythe der Arioiden.

Es gilt, die uns hier gehäuft entgegentretenden Grundzüge der Jungfraumuttermythe sorgfältig und gruppenweise zu unterscheiden. Von all dem vielen, das sich uns hier aufdrängt, möge besonders ein Zug Beachtung finden, der auf ein hohes Alter schließen läßt, der eine spezielle Gruppe dieser Mythen charakterisiert und mit Leichtigkeit mit anderen Zügen der alten Mythologie in Zusammenhang gebracht werden kann. Es handelt sich darum, festzustellen, wie weit die Verbreitung des verzehrten und die Schwangerschaft hervorrufenden Fisches reicht. Ist doch diese Form des Motives ein charakteristisches Merkmal der arioiden Mythologien. Ich fasse mich kurz.

A. Die Jungfraumuttermythe in der Mahabharata. — Der Pauravakönig Uparicara geht auf Befehl seiner Ahnen auf die Jagd und läßt seine Frau daheim. Im Walde erfaßt ihn Sehnsucht nach derselben. Den sich ergießenden Samen tut er auf ein Blatt, das er einem Falken gibt, um es seiner Frau zu bringen. Der Falke kämpft unterwegs mit einem andern; dabei fällt der Same in die Yamuna und wird von der durch einen Fluch in ein Fischweibchen verwandelten Nymphe Adrika verschluckt. Der Fisch wird von Fischern gefangen und aufgeschnitten. In seinem Bauche finden sie ein Knäblein und ein Mädchen, welche beide sie zu Uparacara bringen. Die Nymphe nimmt nach anderer Lesart dann wieder himmlische Gestalten an. Der Sohn wird aber später der König der Fische.

B. Jungfraumuttermythe der Russen. Ein König, welcher keine Söhne hat, hat einen Fisch mit goldenen Floßfedern: er läßt ihn kochen und der Königin zu essen geben, das Innere des Fisches wird der Hündin vorgeworfen, die Knochen werden von der Köchin benagt, das Fleisch aber ißt die Königin. Die Hündin, die Köchin und die Königin werden zu gleicher Zeit schwanger, und es wird gleichzeitig von jeder ein Sohn geboren. Alle drei Söhne werden Iwan genannt und als drei Brüder beachtet; der Stärkste ist Iwan, der Sohn der Hündin, der in das Reich der Ungeheuer hinabsteigt. — (Eine andere Leseart:) Ein König hat keine Söhne; er fängt einen Hecht, welchen die Köchin abwäscht und gibt das schmutzige Wasser der Kuh zu trinken. Den Fisch aber geben sie dem schwarzen Mädchen, die ihn zu der Königin trägt. Das schwarze Mädchen ißt auf dem Wege ein Stück davon, und die Königin ißt das übrige. Nach Ablauf von neun Monaten geben die Kuh, das Mädchen und die Königin jede einem Sohne das Leben. Die drei Söhne gleichen einander vollständig, doch der Sohn der Kuh, der Held Sturm, ist der Stärkste von den drei Brüdern und verrichtet die schwierigsten Taten.

C. Jungfraumuttermythe in deutschen Märchen. — (Es handelt sich um eine der Varianten jenes Märchens, das unter dem Titel: „Von dem Fischer un syner Fru“ am meisten bekannt ist. Der Fischer fängt den Fisch, der mit ihm spricht und der ihm alle Wünsche erfüllt, bis die Frau durch ihre Habgier den Segen verdirbt. Der Fischer zieht den Fisch zum zweitenmal heraus. Der Fischer erzählt das Geheimnis des Fischfanges noch einmal und der Segen ist wieder aus. Als der Fisch zum drittenmal gefangen wird hebt unser Stoff an: Der Mann ging wieder fischen und über eine Zeit, so war es nicht anders, er holte den Goldfisch zum drittenmal heraus. „Hör“, sprach der Fisch, „ich sehe wohl, ich soll immer wieder in deine Hände fallen, nimm mich mit nach Haus und zerschneide mich in sechs Stücke, zwei davon gib deiner Frau zu essen, zwei deinem Pferd und zwei leg in die Erde, so wirst du Segen davon haben.“ Der Mann nahm den Fisch mit nach Haus und tat, wie er ihm gesagt hatte. Es geschah aber, daß aus den zwei Stücken, die in die Erde gelegt waren, zwei goldene Lilien heranwuchsen und daß das Pferd zwei goldene Füllen bekam und des Fischers Frau zwei Kinder gebar, die ganz golden waren. — Die Goldlilien sind die Todeszeichen, die Goldpferde tragen den Sonnenhelden, die Kinder selbst sind als Sonnenhelden vollständig charakterisiert.

D. Jungfraumuttermythe im isländischen Märchen. — Es war einmal ein Herzog, der hatte eine Frau: sie liebten einander sehr, hatten aber doch lange Zeit keine Kinder und waren darüber sehr betrübt. Einmal ging die Frau mit ihren Mägden in einen schönen Hain, um sich zu unterhalten. Da wurde sie von einem starken Schlafe befallen, so daß sie sich nicht aufrecht erhalten konnte, und als sie eingeschlafen war, träumte ihr, daß drei Weiber in schwarzer Kleidung zu ihr kämen: „Wir wissen, daß du traurig bist, weil du keine Kinder hast; nun sind wir gekommen, um dir zu raten, was du tun sollst, wenn du erwacht bist. Geh zu einem Bache, welcher nicht weit von hier sich befindet: in demselben wirst du eine Forelle sehen. Lege dich sodann am Rande des Baches nieder, dort, wo die Forelle ist, und trinke aus dem Bach und sieh zu, daß die Forelle dir in den Mund schwimme; du wirst hierauf sogleich guter Hoffnung werden; wir werden dich zu der Zeit, wo du das Kind gebären wirst, heimsuchen, denn wir wollen ihm den Namen geben.“ Hierauf verschwanden die Weiber. Als die Herzogin erwachte, dachte sie über den Traum nach, ging zum Bache und fand die Forelle. Sie tat genau, wie ihr im Traume gesagt worden war und kehrte nach Hause zurück. Es dauerte auch nicht lange, so fühlte sie, daß sie guter Hoffnung sei, und sie sowohl, wie auch der Herzog waren darüber sehr erfreut. (Wenn auch hier nicht mehrere Kinder geboren werden, so ist doch zu erwähnen, daß die Fortsetzung dieses Märchens vollen Ersatz bietet, denn die wohl gleichzeitig in der Nähe des Königsschlosses ein Mädchen gebärende alte Frau bietet das Nebenstück zu der die Fischsuppe trinkenden Köchin. Im übrigen haben wir eine typische Sonnensage im weiteren Verlaufe. Die beiden Kinder, der Sohn der Königin und die Tochter der alten Frau sind durchaus als Gleichgeburten, als Sonnenheld und Mondheldin aufzufassen.)

E. Jungfraumuttermythe im italienischen Märchen. — Es war einmal ein König von Langelaube namens Gianone, welcher ein großes Verlangen hegte, Kinder zu bekommen, daher auch immerwährend die Götter anflehte, daß sie doch seiner Frau den Bauch anschwellen möchten. Damit ihm diese Freude von ihnen gewährt würde, war er gegen die Pilger so mildtätig, daß er fast sein ganzes Hab und Gut unter sie verteilte. Da er jedoch sah, daß sich das Ding in die Länge zog und auch keine Idee von Sprößling zum Vorschein kommen wollte, so verschloß er aller Welt seine Tür eisenfest und jagte jeden, der sich näherte, wie mit Pfeilschüssen fort. Ein langbärtiger Einsiedler nun, der von dieser Sinnesänderung des Königs nichts wußte oder vielmehr sie wußte und ihn davon zurückbringen wollte, begab sich zu Gianone und bat ihn um Herberge in seinem Hause, indes dieser mit finsterer und schrecklicher Miene zu ihm sagte: „Wenn du so gerechnet hast, dann hast du deine Rechnung ohne den Wirt gemacht. Die alten Zeiten sind vorbei, die Augen sind mir gehörig ausgewischt worden und ich bin kein Narr mehr.“ Als ihn aber der Greis nach der Ursache dieser Veränderung fragte, fuhr der König fort: „Weil ich nämlich ein großes Verlangen hegte, Kinder zu bekommen, habe ich jedem, der nur irgend von mir forderte, geschenkt und gegeben und mein ganzes Geld und Gut verschwendet, zuletzt jedoch, da ich sah, daß alles vergeblich war, habe ich mein Verfahren geändert und eine neue Weise angenommen.“ — „Wenns weiter nichts ist,“ erwiderte der Greis, „so sei ganz ruhig, denn ehe du dich dessen versiehst, soll deiner

Frau der Bauch bis zum Kinn hinaufsteigen." — „Wenn du das zu bewirken vermagst," versetzte der König, „so verspreche ich dir mein halbes Königreich," worauf jener antwortete: „Gib genau acht, was ich dir sage; wenn du nämlich mit Erfolg pflanzen willst, so nimm das Herz eines Meerdrachen und laß es von einer reinen Jungfer kochen, welcher beim bloßen Geruch dieses Gerichtes der Leib gleichfalls aufschwellen wird. Hierauf gib das Herz, wenn es gekocht ist, der Königin zu essen und du wirst sehen, daß sie alsbald so hoch schwanger wird, als befände sie sich im neunten Monat." „Wie ist das möglich?" versetzte der König. „Das scheint mir in Wahrheit doch ein wenig zu hart zum Verdauen." „Wundere dich nicht gar so sehr", entgegnete der Alte, „denn wenn du die Mythologie gelesen hast, so mußt du wissen, daß, als einst Juno in den olympischen Gefilden auf eine Blume trat, ihr der Leib alsbald schwoll und sie einen Sohn gebar." — „Wenn das so ist", begann wieder der König, „soll unverzüglich ein solches Drachenherz herbeigeschafft werden, und am Ende verliere ich ja auch nichts dabei". Er schickte daher auf der Stelle hundert Fischer, wohlversehen mit Streichnetzen, Wurfnetzen, Waten, Reusen, Stricken und Angeln, und diese fuhren und fischten so lange hin und her, bis sie einen Seedrachen fingen, worauf sie ihm das Herz herausrissen und es dem König überbrachten. Dieser übergab es einem hübschen Hoffräulein zum Kochen, welche sich damit in ein Zimmer einschloß und das Herz sobald über das Feuer gesetzt hatte, als auch schon ein pechschwarzer Rauch emporstieg, so daß nicht nur diese hübsche Köchin schwanger wurde, sondern auch alle Mobilien im Hause anschwollen, und nach einigen Tagen in Wochen kamen, und zwar gebar das Himmelbett eine Wiege, der Kasten ein Kästchen, der Sessel kleine Sesselchen, der Tisch ein Tischchen und der Nachtstuhl ein so hübsches, niedliches Nachtstühlchen, daß man es hätte küssen mögen. Kaum aber war das Herz selbst gekocht und von der Königin gekostet, so fühlte sie, wie der Leib sich ihr rundete und nach vier Tagen brachte sie und das Edelfräulein zu gleicher Zeit jede einen hübschen Knaben zur Welt, welche beiden Kinder einander so ähnlich sahen, daß man sie nicht voneinander zu unterscheiden vermochte. Diese nun wuchsen zusammen in solcher

Freundschaft auf, daß sie sich auf keinen Augenblick von einander trennen konnten; so groß war die Zuneigung, die sie gegenseitig hegten, daß die Königin, da der Sohn mehr Liebe zu dem Sohne einer Magd als für seine Mutter zu fühlen schien, anfing einigen Neid zu empfinden und nicht wußte, wie sie sich diesen Splitter aus dem Auge ziehen sollte. — (Wie in dem deutschen Märchen zieht nun der eine in die Welt und läßt ein Todeszeichen zurück. Er ist der richtige Sonnenheld, der zunächst unterliegt, aber von seinem Zwillingsbruder glücklich gerettet wird. Wir haben hier ein Märchen vor uns, das, in einer Linie von Norden nach Süden gehend, wir sowohl in Deutschland wie in Italien, wie in Nordafrika bei den Kabylen gleichlautend antreffen. — abgesehen vom Parallelen bei andern Völkern.)

Soweit die erste und mir hier wesentlichste Form der Jungfraumuttermythe bei den Arioiden. Betreffs der Übereinstimmung brauche ich hier nicht viel Worte zu verlieren. Wohl aber dürfte es am Platze sein, sich über das Wesen des hier vorliegenden Motivs und dessen Beziehungen zu älteren und jüngeren Formen auszusprechen.

Die Jungfrau wird schwanger, indem sie einen Fisch verschluckt. Kann das wohl eine ursprüngliche Form sein? — Wohl kaum! Wenden wir uns nach dem lieben Nordwestamerika, das uns in mythologischer Hinsicht gar manche Schwierigkeit heben hilft. Dort oben ward die Jungfrau die Nordkapertochter genannt. Sie ist also aus dem Fischgeschlecht. Sollte das nicht etwa auch das Grundmotiv der Arioidenmythe sein? Das alte Indien bietet uns ja die Übergangsform: Die Nymphe Adrika verschluckt das Sperma des Königs. Sie haben wir als Fisch erkennen gelernt. Es ist also eine Fischjungfrau. — Nach einem anderen Anhaltepunkte suchend, weise ich auf das Märchen des Pentamerone hin. Dort wird das Herz des Meerdrachen zur Ursache der Schwangerschaft.

Das Herzmotiv! Wir sahen im zweiten Buche dieses Werkes, wie der Sonnengott, der des Nachts im Bauche des Fisches verschlossen ist, gegen Morgen das Herz des Tieres abschneidet. Ich habe darauf hingewiesen, daß dieses Herz die eigentliche Sonne darstellt, denn das Herzmotiv geht parallel dem Feuerentzündungsmotiv. Die Sonne ist also aufgefaßt als Herz des Meeres. Deshalb gibt das Herz des Meerdrachen, wenn es gegessen wird, die Veranlassung zur Schwangerschaft.

Soweit dürfte wohl Klarheit herrschen. Inbezug auf alle weitere Erklärung weise ich aber darauf hin, was ich im Anfange dieses Kapitels gesagt habe, daß nämlich die Jungfraumuttermythe keine a priori-Auffassung darstellt, sondern eine Konsequenzvorstellung repräsentiert. Denn faßt man den Untergang der Sonne auf als ein Verschlungenwerden, und faßt man zum andern den Morgenaufgang aus dem Meere als ein Geborenwerden auf, so ergibt die konsequente Schlußfolgerung, daß das gebierende Weib am Abend den Sonnenkeim verschluckt hat. Diese Konsequenzauffassung hat aber eine durchaus selbständige Fortbildungskraft bei den Arioiden angenommen, und es herrschte sicher bei keinem Volke, das alle diese Mythen zu ihren heutigen Formen umbildete, das Bewußtsein, daß der Stoff von der Walfischmythe ausgeht. Nur eine Ahnung herrschte noch, daß die Sonne vielleicht vom Fische stamme. Die befruchtende Kraft wurde also auf den Fisch übertragen, von dem man nur noch in Indien ahnte, daß er seinerseits den befruchtenden Keim in sich aufgenommen habe. Und somit wird denn der Fisch selbst zum Befruchter.

Aus solchen Zügen werden wir Schlüsse ziehen dürfen auf die Entstehungsgeschichte der Verbreitung nicht nur dieser Mythen, sondern auch der Völker, die dieselben ausbildeten, und da ergibt sich denn, daß nur in Südasien noch eine Erinnerung daran erhalten ist, daß der Fisch die Befruchtung selbst durchgemacht hat. Wir haben das sowohl in Vorder- wie in Hinterindien jetzt gesehen. Über das Mittelmeer kam eine Kunde von der Bedeutung des Herzmotives aus dem Süden nach Italien. Aber der Norden hat junge abgewandelte Formen. Ihm hat bei der Mythenumbildung kein Bewußtsein der inneren Bedeutung mehr schöpferisch zur Seite gestanden. — Im übrigen ist zu erwähnen, daß wir hier einmal wieder erkennen können, wie die Mongoloiden zu ihren Mythen resp. Märchen gekommen sind. Denn die Tschebakversion, die wir bei den Mongoloiden unter B kennen gelernt haben, zeigt uns noch den Anfang der Geschichte vom Fischer und syne Fru. Auch hier ist ein Fisch der zur Befruchtung der Jungfrau Helfende.

Es würde übrigens eine Versäumnis sein, wenn wir nicht darauf hinweisen würden, daß den Arioiden auch noch andere wesentliche Formen der Fischmuttermythe eigen sind. Vor allen Dingen hat auch Italien eine Mythe vom Typus der unter A—C bei den Westmongoloiden aufgeführten Varianten, die auf die Conceptio immaculata infolge Wunsch zurückführt: Pervonto ist ein ausgemachter Taugenichts und Tagedieb. Endlich wird er von seiner Mutter hinausgeworfen, auf daß er hingehe und ein Reisigbündel im Wald sammle. An einen Fluß kommend, trifft er drei schlafende Jünglinge, die in der Sonnenhitze schwitzen, und erbarmungsvoll baut er ihnen eine Laubhütte. Sie erwachen, loben ihn und beschenken ihn mit der Gabe der Erfüllung aller seiner Wünsche. Er geht seiner Arbeit nach. Als er ein großes Reisigbündel zusammen hat, setzt er sich darauf und wünscht, daß es wie ein Pferd davongaloppiere. Das Reisbündel galoppiert vor des Königs Haus. Vastolla, die Königstochter, lacht über den wunderlichen Reiter. Pervonto ruft: „Zum Wetter, Vastolla, ich wünschte, daß du von mir schwanger werden möchtest!" dann reitet er heim. Vastolla wird schwanger, der König wütet. Man beschließt, abzuwarten, bis das junge Leben das Tageslicht sieht. Zwei Knaben werden geboren, die der Wehmutter „wie goldene Äpfel" in den Schoß fallen. Jetzt kommt die Recherche nach dem Vater in bekannter Form. Die beiden Knaben erkennen unter den Grafen und Herren keinen an. Als das Lumpengesindel jedoch geladen ist, klammern sich die beiden hübschen Buben an Pervonto. Jetzt werden alle vier, Mutter, Vater und zwei Söhne, in das Faß gesteckt. Vastolla bewirkt nun einen Wunsch Pervontos nach dem andern. Pervonto läßt sich mit Mandeln und Rosinen die Wünsche entlocken: erst ein Schiff, dann ein Schloß am Meeresufer, dann eine schöne Gestalt, denn er ist sehr häßlich. Der König wird einmal in das Haus verschlagen, ist entzückt von dem reizenden Schwiegersohn und den süßen Enkeln. Friede! — Also genau die Geschichte, wie sie von den Grenzen Chinas bis zu den Lappländern verbreitet ist.

Doch noch andere Formen der Mythe sind reichlich vertreten. Da haben wir die Perseussage, in der ein goldener Regen die schöne Danae befruchtet und in der Mutter und Perseus in einem Kasten ausgesetzt werden. „Ein ebenso rührendes als anmutiges Bild des neugeborenen Licht- und Sonnengottes!" — wie wir nach erster Autorität zitieren können. Oder wir haben die merkwürdige Entstehungsgeschichte des Orion. Oder wir haben der Geschichte der Nachkommenschaft des Iphiclos nachzuspüren. Doch das sind alles Stoffe, die dem Leser mehr als bekannt und die gründlich durchgearbeitet sind. Interessanter ist schon die Lesart, die in den deutschen und italienischen Märchen eine größere Rolle spielt, einmal die Schwangerschaft nach dem Verzehren des Krautes der Hexe (Rapunzelmärchen), dann die des Rosenblattes in Italien oder diejenige des Apfels. Der Apfel als Sonnenball ist uns nun schon so oft begegnet, daß ich hierüber nichts mehr zu sagen brauche.

Überhaupt was soll ich noch sagen? Die Gesamtheit mag hier in ihrer Einheitlichkeit uns den Blick klären. Die Einheitlichkeit sagt mehr wie lang gezogene Erklärungsreden.

Aber betrachten wir uns jetzt jenes Motiv näher, das wir hier schon in hübscher Auswahl von Varianten kennen gelernt haben: das Motiv der Aussetzung, der Einsperrung des Sonnengottes vor dem Sonnenaufgange! Das Urmeer, die Entstehung aus dem Ei (die auch bei den Esthen in einer Jungfraumuttermythe schön erhalten ist), aus dem Bambus, aus dem Baum und das Heraussteigen aus der Nachtarche mag uns nun für einige Seiten fesseln.

XI.

Das Nachtmeergefängnis.

Wir haben den Zug der Mythe von der Conceptio immaculata, von der Jungfraumutter über die Erde hin verfolgt. Wir sahen, wie sich dieser wunderlichen Geburt des Gottes eine Vertreibung anschließt, eine Aussetzung. Dem neugeschaffenen Sonnengotte — nehmen wir an, daß es sich um diesen handle, und behalten wir immer im Auge, daß wir zunächst nur Übereinstimmungen nachzuspüren und so eine Rekonstruktion der Mythe herbeizuführen suchen — geht es niemals gut. Entweder er wird allein oder mit seiner Mutter zusammen den Wassern anvertraut, und was uns in den bekannten Geschichten von Moses, Cyrus, dem römischen Gründerpaare, Wolfdietrich und sonst erzählt wird, das klingt in kosmogonischer Form zusammen mit dem finnischen Gedanken: „Die Jungfraumutter schwimmt auf dem Meere, ohne den Sonnengott gebären zu können."

Wir stehen vor einer der merkwürdigsten Erscheinungen der Mythologie. Ich meine nicht allein die Tatsache der Übereinstimmung in der Angabe der Vertreibung über das Wasser nach der Geburt durch eine Jungfrau, die offenbar durch die Sonne befruchtet wurde. Ich meine nicht allein diese Übereinstimmung, sondern will hier darauf hinweisen, daß diese Mythe nur wie ein Tor ist, das in eine Riesenwelt der Gedanken hineinführt. Der Rahmen, durch den wir hineintreten, ist geschlossen, aber die Wege, die nun des weiteren verfolgt werden können, die sich immer wieder kreuzen und trennen, lassen in uns zunächst das Gefühl aufdämmern, daß wir uns in einem Labyrinth befinden. Die Versuchung, vom Wege abzuweichen, tritt hier so häufig, man möchte sagen, nach jedem Schritt ein, daß wir mit vollständigem Zielbewußtsein den Marsch antreten müssen. — Wagen wir den Marsch.

Das Resultat des zweiten Buches war, daß wir zur Annahme folgender ursprünglicher Mythe gedrängt wurden: „Beim Sonnenuntergange wird die Sonne von einem Fisch verschlungen. Während der Nacht zieht sie in ihrem Nachtmeergefängnis, hier dem Fischbauche, dem Osten zu. Im Osten teilt der Sonnenheld das Ungeheuer und schafft wohl, um den Beginn des Tages so darzustellen, aus der unteren Hälfte die Erde, aus der oberen den Himmel.“ — Der Gedanke tritt uns überall sowohl als Sonnenaufgangssage, als auch direkt als Schöpfungsmythe entgegen. Es ist immer das Meerungeheuer, welches geteilt wird und in welchem sich nachts der Sonnenheld befand. Es braucht nicht ein Fisch zu sein. Gerade so gut mag ein riesiger Polyp die Stelle vertreten, und es sei hier gleich auf die ozeanische und nordwestamerikanische Version hingewiesen, derzufolge ein Polyp des Nachts Himmel und Erde zusammenhält. Der Sonnenheld muß die Fangarme des Ungetümes abschlagen, um Himmel und Erde die Möglichkeit zu geben, sich zu trennen. Als es geschehen ist, kann der Himmel sich emporheben. Es wird Tag. — Auch hier wieder haben wir Gedanken des Nachtmeergefängnisses. — Und nachdem die Jungfraumutter den Knaben geboren hat, muß er wieder hinaus aufs Wasser, muß er im Kasten, im Faß, im Korbe, in der Dunkelheit dahintreiben, bis die Sonne seines siegreichen Lebens aufgeht. — Ist das wieder ein Nachtmeergefängnis? Ist dies wieder ein Bild des Sonnenaufganges?

Wunderbar! Überall ist es das Meer! Packen wir die Mythenhydra bei diesem Kopfe.

1. Die Urmeermythe. — Wir sahen, daß die alte Mythologie die Ereignisse des Tageskreislaufes zu Schöpfungmythen und zu Weltuntergangsmythen umgearbeitet hat. Zumal ersterer Fall drängt sich dem Beschauer immer wieder auf. Wie im Morgen der Fisch zerteilt wird, wird im Anfang der Dinge das Tiamatwesen geteilt. Und genau hieran gliedert sich der Satz an: „Im Anfang war das Meer.“ Es entspricht das dem ganzen Gange der Entwicklung, wie wir ihn bis hierher verfolgt haben, so vollständig, daß eine Beweisführung kaum vonnöten erscheint. Denn wenn die Sonne im Meere aufgeht, dann muß im Anfange die

Schöpfung aus dem Meere erfolgen. Und wenn der den Sonnengott in seinem Bauche bergende Fisch zur Nachtzeit vom Westen nach Osten hinüberschwimmt, dann ergibt sich als selbstverständliches Bild für die alte Mythologie, daß die Erde auf dem Meere schwimmt. Und in der Tat ist dieser letztere Satz der zweite Teil der Urmeermythe. — Gehen wir kurz über die Tatsachen hinweg. Daß in Ozeanien im Ursprunge der Dinge das Land aus dem Meere gefischt wird, haben wir gesehen. Hieran schließt sich die besonders auf Timor und Celebes klar ausgesprochene Anschauung der Indonesier an, daß die Erde auf dem Meere schwimme. Bei den Battak kann die Erde in diesem Urmeere mehrfach untergehen. Bei der Schöpfung weiß das gestaltende Wesen sich kaum zurechtzufinden, und ein Vogel muß die erste Erdkrume bringen, aus der das Land geformt wird. Der Gedanke zieht sich weit bis nach Hinterindien hinein. Oder aber auf den Philippinen bei den Bissargos: der im Uranfange durch die Welt schwebende Geier findet nichts als Wasser, und der Himmel muß erst die Inseln schaffen, ehe er zur Ruhe gelangen kann. Das Urmeer tritt uns in Amerika überall entgegen: von den nordöstlichen Algokin bis zu den Maidu Kaliforniens, von den Schiroki bis zu den Eskimo der Beringsstraße, um so zwei Diagonalen zu ziehen. Und von den Stämmen des Mississipibeckens gelangen wir nach Süden zu der Angabe des Popol Vuh, die da zu sagen weiß, wie nur ein Urmeer und keinerlei Erde gewesen sei. Wasserwesen sind es, die in Peru aus dem Urbeginne emporsteigen. Nach Asien zurück: In Assam legt der Phra die Erde auf den Rücken eines Fisches, und die Veden erzählen immer wieder: „Im Anfang war das Wasser." Aus dem Wasser steigt Wischnu-Brahma empor. Die Mongolenchronik erzählt vom Urbeginne im Wasser, chinesische Weisen wissen aus der Bedeutung der Schöpfung aus dem Wasser wunderliche Dinge zu lesen; Jakuten, Teleuten, Tarantschi, Schor und alle Semitoiden haben das Urmeer. Es sind kleine Unterschiede, ob in Japan der Gott aus dem Meere die Inseln herausfischt, oder ob im alten Ägypten auf dem Urmeere Nu die Schöpfung erfolgt. Das eine ist mehr ozeanisch gedacht, das andere mehr diluvial. Und wie der Geist Gottes schon im alten Babylon über dem

Wasser schwebte, so predigt der griechische Kosmolog gleiche Gedankenverbindungen. Verwischt ist die Mythe nur bei den nordischen Völkern. Aber Simrock kommt unabhängig von allen anderen Mythologien zu dem Ergebnis: „Da es zwölf Ströme sind, welche sich aus Hwergelmir ergießen, so lernen wir das Wasser als den Grundstoff erkennen, aus dem Himmel und Erde gebildet sind."

Also Einheit auf der ganzen Linie.*) Aber was bedeutet das Motiv, welches in dieser Weise ausgeprägt außerordentlich bedeutungsvoll erscheint? Ich will hier gleich sagen, daß es verschiedene Möglichkeiten gibt, das Problem dieser Mythe zu lösen. Wir können die Mythe nach drei Theorien erklären: 1. nach der Grenztheorie, welche sagt, daß die Mythe aus der Erfahrung entstanden sei, daß man überall an das Meer, als eine Grenze der Wanderschaft zu Lande, gekommen sei; 2. nach der Fruchtbarkeitstheorie, derzufolge die Menschheit erkennt, daß die Erde sich immer erst dann mit der gesegneten Pflanzenwelt bedecke, wenn das Wasser im Regen oder in der Überschwemmung über das Land zieht: 3. nach der Sonnenaufgangstheorie, die wir oben schon erörtert haben.

Es ist hier nicht meine Aufgabe, ohne weiteres die Beweisführung von der Berechtigung jeder einzelnen Theorie auszuarbeiten. Ich erwähne die verschiedenen Auffassungsmöglichkeiten nur, um von vornherein einen objektiven breiteren Boden für die Kritik zu bieten. Betrachten wir die Mythe von dem Standpunkte aus,

---

*) Diese Einheit geht noch weiter, und sei hier wenigstens in Anmerkung auf einige Ergänzungsstücke der alten Mythologie hingewiesen. — Das Meer, aus dem die Welt entstand, lagert um die Erde, und deshalb müssen auch die Seelen Verstorbener, wenn sie in das Jenseits gelangen wollen, stets gleich der Sonne dieses Wasser passieren. So entstand die Idee des Styx, die ich bei allen Trägern der alten solaren Weltanschauung angetroffen habe. — Zum zweiten lagert das Meer, als Fischschlange personifiziert, um die Erde. Ich weise auf die die Welt umspannenden Meerschlangen der Inder, Japaner, Siamesen, Chaldäer, Phönizier und der nordischen Völker hin. Ich werde bei der Kalenderbesprechung auf sie zurückkommen und zeigen, daß auch die den Kalender der Mexikaner umgebende Schlange ihrem Ursprung nach wohl auf diese Weltmeerschlange, auf das den Sonnengott verschlingende Walfischwesen zurückzuführen ist.

von dem wir in dieses Buch eingetreten sind, nämlich aus dem Cyklus der Walfischmythen heraus, dann werden wir uns selbstverständlich dahin entscheiden müssen, daß, wenn der Sonnenaufgang aus der Tiamatschöpfung erfolgt, daß dann konsequenterweise auch in den Urbeginn ein Urmeer gesetzt werden muß. — Dies unsere vorläufige Auffassung. Wichtig ist aber auch, wieder einmal festgestellt zu haben, daß alle Mythologien in den wichtigsten Punkten Grundeinheiten darstellen. Ich kann nicht oft genug sagen, daß im Vordergrunde dieses ersten Bandes — wenn er überhaupt als eine Beweisführung aufgefaßt werden kann — die Beobachtung zu stehen hat, daß bei aller provinziellen Differenzierung der Mythologie in den einzelnen Provinzen die Einheit des Ausgangspunktes festgelegt werden muß. Wichtig ist es aber auch, klarzustellen, daß dieses Ausgangsbild eine große, vollendete Auffassung und Weltvorstellung enthält, sodaß also alle Differenzierung entweder einen Verfall oder eine Weiterentwicklung der vollendeten Weltanschauung darstellt. — Nochmals: die Weltanschauung war also vollständig ausgebildet, als die provinzielle Differenzierung eintrat! Doch schreiten wir im Verfolg der Einheitsmythen weiter.

2. Die Weltelternmythe. — Wir haben hier eine Mythe, welche sagt: „Im Anfang der Dinge lag Vater Himmel eng gepreßt auf der Mutter Erde", und zwar ist hinzuzufügen, daß sie sich in dieser Stellung begatteten. Die Mythe würde für uns zunächst im Rahmen der Weltvorstellung, die wir bis dato kennen gelernt haben, unverständlich sein, wenn sich nicht die Fortsetzung einstellte: „Der junge Sohn drängt die Eltern auseinander, sodaß der Vater als Himmel in die Höhe rückte." Wir haben hier also wieder eine Trennung und zwar, wie aus mancherlei Einzelheiten hervorgeht, eine Trennung von Himmel und Erde, die dem Sonnenaufgange und darum also der Tiamatteilung entspricht. Eine energische Teilung, die hieran besonders erinnert, haben wir in der Geschichte der Griechen. — Im übrigen finden wir die Auffassung vom Himmel als dem Vater und der Erde als der Mutter der Welt in ganz Ozeanien, in China, im alten Indien, bei den Semiten, Griechen und unseren nordischen Völ-

kern. Auch in Amerika fehlt sie nicht, und die Zuñi haben sie ganz besonders klar ausgesprochen. In Afrika ist sie in Joruba hervorragend schön ausgebildet: Im Anfange liegt Obatala der Himmel und Odudua die Erde, sein Weib, in einer Kalabasse fest aufeinandergepreßt. Da entsteht Streit und der edle Gatte reißt Odudua das Auge aus, worauf die Trennung der Kalabasse und das Emporsteigen des Himmels folgt. Dies Auge ist natürlich die Sonne, die des Morgens aufgeht. Nicht immer liegt solche Klarheit vor. Aber wir können doch im gesamten Nord- und im östlichen Afrika die Anschauung nachweisen, daß der Himmel einst ganz nahe auf der Erde lag und daß ein Held ihn erst emporstößt. Ich habe schon früher bewiesen, daß in diesem Falle die afrikanische mit der ozeanischen Mythe genau übereinstimmt. (Siehe „Weltanschauung der Naturvölker".) Etwas anders entwickelt die Sache sich in Amerika, wo dieses Aufeinanderliegen von Himmelsvater und Erdmutter aber noch in einer anderen Mythe nachklingt, deren Entstehen aus dem vorliegenden Motiv bei breiterem Raume leicht nachgewiesen werden kann. Ich meine die Mythe vom Ursprunge der Menschen aus einer Höhle, die unter der Erde liegt. Erstaunlich ist die Übereinstimmung im Mississippibecken und bei den Guyanastämmen, bei welchen beiden eine dicke Frau in der Durchgangsöffnung stecken bleibt, in der wir die alte Mutter Erde erkennen, während die Männer, die Vertreter des Himmelsvaters, schon aufgestiegen sind.

In den Nebenerscheinungen dieser Mythe klingen für uns wesentliche Tatsachen des Nachtgefängnisses nach. Es ist kein Licht, als die beiden aufeinander liegen und vor allen Dingen: „die eingeschlossenen Kinder sind arg beengt". Das ist das Nachtgefängnis, welches dem Sonnenaufgange vorausgeht. (Des weiteren vergleiche Kapitel XIV.)

3. Die Ureimythe. — Diese Mythe erzählt: „Im Ursprunge schwimmt ein Ei auf dem Wasser. Als es aufbricht, sinkt die untere Schale als Erde nieder, während die obere zum Himmel emporsteigt in dem Augenblick, als der Sonnenvogel emporfliegt." — Hier liegt eine Konsequenzmythe vor. Die Voraussetzung ist

die Auffassung, daß die Sonne des Morgens gleich einem Vogel in die Lüfte steigt. Die Sonnenvogelmythe, auf die schon anderen Ortes hingewiesen wurde, findet sich bei den sämtlichen Trägern der alten solaren Weltanschauung. Wenn des Morgens die Sonne als Vogel emporsteigt und außerdem die Anschauung vorliegt, daß die Sonne in der vorhergehenden Nacht irgendwo im Dunkeln eingeschlossen war, dann ergibt sich die selbstverständliche Folgerung, daß die junge Sonne sich eben vorher noch in ihrem Ei befand. Wir verstehen also diese Mythe ohne weiteres. — Die Angabe, daß die Welt aus einem Ei entstanden sei, finden wir bei den Ozeaniern (Hawai, Neuseeland, Rajatea, Tahiti, Fidschi etc.), bei den Malaien, bei den Battak und Verwandtes wohl auf allen Inseln: denn es wird uns erzählt, daß die Urahnen aus dem Ei hervorgegangen wären, oder daß die Sonne aus einem Ei geschaffen wäre etc. Bei den Amerikanern haben wir das Ei, aus dem nach yukatekischer, noch heute kursierender Legende der Held ausgebrütet wird, das Ei, aus dem der König von Acolhua hervorkommt, die Eier, aus denen die hohen Edelleute und Fürsten des alten Peru entstehen. Wir haben auch eine Variante an der Beringstraße, derzufolge der erste Mensch aus einer Erbsenschale geboren wird. Des ferneren haben wir das Weltei in China, in Indien, in Persien. In Japan kommt der Sonnenheld zwar nicht aus dem Ei hervor, aber aus einem Pfirsich, und auf Korea entsteigen den Kürbissen die Gaben des Jenseits. Wir haben das Urei bei den Phöniziern. Im alten Ägypten entsteigt Phta, „der Uranfängliche“ oder „der Eröffner“, dem Ei. In Nordafrika haben wir den Kalabassenursprung der Welt, und in Europa entsteigt allen Märchenbildungen einmal ein göttliches Wesen aus einem Ei. Ich brauche nicht auf die verschiedenen Eier der griechischen Mythologie hinzuweisen und möchte nur bemerken, daß nach der Ansicht des alten Petersen bei den nordischen Germanen einmal die Mythe geherrscht hat, daß die Welt aus einem Ei geschaffen sei. Über die eigeborenen Helden der Slaven hinweggehend, kommen wir im Norden zu den berühmten Eiern der Finnen, aus denen der Held Himmel, Sonne, Mond und Sterne schafft. Also auch hier Einheitlichkeit in der Anschauung. Im allgemeinen ist es die Sonne, die aus dem Ei geboren wird, oder der Sonnenheld, oder auch das Sonnengeschlecht. — Im Urei dürfen wir also eine weitere Variante des Nachtgefängnisses erblicken, welches um so interessanter ist, wenn es, wie es meistens der Fall ist, auf dem Wasser vor dem Sonnenaufgang schwimmt.

4. Die Blüten- und Rohrursprungsmythen. — Eine der wunderlichsten aber auch graziösesten Bildungen der alten Mythologie stellt die Auffassung dar, daß die Sonne, wenn sie des Morgens aufgeht, aus einer geschlossenen Blütenknospe emporsteigt. Wir haben wohl hier eine einfach morphologische Vorstellung zunächst, denn wenn wir an unsere „Sonnenblume" denken, dann sehen wir, wie nahe der Vergleich der Sonne mit einer Blume liegt, zumal, wenn dieselbe sich immer dem Lichte zuwendet. Wir sahen nun oben auf Seite 252, wie der junge Sonnengott in Kambodja in der Blütenknospe verborgen und erhalten wird. Aus solcher Blütenknospe kommt nach Plutarchs Angabe jeden Morgen die Sonne aus dem Wasser; aus dieser Blütenknospe steigt Brahma empor; aus dieser Blütenknospe wird in Assam das erste Menschenpaar geboren: sie stellt das erste Götterwesen der japanischen Mythologie dar. — Eine eigenartige Variante, die aber einem verhältnismäßig kleinen Kreise angehört, in dessen Peripherie wir auch sonst die Auffassung eines weiblichen Sonnengottes als einer jüngeren Bildung unter arioidem Einfluß nachweisen können, läßt aus dieser Blume eine Jungfrau erwachsen. So ist es in Korea. Auf Sumatra läßt sich das Urmädchen auf ihr nieder und in Madagaskar wird aus ihr das Ideal der weiblichen Schönheit geboren. — Ich weiß nicht genau anzugeben, in wieweit die Blütengeburt mit der Rohrursprungsgeburt zusammenhängt. Aber die Rohrursprungsmythe ist sicherlich eine außerordentlich alte Variante des Nachtmeergefängnisses. Wenigstens ein Beispiel mag hier erläutern, wie die offenbar ältere Form der Inselbewohner sich in der etwas verwirrten Variante der Küstenbewohner umbildet. Wir vergleichen hier eine Mythe der Mikronesier mit einer solchen der Nordwestamerikaner: Nach einer Erzählung von den Palauinseln beschlossen einige Eingeborene, nämlich vier Männer, der Sonne einen Besuch abzustatten. Die

Sonne wohnt in einem Hause im Westen unter dem Meere. Sie folgen also dem Tagesgestirn bis zu der Stelle, wo, wie wir oben sahen (siehe Seite 78) der Dengesbaum wächst. Von dem Grunde ihres Kommens benachrichtigt, heißt die Sonne sie, ihre Kanoes treiben zu lassen und ihr dann rasch zu folgen. Dies tun sie denn auch und finden sich bald in einem neuen Lande und in einem guten Hause, wo sie von der Sonne ausgezeichnet bewirtet werden. Die dargebrachten Speisen sind zwar winzig klein bemessen, sie werden aber trotz des Zugreifens nicht weniger. Als sie heimkehren wollen, ihre Fahrzeuge aber weggetrieben sind, da schließt die Sonne sie in ein dickes Bambusrohr, das damals in Palau noch unbekannt war, und so treiben sie in demselben dem Ufer der Heimat zu. Sie werden die vier ersten Häuptlinge des Landes. — Hören wir als Ergänzung hierzu die elfte Mythe der Tsimschian in Nordwestamerika nach Boas: Der Held und seine drei Schwäger, also ebenfalls vier Männer, ziehen zur Seehundjagd aus. Als sie am Abend müde sind, ausruhen, und somit den Anker auswerfen wollen, fällt derselbe auf das Dach Nugunaks, eines Walfisches, dessen Name wörtlich übersetzt „irrtümlich für Wasser gehalten" bedeutet. Nach einem kurzen Zwischenspiel, in dessen Verlauf ein Bote Nugunaks vernichtet wird, ergreift mitten in der Nacht Nugunak das Boot und zieht es auf den Grund des Meeres. Als die vier Männer am Morgen aufwachen, sehen sie sich im Bereich der Fische und treten in das Haus des Häuptlings, der sie aber freundlich aufnimmt. Er schenkt dem Helden seinen Mantel, der ganz aus Seegras gearbeitet ist, und läd ihn ein, dort zu bleiben. Der Held will sich durch Geschenke revanchieren und Nugunak macht nun aus den kleinen Geschenken große Mengen. Es folgt ein Fest. Abends setzen die vier Männer sich dann wieder ins Boot, und als sie wieder erwachen, hat Nugunak sie an die Oberfläche des Wassers zurückgebracht. Früh morgens, als der Mann im Bug des Bootes erwacht, fühlt er dasselbe auf dem Wasser schaukeln. Als die vier Männer um sich schauen, sehen sie, daß Tang und Seegras auf ihrem Körper und ihren Kleidern und dem Boote festgewachsen ist. — Vergleichen wir die beiden Mythen, so fallen Übereinstimmungen in so großer Zahl auf, daß wir erkennen können, in welchen Punkten sie zusammenhängen. Vier Männer gehen am Abend im Westmeere unter, machen dort die Bekanntschaft der berühmten Eigenschaft der Sonne, nämlich der Vermehrung (vgl. unter Sonnenspeise im Index des zweiten Bandes) und werden am Morgen zurückgebracht. Auf der einen Seite kommen sie zurück im Bambusrohr, auf der andern in dem Mantel aus Seegras. Das Nachtgefängnis der Sonne ist hier also sehr deutlich ausgesprochen. Der Unterschied der beiden Versionen beruht darin, daß in der mikronesischen Mythe der Besuch bei der Sonne stattfindet und in der nordwestamerikanischen bei dem Walfisch. Da die Fahrt nun ursprünglich eine solche des Sonnengottes gewesen sein muß, so haben die Nordwestamerikaner also sehr viel mehr Recht. Bei einem andern Volke derselben Gegend, bei den Heiltsuk, findet sich bei Boas unter 5 eine weitere interessante Variante, deren Einzelheiten uns noch einige Reste des Kampfes mit dem Fischverschlinger erkennen lassen.

Ich glaube nicht, daß es nötig ist, hier viel hinzuzufügen. Es ist sicher, daß wir als eine neue Variante des Nachtgefängnisses hier das Bambusrohr bezeichnen müssen. Diese Version konnte sich natürlich nur erhalten, wo der Bambus in gehöriger großer Form heimisch ist, und es verschwindet deshalb an den Grenzen einer pflanzengeographischen Region. Wie es sich umbildet, das haben wir eben ganz deutlich gesehen: Aus dem Rohre wird ein Seegrasmantel. Dies Spiel läßt sich nun überall wiedererkennen. Als Maui nach der Geburt auf Neuseeland ins Wasser geworfen wird, umfängt ihn Seegras. Wenn in ganz Indonesien und in Hinterindien das erste Menschenpaar aus dem Bambus hervorkommt, dann entspricht dem die polynesische Mythe, nach der das erste Menschenpaar aus dem Seegras beim Verfaulen entsteht. In Südafrika, wo der Bambus auch nicht mehr ist, kommt das erste Menschenpaar aus einem hohlen Baume. In der berühmten Südostecke Neuhollands, die die außerordentlich reiche Befruchtung durch ozeanische Mythologie erfahren hat, wird der erste Mensch aus Baumknoten herausgeholt.

Aber es lassen sich noch sehr viele Merkmale zeigen, aus denen der Ursprung der Sonne aus dem hohlen Bambus nachzuweisen ist. Der wahrscheinlich aus Indien stammende Dionysosmythus der Griechen läßt diesen Gott aus dem hohlen Baum kommen. In Ägypten wächst nicht nur Horus aus dem hohlen Baume heraus, sondern in seiner Nachtfahrt wird Osiris in dem berühmten Baume eingeschlossen, aus dem ihn Isis herausschält. So sehen wir das Motiv sich überall etwas umbilden, aber in den meisten Formen doch noch nachklingen. Wenn das Bambusrohr auch außerordentlich vielartig umgebildet wird, so ist doch meistenteils das das Rohr vertretende Material dem Seestrande oder dem Sumpfe entnommen oder es treibt auch wohl auf dem Wasser einher. Hübsch ist eine kleine Pointierung, die wir bei den Nawahos antreffen. Nach dem Diebstahle kommt die Flut. Die Menschen fliehen. Da kommen die Helfer, die in aller Eile Rohre aufwachsen lassen. In die Rohre werden die von der Flut Verfolgten aufgenommen, das Rohr wächst und wächst bis in die nächste Welt hinein. Sie sind glücklich von der Flut verschont; — da haben wir wieder das auf dem Wasser schwimmende Rohr, das Nachtmeergefängnis, da haben wir, — doch nun komme ich in ein böses Gebiet: Sintflutmythe! Da breche ich lieber ab, um ein neues Stück zu beginnen.

Fassen wir den vorliegenden Stoff zusammen, dann glaube ich etwa folgende Hauptversion der Mythe geben zu können: Des Morgens treibt der Rohr mit der Sonne im Osten ans Land und beim Aufspalten des Bambus geht die Sonne auf. Daß wie die Sonne auch die ersten Menschen entstehen, treffen wir immer wieder. Es dürfte kaum nötig sein, dies noch zu beweisen, ich möchte aber hier auf einige der wesentlichsten Parallelen hingezeigt haben: Wie die Sonne im Osten aus dem Ei hervorbricht, so entstehen die ersten Menschen aus dem Ei; wie die Sonne aus dem Bambus heraustritt, so werden auch beim Spalten des Bambus die ersten Menschen ans Tageslicht gebracht; wie die Sonne abends verschlungen und morgens ausgespien wird, so werden alle Menschen des Abends verschlungen und des Morgens vom Sonnenhelden wieder befreit. (Des weiteren vergl. Kap. XIV.)

5. Die Aussetzungs- und Sintflutmythe. — Ich setze hier zweierlei nebeneinander, von dem eine Gruppe im vorigen

Kapitel und im Anfange dieses schon zur Sprache gekommen ist. An Texten habe ich im Anschluß an die Jungfraumuttermythe wohl schon Genügendes geboten, um ein für allemal eine grundlegende Übersicht gewonnen zu haben. Wenn ich diese Aussetzungsmythe, der bisher nicht die genügende Beachtung geschenkt wurde, der Sintflutmythe parallel stelle, so trete ich in ein Wespennest. Jede Wissenschaft hat ihre Liebhabereien, die Mythologie hat diejenige des Spielens mit der Sintflutmythe. Nachdem nun schon eine große Reihe von Arbeiten im Laufe eines Jahrhunderts über diesen Stoff herausgebracht wurde, die mehr oder weniger unwissenschaftlich war, ist seit dem Jahre 1891 eine ernstere Bearbeitungsweise eingetreten. Richard Andree begann damit, daß er einen großen Teil der Flutsagen (etwa 80) sammelte und eine Untersuchnng vornahm, die sowieso einmal gemacht werden mußte. Er bemüthe sich nämlich, festzustellen, ob die Flutmythen nicht bei den verschiedenen Völkern als Erinnerungen an Katastrophen des Naturlebens aufzufassen seien. Richard Andree hat dies im großen und ganzen bejaht, hat die gemeinsamen Züge teilweise auf christlichen Einfluß zurückzuführen und teilweise als lokale, selbständige Bildungen hinzustellen versucht. Die Arbeit ist insofern wesentlich, als sie vor allen Dingen zum erstenmal eine solche Frage monographisch zu entscheiden sucht. Es ist zu bedauern, daß Andree nicht die Frage erörtert hat, in wieweit denn überhaupt Mythen als historische Reminiszenzen aufzufassen sind. Hätte Andree Parallelen gesucht, dann hätte er nicht eine einzige von Belang gefunden. Es giebt bei Naturvölkern keine historischen Mythen. Dieser Satz ist nicht etwa meine Entdeckung, sondern er ist schon mehrmals von Mythensammlern ausgesprochen worden, wenn auch vielleicht noch nicht in genereller Weise, so doch immer hinsichtlich derjenigen Gebiete, die die betreffenden Forscher kannten. Diesem Satze zufolge ist die Lösung Andrees also falsch. Wie verhält es sich nun mit dem christlichen Einfluß? — In der Tat befinden wir uns hier in einem Dilemma, und ich möchte persönlich den Vorschlag machen, daß man nach Möglichkeit von der Betrachtung derjenigen Mythen, die bei den Missionaren zur Belehrung so außerordentlich beliebt sind, so lange Abstand nimmt, als nicht das Grundgerippe der gesamten Mythologie wenigstens in den grundlegenden Strukturverhältnissen klar gestellt ist.

Nach der Arbeit Richard Andrees ist noch viel Material bekannt geworden, und es läßt sich die Zahl der entsprechenden Mythen, die seitdem aufgeschrieben wurden nebst denen, die Andree schon sammelte und denen, die derselbe übersehen hat, auf etwa 200 berechnen. Also haben wir es mit einer der verbreitetsten und beliebtesten Mythen auch dann zu tun, wenn wir die Zahl in Parallele zu der solcher Mythen setzen, die in der christlichen Mythologie nicht enthalten sind. Der Stoff hat natürlich angeregt und ist weiter verwertet worden. Die entsprechende Arbeit von Usener, die ich leider nur nach Citaten kenne, war mir nicht zugänglich. Dagegen hat mich Dr. Böklen mit seiner im Archiv für Religionswissenschaft erschienenen Monographie erfreut. Das ist ein schönes Stück, wie es uns bitter nottat. Seltene semitoide Formen sind hier verwendet, und es ist eine Auslegung der Mythe durchgeführt, die auch einmal sehr gründlich zur Erwägung kommen mußte. Böklen faßt die Sache als Mondmythe auf und führt diesen Gedanken durch. —

Wie gesagt, möchte ich heute nicht so schnell in eine Diskussion betreffend die Sintflutmythen eintreten. Wir haben einen ziemlich komplizierten Stoff, und es ist absolut falsch, diese komplizierten Materien durch schroffe Urteile für die Weiterverwertung auszutrennen. Etwas ähnliches werden wir im letzten Buche in Bezug auf die Ogrenmythen sehen. Derartig komplizierte Gebilde verlangen eine Kenntnis der primitivsten Formen der Auffassung, und zu diesen einfachsten Formen gehört z. B. die Frage des Personenbestandes. Ich will wenigstens einige Worte hierüber sagen. Es ist ja sicher, daß wir im großen und ganzen einen Sonnengott für die solare Auffassung feststellen müssen. Außerordentlich schwach ist daneben auch eine Sonnengöttin erkennbar, sie ist so schwach erkennbar, daß ich mich nicht getraue, zu behaupten, sie sei der alten solaren Weltanschauung schon bekannt gewesen. Zum andern haben wir eine ganz klare Mondgöttin. Spuren eines entsprechenden Mondgottes sind dagegen schwach oder selten. Die Spuren sind so kümmerlich, daß ich auch hier davor warnen muß, ohne weiteres den lunaren Gott für die alte

Form der solaren Weltanschauung anzunehmen. Ihn lediglich auf Grund der Flutmythe gar als Zentralgott der alten Weltanschauungsform hinzustellen, muß ich als sehr bedenklich bezeichnen. Wir dürfen doch niemals eine einzelne Mythe als Grundpfeiler für die ganze riesengroße Mythologie hinstellen. Eine Mythe ist nur ein Stück, das nach allen Seiten hin verbunden ist. Sicherlich hat es in der alten Mythologie Widersprüche gegeben. Diese Widersprüche werden aber nur im Stoff, in der Geschichte und nicht in den Personen bestanden haben, da diese Personen ja durch die ganze Form der Naturbetrachtnng festgelegt waren. Die Geschichten standen nicht vor den Augen der Menschen, wohl aber diese Personen und deshalb bezeichne ich es als eine Hauptaufgabe der Mythologie zunächst einmal ein Personenverzeichnis dieses riesengroßen dramatischen Werkes zu gewinnen.

Also ohne weiteres einen lunaren Gott zu konstruieren, halte ich für bedenklich. Ich erachte es um so bedenklicher, als die Grundzüge der Sintflutmythe so sehr entfernt nicht liegen. Wir müssen uns aber an die einfacheren Formen halten. Z. B. als Maui das Feuer gestohlen hat, braust hinter ihm her die Flut. Als Yetl die Sonne befreit hat, steigt hinter ihm die Flut empor. Als der Navahosheld in der vorigen Welt den Diebstahl ausgeführt hat, braust die Flut heran. Als Odysseus den Polyphem geblendet hat, tritt eine Katastrophe ein, die doch zuletzt auch eine Flutmythe ist, und wir finden dasselbe in der Jasonmythe, in der Manabozhomythe, in südafrikanischen Versionen. Das sind einfache, natürliche Anknüpfungspunkte. Eben solche Anhaltsstellen bietet die Rohrursprungssage. Einen ähnlichen Stoff finden wir fast in allen Mythen, die im vierten Buche dieses Bandes kurz zur Besprechung gelangen, — d. h. also in allen Ogre- und Feuerdiebstahlmythen. Und in diesen dürfen wir nicht vom Monde sprechen. — Bedenklich erscheint es mir außerdem, gerade den Mond einzusperren. Nach einfacher Naturvorstellung könnte der Mond natürlich nur dann eingesperrt sein, wenn er nicht zu sehen ist. Viel natürlicher erscheint mir die Einsperrung des Sonnengottes, welcher sowieso am Westrande dem Auge entrückt wird und dem man naturgemäß, weil er ja doch am nächsten Morgen statt im Westen im Osten auftaucht, irgend etwas zudichten muß.

Ich glaube hier haben wir einen natürlichen Anhaltepunkt. der, wenn überhaupt einmal das Denken und Fabulieren über solche Punkte anfängt, zum Markstein werden kann. Im Westmeere geht er unter. im Ostmeere taucht er auf. Was geschieht inzwischen? Die Walfischmythe ist eine sehr einfache Lösung. Sie ist uns in sofern verständlich, als von der Tätigkeit in dem Bauche nichts gesagt wird, bis die Darstellung des Sonnenaufganges erfolgt.

Am meisten Ähnlichkeit haben unter allen Nachtmeergefängnisdarstellungen die Sintflutmythe und die Aussetzungsmythe. Ihnen schließt sich die Rohrursprungsmythe in einer gewissen selbstverständlichen Klarheit an. Die ganze Gruppe der Erscheinungen basiert auf der Vorstellung von dem erdumspannenden Meere. eine Vorstellung. die sich für den Mond nicht beweisen läßt. Ich werde ja allerdings in dem XIII. Kapitel die Bedeutung des Mondes als des Wassergestirnes zeigen. Aber eine Angabe von einem auf dem Wasser schwimmenden Mond läßt sich wohl nur im Bereiche der semitoiden Mythologie erkennen. Ich glaube deshalb nur der Erdumgebung die eigentliche Meerfläche zusprechen zu dürfen. und da in dieser Meerfläche die Sonne auf- und untergeht. so werden wir auch all diese Nachtgefängnisse auf den Sonnengott beziehen müssen, wenn wir zunächst auch nicht immer wissen. in welchem Punkte des Naturlebens wir die entsprechende Variante einzufügen haben.

Ich werde im vierten Buche nochmals auf dieses Nachtmeergefängnis zurückkommen müssen. wenn wir den Höhlenbewohner, den Ogren kennen lernen. Wir werden dann sehen. daß diesem subteranen Nachtmeergefängnis der Sonne wahrscheinlich eine cölare Nachthöhle entspricht. daß wir den Nachthimmel als eine Höhle aufzufassen haben. in der der Ogre lebt.

Ich habe mich nunmehr aber von der edlen Weiblichkeit. der wir dieses Buch ja gewidmet haben. ziemlich weit entfernt und muß deshalb schleunigst in das Bereich der Geliebten meines Gottes zurückeilen.

XII.
Die Mädchenangelmythe.

Wir haben uns im vorigen Kapitel eingehend mit dem Nachtmeergefängnis beschäftigt. Jetzt, wo wir zu einer neuen eingehenden Mythenbetrachtung bei sorgfältiger Berücksichtigung der Personenverhältnisse zurückkehren, wollen wir zunächst auch noch ein Wort zum Personenbestande der im X. Kapitel behandelten Jungfraumuttermythe sagen. Wir haben entsprechend unserem Wege die jungfräuliche Mutter des jungen Gottes, jene Jungfrau, die durch einen Sonnenstrahl oder durch das Verzehren des Apfelsonnenballes geschwängert ist, als das jungfräuliche Meer aufgefaßt. Sollte dies wirklich der alten Anschauung entsprechen? Sollte das Meer mit einer Jungfrau verglichen worden sein? Ich muß hier selbst, entsprechend einer objektiven Betrachtungsweise, der Skepsis das Wort verleihen und diese Skepsis weigert sich, die Auffassung des Meeres als einer Jungfrau anzuerkennen. Denn nirgends im Bereiche der Naturvölker habe ich eine Angabe finden können, derzufolge das Meer als eine Jungfrau bezeichnet wird.

Hier habe ich aber den großen Wert der Mythologien der Naturvölker gegenüber denen der Kulturvölker zu betonen: Die Naturvölker bezeichnen immer selbst noch in irgend einem Reste, wie um das entschwindende Gedächtnis zu stärken, die ursprüngliche Bedeutung irgend einer Figur. Sie tun es meist nicht in der Mythe, wohl aber gelegentlich und nebenbei. Und da finde ich nirgends die Betonung des Meeres als einer Jungfrau.

Wir werden uns also nach anderer Richtung wenden müssen, werden Umschau halten müssen unter den Göttinnen, die sich den Helden und Göttern in Liebe zuwenden. Dabei werden wir immer ganz klar beobachten müssen, wo etwa Beziehungen zwischen den Personen der einen Mythe und Personen anderer Mythen bestehen. Denn die Personen haben bestimmte Eigenschaften behalten und mit dem Personenbestande sind die einzelnen Motive verbunden, ja verwachsen.

Soweit die Personen. — Was nun die Bühne anbelangt. auf der die einzelnen Ereignisse der Mythologie sich abspielen. so können wir feststellen. daß auch hier eine gewisse Gleichheit und ein logischer Zusammenhang besteht. Eine bestimmte Scenerie stellte das Meer dar, welches wir nunmehr schon in mehreren Mythenakten angetroffen haben. Fassen wir die Ergebnisse kurz zusammen, so sind wir nach dem Bisherigen wohl berechtigt, zu vermuten, daß das Meer entweder der Nacht selbst oder dementsprechend der Winter- resp. Regenzeit. der Zeit der kürzeren Tage oder drittens den Verhältnissen und dem Raum der dem Sonnenaufgang resp. dem Frühlingsanfang vorhergehenden Urnacht entspricht.

Und nun wolle mir der Leser freundlichst in das Bereich einer neuen Mythe folgen. Er wolle beachten. — um dies wenigstens vorherzusagen, — daß in der Mädchenangelmythe der Angelhaken durch eine Harpune, einen Pfeil. ja sogar durch ein Rindenstück ersetzt werden kann.

Die Mädchenangelmythe in Ozeanien.

A. Palauinsel in Ozeanien. — (Die Mutter des Helden ist hier die aus dem Meere hervorgestiegene Mädchenschwanenjungfrau. die zu einem Häuptling entflieht und hier dem Knaben Atmolokot das Leben gibt. Näheres siehe nächstes Kapitel.) Der Knabe machte sich im Hauswesen bald nützlich. Einige Neffen seines Vaters schnitten Palmwein in Ngarulumuong und Atmolokot frug. ob er nicht das Essen bringen dürfte. was der Vater ungern erlaubte. weil diese Neffen eine wundervolle Lampe besaßen. die nur aus zwei Perlmutterschalen bestand und ohne zu brennen ein prachtvolles Licht gab. Nun gebot er dem Sohne. bei dem Essenbringen immer laut zu singen. damit die im Hause ihn hören und so die Lampe zeitig verstecken könnten. Das fiel dem Knaben auf. und er handelte eines Tages wieder das Verbot und kam schweigend, wobei er die Perlmutterschalen zu Gesicht bekam. Nun hatte er keine Ruhe mehr und verlangte sie zu haben. Augel Roysa schnitt ihm ein Stück von einer der Schalen ab und machte ihm daraus einen Fischhaken (*Leihen*), dann gab er ihm auch eine Leine und Atmolokot fischte nun jeden Tag an der Spitze des Ngaraboso-Steindammes. Jedesmal, wenn er heimkehrte, mußte er dem Vater den Haken zeigen; es traf sich aber, das ihm eines Tages ein Fisch den Haken abbiß, und er kam sehr unmutig nach Hause (*Verlust*). Der Vater zürnte ihm sehr (*Zwist*) und nannte ihn das Kind einer dummen Mutter, die er auf dem Wege gefunden hätte und er sprach mit der Mutter, die nun den Verlust erfuhr und zu Adalal ging, Hülfe zu suchen. Sie riet ihm, Asche und etwas von dem Karamalholze zu nehmen und diese von der Spitze des Steindammes in die See zu werfen, sich aber selbst dann nachzustürzen. Atmolokot gehorchte dem Rate und sprang in die See (*Meerfahrt*) und fand sich in dem Lande Adatk. Unterwegs kamen ihm die Fische entgegen usw. Nach dem Lande Adatk folgte ihm nur ein Tudalem. Die beiden saßen an einer Quelle, als Mädchen kamen, Wasser zu holen (*Wasserholendes Mädchen*). Auf die Frage, weshalb sie das täten, antworteten sie, daß die Lilituguu im Sterben liegt und sie holen Wasser für sie, und wie er befragt wurde, wer er sei, antwortete er: audugul ma kewit! und weiter nichts. Dies berichteten nun die Mädchen im Hause, und die Fremden wurden ins Haus geladen. Die kranke Frau (*Kranke Alte*) war erstaunt über die Ähnlichkeit des Atmolokot mit ihrer Tochter und sie fragte, wer seine Mutter wäre und erfuhr so, daß der Fremde ihr Enkel sei. Dieser frug nun nach der Ursache der Krankheit, die ein Halsleiden war, und da der Tüdalem, der den Atmolokot begleitete, sich sehr komisch benahm und tanzte, so fing die alte Frau zu lachen an, wobei ihr aus dem Munde ein großer Fischhaken herausfiel (*Ausspeien*), den Atmolokot als den seinen erkannte und rasch (*Heimliches Verstecken*, etwas unklar) in seinen Korb nahm. Nun erholte sich die Frau wieder und sagte zu ihrem Enkel, er möge nach seiner Heimat gehen, und wenn er wieder angeln würde, so könne er aus dem Adatklande, das ihm nun gehöre, alles heraufholen, was er wolle, und wenn er einmal die Angel sehr beschwert finde, so solle er vorsichtig weiter ziehen, denn es wird sein Land sein. (Es folgt darauf die Landangelsage. — Das Motiv *Heirat* fehlt hier. Das einzige Restchen der Beziehung ist, daß der Jüngling das Mädchen beim Wasserholen trifft. An Stelle des Mithinaufnehmens des Mädchens tritt hier also das Heraufziehen des Landes.)

B. Minahassa. — Kawulusan von Pasambangko wollte auf dem Meere fischen; da er aber keine Angel hatte, lieh er eine von seinem Freunde (*Leihen*). Er ging nun in einem kleinen Kahn auf den See, um zu fischen. Bald schnappte ein Fisch zu, aber als er ihn herausziehen wollte, riß die Schnur und die Angel war fort (*Verlust*). Mit bekümmertem Gemüt kehrte Kawulusan nach Hause zurück und erzählte seinem Freunde das Geschehene. „Meine Angel mußt du mir wiedergeben; wenn du mir auch zehn andere dafür gibst, so werde ich sie nicht annehmen!" (*Zwist.*) Nun ging Kawulusan wieder nach der See zurück, um die verlorene Angel zu suchen. An der Stelle, wo er sie verloren hatte, sprang er ins Wasser und tauchte nach unten (*Meerfahrt*). Alsbald fand er auf dem Meeresgrunde einen gebahnten Weg, der ihn nach einem Dorfe führte. In einem der Häuser dieses Dorfes hörte er viel Getöse und Gejammer, da man ein Schwein opferte für ein Mädchen (*Mädchen*), welchem eine Gräte in die Kehle gefahren war (*Krankheit*). Kawulusan, der hineingegangen war, sah sogleich, daß seine Angel in der Kehle des Mädchen steckte. „Es ist nichts", sagte er zu den Eltern, „ich werde ihr Arznei geben, dann wird sie bald gesund sein." Nun ließ er alle herausgehen, und als er mit der Tochter allein war, zog er die Angel vorsichtig aus der Kehle (*Ausspeien*) und verbarg sie in seiner Kleidung (*Heimliches Verstecken*). Darauf kehrte Kawulusan mit den von den Eltern erhaltenen Geschenken (an Stelle des mitgegebenen *Mädchens*) zurück. Doch als er an den Platz kam, war sein Kahn verschwunden. Als er über dieses neue Unglück noch trauerte, erblickte er einen großen Fisch. Sogleich bat er ihn mit den Worten: „Wenn du mich glücklich an das Ufer bringst, werde ich dir den Namen Pongkor sumesengkat geben." Da seine Bitte Erhörung fand, setzte er sich auf den Rücken des Fisches, der mit erstaunlicher Schnelligkeit durch das Wasser schoß (*Arionheimkehr*). —

C. Keiinseln. — Drei Brüder mit Namen Hian, Tongiil und Parpara und zwei Schwestern, Bikeel und Meslaang genannt, wohnten ehemals über der Erde (im Himmel). Eines Tages ging Parpara mit dem Angelhaken seines ältesten Bruders (*Leihen*) auf dem Wolkenmeer fischen und verlor den Haken (*Verlust*), denn kaum hatte er die Schnur in das Wasser herabgelassen, als ein gewaltig großer Fisch in den Köder biß, den Haken verschluckte und so gewaltig an der Schnur zog, daß diese riß: so war Parpara gezwungen, ohne Fisch und ohne Haken zurückzukehren. Durch so viel Widerwärtigkeit enttäuscht, begab er sich nach Hause und teilte seinem Bruder den Verlust mit. Aber anstatt Parpara zu beklagen, war Hia über den Verlust seines Hakens im höchsten Grade aufgebracht und verlangte in heftigem Tone, Parpara solle ihm denselben wieder schaffen (*Zwist*). Parpara begab sich in sein Boot und tauchte in die Wolken (*Meerfahrt*). Nach vielen fruchtlosen Anstrengungen begegnete er dem Fisch Kiliboban, welcher ihn fragte, was er dort triebe. Parpara teilte ihm alles mit, und der Fisch versprach ihm, nach dem Haken zu suchen. Nach einiger Zeit begegnete Kiliboban dem Fisch Kerkeri, welcher wiederholentlich hustete (*Krankheit*). Kiliboban fragte ihn, was ihm fehle, und erhielt die Erlaubnis, Kerkeris Kehle zu untersuchen, wo er den Haken fand (*Ausspeien*), den er Parpara zurückbrachte.

D. Hawai. — (Die Mythe ist von Bastian etwas unklar wiedergegeben, und wir müssen darauf verzichten, den vollständig klaren Zusammenhang zu finden, der vielleicht in Polynesien hinsichtlich dieser Mythe überhaupt nicht mehr vorhanden war.) Wir haben jedenfalls erstens das Fischen und das Verlieren des Hakens, dann die Feststellung, daß an der Stelle, wo die Angeln verloren sind, in einer unterseeischen Stadt ein schönes Weib wohnt, das endlich mit viel List von dem Häuptling, dessen Fischer ihre Angeln verloren haben, an die Oberfläche des Wassers gelockt und von diesen geheiratet wird. Als die Königin nach

Essen verlangt, läßt der Häuptling einen Diener nach einen Kokosnußbecher senden, den er, hinabtauchend, hinter ihrem Hause finden würde, aber nicht öffnen dürfe. Da dies doch geschah, entflog ihre Speise und wurde zum Mond. Darauf folgt dann die Flutmythe. — (Wertvoll ist hier vor allen Dingen die Beziehung zum Monde und das Motiv des Wassersackes, über das im Index des zweiten Bandes nachzusehen ist.)

E. Samoa. — (Auch diese von Sierich in schöner Originalform vorgetragene Mythe läßt nichts an Unklarheit zu wünschen übrig, so daß wir uns damit begnügen, die Grundzüge kurz zu schildern.) Der nach Conceptio immaculata geborene Sonnensohn Aloaloalela fängt zunächst seinen Vater mit der Schlinge, damit dieser ihm die Geschenke gebe, die er bei der Geburt seines ersten Sohnes nach landesüblicher Weise seinem Weibe darbringen muß, welch letzteres eine Tochter des Häuptlings von Fidschi ist. Der Sonnengott fordert den jungen Mann auf, zu seinen Töchtern zu gehen und sich die Auamanu-Muschel geben zu lassen. Diese Damen setzen ihm diese Muschel auf den Kopf und verbieten ihm, sie zu öffnen, ehe er zu seiner Frau kommt. Er tut es doch, und die wertvollen Teile des Inneren, die Materiale zu einem Fischhaken, welches Gerät man damals noch nicht kannte, fielen in die See. Sie werden aus dem See wieder herausgeholt, und der Fischhaken wird gemacht. Reicher Fischfang! Die Fischer stehlen jetzt die Angel. — Man suche aus dieser Verwirrung die Beziehungen zu der alten Mythe hervor.

Doch wenden wir uns nun nach dem Norden, wo wir ein reicheres und schöneres Material, die eigentlichen Wertobjekte im Bereiche dieser Mythe finden.

Die Mädchenangelmythe in Asien.

F. Japan. — (Hosusori und Hohodemi, die Nachkommen der Sonnengöttin, waren gemeinsame Herrscher des Reiches.) — Hosusori war der ältere von beiden und Hohodemi der jüngere. Als die beiden Brüder nach dem Tode ihres Vaters ihr Erbe teilten, da bekam der ältere den Ertrag, den die See gab, der jüngere die Berge, die er nach Gefallen ausbeuten konnte. Während nun der Jäger Hohodemi (der Sonnengot ist fast immer ein Jäger) fast täglich, auch dann, wenn das Wetter schlecht war, sein Waidwerk üben konnte und oft reichen Ertrag heimbrachte, konnte Hosusori häufig nicht einmal auf die See hinausfahren und seine Netze auswerfen, denn der Sturmgott peitschte die Wogen haushoch empor und machte es ganz unmöglich, an den Fischzug zu denken. Dies aber ärgerte den Hosusori gar sehr, und deshalb machte er seinem Bruder den Vorschlag, die Beschäftigung mit ihm zu tauschen. Schließlich willigte Hohodemi ein, gab seinem Bruder Bogen und Pfeile und nahm von diesem den Angelhaken in Empfang (*Leihen*). Dieser Tausch war indessen nicht wohlgetan und sollte für beide Brüder nachteilig werden, denn während Hosusori nicht einmal die Spuren des Wildes auffinden konnte, weil er eben kein Jäger war, büßte Hohodemi schon nach wenigen vergeblichen Versuchen, einen Fisch zu fangen, seinen Angelhaken ein (*Verlust*). Hosusori, der Sache müde, kam bald zu seinem Bruder zurück, brachte Pfeil und Bogen und forderte seinen Angelhaken. Dieser war nun aber verloren gegangen und durchaus nicht wiederzubekommen, deshalb begehrte der stürmische Hosusori gewaltig auf und forderte mit vielen Schmähworten gegen seinen Bruder den Angelhaken zurück (*Zwist*). Er beteuerte, sich nicht eher beruhigen zu wollen, als bis er ihn wieder in Händen halte. Dies Benehmen machte Hohodemi sehr unglücklich: er wollte um jeden Preis Rat schaffen, und deshalb zerbrach er sein gutes Schwert und schmiedete daraus eine große Menge Angelhaken, die er sämtlich seinem Bruder anbot. Dieser aber war weit entfernt, sich dabei zu beruhigen; er schrie und tobte fort und fort und verlangte keinen anderen Angelhaken als seinen eigenen. Trostlos ging Hohodemi von dannen und fand nicht Hülfe noch Rat. Er ging am Ufer des Meeres hin und seufzte tief. Als er aber eine kurze Strecke gewandert war, da sah er in der Nähe eine Gans, die sich in einer Schlinge gefangen hatte und sich flatternd abmühte, sich frei zu machen. Gutmütig, wie er stets war, ging Hohodemi herzu und befreite das arme Tier aus seinen Banden. Und als die Gans sich auf und in die Luft erhoben hatte und davon geflogen war, da trat der Greis der

Salzerde, der Gott des Seestrandes, zu Hohodemi heran und fragte ihn nach dem Grunde seines Kummers. Dieser erzählte dem Alten, was zwischen ihm und seinem Bruder vorgefallen; er beklagte, daß der Angelhaken verloren sei, und war über den Verlust so aufrichtig betrübt, daß der Greis ihm seine Hülfe versprach. Derselbe schritt auch sofort zur Tat: er flocht einen großen, dichten Korb ohne Maschen, in diesen setzte er Hohodemi und schob das Fahrzeug weit ins Meer hinein. Als der Greis sich entfernt, sank der Korb in die Tiefe des Meeres: dort schwamm er weiter und weiter (*Meerfahrt*), bis er ganz, wie der Greis vorhergesagt, auf einem breiten Pfade an ein liebliches Gestade kam, an dem ein prachtvoller, aus glänzenden Fischschuppen erbauter Palast stand. Er sah vor demselben einen Brunnen und über diesem einen großen Zimmtbaum, wie ihm der Greis erzählt hatte, und sich genau nach dessen Rat richtend, verbarg er sich in den breiten Zweigen des schönen Baumes. Und ganz wie es der Greis ebenfalls vorher verkündet, trat auch alsobald die Tochter des Meergottes aus dem Palaste heraus, die schöne Toyotamahime, die mit einer Schale aus Edelstein in der Hand zum Brunnen kam, um Wasser zu schöpfen (*Wasserholendes Mädchen*). Als sie sich nun über den Brunnenrand beugte und im Begriffe war, die Schale einzutauchen, da sah sie plötzlich Hohodemis Spiegelbild in dem Wasser; darüber erschrack sie so sehr, daß sie sich rasch emporrichtete und die Schale zu Boden fallen ließ, sodaß sie zerbrach. Als sie sich etwas gesammelt, ging Toyotamahime in den Palast zurück und meldete ihrem Vater die Begebenheit. Sie sagte ihm, am Brunnen wäre ein herrlicher Gott angelangt, der auf einem Baume sitze und dessen Bild man im Wasser sehen könnte. Der Meergott, ihr Vater, wußte sogleich, um wen es sich handelte: er sprach: „Das ist gewiß der Urenkel der Sonnengöttin Amaterasu.“ Und mit diesen Worten ging er zum Brunnen, hieß Hohodemi willkommen und lud ihn ein, in sein Haus zu treten. Als Hohodemi der Einladung folgte, ließ der Meergott achtfache Matten legen, darauf setzte er sich mit seinem Gaste und fragte nach dessen Begehr. Hohodemi erzählte seinem liebenswürdigen Wirte umständlich die Geschichte von dem verlorenen Angelhaken und von den Folgen dieses Verlustes, und sogleich ließ der Meergott alle Fische herbeikommen. Sie erschienen auch alle auf seinen Befehl, nur der Tai, der über und über rote Seebrasse, auch das rote Weib genannt, fehlte, und als der Meergott sich nach dem Grunde ihres Ungehorsams erkundigte, kam sie klagend angeschwommen und entschuldigte sich mit Krankheit. Nun ließ der Meergott den kranken Fisch untersuchen und bald wurde man gewahr, daß die Krankheit im Maule (*Krankheit*) läge. Dasselbe war dick geschwollen, und als man näher zusah, da fand man den verlorenen Angelhaken (*Ausspeien*). Hohodemi war überglücklich, als er herausgezogen war und bat den Meergott, ihn in Verwahrung zu nehmen (*Verstecken*), da er dessen Einladung zu längerem Verweilen in dessen Palaste annahm. Nun war Hohodemi leichten Herzens und freute sich seines Aufenthaltes in dem herrlichen Meerespalaste, und damit ihm nichts zu seiner Zufriedenheit fehle, erfüllte ihm der Meergott seinen Wunsch und gab ihm seine Tochter, die schöne Toyotamahime zur Frau (*Heirat*). In Freude und Glück brachte er nun drei Jahre dort unten zu, dann aber befiel ihn große Sehnsucht nach seiner Heimat, die er nicht zu unterdrücken vermochte und durch viele Seufzer bekundete. Seine Frau hörte dieselben und erzählte ihrem Vater von der veränderten Stimmung Hohodemis. Beide hatten ganz recht, wenn sie seinen Kummer als Heimweh deuteten. Und als der Meergott sich davon überzeugt hatte, fragte er Hohodemi, ob er ihn nach Japan zurückschicken sollte. „Ich will dir gern Geleit und meine besten Wünsche mitgeben“, sprach der edle Meergott, und Hohodemi nahm mit tausend Freuden den Vorschlag an. Nun berief der Meergott seine dienenden Meerdrachen, welche auch sogleich ihre großen Flossen aufrichteten und herbeikamen. Als sie befragt wurden, wie lange Zeit sie wohl gebrauchten, um Hohodemi zurück ans Land zu bringen, sagten diejenigen, welche acht Klafter lang waren, sie würden acht Tage gebrauchen. Die kleineren aber waren flinker und erboten sich, die Reise in kürzerer Zeit zu machen, und der kleinste, der nur einen Klafter maß, versprach, Hohodemi in einem einzigen Tage hinzubringen. Da wurde denn dieser letztere ausersehen. Noch bevor Hohodemi seinen Rücken bestieg beschenkte ihn der Meergott, außer daß er ihm den Angelhaken einhändigte, noch mit zwei großen leuchtenden Edelsteinen, welche die Gabe hatten, das Meer steigen und fallen zu machen. Sie heißen die Steine der Ebbe und Flut. Dann hatte Hohodemi noch eine wichtige Unterredung mit dem Meergotte, denn dieser belehrte ihn, die Steine zu gebrauchen, um seinen Bruder zu demütigen; er gab ihm folgende Lehren: „Wenn du deinem Bruder den Haken zurückgibst, so sprich die Worte: Armseliger Haken, unglücklicher Haken, trauriger Haken! dann aber wende dich rasch von ihm ab, um deinen Unglück bringenden Worten auszuweichen. Ferner bebaue stets hochgelegene Felder, wenn dein Bruder niedrig gelegene bebaut und wähle zu deiner Aussaat niedrige Felder, wenn dein Bruder hochgelegene bepflanzt. Befolgst du meinen Rat, so verspreche ich, dich reich zu segnen; da ich die Gewässer regiere, so kann ich jedesmal dich begünstigen und deinen Bruder benachteiligen, und so wird dieser binnen drei Jahren gänzlich verarmt sein.“ Auf dem Rücken des Drachen kehrt nunmehr Hohodemi heim (*Arionheimkehr*). Es erfolgt der Bruderstreit, in welchem Hohodemi glänzend siegt. Hosusoris Felder sind stets die ungünstigen. Endlich taucht, als Hosusori immer feindlicher wird, Hohodemi den Edelstein der Meerflut ins Wasser. Hosusori muß vor der Flut fliehen, erst auf einen Hügel, dann auf einen Baum. In seiner Angst bittet er um Gnade und verspricht, Hohodemi die Rechte des Älteren zu überlassen. Hohodemi schafft nunmehr mit dem Edelstein der Ebbe das Wasserfallen. — (Über die Fortsetzung der Mythe und Toyotamahimes Besuch auf dem Lande siehe die Mythe von der Schwanenjungfrau im nächsten Kapitel.)

G. Korea. — (Der zurückgesetzte und vertriebene Knabe Hong Kil Tong wird zu einem hochsinnigen Räuberhauptmann. Er wird von dem König in jeder Weise verfolgt, entrinnt aber immer glücklich. Endlich beschließt er, mit dem König Frieden zu machen und erscheint ihm deswegen eines Tages in wunderlicher Weise auf einem Storche reitend. Er bittet den Herrscher, ihm 3000 Sack Reis zur Verfügung zu stellen. Im Morgengrauen erscheinen die Leute des Kil Tong und verladen fast unbemerkt die Frachten). — Kil Tong segelte gen Westen (*Meerfahrt*) und fand bald eine unbewohnte Insel, auf welcher er sich niederließ. Seinen Leuten lehrte er den Boden bearbeiten und brachte seinen ganzen bisher im Versteck gehaltenen Reichtum auf diese Insel, wo er mit ihnen in Ruhe und Zufriedenheit lebte, bis er seinen Ausflug zu einer benachbarten Insel unternahm. Auf dieser gedieh eine sehr giftige Pflanze, mit deren Saft man die Spitzen der Pfeile benetzte, und dieses Gift wollte sich Kil verschaffen. Daselbst angelangt, sah er überall Proklamationen angeschlagen, in welchem bekannt gemacht wurde, daß die halbwilden Gebirgsbewohner die einzige bildschöne Tochter eines reichen, vornehmen Mannes geraubt und mit sich in die Berge geschleppt hätten, und daß der unglückliche Vater demjenigen eine hohe Belohnung zusichere, der ihm die Tochter wiederbrächte. Kil Tong klomm Tag und Nacht, bis er die höchste Spitze des Gebirges erreicht hatte, auf welcher die Pfeilgiftpflanze wuchs und machte Anstalten, sich zur Nachtruhe einzurichten, um für den nächsten Tag frische Kräfte zu sammeln, als er einen Lichtschimmer gewahrte. Diesem folgte er, bis er ein Haus bemerkte, aus dem das Licht hervordrang. Ersteres war unter einem Felsenvorsprung erbaut und schien sehr schwer zu erreichen. Er ging näher und näher, bis er hineinblicken konnte und eine große Anzahl schmutziger, notdürftig bekleideter Männer mit langem schwarzem Haar bemerkte, welche rauchten und tranken und recht guter Dinge zu sein schienen. Der älteste unter ihnen, welcher ihr Anführer sein mußte, quälte ein junges Mädchen (*Mädchen*), indem er ihm den Schleier (siehe hierüber nächstes Kapitel) zu entreißen suchte, mit welchem es das Gesicht verhüllt hatte. Kil Tong konnte diese Bosheit nicht ruhig mit ansehen, ergriff seinen Bogen, um dem Alten einen vergifteten Pfeil ins Herz zu senden. Leider war die Entfernung zu groß, denn statt den Bösewicht zu töten, verwundete er ihn nur am Arm. Die Männer waren höchst bestürzt darüber, denn sie konnten Kil Tong nicht sehen (eingeschoben für die *unsichtbare Waffe*), und in der Verwirrung, die über sie kam, gelang es dem jungen Mädchen, zu entfliehen. Kil Tong suchte sich einen entlegenen Platz aus und legte sich nieder um zu schlafen. Ganz früh am Morgen des nächsten

Tages fanden ihn die Männer dort noch schlafend und machten ihn zu ihrem Gefangenen. Sie fragten ihn, wer er sei und was er auf der Insel wolle. Da antwortete er ihnen, daß er ein Arzt (*Arzt*) sei und hierher käme, um eine Medizinpflanze zu suchen, die nur hier zu finden sein solle. Diese Antwort gefiel den Männern sehr gut, und sie erzählten Kil Tong, daß ihr Anführer von einem Pfeile verwundet sei, der aus den Wolken gefallen wäre und fragten ihn, ob er ihn wohl heilen könne. Kil Tong versprach, es zu versuchen; man führte ihn an das Lager des Verwundeten, und er sagte ihnen, in drei Tagen wolle er ihn gesund machen. Schnell nahm er etwas von dem Saft der Giftpflanze und tröpfelte es in die Wunde des Alten, der sogleich seinen Geist aufgab, denn das Gift hatte eine ganz plötzliche Wirkung (*Trugheilung*). Sobald die wilden Männer den Tod ihres Häuptlings bemerkten, wurden sie sehr wütend und fielen über Kil Tong her. Doch dieser, eingedenk seiner Macht über die Dämonen, rief diese zu seiner Hülfe herbei. Alsbald füllte sich der ganze Raum mit sausenden Schwertern, welche so lange in der Luft umher flogen, bis kein Kopf der Wilden mehr auf ihren Schultern saß und die ganze Bande sich in ihrem Blute wälzte. — (Im Nebenzimmer findet Kil Tong zwei verschleierte Frauen, von denen er die eine als die Jungfrau, welche er am Abend vorher gesehen hatte, erkennt und die ihm erzählt, sie sei mit ihrer Dienerin von den Wilden geraubt worden und verdanke ihr Leben nur einem Gotte, der den Anführer der Bande aus den Wolken mit einem Pfeile verwundet habe. Es ist natürlich das junge Mädchen, welches in den Bekanntmachungen gesucht wird. Der Held heiratet sie (*Heirat*). Im übrigen verläßt er eines Tages, um seinen Vater aufzusuchen, seine Frau, kehrt heim, begräbt den inzwischen verstorbenen Vater, tritt dann aber mit seiner Mutter zusammen die Rückfahrt an.)

(In diesem wunderlichen Bruchstück wird der Leser im ersten Augenblick kaum die Reste unserer alten ozeanischen Mythe erkennen. Es wird nötig sein, mehrere Parallelen aus dem innern Asien zu bringen, um zu zeigen, daß der Pfeil hier genau dem verlorenen Angelhaken entspricht. Weiter im Innern Asiens kursierende Versionen haben mit der ursprünglichen Form mehr

Verwandtschaft bewahrt als das dem großen Ozean benachbarte Korea. Nehmen wir demnach einige innerasiatische Beispiele.)

H. Kalmücken. — (Der Sonnenheld Massang ist von seinen Wandergenossen, — siehe unter diesem Titel im Index des zweiten Bandes weiteres! — verlassen, hat aber die Oberwelt wiedergewonnen. Mit seinem eisernen Bogen samt Pfeilen macht er sich auf den Weg). — Auf seiner Wanderung traf er ein reizendes Mädchen, das aus einer Quelle Wasser holt (*Wasserholendes Mädchen*): indem sie dahinwandelte, sah er mit Verwunderung, wie unter jedem ihrer Tritte immer eine Blume nach der anderen emporsproßte. Ihr folgend, gelangte Massang in den Götterhimmel. Da sprach der gewaltige Churmusta (der altpersische Ormuzd): „Daß du gekommen, ist sehr gut. Gegenwärtig haben wir jeden Tag mit den schwarzen Schumnu Kämpfe zu bestehen: morgen kannst du es mit ansehen, den nächsten Tag mußt du unser Gefährte werden.“ Tags darauf nun verfolgten die weißen Stiere (des Sonnen- und Tagesgottes) in der Frühe die schwarzen (des Nachtgottes) nach jener Seite hin; gegen Abend aber trieben die schwarzen Stiere die weißen nach dieser Richtung zurück. Churmusta sprach: „Die weißen Stiere sind die Götter, die schwarzen sind die Schumnu. Wenn heute die schwarzen Stiere uns hierher zurücktreiben, so spanne deinen eisernen Bogen, während du sie bis auf Spannweite einholst; auf der Stirne eines der schwarzen Stiere befindet sich ein Strahlenauge, auf dieses ziele du los.“ Also gebot er. Diesem Befehle gemäß schoß Massang den Pfeil ab (*Pfeilschuß*) und traf den Augenstrahl auf der Stirn des schwarzen Stieres, welcher unter fürchterlichem Geheul eiligst die Flucht ergriff. Darüber hatte Churmusta eine große Freude und sprach zu Massang: „Du hast eine große Belohnung verdient, wohne denn bei mir immerdar.“ Trotz dieses Anerbietens war Massang nicht dazu zu bewegen. „Ich muß“, sprach er, „mich auf den Weg machen, um dem Vater meinen Dank abzustatten“. Als er, zur Belohnung einen göttlichen Talisman in Empfang nehmend, aufzubrechen im Begriffe war, sprach Churmusta zu ihm: „Unterwegs wirst du, vom Schlaf übermannt, dich verirren; und wenn du nun zu der Schumnupforte gelangst, so wirst du dir dadurch, daß du fliehen willst, die Sache nicht leichter machen. Klopfe vielmehr an die Pforte und sage: „Ich bin ein Arzt." Kommst du dann zum Schumnu-Chan, um den Pfeilschuß zu untersuchen, so stelle dich, als wolltest du den Pfeil herausziehen, streue aus der Hand sieben Körner gegen den Himmel, stoße dann aber den Pfeil so tüchtig, daß er in den Kopf eindringt und töte auf diese Weise den Chan." Also gebot er ihm. Massang brach auf, verfehlte wie ihm vorausgesagt worden, den Weg, gelangte vor die Schumnupforte und klopfte an das Tor. Da trat eine, Feuer aus dem Munde flammende weibliche Schumnu heraus und fragte: „Was verstehst du?" Auf seine Antwort: „Ich bin ein Arzt" (*Arzt*), ließ sie ihn in das Haus eintreten und zeigte ihm den vom Pfeile getroffenen Chan. (*Kranker Alte.*) Kaum hatte er an dem Pfeile gezogen, so sagte der Chan freudig: „Ein wenig fühle ich mich schon erleichtert." Doch plötzlich stieß Massang den Pfeil tiefer hinein, sodaß er bis mitten in das Gehirn drang (*Trugheilung*). Aus den Sternen der Gerstenkörner kam vom Himmel klirrend eine eiserne Kette herabgefallen. Kaum aber hatte die weibliche Schumnu nach derselben ihn greifen lassen, da schlug sie ihn mit einem eisernen Hammer auf die Lenden, so daß vom Schlage die Funken aufsprühten, die aufgefangen und als sieben Sterne (Siebengestirn) an den Himmel entrückt wurden.

I. Tibet. — (Ein Stück aus dem vierten Kapitel des Bogda Gesser Chan. Der zwölfköpfige Riese hat die Gemahlin Gessers geraubt. Diese Gemahlin ist die „Hülfsalte". Um den Riesen zu töten, gilt es unter anderen dessen ältere Schwester zu vernichten. Denn diese stellt einen Teil seiner Seele dar. Sie hat einen großen Käfer in Verwahrung, den der Sonnenheld erwerben muß, wenn er den zwölfköpfigen Riesen töten will. Die Mythe beginnt damit, daß sich der Riese nach Osten aus dem unterirdischen Schlosse entfernt, während Gesser nach Westen geht.) Vor Gesser hüpfte und sprang eine weißlich gelbe Hirschkuh umher und kam auf ihn zugelaufen. Gesser spannte den Bogen und schoß ihn durch das Weiße der Stirn in der Art, daß die Pfeilspitze hinten am Schwanzende herauskam. (*Pfeilschuß.*) Die Hirschkuh entfloh mit dem Pfeil im Leibe und Gesser verfolgte sie unausgesetzt, bis sie in das große Schloß entschlüpfte (*Kranke Alte*) und dessen neunfache steinerne Eingänge verschloß. Gesser zerschmetterte zwei der Pforten mit seinen zwei stählernen Beilen, ging hinein und fand ein altes Weib mit grauem Haar, dessen Hauzähne der unteren Kinnlade gegen den Himmel strebten, während die Hauzähne der oberen Kinnlade die Erde berührten und mit zwei Brüsten, welche herabhängend die Erde bedeckten. Der Pfeil, welcher den Scheitel des Weibes durchbohrt hatte, guckte mit der Spitze oberhalb des Schwanzbeines hervor, und das Weib, in der Art eines Hundes auf der Erde sitzend, schrie in einem fort: „O weh, welcher Jammer, welcher Schmerz!" Gesser kam in der Gestalt eines schönen Mannes hinein und fragte: „Was ist dir begegnet? Mütterchen?" Das Weib erwiderte: „Ich war gewohnt, nach Herzenslust auf der Erdoberfläche herumzugehen, die Wesen zu fangen und zu fressen; als ich plötzlich in dieser Art durchschossen und in diesen Jammer gebracht wurde. Am Gefieder den Pfeil fassend, wollte ich ihn herausziehen, aber vergeblich: an der Spitze ihn fassend, wollte ich ihn herausziehen, doch umsonst. Das schwarze Blut quillt aus der Schußwunde: ich bin durch den Schuß bis ins innerste Leben verwundet. Wer bist du, schöner, reizender Mann? Ziehe mir doch den Pfeil aus!" Gesser erwiderte: „O weh, Mütterchen, deinen Pfeil kann ich nicht ausziehen! Es mag wohl ein Pfeil des Gottes Chormusda da oben sein; oder auch ein Pfeil von den Assuri der Mitte: ich kann ihn nicht ausziehen!" Das Weib versetzte: „Lieber, laß uns beide Mann und Frau werden! Was sagst du zu dem Vorschlag, mein Mann zu werden?" Gesser erwiderte: „Kennst du denn mich, deinen jüngeren Bruder nicht?" Das Weib versetzte: „Wer sagst du, daß du seiest?" Gesser entgegnete: „Bin ich denn nicht der Riese, dein jüngerer Bruder?" Das Weib versetzte: „Seit wann, mein Lieber, ist dein Aussehen so reizend geworden?" Gesser erwiderte: „Seit ich die Gemahlin des Gesser Chaghan genommen habe, bin ich so schön geworden." Das Weib sprach: „Nunwohl, aber warum hast du auf mich geschossen?" Gesser antwortete: „Schwester! Seit ich geboren bin, hast du mir meine Seele, einen Käfer, noch nicht gezeigt;

aus Unwillen darüber habe ich dich erschossen." Das Weib entgegnete: „Weil ich deinen Leichtsinn und deine Unbesonnenheit kannte und für die schlimmen Folgen besorgt war, wenn du die Seele jemanden zeigen solltest, habe ich sie dir nicht gegeben, also deswegen hast du mich getötet? Da nimm!" Mit diesen Worten warf sie ihm die Seele, sie auf die Erde rollen lassend, entgegen. Da sprach Gesser: „Nun komm her, Schwester, ich will deinen Pfeil ausziehen!" Sich stellend, als zöge er den Pfeil heraus, zerwühlte er ihr dann die Eingeweide und tötete sie vollends. (*Trugheilung.*) Die Seele verschloß er in einem dunklen Raum des Gebäudes und brannte alles nieder. — (Im sechsten Kapitel desselben Werkes kehrt das Motiv noch einmal wieder. Gesser schießt die als Hirschkuh einherwandelnde alte Zauberin in die Stirn, verfolgt sie, trifft sie zu Hause sitzend als altes Weib. In dieser Version zieht er den Pfeil heraus, wird dann von der Alten verschlungen, aber wieder ausgespieen. Im übrigen versteht es sich von selbst, daß der Sonnenheld siegreich nach Hause zurückkehrt und in ersterem Falle seine Gemahlin mitnimmt.)

K. Lappländer. — Zwei Brüder gehen in einer mondhellen Nacht zum Meere hinab, um einem Fisch aufzulauern, der längs des Strandes zu kommen pflegt, um Fische zu finden. Während sie so dasitzen, taucht ein Meerweib aus dem Meere empor und setzt sich auf einen Stein, der nicht weit vom Strande entfernt ist. Der jüngere will nach dem Meerweib schießen, der ältere hält ihn zurück. Als der jüngere dennoch just abdrücken will (verkümmerter *Zwist*), warnt der ältere sie durch Zuruf, und sie springt wohlbehalten ins Meeer. Sie taucht noch einmal auf und ruft dem älteren zu, er soll am nächsten Abend nochmal an dieselbe Stelle zurückkehren. — Die beiden Brüder gingen nun heim. Am nächsten Abend begab sich der ältere allein wieder zum Strande hinab und setzte sich auf denselben Platz nieder, wo er den Abend zuvor gesessen hatte, er saß nicht lange hier, so kam ein Schwarzfuchs heran. Er schoß denselben (offenbar an Stelle der getroffenen *Alten* oder des *Angelverlustes*). Gleich darauf tauchte auch das Meerweib aus dem Meere auf, setzte sich wieder auf denselben Stein und rief dem jungen Manne zu, er solle zu ihr hinauskommen. „Du brauchst dich nicht zu fürchten,“ fügte sie hinzu, „ich werde dir nichts zu leide tun!“ Der Bursche watete hinaus zur Meerfrau. „Setze dich auf meinen Rücken“, sagte die Meerfrau, „und stecke Nase und Mund in meine Haare hinein, damit du nicht erstickst, wenn ich dich durch die Tiefe des Meeres zur Wohnung meines Vater hinabführe!“ Der Bursche tat, wie die Meerfrau ihm gesagt hatte. Diese tauchte nun mit ihm in das Meer nieder (*Meerfahrt*). Als sie auf dem Meeresboden angekommen waren, nahm sie einen Bootsanker (an Stelle des wiedergefundenen *Fischhakens*), reichte ihm den Burschen und sagte: „Wenn wir in meines Vaters Haus kommen, wird mein Vater erproben wollen, wie stark du bist; er ist jedoch blind und du mußt ihn daher nicht mit der Hand begrüßen, sondern ihm den Anker hinreichen!“ Sie kamen an der Ort, wo die Meerfrau wohnte: es war hier kein Wasser, auch war es nicht finster, sondern ebenso hell wie oben am Tage, und das Wasser stand über ihnen wie ein Dach. Als der junge Mann guten Tag sagte und den Anker hinreichte, ergriff der Vater der Meerfrau denselben mit solcher Wucht, daß er ganz verbogen wurde. Sie gaben nun dem Burschen eine ganze Menge Silbergeld, und dazu fügte die Meerfrau selbst noch einen großen goldenen Becher, der einmal auf dem Tische eines Königs gestanden hatte. (Offenbar ein Symbol der Sonne, die ja am nächsten Tage wieder aufgeht.) Hierauf reisten sie wieder auf dieselbe Weise zurück, wie sie gekommen waren. (*Arionheimkehr.*) — (Dieser Bursche wird nun ein wohlhabender Mann, während der, der nach der Meerfrau hat schießen wollen', dahinwelkt, wie ein von Würmern zerfressener Baum. Was er tun will, mißlingt. Es geht ihm eben wie Hosusori.)

Die Mädchenangelmythe in Amerika.

L. Die nordwestamerikanische Mythologie auf der Nordostspitze Asiens bietet wenigstens einen schwachen Anknüpfungspunkt. Ein junger Mann, der bei seinem Onkel nicht genug zu essen bekommt, verläßt dessen Haus. Sein neuer Gastfreund bietet sich ihm an, ihm eine Frau zu erobern. Der Alte öffnet eine Höhle. Man sieht hinab. 5 Mädchen spielen nahe einem See Ball. Also Mondmädchen am Wasser. Der Gastfreund wirft nun die Angel mit einem scharfen Fischhaken aus und zieht eine der Mädchen hinauf. Er hat aber nur die Seele gefangen und die Begleiterinnen des Mädchens weinen über ihren plötzlichen Tod. — Es wird sich ja zeigen müssen, ob sich noch bessere Materiale in dieser Gegend finden. Immerhin wäre es uns doch sehr bedeutungsvoll, einmal zeigen zu können, daß die nordostasiatische Mythologie gegenüber ihrer Schwester, der nordwestamerikanischen, sehr verkümmert ist. Sie hat noch einen Anhaltepunkt in der Angelhakenmythe, aber die Form ist gänzlich verwischt.

Wenden wir uns nunmehr dem Prachtmateriale Nordwestamerikas zu.

M. Nutka. — Kwotiath fuhr einst in seinem Boote aus, Heilbutten und Schellfische zu fangen. Als er eben im Begriffe war, seine Angel zu legen, schwamm ein Haifisch um sein Boot herum und verjagte alle Fische. Darüber ward Kwotiath zornig. Er ging ans Ufer und machte sich eine Harpune aus Eibenholz, um den Hai zu fangen, wenn er wiederkommen sollte. Sobald Kwotiath wieder fischen ging, erschien der Hai, und er warf ihn mit seiner Harpune. (*Verlust* oder *Pfeilschuß.*) Der Hai tauchte sogleich. Kwotiath kehrte nach Hause zurück und machte sich am nächsten Morgen auf, um den Hai zu suchen. Er ging an dem Ufer entlang (an Stelle der *Meerfahrt*) und sah nach einiger Zeit ein Dorf, das er früher nie bemerkt hatte. Er setzte sich nahe demselben nieder und hörte nun die Krankenbeschwörer im Hause singen und tanzen. Als eine Pause in dem Sange eintrat, ahmte Kwotiath denselben laut rufend draußen nach. Nachdem er viermal so geschrieen hatte, hörte ihn eine Frau. Sie sandte einen Sklaven hinaus und ließ ihn fragen, ob der Fremde ein Schamane sei. Der Bote ging hinaus und sprach zu Kwotiath: „Eine unserer Frauen ist krank (*Kranke Alte*), bist du ein Schamane und kannst du sie heilen?“ Kwotiath sagte, er könne es (*Arzt*), und der Sklave führte ihn ins Haus. Sogleich sah er seinen Speer in dem Rücken der Kranken und wußte nun, daß er im Dorf der Haifische war. Die Haie konnten aber die Waffe nicht sehen.

sondern glaubten, ein großer Wurm sei in die Kranke gefahren. (*Unsichtbare Waffe.*) — Kwotiath singt nun seine Gesänge. Die Verwandten der Kranken sagen ihm, daß er als Belohnung für die Heilung eine der Töchter zur Frau erhalten würde, er verlangt aber zwei. Sie sagen ihm beide Schwestern zu. — Da nahm er den Speer und zog daran, indem er fortfuhr zu singen. Er riß ihn aus der Wunde und warf ihn aus dem Hause. (*Heimliches Verstecken.*) Die Kranke sagte nun: „Ich fühle, daß du meine Krankheit herausgezogen hast,“ und sie ward rasch gesund. Er heiratete dann die Mädchen (*Heirat*) und nahm sie mit nach Haus.

N. Nimkisch. — Yaqstatl ging zum Flusse hinab und fing Lachse, welche sein Bruder auf einem Gerüste über dem Feuer trocknete. Abends ging er wieder zum Lachswehr hinab, während er seinem Bruder auftrug, auf die Lachse zu achten. Wie erstaunte er, als er am Morgen zurückkehrte und fand, daß alle Lachse verschwunden waren. Er ward böse auf seinen Bruder, weil er glaubte, jener habe alle Lachse gegessen. (*Zwist.*) Dieser versichert, nicht einen gegessen zu haben und wußte nicht auf welche Weise sie verschwunden waren. Er versprach aber, die folgende Nacht wach zu bleiben und aufzupassen, ob der Dieb wiederkäme. Aber er konnte seine Müdigkeit nicht bezwingen und als er am nächsten Morgen erwachte, fand er wieder alle Lachse verschwunden. Da es ihm in der dritten Nacht nicht besser erging, beschloß Yaqstatl selbst zu wachen. Er versteckte sich hinten im Hause und hielt seinen Bogen und Pfeil in der Hand bereit, den frechen Eindringling zu erschießen. Als der Tag dämmerte, hörte er jemand herankommen. Zwei große Hände schoben den Vorhang, welcher die Tür bedeckte, auseinander und ein riesenlanger Arm streckte sich aus, nahm die Lachse vom Trockengerüst und füllte sie in einen Korb, den der Dieb auf dem Rücken trug. Es war ein Tsonokoa. Yaqstatl legte seinen Pfeil auf den Bogen, schoß und traf sie gerade in die Brust. (*Pfeilschuß.*) Dann entfloh jene, vor Schmerz laut schreiend, und warf die gewaltigsten Bäume vor sich nieder. Yaqstatl sprach zu seinem Bruder: „Ich will der Tsonokoa nachgehen und meinen Pfeil wiederholen.“ Er fing viele Lachse für seinen Bruder, damit er nicht Not leide, so lange er fort sei und hing seinen Halsring um und machte sich dann auf, die Tsonokoa zu verfolgen. Er ging den umgefallenen Bäumen nach und kam endlich zu einem kleinen See. Er badete in dem See (*Meerfahrt*) und setzte sich dann am Ufer nieder. Nach einiger Zeit kam ein junges Mädchen aus dem nahe gelegenen Hause, um Wasser zu schöpfen. (*Wasserschöpfendes Mädchen.*) Sie war die Tochter Tsonokoas, die nun krank im Hause lag. (*Kranke Alte.*) Niemand wußte, was ihr fehlte, denn der Pfeil, mit dem Yaqstal sie getroffen hatte, war allen Augen unsichtbar außer seinen eigenen. (*Unsichtbare Waffe.*) Als das Mädchen den fremden Mann am Teiche erblickte und seinen Halsring aus Cedernbast sah, wußte sie, daß er ein Schamane war. (*Arzt.*) Sie ging auf ihn zu und bat ihn flehentlich, ins Haus zu kommen und ihre Mutter zu heilen. Er folgte ihr und sah sogleich seinen Pfeil in der Brust Tsonokoas stecken. Er fragte, was man ihm als Bezahlung geben wolle, wenn er die Frau heile und war erst zufrieden, als sie ihm das junge Mädchen zur Frau gaben (*Heirat*) und ihm das Wasser des Lebens schenkten. Vier Tage blieb er dort und kehrte dann zurück. — Sein Bruder ist inzwischen gestorben, seine Knochen werden aber zusammengesucht und er wird wiederbelebt.

O. — Heiltsuk. — (Die Mythe beginnt mit der Schöpfung des Fischfanges, der Fische und des Flusses. Es werden viele Fische gefangen, welche die zwei Brüder aufhängen und die Schwester zubereitet. Die Fische werden alsdann gestohlen. Der ältere Bruder läßt seine Geschwister schlafen und wacht selbst mit Pfeil und Bogen.) — Er nahm seinen Bogen und Pfeile und versteckte sich. Um Mitternacht sah er Masmasalaniq kommen, einen großen Mann ohne Kopf, dessen Augen an beiden Seiten der Brust saßen. Viermal schoß er ihn, aber nichtsdestoweniger nahm jener die Lachse und lief von dannen. Der junge Mann verfolgte ihn über drei Berge und drei Täler. Endlich sah er Masmasalaniqs Haus auf einer Ebene an einem See stehen. Masmasalaniq lief hinein. Der junge Mann hatte ihn unterwegs noch oft geschossen (*Pfeilschuß*), aber nicht töten können. Er setzte sich an das Ufer des Sees und hörte bald im Hause rasseln und trommeln. Masmasalaniq fühlte sich sehr krank (*Kranke Alte*) und wollte sich niederlegen, konnte es aber nicht, da sein Körper voller Pfeile war. Niemand wußte aber, was ihm fehlte, denn die Pfeile waren für ihn und sein Volk unsichtbar. (*Unsichtbare Waffe.*) — (Man ruft nun den jungen Helden hinein, der sich als Krankenbeschwörer (*Arzt*) kundgibt, und dem man für etwaige Heilung als Lohn die Tochter verspricht. Der junge Mann sieht sie oben im Hause sitzen und sie gefällt ihm. Er zieht unbemerkt die Pfeile aus Masmasalaniqs Körper. (*Heimliches Verstecken.*) Vier Jahre, die der junge Mann dort weilt, kommen ihm vor wie vier Tage. Sie haben auch Kinder. Sie beschließen heimzukehren. Auf einem Berg werden Cedern gefällt. Es wird ein Boot gebaut. Der junge Mann wundert sich, wie dies wohl zum Meere hinab kommen würde. Die Frau beruhigt ihn aber. Sie laden Nahrungsmittel in das Boot. Dann setzen sie sich hinein, — oben auf dem Berggipfel. Dann fing aber die Frau an zu harnen, und aus ihrem Harn entstand ein großer Fluß. Auf dem Fluß begaben sie sich fort. Der Mann mußte den Mantel über den Kopf ziehen. Die Frau klappte nun mit ihren Händen auf die Außenseite des Bootes, da fing die Malerei an zu rudern. (*Arionheimkehr.*) Sie erreichen die Heimat, und der junge Mann darf die Decke vom Kopf nehmen. Seine Angehörigen sind inzwischen gestorben, werden aber wiederbelebt. Die Frau warnt den Mann davor, je ihr Kind zu schlagen. Dieser tut es doch. Darauf springt die Frau mit dem Kind in das Boot, klappt an die Wände desselben und fort eilen sie.

(In dieser Mythe sind einige Fehler enthalten. Der junge Mann verfolgt den Fischdieb über drei Berge und drei Täler. Das Haus desselben steht an einem See. Danach muß also eine Landverbindung zwischen den beiden Wohnorten gewesen sein. Die Rückkehr zum Meere erfolgt aber auf einem Fluß. Um diese zu ermöglichen wird das wunderbare Motiv des Harnens eingeführt, welches nebenbei gesagt uralt ist. Wenn die Meerfahrt also im Anfange fehlt, zum Schluß aber vorhanden ist, so zeigt dies, daß ältere Bestandteile der Mythe vergessen sind, daß diese älteren Bestandteile offenbar aber eine Meerfahrt darstellen. Wenden wir uns nunmehr der Mythologie eines Volkes zu, dessen Stellung unter den Mythen umbildenden Völkern unser ganzes Interesse in Anspruch nehmen kann.)

F. Micmac. — Ein altes Weib findet ein kleines Kind. Sie zieht das kleine Kind auf. Dasselbe hat wunderbare Kräfte. Es wird allmählich zum Schützen, der immer größere Tiere erlegt. Diese Tiere geben in ihren Fellen die Zauberdecken. Die alte Frau warnt den jungen Mann in einer gewissen Richtung sich in eine Sumpfgegend zu begeben. Er tut es dennoch, und sie werden auf magische Weise gezwungen, in ein gefährliches Gebiet überzusiedeln. Ein gewaltiger Vogel mit Namen Culloo herrscht über dieser Gegend und raubt hier die Menschen, die er als Gefangene anscheinend mitnimmt. Der junge Held macht sich einen Bogen, dessen Sehne ein Haar seiner Pflegemutter ist. Als nun der Culloo kommt, schießt der Jüngling einen Pfeil in die Brust des mächtigen Tieres, welches getroffen nach Hause entflieht. Der junge Mann macht sich auf die Wanderung, um den Culloo zu verfolgen; er läßt ein Todeszeichen zurück. Endlich kommt er an das Dorf des alten Culloohäuptlings, wo er einen Trupp junger Mädchen trifft. Sodann tritt er bei seinen eigenen Eltern ein, die er hier wiederfindet und die sich unter den Gefangenen des Culloohäuptlings aufhalten müssen. Hier hört er, daß am nächsten Tage alle vernichtet werden sollen. Es kommt darauf ein Sohn vom alten Culloo an, der den Jüngling auffordert zu dem alten Häuptling zu kommen, da derselbe krank sei und dieser Fremde vielleicht Heilung bringen könnte. Sobald der junge Mann gegessen hat, macht er sich auf den Weg und sucht den alten Culloo auf. Die Pfeile, die er abgeschossen, stecken in dessen Herz, und er vernichtet den alten Culloo mit einem Axthiebe, woran sich dann die Hinrichtung der ganzen Culloofamilie schließt. Nur das jüngste Mitglied wird geschont. Dieses besorgt dem Helden das Weib.

Welche merkwürdige Bedeutung diese Mythe hat, darauf werde ich am Ende dieses Kapitels hinweisen.

Mädchenangelmythe in Afrika.

Von maßgebender Stelle wird versichert, daß an zwei Stellen Afrikas entsprechender Stoff gefunden werden könne, und ich erwarte entsprechende Nachricht. Ich muß mich zunächst auf das Vorhandene beschränken und das ist sehr gering. Es handelt sich nur um Vergleich einer Mythe der Tschivölker, welche ich in der Arbeit „Der Kameruner Schiffsschnabel und seine Motive“ wiedergegeben habe. Einen kurzen Auszug gebe ich im folgenden Kapitel. Hier sei nur daran erinnert, daß der verloren gegangene und wiedergefundene Speer uns auf ein altes Angelhakenmotiv schließen läßt.

Es sei mir gewährt, einige Anmerkungen anzufügen, welche um so notwendiger sind, als der hier vereinigte Stoff beim ersten Beschauen keinen sehr einheitlichen Eindruck machen dürfte. Unterscheiden wir drei Gruppen:

1. Gruppe der eigentlichen ozeanischen Formen, für die die Typen A, B, C und F maßgebend sind. Hier verschluckt ein Fisch den Angelhaken. Eine Vernichtung des Verschluckenden wird nicht vorgenommen. Auffallend ist in diesen Mythen, daß der infolge der Verschluckung Erkrankte nicht so recht weiß, was ihm fehlt, und daß der niedergestiegene Sonnenheld den Angelhaken heimlich versteckt. — Einige Formen lassen uns erkennen, daß der Sonnenheld aus der Unterwelt das Mondmädchen mit empornimmt.

2. Gruppe der eigentlich nordwestamerikanischen Formen. Die Sonnenmythen schließen sich den vorigen in hübscher Klarheit an. Wir haben auch eine Harpune statt der Angel. Sonst spielen die Pfeile die größere Rolle. Eine hier nicht wiedergegebene Version hat statt des Pfeiles ein Rindenstück eingeschoben. — Die Meerfahrt ist undeutlich und ist mehr in eine Küstenwanderung umgebildet. Doch erkennen wir an der zuletzt wiedergegebenen Version, daß eine schwache Erinnerung an die Meerfahrt noch vorhanden ist. — Sehr ausgeprägt ist die Ehe mit dem Mondmädchen. — Hier begegnen wir einem Punkte, der

in der vorigen Gruppe schon durchschimmert, aber nicht mehr so klar ausgebildet ist wie hier im Nordosten: Nur der Sonnenheld kann seine eigenen Waffen sehen und die andern nicht. Er zieht sie auch heimlich heraus. Wie kommt das? Das kann nach meiner Überzeugung nichts anderes heißen, als daß die Sonnenstrahlen, die die Verwundung herbeiführen, ja eigentlich keine sichtbaren Spuren hinterlassen. Man weiß es, daß der Sonnenstrahl hier geruht hat, ist er aber verschwunden, dann sieht man ihn eben nicht mehr. Wenn nun auch die Sonnenstrahlen als feste Körper, sei es Angelschnur, die der über die maritime Inselwelt hinwandernde Sonnengott in das Meer sendet, oder seien es Pfeile, die die Gottheit, die Länderstrecken überziehend, zur Erde hinabschießt, gedacht sind, so sind doch diese festen Gegenstände nicht mehr sichtbar, wenn die Nacht eintritt. Nur der Sonnengott selbst kann seine Geschosse finden. Es handelt sich also nicht um eine Schilderung und Festlegung der eigentlichen Sonnenstrahlen, sondern um eine Wirkung derselben.

3. Gruppe der eigentlich asiatischen Formen. Eine wirkliche Angelmythe ist nur noch in jenem Nordostgipfel Asiens erhalten, der unter ozeanisch-mythologischem und nordwestamerikanisch-mythologischem Einfluß steht. Im übrigen haben wir eine Pfeilmythe. Das Übereinstimmende mit Nordwestamerika beruht darin, daß der Sonnenheld auch hier zuweilen als Arzt auftritt, das Unterscheidende liegt aber in der Behandlung des getroffenen Sonnenfeindes. Derselbe wird nämlich getötet. Wir haben in den asiatischen Mythen den Sieg des Sonnengottes über das Nachtungeheuer vollständig durchgeführt. Und dieses energische Durchführen des Sonnensieges hat den ganzen Stoff außerordentlich verwischt. Es gehört ein geübtes Auge dazu, um die Spur aufzufinden und im Vergleichen aller Teile den Zusammenhang nicht zu verlieren. Werden die nordwestamerikanischen Pfeilmythen aber hinzugerechnet, dann ist der Tatbestand nicht zu verkennen.

Etwas ganz Merkwürdiges ist die Umwandlung des Motivs des Ausspeiens in die „Trugheilung“. Der Held zieht seine Waffe nicht heraus, sondern tötet den Getroffenen. In solchen Fällen der Umbildung müssen wir immer fragen, welche Mythe sich hier umbildend eingemischt hat. Im vorliegenden Falle ist die Sache leicht zu erkennen. Wir werden das Motiv der „Trugheilung" im 4. Buche wiedertreffen und bei dieser Gelegenheit sehen. daß Zentralamerika eine Mythe hat. die auch in diese Gruppe gehört.

Und dann müssen wir noch auf eine sehr merkwürdige Sache hinweisen: Die Mythe der Micmac im Osten Asiens gehört zu den zentralasiatischen Formen! Das ist nicht vereinzelt. Auch die Mythen von der Wandergenossenschaft. die Mythe vom Guten und Bösen usw. finden sich bei den Micmac genau so ausgebildet wie im zentralen Asien. — Es wird meine Aufgabe sein an anderen Orten des näheren auf diese frappierende Tatsache einzugehen.

Des ferneren verdient eine selbständige Beachtung die entsprechende Mythe der Lappländer (oben unter K). Dieselbe nähert sich den ozeanischen Formen in einzelnen Punkten. Etwas wie ein Bruderzwist spielt sich hier ab. Das Schießen nach dem Schwarzfuchs ist wohl eine schwache Erinnerung an das Pfeilschießen der asiatischen Typen: eine stärkere Erinnerung an die ozeanischen Formen liegt aber in dem merkwürdigen Auftreten des Hakens. Dieser unvermittelt erhaltene Haken ist offenbar der Rest des Fischangelmotives. Eine weitere Reminiszenz an ozeanische Urformen liegt in der Arionfahrt des Sonnenhelden. Er fährt auf dem Rücken der Meerjungfrau in die Tiefe und aus der Tiefe wieder empor wie der ozeanische Sonnenheld auf dem Rücken des Fisches. So sehen wir einen Rest aus alter Zeit an die Grenze der Ökumene verdrängt. Verdrängt wurde er durch die zentralasiatischen Mythenbewegungen.

Es dürfte eine interessante Aufgabe sein. dasselbe Motiv im Bereiche der alten Arioiden aufzusuchen. eine Aufgabe, von der ich heute schon sagen kann, daß sie lohnend ausfallen wird. — Mir genügt es. an dieser Stelle für die geographische Mythenkunde ein Material gewonnen zu haben. welches die Umbildung eines ozeanisch-maritimen Motives auf kontinentalen Boden erkennen läßt — wenn es nicht umgekehrt ist.

XIII.

Die Schwanenjungfrauenmythe.

Begegneten uns im vorhergehenden Kapitel außerordentlich häufig wasserholende Mädchen, so treffen wir in dem folgenden Stück die badenden Jungfrauen an. Das sich Hinneigen zum Wasser oder das Emporsteigen zum Wasser scheint demnach eine außerordentliche Bedeutung für die Göttinnen und ihre Lokalisierung zu haben. Im übrigen wollen wir auch gleich von vornherein davor warnen, etwa zu identifizieren. Beziehungen und Parallelen festzustellen, ist und bleibt zunächst die Hauptaufgabe, und in allem übrigen werden wir uns an die Aussagen der Völker, wie sie gelegentlich dem Munde der Naturmenschen entschlüpfen, halten müssen. Solche Aussagen werden wir dann im nächsten Kapitel vereinigen, und dann wird es uns vielleicht auch gelingen, die Grundzüge der Erscheinungswelt festzustellen.

Die Schwanenjungfraumythe in Ozeanien.

A. Insel Yap, Mikronesien. — (Vorauszusenden ist, daß Gutschik in der Yapsprache das Wort für den Delphin ist. Es scheint aber nicht ausgeschlossen, daß man mit Gutschik früher die sogenannte Meerkuh, den Dugong bezeichnete.) — In der Vorzeit kamen oftmals zwei Gutschiks an die Küste von Yap geschwommen, die ihre Rückenflossen im Sande verbargen und sich alsbald in zwei junge Mädchen verwandelten. Durch den Busch liefen sie zu dem Tanzplatz der Frauen und schauten den Tänzen zu. Wenn die Nacht um war, eilten sie zum Seestrande zurück und gruben ihre Rückenflossen wieder aus dem Sande. Sobald sie sich dieselben auf den Rücken legten, wurden sie wieder zu Fischen und schwammen über das Riff in das Meer hinaus. Ein Mann aber saß einstmals in einer Kokospalme und sah, wie die Fische ihre Flossen verbargen (*Schleierablegen*) und zu Mädchen wurden. Rasch stieg er herunter, stahl die eine der Flossen (*Schleierdiebstahl*) und verbarg sie in einem Korbe. Als nun die Mädchen am Morgen vom Tanz zurückkehrten, fand die eine ihre Flossen nicht und mußte traurig sehen, wie ihre Gefährtinnen davon schwammen. Da stieg der Mann vom Baume herab, führte das Mädchen in sein Haus, gab ihr zu essen und nahm sie zu seinem Weibe. (*Heirat.*) Die Flosse verbarg er aber sorgfältig in einer Matte. (*Schleierverstecken.*) Sie lebten glücklich und hatten viele Kinder. (*Kindersegen.*) Eines Tages aber, als der Mann in den Busch gegangen war, fand die Frau ihre Flosse wieder. (*Schleierwiederfinden.*) Sofort lief sie zum Meeresstrande herunter, legte sich die Flosse auf den Rücken und wurde alsbald zum Fisch. Rasch schwamm sie ins Meer zuzück. (*Abschied.*) Lange Zeit war vergangen, da segelte der Mann einst mit seinem Sohne zum Fischfang hinaus auf das Riff. Und wie er nun umher fuhr und nach Fischen spähte, kam ein großer Fisch geschwommen, der beständig das Kanoe umkreiste und über den Ausleger hin- und hersprang. Der Knabe aber rief dem Vater zu: „Sieh den großen Fisch!“ Da ergriff der Mann die Lanze und sperte den Fisch. Wie er ihn aber ans Kanoe zog, erkannte er an der Flosse, daß er sein Weib getötet hatte. Da wickelte er den Fisch in seine Matten, und weinend grub er ihn in die Erde und legte viele Steine darauf. Dann zog er mit seinen Kindern in den Busch und blieb trauernd 20 Tage darin. Dann kehrten sie in ihr Haus zurück und lebten wie zuvor, der Mann und die Kinder.

B. Palauinseln. — Der aus dem Bambus aufgestiegene Sonnenheld Akapekemek findet, daß seine auf den Palmen aufgehangenen Becher jede Nacht von jemandem ausgeleert werden. (Es erinnert dieses mehrfach vorkommende Becherleeren an die Wassereimer der wasserholenden Mädchen!) Er legt sich also auf die Lauer. Wirklich gelingt es ihm eines Nachts zu sehen, daß ein Fisch aus dem See hinaufsteigt und, seinen Schwanz ablegend (*Schleierablegen*), in menschlicher Gestalt auf die Palme steigt.

Akapekemek ergreift rasch den Schwanz und bringt ihn heim. (*Schleierdiebstahl.*) Als Akapekemek am nächsten Morgen kommt, um den Palmwein einzusammeln, findet er unter einer Palme eine Frau, die ihm zuruft, daß sie nackt sei und daß er ihr rasch einen Schurz bringen soll, was er auch tut. Als er seinen Palmwein zusammen hat, gehen sie nach Hause und Akapekemek heiratet die Frau. (*Heirat.*) Sie gebiert eine Tochter, die zu einem sehr schönen Mädchen heranwächst. (*Kindersegen.*) Zufälligerweise entdeckt eines Tages die Frau den vor vielen Jahren verlorenen Schwanz. (*Schleierwiederfinden.*) Es ergreift sie eine mächtige Sehnsucht nach ihrer früheren Heimat. Sie kann derselben nicht widerstehen, ergreift den Fischschwanz, eilt zum Strande und stürzt sich in die See. (*Abschied.*) Indessen war der Schwanz von dem langen Trocknen so leicht geworden, daß es ihr unmöglich wurde, in die Tiefe zu sinken, und so machte sie einen Tausch mit einem anderen Fische und verschwand nun rasch, nach ihrer Heimat eilend.

C. Bantik im nördlichen Celebes. — Utahagi, die Tochter der Limumu-ut und des Toar schwebte mit sechs anderen Nymphen, welche ihre Schwestern und ebenfalls sehr schöne Frauen waren, vom Himmel herab, um sich in einem Brunnen, der sehr helles und reines Wasser hatte, zu baden. (*Baden.*) In dieser Zeit wohnte daselbst ein gewisser Kasimbaha, ein Enkel der Götter. Da nun Kasimbaha die Nymphen in der Luft entdeckte, sah er sie zuerst für weiße Tauben an, bemerkte aber, nach dem sie zum Brunnen gekommen waren und sich entkleidet hatten (*Schleierablegen*), zu seiner größten Verwunderung, daß es Frauen waren. Während nun die Nymphen im Bade waren, nahm Kasimbaha ein Blaserohr, schlich sich durch das Gebüsch, möglichst nahe zu dem Brunnen und zog mit demselben einen der leichten Röcke zu sich hin. (*Schleierdiebstahl.*) Dieser besaß die Kraft, daß derjenige, der es an hatte, dadurch fliegen konnte. Jedes der Mädchen zog nach beendetem Bade ihr Kleid wieder an und schwebte heimwärts. Eine derselben konnte aber das ihrige nicht finden und mußte daher zurückbleiben. Diese war Utahagi, so genannt nach einem weißen Härchen, welches auf dem

Scheitel ihres Hauptes wuchs und eine besondere Kraft hatte. Kasimbaha brachte sie nach seiner Wohnung und machte sie zu seiner Frau (*Heirat.*) Aus dieser Ehe entsproß ein Sohn namens Tambaga. (*Kindersegen.*) Einige Zeit danach teilte Utahagi ihrem Manne das Geheimnis des weißen Härchens insofern mit, daß sie ihm empfahl, ja vorsichtig damit zu sein, weil, wenn sie es durch einen Zufall verlieren sollte, großes Unglück daraus entstehen würde. (*Verbot.*) Trotzdem hielt sich Kasimbaha nicht an diese Worte, und als er es ausgezogen (*Verbotsbruch*), entstand ein schwerer Sturm, begleitet von Blitz und Donner. Als dies Gewitter ausgetobt hatte, war Utahagi verschwunden und in den Himmel zurückgekehrt. (*Abschied.*) Tambaga blieb bei Kasimbaha. Dieser sann aber auf ein Mittel, in den Himmel zu kommen. An einer Rottangranke, die vom Himmel zur Erde herabreicht und von welcher eine Feldratte die hindernden Dornen abnagt (*Strahlenleiter*), klettert Kasimbaha mit seinem Söhnlein auf dem Rücken empor. Verschiedene kleine Tiere (*Hülfsgeschöpfe*) unterstützen nun Kasimbaha bei seinem ferneren Handeln. Die Proben, die ihm die Götter auferlegen, um zu sehen, ob er ein Halbgott und von göttlicher Abstammung sei, vermag er mit deren Unterstützung zu vollbringen. Er blieb endlich mit seiner Frau im Himmel, seinen Sohn ließ man aber an einer langen Kette zur Erde herab und von diesem Tambaga stammen die Bantik.

D. Aurora. Melanesien. — Die Geschichte handelt von einigen Frauen, die, wie man sagt, dem Himmel entstammten und Flügel gleich Vögeln hatten. Und sie kamen zur Erde hinab, um sich im Meere zu baden (*Baden*), und als sie badeten, legten sie ihre Schwingen ab (*Schleierablegen*). Und als Quat vorbeiging, sah er sie. Und er nahm ein paar von den Flügeln fort (*Schleierdiebstahl*) und ging zurück in das Dorf und vergrub sie am Hauptpfahl seines Hauses (*Schleierverstecken*). Darauf begab er sich zurück und beobachtete die Frauen, und als diese ihr Bad beendet hatten, kehrten sie an den Strand zurück und ergriffen ihre Schwingen und flogen zum Himmel empor; nur eine konnte nicht fortfliegen, weil Quat ihre Flügel gestohlen hatte, und sie schrie. Da trat

Quat zu ihr heran und betrügerischen Sinnes spricht er mit ihr und fragt sie, weshalb sie schreie und sie sagt: „Sie haben mir meine Flügel fortgenommen“. Da nimmt er sie mit sich nach Hause und heiratet sie (*Heirat*). Und Quats Mutter nimmt sie, und sie gehen zur Arbeit; und wenn sie ein Yamsblatt berührt, dann sind da schon die Yamsknollen, als ob sie schon jemand ausgegraben habe. Und wenn sie ein Bananenblatt berührt, so sind die Früchte sogleich reif. Als die Mutter Quats dieses aber sah, schalt sie sie; nicht aber Quat; dieser war auf die Vogeljagd gegangen. Und als Quats Mutter sie so schalt, ging sie zurück in das Dorf, und sie setzt sich neben den Pfosten des Hauses und weint. Und als sie schrie, flossen ihre Tränen herab auf den Boden und verursachten eine tiefe Höhle. Und die Tränen wuschen die Erde von den Flügeln, sodaß die Frau sie fand (*Schleierwiederfinden*). Da flog sie wieder zurück zum Himmel (*Abschied*). — (Als Quat vom Vogelschießen heimkehrt, sieht er, was geschehen ist und schilt seine Mutter. Er schießt nun die Pfeilleiter zum Himmel empor, welche an das Wurzelende einer Feige mündet (*Sonnenstrahlenleiter*). Er nimmt alsdann Speise und klettert empor. Er findet sein Weib. Quat stürzt später herab, während seine Frau zum Himmel zurückfliegt).

E. Lepers. Island. Melanesien. — Gleicht der vorigen Mythe. Nur ist Tagaro für Quat eingeschoben. Der Schluß der Fahrt zum Himmel fehlt.

F. Die polynesischen Formen dieser Mythe zeigen eine starke Umbildung. Während nämlich Melanesien neben jenen beiden soeben zitierten Formen D. und E., in denen die Himmelsjungfrau hervortritt, noch solche hat, in denen die Fischjungfrau zum Segen des Helden ans Land steigt, findet sich in Polynesien lediglich die Himmelsjungfrau. Das Motiv des Schleierdiebstahls ist an eine andere Stelle der Mythologie gewandert. In der Mauimythologie raubt der Sonnenheld seiner Mutter den Gürtel. Aus den Resten der Hawaischen Mythologie geht hervor, daß dieser Gürtelraub einst eine große Bedeutung hatte. — Im übrigen treffen wir die verschiedensten Schwanenjungfrauen in Polynesien, wenn auch nicht gerade in der Anzahl wie in Indonesien. Mariner hat uns seinerzeit schon eine Form kennen gelehrt. Grey und White solche von Neuseeland. Mann eine solche von Hawai und neuerdings Stübel eine solche von Samoa. Wenn ich nun noch hinzufüge. daß diese jüngere Form der Himmelsjungfrauensage auch nach Melanesien hinübergedrungen ist. so hat der Leser ein sehr hübsches Bild der Verbreitung. — Die so erhaltene Himmelsjungfrauenmythe ist aber arg verkümmert. Des Schleierdiebstahls. der in den meisten Versionen so außerordentlich wesentlich ist. ist sie verlustig geworden. und wir können nur daraus. daß dies Motiv an den Gestaden Melanesiens und, wie wir gleich sehen werden, Neuhollands sich erhalten hat, und daß es in einer verworrenen Weise in die Mauimythologie übergegangen ist. erkennen. daß es einst vorhanden war. Gut nachweiseu läßt sich dagegen das Verbotsmotiv sowohl in der Tawhakimythe als in der Stübelschen Samoaversion. Indem das Gebot oder ein Wunsch nicht erfüllt wird. kehrt das Mädchen in den Himmel zurück. Wichtig ist es. daß in der neuseeländischen Mythe Tawhaki auf dem Rottangseil zum Himmel emporsteigt und die Proben im Himmel besteht. Es schließt sich also genau wie in Indonesien und Melanesien die Himmelfahrt an.

G. Narran. Neuholland. — Nach einigen wunderbaren Erfahrungen in unbekannten Ländern und nach mehrfachem Fliehen erblickt Wurrunah sieben junge Mädchen. — Die jungen Mädchen zeigten bei seinem Anblick keinerlei Furcht. waren vielmehr sehr freundlich zu ihm, gaben ihm zu essen und ließen ihn in ihrem Kreise übernachten. Sie sagten ihm. daß sie aus einem fernen Lande stammten und dahin auch wieder zurückkehren würden. Am nächsten Tage verließ Wurrunah sie. beschloß jedoch, in ihrer Nähe zu bleiben, und. wenn sich eine Gelegenheit böte, eines der Mädchen zu stehlen und als Frau mitzunehmen. So beobachtete er denn. daß die sieben Mädchen mit den Grabstöcken in der Hand aufbrachen. Bei einem Neste fliegender Ameisen machten sie Halt und gruben um den Bau Löcher. Nachdem sie mit Erfolg gegraben hatten. setzten sie sich nieder. um die von ihnen als Delikatesse geschätzten Ameisen zu verzehren. Während dessen legten sie die Grabstöcke zur Seite. (An Stelle des Motivs *Schleierablegen*). Sobald sie beim Mahle saßen, kam Wurrunah vorsichtig herbei und stahl zwei der Grabstöcke (*Schleierdiebstahl*), worauf er zu seinem Verstecke zurückkehrte. Sobald die Mädchen ihr Mahl verzehrt hatten, nahmen sie ihre Stöcke auf und machten sich zur Rückkehr nach ihrem Lager bereit. Aber nur fünf konnten ihre Stöcke finden und nur diese wanderten fort. Zwei sahen sich vergebens nach ihrem Gerät um, suchten und suchten. Als sie nun einmal gerade mit dem Rücken ihm zugekehrt waren, kam Wurrunah hervor und steckte die Stöcke in den Boden, worauf er sich wieder verkroch. Alsbald sahen die beiden ihre Grabstöcke, stürzten sich mit einem Freudengeschrei auf sie zu und wollten sie just erfassen, als Wurrunah herbeisprang und sie festhielt. Zwar weinten und schrien sie mächtig, aber der Mann erklärte ihnen, daß sie seine Weiber werden sollten, daß sie es auch gut haben würden, wenn sie seinen Wünschen folgten etc. Als die beiden nun sahen, daß jeder Widerstand nutzlos sei, ergaben sie sich in ihr Schicksal und gingen mit ihm von dannen (*Heirat*). Sie sagten ihrem Manne aber, daß in einigen Tagen ihr Stamm kommen würde, um sie zurückzuholen, und daß sie deswegen tüchtig darauf losmarschieren müßten, und das taten sie denn auch. Einige Wochen verstrichen, und die beiden Meamei (Meamei war der Name der sieben Schwestern) schienen mit ihrem neuen Leben ganz einverstanden zu sein. Sie wunderten sich nur, daß die andern Meamei so gar nichts von sich hören ließen, fragten sich, ob dieselben wohl noch am selben Orte wohnten, ob sie zu ihrem Stamme gekommen wären, um Beistand zu holen etc. Es verstrich lange Zeit. — Als sie eines Tages lagerten, sagte Wurrunah: „Dieses Feuer will nicht recht brennen. Geht ihr beide denn hin und holt von den beiden Fichten dort einige Borke.“ Darauf antworteten sie ihm: „Nicht doch, wir dürfen nicht Fichtenborke abschälen. Wenn wir es täten, würdest du uns nie wiedersehen.“ (Warnende Erklärung an Stelle des *Verbotes*). Er befahl es nochmals; sie warnten ihn wieder und wieder; aber es half nichts, er wollte seinen Willen ausgeführt sehen. (Durchsetzen seines Willens an Stelle des *Verbotsbruches*). So gingen denn die beiden Meamei an die Arbeit.

Sie nahmen ihre Steinbeile, und jede trat an einen Baum. Jede trieb mit einem festen Schlage ihr Beil in den Baum. Aber kaum war das geschehen, so fühlte jede, daß der Baum, in den sie ihr Beil getrieben hatte, vom Boden emporwuchs, höher und höher wuchs und sie mit sich trug. Höher und höher wuchsen die Fichten empor, höher und höher wurden die zwei jungen Frauen von der Erde gehoben. Als nun Wurrunah nach den ersten Schlägen nichts mehr vernahm, stand er auf, um zu sehen, was die Mädchen eigentlich machten. Wie er an die Fichten kam, sah er das unnatürliche Wachstum und seine beiden Frauen außerdem oben in der Luft. Er rief ihnen zu, herabzukommen, aber er erhielt keine Antwort. Er rief sie wieder und wieder, erhielt aber keine Antwort, mußte es vielmehr mit ansehen, wie sie höher und höher hinaufgelangten. Und die Fichten wuchsen, bis ihre Spitzen den Himmel erreichten. Im gleichen Augenblicke sahen aber auch die anderen fünf Meamei aus dem Himmel, riefen ihren beiden Schwestern auf dem Fichtenbaume zu, nicht zu erschrecken, sondern zu ihnen zu kommen. Sobald die beiden die Stimmen ihrer Schwestern vernahmen, klommen sie nun ihrerseits empor, und als sie die Spitzen der Bäume erreichten, steckten die anderen fünf die Hände herab und zogen sie zu sich in den Himmel, wo sie von nun an für immer leben sollten. Und dort kannst du die sieben Schwestern auch sehen. Du kennst sie als Plejaden, die Schwarzen nennen sie aber Meamei.

Die Schwanenjungfrauenmythe in Amerika.

H. Tschuktschen. Nordostasien. — Ein Mann sieht fünf weiße und schöne Frauen in einem See baden (*Baden*). Am Ufer findet er ihre weißen Gänsehautjacken und ergreift Besitz von ihnen (*Schleierdiebstahl*). Die Frauen kommen ans Land und bitten um ihre Anzüge. Eine von ihnen ist schöner als die anderen. Sie ist so schön wie Feuer. Der Mann weigert sich, dieser die Jacke wiederzugeben, während die andern, die die ihren zurückerhalten, diese anziehen und von dannen fliegen. Der Mann nimmt die Gänsefrau mit sich nach Hause und heiratet sie (*Heirat*). Sie schenkt ihm einen Sohn (*Kindersegen*). Nach einiger Zeit bittet die Schwiegermutter sie, in das Land zu gehen und eßbare Wurzeln zu graben. Sie bringt jedoch nichts als Grasstengel. Die alte Frau schilt sie und bringt sie zum Weinen. (Vergleiche die melanesischen Mythen D. und E.). Sobald die Vögel zu ziehen beginnen, kann die Gänsefrau nicht schlafen und beobachtet sie; sie wünscht sie zu sprechen. Zwölf weiße Gänse fliegen vorbei. Sie ruft und bittet sie, ihr zu helfen. „Nehmt mich mit in unser Land!“ sagt sie. Sie antworten: „Wir haben keinen Schlitten.“ Dann läßt aber jede eine Feder aus ihren Fittichen fallen. Die Frau sammelt die Federn auf und näht sie an ihren Ärmel (an Stelle des *Schleierwiederfindens*) und fliegt mit den Gänsen fort (*Abschied*). Der Mann rügt seine Mutter und bittet sie, ihm zehn paar neue Schuhe zu machen. Er füllt die Schuhe mit Proviant und macht sich auf zur Verfolgung seines Gänseweibes. Jeden Tag trägt er ein paar von den Schuhen ab und verzehrt die Nahrung aus einem andern. Als er zuletzt alle seine Schuhe aufgebraucht hat, kommt er an den Seestrand. Ein alter kleiner Mann steht am Ufer, der behaut Holz mit einer Axt. (Nach einer anderen Lesart verwandeln sich die ins Wasser fallenden Holzschnitzel in Fische usw.) Er blickt nach des alten Mannes After und bemerkt, daß er durch denselben bis in den Mund sehen kann. Er geht nun in den Anus hinein und kommt bei dem Munde heraus. „Woher kommst du?“ fragt der alte Mann. „Von deiner rechten Seite“ antwortet er, da er fürchtet, ihn mit der Wahrheit zu ärgern. Der alte Mann bittet ihn, einen Block Treibholz, der nahebei liegt, heranzubringen. Mit seiner Axt höhlt er ihn aus und macht ein Kanoe mit einem genau darauf aufliegenden Dache daraus, so daß dieses gleich dem Deckel einer Schnupfbüchse genau paßt. In diesem Boot kreuzt der Mann zu einem anderen Gestade. Doch es spielt sein kleiner Sohn am Ufer mit anderen Kindern und erzählt seiner Mutter, der entflohenen Gänsefrau, daß ihr Mann komme. Diese glaubt dem Kinde nicht, tritt jedoch zuletzt heraus, um den Ankömmling zu treffen. „Weshalb kommst du?“ sagt sie. „Sie werden dich töten! Ein sehr starker Mann hat mich zu seinem Weibe genommen!“ „Gut“, sagt er: „Ich komme, um zu sterben, nicht um zu leben.“ Eine Glaukusmöwe ist der

Mann der Frau. Er ist der klügste und stärkste Mann im Dorfe. Sein Haus steht gegenüber allen anderen. Er greift den Besucher an, der aber des Möwen Nacken umdreht und ihn niederwirft. Das Vogelvolk sammelt sich in Schwärmen und greift den Mann an. Sie schießen mit ihren Schwingfedern nach ihm. Er aber greift eilig eine Keule und erlegt hunderte von Vögeln. Dann kehrt er mit seinem Weibe und seinem Kinde in demselben zugeklappten Boote zurück." — In einer anderen Lesart ist der neue Vogelehemann ein mächtiger Adlerschamane, und er siegt nur mit Hülfe der anderen Vogelschamanen: des Raben, der Meerschwalbe und des Falken.

I. Zentrale Eskimo. — Ititaujang (d. h. dem Anus ähnlich) war von dem zur Heirat erbetenen Mädchen zurückgewiesen worden, weil er einen so häßlichen Namen habe. Da wanderte er weit, weit fort. — Zuletzt kam er in das Land der Vögel und an ein kleines Gewässer, in dem viele Gänse schwammen (*Baden*). Am Ufer sah er eine Menge von Schuhen stehen; vorsichtig schlich er sich näher und stahl so viele von denselben, als er fortnehmen konnte (*Schleierdiebstahl*). Einige Zeit später verließen die Vögel das Wasser und machten, als sie ihre Schuhe nicht fanden, einen großen Lärm. Nur eine von dem Schwarme blieb zurück, die rief: „Ich will meine Schuhe wiederhaben, ich brauche meine Schuhe." Ititaujang kam hieraufhin hervor und sagte: „Ich will dir deine Schuhe wiedergeben, wenn du meine Frau werden willst." Erst wollte sie nicht; als Ititaujang aber ihr den Rücken zudrehte, um mit den Schuhen wegzugehen, erklärte sie sich, wenn auch widerstrebend, bereit. Nachdem sie ihre Schuhe wieder angezogen hatte, war sie sogleich in ein Weib verwandelt und wanderte mit ihm zur Meeresküste, wo sie sich in einem großen Dorfe niederließen (*Heirat*). Hier lebten sie mehrere Jahre zusammen, und hier brachte sie ihm auch einen Sohn zur Welt (*Kindersegen*). Inzwischen wurde Ititaujang ein hochgeachteter Mann, da er unter den Inuit bei weitem der beste Walfischjäger war. Nach einiger Zeit hatten die Inuit einmal einen Walfisch getötet, und man war dabei beschäftigt, ihn zu zerlegen und Fleisch und Speck in die Hütten zu tragen.

Obgleich Ititaujang emsig arbeitete, stand sein Weib müßig daneben. Als er sie nun rief und sie bat, ihm zu helfen, wie die andern Frauen dies taten, schlug sie ihm dies ab und rief: „Meine Nahrung ist nicht die des Meeres, meine Nahrung ist die des Landes. Ich will nicht Walfischfleisch essen, ich will nicht helfen.“ (Diese Weigerung ist an Stelle des warnenden *Verbotes* getreten.) Ititaujang antwortete: „Du mußt Walfischfleisch essen; das wird deinen Magen füllen.“ (Durchsetzen des Willens an Stelle des *Verbotsbruches*.) Darauf schrie sie aber wieder und rief: „Ich will nichts davon essen; ich will mein schönes weißes Kleid nicht beschmutzen.“ Sie stieg zum Ufer hinab und suchte nun emsig nach Vogelfedern. Nachdem sie genügend gefunden hatte, steckte sie sie zwischen ihre Finger und zwischen die ihrer Kinder (an Stelle des *Schleierwiederfindens*); darauf verwandelten sie sich in Gänse und flogen fort (*Abschied*). Als die Inuit dieses sahen, riefen sie aus, „Ititaujang, dein Weib fliegt fort!“ Da wurde Ititaujang sehr betrübt; er rief nach seiner Frau; er achtete nicht mehr des Überflusses an Fleisch und Speck, und das Spritzen der Walfische nahe dem Ufer blieb ihm gleichgültig. — Er macht sich nun auf die Reise über Land, um seine Frau zu suchen. Der Salme schnitzende Mann mit dem offenen Rücken nimmt ihn freundlich auf, weil Ititaujang in falscher Darstellung der Tatsachen sagt, er sei von vorn und nicht von hinten gekommen. Der Mann leiht ihm einen Salmenrückenknochen, der Ititaujang auf eine kleine Insel tragen soll, auf der sein Weib und sein Kind mit einem neuen Gatten zusammenwohnen. Nur soll er während der Überfahrt in dem zum Kajak verwandelten Knochen die Augen schließen. Ititaujang kommt, als er die Augen ein wenig öffnet in Gefahr, gelangt aber doch endlich glücklich an das Gestade der Insel. Dort spielt sein Kind. Dasselbe sieht den Vater und meldet ihn der Mutter an, die aber trotz zweimaliger Mitteilung nicht an dessen Ankunft glauben kann. Kaum hat es aber der Knabe zum zweiten Male gesagt, da erscheint auch Jtitaujang am Eingange der Tür. Als ihn der neue Ehemann der Frau sieht, fordert dieser sie auf, die in einer Ecke der Hütte stehende Kiste zu öffnen. Sie tut es, und viele Federn fliegen aus der Kiste, die sofort an ihnen haften. Die Frau, der neue Ehemann und das Kind werden sogleich in Gänse verwandelt; als aber Ititaujang sieht, daß sie drauf und dran sind, fortzufliegen, wird er wütend und schlitzt den Leib seiner Frau auf, ehe sie entweichen kann. Viele Eier fallen zu Boden.

K. Grönländer. — Ein alter Junggeselle pflegte sich zu unterhalten, indem er mit Schädeln von Seehunden spielte. Er behandelte sie, als wären sie seine Kinder. Wenn er im Kajak ausfahren wollte, legte er sie auf das Ufer und sagte, nachdem er in seinem Fahrzeug Platz genommen hatte: „So, nun seid artig, Kinder, und geht schleunigst nach Hause!“ Und wenn er sie, heimkehrend, wieder an demselben Platze vorfand, pflegte er auszurufen: „Ihr scheint mir insgesamt taub und schwerhörig zu sein, habe ich euch nicht, ehe ich abfuhr, gesagt, ihr solltet vom Wasser fortgehen?“ Dann nahm er wohl einen der Köpfe, warf ihn in das Wasser und sagte: „Schaut, da ist euer kleiner Bruder in das Wasser gefallen!“ — Als er sich nun einstmals sehr einsam und betrübt fühlte, lief er weit weg in das Land, und da traf er eine große Menge von Frauen an, die sich in einem See badeten (*Baden*). Bei diesem Anblick stieg ein Gedanke in ihm auf. Geräuschlos stahl er sich zu dem Platze, an dem die Frauen ihre Kleider abgelegt hatten und brachte das Kleid derjenigen, die ihm die hübscheste schien, in Sicherheit (*Schleierdiebstahl*). Sodann ging er kühn auf sie zu. Als die Frauen ihn sahen, eilten sie auf ihre Kleider zu, warfen dieselben über, verwandelten sich allsogleich in Vögel und flogen fort. Die aber, der er die Kleider weggenommen hatte, blieb allein zurück. Und der Junggeselle ging schlangweg auf sie zu und fragte: „Willst du wohl meine Frau werden?“ Darauf antwortete sie: „Ja, du magst mich nehmen, gib mir aber meine Kleider zurück.“ Sie erhielt sie darauf auch; er hielt sie aber fest, damit sie ihm nicht etwa wegflöge. Sie kleidete sich also an, er nahm sie mit sich nach Hause und heiratete sie (*Heirat*). Am folgenden Morgen wagte er es nicht, seinen Kajak zu besteigen, aus Furcht, sie möchte ihm entfliehen; und so kam es, daß er es ganz aufgab, auszufahren, bis sie eines Tages selbst zu ihm sagte: „Jetzt kannst du mich ohne Furcht verlassen. denn ich liebe dich jetzt in Wahrheit. Du kannst mir nunmehr trauen.“ Da begann er wieder auf die Seehundjagd auszuziehen. Endlich bekam sie einen Sohn, und als er aufwuchs, wurde ihm noch ein Sohn geboren. Danach erhielten sie aber keine Kinder mehr (*Kindersegen*). Als die Kinder aufwuchsen. nahm die Mutter sie zuweilen beim Ausgehen mit sich, und auf dem Wege pflegte sie sie zu ermahnen. Flügel und Federn zu sammeln. indem sie sagte: „Kinder. ihr seid Verwandte der Vögel.“ Eines Tages aber befestigte sie endlich diese Flügel an dem einen Knaben. der darauf sogleich in ein Seehuhn verwandelt wurde und fortflog. Dasselbe machte sie mit seinem Bruder und zuletzt legte auch sie Flügel an (das Federsammeln und Anheften ist an Stelle des *Schleierwiederfindens* getreten) und folgte ihnen ebenfalls in Gestalt eines Seehuhnes (*Abschied*). Als der alte Mann heimkehrte, fand er weder Weib noch Kinder vor. worauf er sehr betrübt wurde. Immerhin hörte er nicht auf. in seinem Kajak auszufahren. obgleich er nicht mehr Seehunde jagte. — Er kommt nun eines Tages an einen Sandhügel, an dem, wie in den beiden vorhergehenden Mythen. der hinten ausgehöhlte Mann sitzt. den er als solchen auch erkennt, dem er sich aber in vorsichtiger Weise von vorne nähert. Deshalb wird er auch von diesem nicht getötet. Als er den Alten fragt. ob er nicht drei Vögel gesehen habe. sagte er erst nein. nimmt auch den angebotenen Kajak nicht an. lehnt dagegen die Axt nicht ab. Der alte. frühere Junggeselle wird nun auf den Schwanz eines Salmes gesetzt und fährt von dannen: Gefahr beim Augenöffnen. Erst als ein Kind schreit: „Vater ist da!“ öffnet er die Augen, sieht sich am Ufer und bemerkt ein Haus mit schönen Fenstern. Alle Bewohner sind Frauen. Nahe der Rückwand sitzt seine Frau und ihr gegenüber ein Mann mit einer Stülpnase. der in einem fort die Worte wiederholt: „Willst du mich heiraten?“ worauf diese Frau aber antwortet: „Nein. ich habe schon einen andern Gemahl erhalten.“ Alle andern Frauen verlassen das Haus, nur diese beiden bleiben zurück. Als zuletzt auch der Bursche mit der Stülpnase sich entfernt hat, macht der Mann einen Versuch. seine Frau zurückzuerlangen; aber geschwind folgt seine Frau dem andern, und als er sie verfolgt, verwandelt sie sich in eine Möve, wie dies die andern Frauen auch getan haben. Der Stülpnasenmann ist inzwischen zur Wildente geworden, und als der abgedankte Ehemann sich herumdreht, sieht er, daß sich das Haus in einen Mövenhügel verwandelt hat, wie solche aus den Abfällen, überall da, wo diese Vögel lange hausen, entstehen.

L. Micmac. — Es sind nur noch fragmentarische Reste der Mythe vorhanden. In einer Geschichte baden (*Baden*) drei junge Mädchen zur Winterszeit in einem Eisloche. Der Held sieht sie, wie sie ihr Haar ordnen (*Schleierablegen*). Es gelingt ihm das dritte Mal, als er sie sieht, das Haarband der einen zu stehlen (*Schleierdiebstahl*). Er nimmt dasselbe mit nach Hause. Das junge Mädchen kommt zu ihm und bittet ihn um dasselbe. Er heiratet sie (*Heirat*).

In einer andern Version trifft der Held Marder an einem kleinen See einige junge Mädchen, die dort baden und ihre Sachen am Ufer niedergelegt haben (*Baden* und *Schleierablegen*). Der Marder stiehlt die Kleider der Schönsten (*Schleierdiebstahl*). Dieselbe folgt ihm nach Hause, wo er ihr einen leichten Schlag versetzt und sie heiratet (*Heirat*). Später folgt als Fortsetzung die Geschichte von den, Sternenmänner heiratenden Frauen.

M. Antillen. — Nachdem die ersten Männer hervorgekommen waren, fehlten ihnen noch die Weiber. Endlich entdecken sie unter Baumzweigen an den Ufern eines großen Sees einige Tiere, die sich als Frauen erweisen. (Es liegt hier offenbar das Motiv des *Badens* und *Schleierablegens* zugrunde). Diese Frauen sind aber außerordentlich schwer zu erreichen, ja es ist geradezu unmöglich, sie festzuhalten, weil sie glatt wie Aale sind. (Also mehrmaliger Versuch die Frauen zu erlangen, wie wir das eben auch schon bei den Micmac sahen, und wie wir das Motiv in der lappländischen Mythe wiederfinden werden.) Endlich versuchen es einige Männer, die Frauen festzuhalten, deren Hände durch eine Art Aussatz rauh geworden sind. (Offenbar an Stelle des *Schleierdiebstahles*.) Diesen gelingt es, vier von den glatten

Frauen zu fangen, welche geheiratet werden und von denen die Welt bevölkert wird.

Eine ganz schwache Spur der Mythe findet sich auch in Peru, wo nach der Flut ein Indianer zwei Aarapapageien mit Weibergesichtern antrifft, die ihm immer heimlich ein Mahl bereitet haben. Der Mann versteckt sich und es gelingt ihm, trotzdem die beiden zu fliehen suchen, eine derselben zu heiraten, welche die Stammmutter wird. — Wenn überhaupt, dann ist dies ein sehr schwacher Nachklang.

Die Schwanenjungfrauenmythe in Afrika.

N. Betsimisaraka aus Madagaskar. — Man erzählt, daß ein Betsimisaraka, der fischen gegangen war, eine wunderbare Undine mit weißer schöner Haut und langen schwarzen Haaren heraufgezogen habe (offenbar Vermischung mit der Mädchenangelmythe). Dieses Weib lebte im Wasser und nährte sich von rohem Fleisch. „Ich heirate dich“, sagte sie zum Fischer, „und wohne mit dir unter der Bedingung, daß du nie meinen Ursprung aufdeckst (*Verbot*). Sie heiraten sich (*Heirat*), und das Weib lebte auf Erden, wie wenn sie eine gewöhnliche Frau wäre. Aus dieser Ehe entsprossen vier Kinder, zwei Knaben und zwei Mädchen (*Kindersegen*). Eines Tages, als der Betsimisaraka vom Rum betrunken war, fragte man ihn, wie ein so armer Fischer wie er sei, eine so schöne Frau hätte heiraten können. Er erzählte, auf welche Weise die Ehe zustande gekommen sei und enthüllte so den Ursprung seiner Frau (*Verbotsbruch*). Sowie die Tochter des Wassers dies vernahm, verließ sie ihren Gatten und kehrte in den Fluß zurück (*Abschied*). Die Töchter folgten ihr und wurden Undinen wie sie. Die Söhne blieben bei ihrem Vater. Sie wurden Stammväter und nannten ihre Nachkommen „die Söhne des Wassers“. Es gibt noch Nachkommen von ihnen in Tamatave.

O. Zulu. — Es wird behauptet, daß in Südafrika eine vollständig erhaltene Schwanenjungfrauenmythe existiere, die ich aber nicht aufzufinden vermochte. Wesentlich sind aber einige Reste.

Es kommt nämlich in den Geschichten oftmals vor, daß eine Schar junger Mädchen in einem See baden und daß eine von ihnen ein Schmuckstück liegen läßt, welches sie später noch holen will. Als sie zurückkehrt, wird sie aber von den Kannibalen oder von dem Wasserungeheuer geraubt. — Als Rest sind diese kurzen Notizen natürlich sehr wertvoll. Wir müssen hoffen, daß uns besseres Material noch zugänglich gemacht wird.

Nunmehr möchte ich aber auf einige Züge der afrikanischen Mythologie eingehen, die zwar nicht in einem direkten Zusammenhange mit der Schwanenjungfrauenmythe stehen, die uns aber offenbar auf die Grundzüge dieser Mythologie zurückführen. Dies hier eingeschobene Stück wird um so wertvoller werden, als es das Wesen der afrikanischen Mythologie und die Verschiebung der Mythologien auf diesem merkwürdigen Boden deutlich zeigt. Wir beschäftigen uns hier erst mit einer Mythe aus Angola, die jene Stämme, die einst im Osten Afrikas saßen und die im Mittelalter an die Westküste verschoben wurden, mit hierher genommen haben. Es ist eine Mythe, welche das wasserholende Mädchen so klar erkennen läßt, wie keine andere. Dies ist die Einschiebung A. Die andere Einschiebung B stammt aus dem Gebiete der Nordwestküste und führt uns in das Leben der Fischweiber ein. Ich habe schon im vorigen Kapitel auf sie hingewiesen und muß sie jetzt des Näheren besprechen.

Einschiebung A. Mythe aus Angola. — Der Sohn des Sonnenhelden Kimanaueze will durchaus die Tochter des Herrn Sonne und seiner Frau Mond heiraten und keine andere. Er schreibt nun einen Heiratsantrag, den er absenden will. Aber kein Tier kann ihn überbringen. Endlich erbietet sich der Frosch. Dieser vollführt die Briefbestellung auf folgende Weise: An einer bestimmten Quelle holen die Leute der Frau Mond das frische Wasser. Dorthin geht auch Frosch. Als die Mädchen den Humpen ins Wasser tauchen, hüpft er hinein. Die Mädchen merken ihn nicht. Sie nehmen ihn mit in den Himmel, wo er in dem Wasserraum den Brief auf einen Tisch legt und sich in eine Ecke versteckt. Sonne liest den Brief und Frosch läßt sich, als die Krüge wieder leer sind, von den Wassermädchen in der gleichen Weise in den Eimern zur Quelle mit zurücknehmen, wo er unbemerkt wieder entschlüpft. So besorgt er in verstohlener Weise erst einen Brief nach dem andern nach oben und nimmt auch die Antworten, die oben auf den Tisch gelegt werden, wieder mit herunter. Desgleichen vermittelt er den Austausch der üblichen Heiratsgeschenke. — Über das Hinauf- und Hinabsteigen der Wassermädchen hören wir, daß sie dies an einem Spinnenfaden tun. — Die Vereinbarungen sind so weit gediehen, daß der Sohn Kimanauezes seine Braut heimholen kann. Der Frosch sinnt eine hübsche List aus, um dies zu umgehen. Er läßt sich von dem Wassermädchen wieder hinaufnehmen, versteckt sich in einer Ecke und macht ausfindig, wo des Nachts die Tochter der Frau Mond und des Herrn Sonne schläft. Unbemerkt raubt er ihr beide Augen, schlägt sie in ein Tuch und versteckt sich wieder. Als die Sonnentochter morgens erwacht, ist sie blind. Darauf senden die Eltern die Sonnentochter zu Ngongo, einem vielwissenden Geist, der aussagen soll, was für ein Grund für die Krankheit vorliegt. Seine Antwort ist: „Das krankgewordene Weib ist zur Frau bestimmt, aber noch nicht verheiratet. Der Spruch, den ihr zukünftiger Gemahl gesandt hat, indem er sie besprach und so blind machte, lautet: „„Laßt mein Weib kommen, wenn sie nicht kommt, werde ich sie töten!““ — Diese Auskunft bringen die Diener dem Herrn Sonne, der darauf sagt: „Gut, wir wollen schlafen und morgen soll sie zur Erde gebracht werden.“ — Frosch hört das alles in seiner Ecke und läßt sich am nächsten Tage von den Wassermädchen zur Quelle auf die Erde zurückbringen. Er verkündet seinem Herrn, daß die Braut kommen werde. Herr Sonne läßt aber von der Spinne ein besonders starkes Seil anfertigen, an dem die Tochter der Frau Mond und des Herrn Sonne dann am Abend zur Erde gebracht wird. Sie kommt an die Quelle, an der immer Wasser geholt wird, und dort wird sie von ihren Leuten zurückgelassen. Frosch kommt aus der Quelle herausgehüpft, gibt ihr die Augen wieder und bringt sie zu ihrem Manne.

Die Söhne der Sonne sind stets Sonnen, die Töchter des

göttlichen Ehepaares sind aber Monde oder Sterne. Der Mond gilt im allgemeinen wie alle Sterne, nur ist er der größte und der schönste. In der vorliegenden Mythe sind die wasserholenden Mondmädchen außerordentlich ausgeprägt. Wir sehen das Erstrahlen des über dem Meere hinfunkelnden Mond- und Sternenhimmels. Natürlich kann der Sonnengott mit seiner Mondliebe nicht so leicht zusammenkommen, eine Geschichte nnd eine Schwierigkeit, die hier wunderhübsch dargestellt ist.

Einschiebung B. Mythe der Tschi. — Ein Eingeborener, der kürzlich seine Frau verloren hat, geht niedergeschlagen an der Küste auf und ab, als er eine junge Frau trifft, die ihn fragt, weshalb er so niedergeschlagen sei. Die Frau heiratet den Mann. Einige Zeit geht alles gut. Nach einigen Monaten wird sie aber unruhig und sagt ihrem Manne, daß sie heimgehen und ihre Verwandten besuchen müsse. Der Mann will sie begleiten, was sie nicht will. Als sie am Meeresstrande sind, sagt sie, daß sie ihn nicht mitnehmen wolle, da er sie sicherlich nach ihrer Rückkehr verspotten würde. Er versichert, daß er das nicht tun werde, und sie berichtet, daß ihre Heimat im Meere sei. Sie und ihre Verwandten wären Fische. Wenn er nun noch immer wünsche mitzukommen und sie zu begleiten, so solle er die brandenden Wellen zählen, wenn sie an die Küste schlügen und mit ihr unter der dritten untertauchen. Als die dritte Welle die Küste berührt, stürzen sie hinunter und kommen nun zu den Fischen. Die Verwandten räumen ihnen ein Haus ein, warnen aber den Mann davor, dasselbe zu verlassen. Einen Grund für diese Warnung geben sie nicht an. Einige Tage willfahrt er ihrer Bitte. Als er aber eines Tages einige junge Fische spielen sieht, geht er hinaus, um sie in der Nähe zu beobachten. Die Verwandten kommen ihm nach und überreden ihn, zurückzukehren. Drei Tage nachher, als er die jungen Fische wieder spielen sieht, verläßt er das Haus jedoch abermals. Er hat in der Zeit, in der er bei den Fischen lebt, einige Eigentümlichkeiten derselben angenommen, z. B. das Ausstrahlen eines phosphoreszierenden Lichtes während der Nacht. Als er sich nun der Oberfläche des Wassers zu sehr nähert, wird er von einigen Fischern (von einem

Kanoe aus) bemerkt, die sogleich einen Speer nach ihm werfen, da sie ihn für einen besonders ungewöhnlich schönen Fisch halten. Die Verwandten seiner Frau merken die Gefahr, eilen ihm zu Hilfe und suchen ihn auf den Grund des Meeres zurückzuziehen. Als die Bemühungen mißglücken und der Mann nach der Oberfläche hinaufgezogen wird, bitten sie einen vorbeischwimmenden Haifisch, die Schnur, an welcher der Speer befestigt war, zu zerbeißen. Der Haifisch erfüllt sogleich ihre Bitte und der Mann wird wieder frei. Er wird in das Haus getragen, der Speer wird herausgezogen. Die Wunde heilt. Als er genesen ist, schicken ihn die Verwanden seiner Frau, die fürchten, daß ihnen bei längerem Verweilen ein neuer Unfall zustoßen möchte, mit seiner Frau ans Land 'zurück. Als Abschiedsgeschenk geben sie ihm den Speer, schärfen ihm jedoch ein, denselben sorgfältig verborgen zu halten. -- Sie kehren ans Land zurück. Der Mann verbirgt den Speer sorgfältig im Stroh des Daches. Nun beschließt einige Jahre nach der Rückkehr des Paares aus dem Meere der Besitzer des gesamten Grundstückes, die Strohbedachung der sämtlichen Gebäude zu erneuern, findet dabei den Speer und entdeckt ihn sogleich als den seinen. Er spricht den Mann darauf an, der auszuweichen sucht, der aber, als er verklagt wird, den Speer gestohlen zu haben, zu einer Erklärung gedrängt wird. Er erzählt also das ganze Abenteuer. So wird die Sache bekannt. Eine zweite Frau, die der Mann inzwischen geheiratet hat, verspottet das Fischweib mit seiner Herkunft. Das Fischweib geht zu ihrem Gatten, macht ihm Vorwürfe, daß er ihr Geheimnis verraten habe und verläßt ihn alsdann. Sie läuft zum Meeresstrande hinab, stürzt sich mit ihrem jüngsten Kinde im Arm ins Meer. Ihre beiden ältesten Kinder bleiben der Fürsorge des Mannes überlassen, und von ihr stammt eine große Familie im Lande ab.

Eine zweite Version von einer anderen Familie erzählt: Ein Mann, und zwar ein Junggeselle, der nicht die Mittel hat, sich ein Weib zu kaufen, wirft abends sein Netz aus. Er fängt einen sehr schönen Fisch von der Appei genannten Art. Als er den Fisch töten will, spricht derselbe zu ihm: „Töte mich nicht, ich will deine Frau sein und du sollst mein Mann sein.“ Der

Mann ist überrascht, daß der Fisch spricht, tötet ihn nicht und trägt ihn beiseite. Er selbst fischt weiter. Als er das Fischen beendet hat und heimkehrt, findet er daselbst an Stelle des gefangenen Fisches eine junge hübsche Frau. Sie erzählt ihm, daß sie ein Fisch sei, und daß in Zukunft weder er noch sie noch ihre Kinder von dem Appei genannten Fische essen dürften. Die Familie vermehrte sich sehr stark.

Wenn wir in den beiden letzten Versionen auch weder eine klar ausgesprochene Mädchenangelmythe noch eine Schwanenjungfrauenmythe, deren letzterer eventuelle Herkunft aus dem Bereiche der Fischjungfrauen wir später besprechen werden, vor uns liegen haben, so sind doch die Materiale außerordentlich wertvoll für die Kritik der Verbreitung. Die erste Tschimythe muß eine starke Umarbeitung erlebt haben. Wir haben das Motiv des Angelhakens in der Geschichte mit dem Speer vorliegen. Indem die Geschichte mit dem Speer weiter nach hinten gerückt ist, hat sich der ganze Stoff umgebildet. — Aber auf Madagaskar ist ja die Schwanenjungfrauenmythe, zumal in den ersten Teilen, auch stark abgeändert, und wir werden demnach wohl kaum einen falschen Schluß ziehen, wenn wir annehmen, daß die afrikanische Mythologie sich unter dem Einflusse einer ihrerseits schon stark umgebildeten jüngeren Mythologie zu ihren heutigen Formen entwickelt hat. Ob diese ihrerseits schon stark umgebildete Mythologie die altsemitische ist, wäre an einem andern Orte zu untersuchen.

Die Schwanenjungfrauenmythe in Asien und Europa.

P. Japan. — An der Küste von Suruga, zu Miwo, wohnte einst ein Fischer namens Hakurioo. Als dieser eines Tages im Sonnenschein am Gestade von seiner Arbeit ausruhte, sah er ein hellglänzendes weißes Gewand vor sich liegen, zart und durchscheinend und ganz aus Federn zusammengewoben. An den Stellen, wo die Schultern sich befinden mußten, hingen zwei Flügel an dem Wunderkleide. Gierig nahm er es zu sich und wollte es nach Hause nehmen und sorgfältig verwahren (*Schleierdiebstahl*), als ein wunderschönes Mädchen vor ihm erschien und laut jammernd ihr Gewand von ihm zurückforderte. Hakurioo war anfangs garnicht gewillt, seine Beute fahren zu lassen; das Mädchen sagte jedoch unter fortwährendem Klagen und Tränen, sie sei eine Himmelsgöttin, müsse aber elendiglich auf Erden weilen, so lange sie ihr Federkleid nicht habe, das sie beim Baden abgelegt (*Baden*), und das auf diese Weise widerrechtlich in seine Hände gekommen sei. Da ward der Fischer von Mitleid bewegt und sprach: „Wohlan denn, ich will dir dein Gewand zurückgeben, wenn du mir dafür den himmlischen Tanz vortanzt, mit dem ihr Himmelstöchter durch die Wolken schwebt." Die Maid erwiderte: Ja, gib mir mein Gewand und du sollst den schönsten Tanz erschauen, den ich zu tanzen vermag." Der Fischer bedachte sich aber noch und sagte: „Nein, erst tanze, dann gebe ich dir dein Kleid!" Darauf erzürnte die himmlische Maid und rief: „O schäme dich, das Wort einer Göttin zu bezweifeln! Geschwind gib mir das Gewand, denn ohne dasselbe vermag ich nicht zu tanzen. Es soll dich nicht gereuen, das verspreche ich dir!" Darauf reichte ihr denn Hakurioo das Federgewand. Sie legte es sofort an und erhob sich in die Lüfte. Allein getreu ihren Worten führte sie vor des Fischers erstaunten Blicken den herrlichsten Tanz auf, den man sich nur denken kann, und dabei sang sie wunderschöne, sinnberauschende Melodien, so daß Hakurioo nicht wußte, wie ihm geschah. In immer schöneren Windungen erhob sie sich immer höher und höher, allein es dauerte lange, ehe sie den Blicken des entzückten Fischers entschwand und bis in einem lichten Gewölk, das dem Haupte des Fuji-Yama ausschwebte, die letzten Töne des Göttergesanges seinen Ohren verklangen (*Abschied*). — (Während das Motiv des Abschieds klar ausgesprochen ist, fehlt die dazwischen liegende Ehe und der natürlich ohne dieselbe nicht mögliche Kindersegen. — Ich greife übrigens ein Stück der Hohodemimythe heraus, um es hier einzufügen. Dasselbe soll zweierlei zeigen: einmal, daß das Verbotsmotiv und der Verbotsbruch auch in Japan nicht fehlt und zweitens, daß auch bei den Fischmädchen die Federn eine bedeutende Rolle spielen. Das Stück ist eine Fortsetzung der im vorigen Kapitel gebrachten Hohodemimythe. Vergl. Seite 284 F.)

Einschiebung C. Japan. — Als Hohodemi wieder in die Oberwelt übersiedelte, begleitete ihn seine Gattin nicht. Toyotamahime sagte ihm aber, daß sie ihm bald nachkommen werde. „Ich werde dir bald einen Sohn schenken", sprach sie, „und zur Zeit seiner Geburt will ich in einer stürmischen Nacht hinauf und zu dir ans Land kommen." Ferner bat sie ihn, hart am Strande ein Haus für sie zu bauen, in dem sie wohnen wolle. Dies Haus baute Hohodemi auch sogleich mit aller nur möglichen Aufmerksamkeit. Er sparte keine Mühe, um es bequem und herrlich auszustatten. Das Dach machte er aber aus lauter Federn der Seevögel und daran hatte er seine besondere Freude, denn es gewährte nicht nur einen gefälligen Anblick, sondern war auch leicht und dabei warm. Nun geschah es aber, daß Hohodemi bei der allzu großen Sorgfalt, die er auf das Dach verwandte, noch nicht damit fertig war, als Toyotamahime unter Sturm und Regen im Wogengebrause anlangte. Hohodemi führte seine Gemahlin in das Haus und zeigte ihr, daß das Dach noch nicht ganz fertig sei und an der einen Seite noch eine große Lücke habe; er bat sie, noch ein paar Tage bei ihm zu wohnen. Toyotamahime wies jedoch diese Bitte zurück. Sie sagte, daß keine Zeit mehr dazu sei, und daß schon in der nächsten Nacht ihr Sohn geboren würde. So blieb denn nichts übrig, als daß Toyotamahime ihren Wohnsitz in dem unfertigen Hause aufschlug, und als Hohodemi, von ihr gedrängt, sie allein ließ, mußte er ihr fest und bündig versprechen, ja keinen Versuch zu machen, sie zu sehen. „Bleibe im Hause", sagte sie, „bis ich dich rufen lasse, und versuch es unter keiner Bedingung, mich vorher zu sehen!" (*Verbot.*) Hohodemi versprach, ihre Bitte zu erfüllen; allein die Neugier ließ ihm keine Ruhe, und so schlich er sich leise herzu und sah seine Frau (*Verbotsbruch*) in Gestalt eines Drachen sich hin- und herwinden. Erschrocken trat er zurück, doch als ihn Toyotamahime später rufen ließ, sah sie sogleich, daß er ihr Geheimnis, das sie vor allen Menschen zu verbergen gedachte, ungeachtet seines Versprechens erspäht hatte. Und hierüber war sie so erzürnt, daß sie mit heiligen Eiden gelobte, zu ihrem Vater zurückzukehren und nie wieder auf die Erde zu kommen usw. — Mit diesen feierlichen, harten Gelöbnissen legte sie das Söhnlein. das in der Nacht. wie sie vorhergesagt. geboren war (*Kindersegen*), am Strande nieder. Sie trat darauf ans Wasser und verschwand vor seinen Augen (*Abschied*).

(Wir sehen hier ebenfalls den Rest einer alten Schwanenmythe. Am Schluß dieses Abschnittes werde ich zu zeigen versuchen, daß diese Mythe sehr wesentliche Symptome trägt. Denn der Schwan ist hier das Fischweib. Das Schleiermotiv hat sich in diesen Mythen aber auch eingebürgert, und die merkwürdige Geschichte von dem Federdache des Hauses ist nicht anders aufzufassen als eine Einschiebung aus dem Gebiete der anderen Version der Urmythe.)

Q. China. — Von den Liu-Kiu-Inseln haben wir folgende Version zu vermerken: In alter Zeit hat ein armer Bauer von ausgezeichnetem Charakter. der aber noch ohne Familie ist und den Namen Ming-ling-tzü trägt. eine Quelle von herrlichem Wasser nahe seinem Hause. Eines Tages geht er zu derselben, und schon aus der Entfernung sieht er ein merkwürdiges Licht in der Quelle. Näher tretend, um zu sehen. was das für eine merkwürdige Sache sei. sieht er eine Frau. die ihre Kleider an einer nahe stehenden Fichte aufgehangen hat (*Schleierablegen*), in derselben auf- und niedertauchen und sich baden (*Baden*). Der Mann ist erzürnt darüber, zumal daß die schöne Quelle dadurch beschmutzt wird und trägt deshalb im Geheimen ihr Kleid fort (*Schleierdiebstahl*). Die Teile derselben waren ihrer Art nach ganz anders als die Liu-Kiu-Tracht: sie waren von rötlicher Sonnenuntergangsfarbe. was ihn so in Erstaunen setzte, daß er vorsichtig zurückschlich. um zu sehen. was sich weiter wohl ereignen würde. Nachdem sich die Frau fertig gebadet hat. ruft sie in großem Ärger. wer ihre Kleider am hellen Tage geraubt habe und verlangt. daß man sie schnell zurückbringe. Dann bemerkt sie Ming-ling-tzü und wirft sich vor ihm auf den Boden. Er schilt sie und fragt sie. wie sie dazu komme. sein Wasser zu beschmutzen. Die Frau antwortet. daß die Fichte und die Quelle vom Schöpfer für den Gebrauch aller geschaffen seien. Nach längerem Hin- und Herstreiten heiraten sie sich (*Heirat*). Sie lebt bei ihm etwa zehn Jahre und schenkt ihm einen

Sohn und eine Tochter (*Kindersegen*). Nach dieser Zeit besteigt sie während der Abwesenheit ihres Mannes einen Baum und, nachdem sie von ihren Kindern Abschied genommen hat, gleitet sie auf einer Wolke fort und entschwindet.

(Die Mandschuren erzählen übrigens, daß ihr Herrschergeschlecht von einigen himmlischen Jungfrauen abstamme, die einst zum Baden herniedergestiegen waren und von einer herangetriebenen Pflanzenfrucht aßen usw.

R. Tarantschi. — (Der Sonnenheld Hämra träumt in einer Grabkapelle eines Tages von einer Tochter des Perifürsten. Er verliebt sich in sie, und sie verspricht ihm im Traume, ihren Wohnort so nahe aufzuschlagen, daß er sie erreichen könne. Er macht sich auf den Weg. Eines Tages kommt er in einen Garten.) — Im Innern des Gartens war kein Mensch, mitten im Garten war ein See, der war mit Wasser gefüllt, sonst waren im Garten verschiedenartige Bäume und Früchte. Da sprach Hämra zu sich: „Dies ist gewiß der Garten meiner Geliebten, ich will mich irgendwo verbergen. Wenn meine Geliebte kommt, wird sie mich erkennen. Wenn es aber der Garten meines Feindes ist, wird er kommen und mich töten." Er erstieg einen Baum und versteckte sich. Nach einiger Zeit kamen einige Tauben, tauchten im Wasser des Sees unter, schüttelten sich, aus dem Wasser kommend, und wurden zu Mädchen. (Motiv des *Badens* und *Schleierablegens*.) Alles waren Perimädchen. Hämra sah sie sich an, fand aber unter ihnen seine Geliebte nicht. Wieder kam ein Schwarm Tauben; auch diese tauchten im See unter, schüttelten sich und wurden zu Mädchen. Auch sie sah sich Hämra an; unter ihnen war aber seine Geliebte auch nicht. Abermals kam ein Schwarm Tauben; unter diesen befand sich ein Papagei; auch sie tauchten im See unter, schüttelten sich und wurden zu Mädchen. Auch der Papagei wurde ein Mädchen, und zwar seine Geliebte Hülükar, die er im Traume gesehen hatte. Das freute Hämra in seinem Sinne, daß er seine Geliebte gefunden hatte. Da sprach Hülükar zu ihren Gefährtinnen: „In diesen Garten ist der Geruch von Menschen gekommen, findet ihn!" Da suchten die Mädchen im Garten, fanden aber nichts. Darauf suchte Hülükar selbst mit einigen Mädchen. fanden aber auch nichts. Da sprach sie: „Mensch, der du in diesem Garten bist. zeige dich selbst. Wenn du mein Geliebter Hämra bist. so zeige dich selbst.“ Da stieg Hämra vom Baume herab und zeigte sich usw.

S. Toboltataren. — (Nach merkwürdigen Wanderungen ist der Held Zyhanza zu einer Alten gekommen, deren Kind er wird. Als sie fortgeht, erlaubt sie ihm, alle Zimmer zu öffnen. nur in eine Tür nicht einzutreten. In den Türen, die er betreten darf. während die Alte einen Monat wegbleibt. sind Edelsteine. Gold. Silber, Korallen. Die Mythe fährt fort:) Die Alte ging fort. Der Jüngling öffnete die Zimmer, öffnete sie alle und beschaute sie. „Was hat mir nur meine alte Mutter befohlen. diese Türen nicht zu öffnen? Was mag hier sein?“ Zyhanza öffnete diesen Torweg, inwendig war eine Ebene, in der Ebene war ein See. Zyhanza stand am Fuß einer Pappel. da kamen vom Himmel drei Schwäne herab, die stiegen zum Ufer nieder. zwei von ihnen gingen ins Wasser, da wurden sie Mädchen (*Baden und Schleierablegen*). Diese beiden Mädchen sprachen: „Ei. Mädchen, steige auch du herab.“ Das Mädchen sprach: „Es riecht hier nach Menschen“ (*Menschenwitterung*). Jene sprachen: „Was ist das Land der Menschen und wo ist dieses Land?“ Das Mädchen vermochte nichts zu erwidern, legte die Vogelkleidung ab und stieg ins Wasser. Da kam Zyhanza hervor. nahm die Kleidung des Mädchens und setzte sich darauf (*Schleierdiebstahl*). Das Mädchen sprach: „Habe ich es nicht gesagt. ihr meintet aber. es sei nichts.“ Die zwei Mädchen machten. daß sie fortkamen. Die Schwanenkleidung des einen Mädchens nahm der Jüngling und kehrte nach Hause zurück. Da folgte das Mädchen und trat auch mit ins Haus. Die Tochter der Alten sprach: „He. Brüderchen. du hast es gut gemacht. die Murdar haben seit langer Zeit das Wasser meiner Mutter verunreinigt (siehe das Motiv der Wasserverunreinigung auch in der Version Q von den Liu-Kiu-Inseln), wenn jetzt meine Mutter kommt. so mag sie dir dieses Mädchen geben.“ Da kam die Mutter und sah im Haus das Mädchen. „Du hast es gut gemacht. mein Kind“. sprach sie: darauf gab sie das Murdarmädchen dem Jüngling zur Frau

(*Heirat*). — (Nach einer Zeit will der Jüngling nach Hause kommen, und die Alte besorgt einen Vogel, auf dem er entschwebt. Dieses wohl einerseits in den Rahmen der ganzen Mythe gehörend und andererseits vielleicht das Motiv des Abschieds.)

T. Nordwestmongoloide. — (Im Nordwesten findet sich die Mythe sowohl bei den Samojeden, bei denen der Diebstahl des Federkleides ein Mittel ist, um Sühne für die der Familie des Diebes zugefügten Bedingungen zu erlangen. Ferner haben wir sie bei den Lappländern, deren Form wir in folgendem wiedergeben):

Es war einmal ein Bauer, der hatte einen einzigen Sohn. Eines Tages zog dieser auf die Jagd und kam zu einer Meerbucht, wo der Strand mit dem feinsten Sande bedeckt war und das Wasser weit hinaus hell und klar über dem weißen Sandboden leuchtete. Der junge Bursche setzte sich an dem Wasserrande nieder und zog seinen Speisevorrat aus der Tasche. Während er es sich nun auf das beste schmecken ließ, tauchten drei Mädchen aus dem Meere empor, stiegen ans Ufer und legten ihre Kleidung auf den Rasen hin, zwei von ihnen an denselben Ort, die dritte legte aber die ihrigen ein wenig abseits von den andern. Nachdem sie sich so entkleidet hatten (*Schleierablegen*), begaben sie sich wieder hinaus in die See, um sich zu baden (*Baden*). Sie wateten hin und her, spielten und scherzten und plätscherten mit den Händen im Wasser. Dann gingen sie wieder ans Ufer, zogen ihre Kleider an und verschwanden so plötzlich, wie sie gekommen waren. Auch der Bursche ging seines Weges, kam aber den nächsten Tag wieder, um zu sehen, ob auch die Mädchen sich von neuem zeigen würden, wobei er ein Versteck suchte, von wo aus er sie ganz in der Nähe beobachten konnte, ohne von ihnen gesehen zu werden. Er hatte auch wirklich noch nicht lange dagesessen, als die drei Mädchen sich einstellten und ganz ebenso taten wie das erste Mal: doch auch an diesem Tage störte der junge Bauernsohn sie nicht, bemerkte indes, daß die Kleider, welche das eine der Mädchen etwas abseits legte, hübscher waren, als die der andern beiden. Am dritten Tage jedoch begab er sich hin mit dem Vorsatz, daß, wenn er die Mädchen noch einmal zu sehen bekäme, er die

Kleider, welche die eine von ihnen besonders legte, verstecken wolle. Wie gedacht, so getan. Die Mädchen kamen wieder und während sie sich badeten, schlich der junge Bursch herbei, nahm die schmucksten Kleider mit fort und versteckte sie (*Schleierdiebstahl*). Als nun die Mädchen sich gebadet hatten und wieder ans Ufer stiegen, fanden zwei von ihnen ihre Kleider an dem Ort, wo sie dieselben hingelegt, zogen sie an und verschwanden. Die dritte hingegen fand die ihrigen nicht. Sie wurde darüber sehr bange und traurig, lief hin und her und rief aus: „Wenn du, der du mir die Kleider genommen, ein Mann bist, so verspreche ich dir als Liebste dasjenige Mädchen, da du selbst dir wünschest, bist du aber ein Mädchen, so verspreche ich dir den Bräutigam, den du selbst dir wünschst. Da kam der junge Bursche aus seinem Versteck hervor und rief: „Du bekommst deine Kleider nicht eher, als wenn du mir versprichst, selbst meine Frau zu werden.“ Das Mädchen weinte und jammerte und sagte, daß dies nicht möglich wäre. „Ich kann hier nicht leben, da ich hier nicht zur Welt gekommen bin, und du kannst da nicht leben, wo ich herkomme.“ Der junge Bursche meinte indessen, daß dies doch wohl anginge, und er sprach und bat so lange, bis sie schließlich nachgeben und ihm versprechen mußte, seine Frau zu werden, obwohl sie dabei heftig weinte. Er führte sie also zu seinen Eltern, ließ sie taufen und gab ihr einen christlichen Namen, worauf sie sich ehelich verbanden (*Heirat*) und nach einigen Jahren einen Sohn bekamen (*Kindersegen*). Als dieser groß geworden war, sodaß er schon gehen konnte, begleitete er eines Tages seinen Vater nach dem Vorratshause. In dem Kasten aber, aus welchem dieser etwas herauszunehmen hatte, lagen obenauf einige Kleidungsstücke, die er zuförderst beiseite legte, und da sie dem Knaben, der dabei stand, ganz besonders schmuck und rar dünkten, so fragte er den Vater, wem sie gehörten? Der Vater gab aber hierauf keine Antwort, sondern legte die Kleider wieder an ihre Stelle. Des anderen Tages jedoch, als er in den Wald gegangen und die Mutter mit dem Knaben allein geblieben war, erzählte er ihr von den schmucken und raren Kleidern, die er mit dem Vater im Vorratshause gesehen. Die Mutter nahm den Knaben bei der Hand und ließ ihn ihr zeigen, wo denn die Rarität läge. Als sie den Kasten öffnete, erkannte sie gleich die Kleider wieder, die sie einst aus dem Meere mitgebracht hatte (*Schleierwiederfinden*), und empfand darüber zugleich Freude und Traurigkeit. Doch nahm sie dieselben mit in die Stube, hier legte sie sie an, küßte das Söhnchen, welches auf der Schwelle stehen blieb und ihr nachblickte, ging dann nach dem Strande hinab und verschwand in dem Meere (*Abschied*), aus dem sie gekommen war. Als nun der Mann nach Hause kehrte und seine Frau nirgends sah, fragte er den Knaben: „Wo ist deine Mutter?" „Die Mutter", sagt dieser, „ist an das Meer gegangen". Der Mann dachte sich nun gleich, daß sie wohl ihre Meerfrauenkleider, die er in dem Kasten aufgehoben, wiedergefunden hatte und in ihre alte Heimat zurückgekehrt wäre. Er wurde also sehr traurig und wußte nicht, was er anfangen sollte; endlich jedoch suchte er Gieddagätsgalgjo auf und erzählte ihr das Vorgefallene. „Hast du Kinder?" fragte sie. „Ja", antwortete er, „einen kleinen Sohn". „So sei nicht länger traurig", sprach jene, „sie kommt noch dreimal wieder in dein Haus; lässest du sie aber das dritte Mal fort, so kehrt sie nimmer wieder. Heute Nacht kommt sie das erste Mal; jedoch darfst du dich in deinem Bette nicht rühren, sondern mußt tun, als ob du schliefest. Sie wird sich bei dem Kinde niedersetzen und es eine Zeitlang streicheln und liebkosen. In der zweiten Nacht wird sie wiederkommen und ebenso tun. Sobald es nun aber am dritten Tage Abend zu werden beginnt, mache dir im Winkel bei der Tür ein Versteck zurecht und das Bett laß du so aussehen, als ob du darin lägest und schliefest. Wenn sie dann das dritte Mal kommt, so hält sie sich am längsten auf; in dem Augenblick aber, wo sie fortgehen will, fasse du sie um den Leib und halte sie mit allen Kräften fest. Sprich ihr liebevoll zu und suche sie zu überreden, daß sie bei dir bleibe. Wenn sie nun nachgibt, und nicht länger versucht, sich von dir loszureisen, so führe sie zum Bett und lege dich mit ihr hinein. Sobald sie aber eingeschlafen ist, stehe leise auf, geh hinaus und sieh zu, daß du die Kleider findest, welche sie trug, als sie aus dem Meere kam. Sie liegen an der Ecke des Hauses, bringe sie zu mir, und ich werde sie aufheben, daß sie nimmer wieder von irdischen Menschenaugen erblickt werden sollen". Es ging alles, wie Gieddagäts-galgjo vorausgesagt. Als die Mutter zweimal bei ihrem Kinde gewesen war und der Abend des dritten Tages sich nahte, tat der Mann, wie sie ihm geraten hatte. Noch brannte die Lampe, da hörte er seine Frau kommen, leise die Tür öffnen und sich nach der Stelle hinschleichen, wo das Kind lag. Da setzte sie sich nieder und fing an, das Söhnchen zu streicheln und zu liebkosen. Als sie aber fortgehen wollte und mitten in der Stube war, ergriff sie ihr Mann und sprach ihr liebevoll mit allen überredenden Worten, deren er mächtig war, so zu, daß sie sich endlich beruhigte und sich nicht länger loszureißen versuchte. Dann führte er sie ans Bett und legte sich mit ihr hinein. Sie versank rasch in einen tiefen Schlaf, in welchem der Mann sie ließ, während er aufstand, um die Kleider zu suchen, die sie vor dem Hause abgelegt hatte. Er fand sie und brachte sie zu Gieddagäts-galgjo, welche sagte: „Diese Kleider will ich so verbergen, daß kein Menschenauge sie mehr sehen soll!" worauf der Mann wieder nach Hause kehrte und sich an seiner Frau Seite legte. Von dieser Zeit an führten sie ein glückliches Leben. Alles schlug ihnen nach Wunsch aus und die Verwandten der Frau brachten ihr aus der Tiefe des Meeres alles, was sie nötig hatte oder wünschte.

U. Arioide. — Eine Schwanenjungfrauenmythe der Semitoiden kennen wir nicht. Denn die Geschichte, die die „arabischen Nächte" erzählen, in denen der Held die Tochter des Königs erobert, indem er, während sie badet, ihr Federkleid fortträgt und der erfolgt, als sie mit ihren beiden Kindern in das Land Wak-Wak entflohen ist, ist genau wie die persische Geschichte arioiden Ursprunges. Wo die älteste Quelle der Sage ruht, vermag ich nicht anzugeben. Sicher ist aber, daß sie schon in dem ersten Teile des Mahabharata vorkommt. Dort ist die Ganga selber das „Schwanenmädchen". Es wird wohl aber den Kennern der älteren Literatur nicht schwer werden, diese verschiedenen Formen der Mythe und auch die Urgeschichte der Periversion in der alten indischen Literatur wiederzufinden. Soweit die Arioiden Asiens.

Ebenso wie diese schätze ich die Schwanenjungfrauenmythen der Arioiden Europas im allgemeinen bekannt. Die einfachen Züge treten ja schon bei den Griechen, wenn auch nicht mehr ganz klar, hervor. Der in die Aphrodite verliebte Hermes läßt den Adler, als die Göttin badet, deren Kleider fortnehmen. Die Göttin gewährt ihm alles, um die Kleider wiederzuerlangen. Der Grundtypus der Mythe reicht durch ganz Europa, von Süden bis Norden und von Westen bis Osten. Im russischen Märchen ist die hochweise Basilia die Schwanenjungfrau, der das Gewand, als sie im See badet, geraubt wird. Die nordischen Formen sind bekannt. In der Völundarkvidh ist uns ja wohl die älteste nordische Form erhalten. Die drei Mädchen sind Schwanenjungfrauen. Sie haben ihre Schwanenhemden abgelegt; es sind Walküren. Sie spinnen am Strande des Sees schönes Linnen. Völundr raubt das Gewand. Aus der Schwanenjungfrau wird eine Taubenjungfrau, anderen Ortes wohl auch ein Gänsemädchen, und die Version, die uns von den Shetlandinseln wohl noch heute erzählt wird, weiß sogar zu berichten, daß die aus dem Meere steigenden Mädchen Seehundsfelle am Ufer niederlegten.

Aber mag auch diese Geschichte sich in kleinen Varianten vielfältig verzweigen, die Grundzüge bleiben dieselben, sodaß wir als von einer einzigen Mythe sprechen dürfen.

Aber ist es recht, das ich überhaupt von einer Schwanenjungfrauenmythe spreche? Wir haben hier die verschiedensten zoologischen Varianten. Teils treten die Jungfrauen als Fische, teils als Gänse, teils als Schwäne, teils als Papageien, teils als Tauben, ja einmal sogar als Seehundsfräulein auf. Wo liegt da die Ursprünglichkeit?

Doch vergegenwärtigen wir uns nunmehr, was die Naturvölker selbst über die Bedeutung der Göttinen, die wir in diesem Kapitel kennen gelernt haben, und was sie überhaupt von der Personifikation der Gestirne sagen.

XIV.

Solares Liebesleben.

Die Mythen der Kulturvölker und die der Naturvölker sind durch einen ziemlich wesentlichen Unterschied getrennt: Die Mythen der ersteren haben einen gewissen stammbaumartigen Aufbau, die der letzteren fluten in einer Ebene. Es sei gleich bemerkt, daß die Mythologie der Polynesier von diesem Gesichtspunkte aus betrachtet, in der Region derer der Kulturvölker zu suchen ist. Der Unterschied ist so auffallend und, wie ich glaube, wichtig, daß ich mich dem Nachspüren der Tatsachen hier für einige Augenblicke widmen will.

Der erwähnte Aufbau ist leicht zu charakterisieren. Die alten Mythen der Kulturvölker gehen aus von der Schöpfung, von einem Urelternpaar, lassen darauf ein Götterpaar folgen und leiten dann die Patriarchen in histologischem Aufbau zu den lebenden Fürstengeschlechtern oder zu den Stammesahnen über. Diese Form der Gliederung entspricht dem, was man früher Mythologie nannte, während die Darstellungsweise der Naturvölker in der Form eines mehr oder weniger gleichartigen Geschichtenerzählens den Typus der Märchenwelt hervorgebracht hat, der als ein niederer (wenn auch nicht etwa minderwertigerer) Typus auch bei den Kulturvölkern zu beobachten ist. Wie gesagt, besitzen die Naturvölker im allgemeinen eine solche Stammbaumgliederung nicht. Ihre Geschichte fängt meist nicht von dem Urelternpaar an, kennt eigentliche Götter überhaupt nicht und erzählt alle Ereignisse und schildert alle Personen des mythologischen Dramas nach gleicher Wertschätzung.

Der Unterschied, den wir so bemerken, ist fraglos wesentlich. Er wird uns bei der Gliederung der Typen nach geographischer Verbreitung im zweiten Bande wesentliche Dienste leisten. Hier muß aber die Vorarbeit erledigt werden, die nachzuprüfen hat, ob die gleichen Stammbaumtypen der höheren Mythologien in dem gleichartigen Niveau der Naturvölker herumschweben. Ich gehe bei dieser Untersuchung von dem Liebesleben aus und werde mich bemühen, zu zeigen, inwieweit wir ein Verständnis mit Hülfe der bisher entwirrten längeren Fäden zu gewinnen vermögen. Ich knüpfe dabei an die oben, Seite 268 besprochene Welteltermythe an, gehe zu den Gestirnen über und zeige, wie die Motive sich aus diesen verschiedenen Schichtungswesen ihrer Entstehung nach verfolgen lassen.

1. Die Welteltermythe. (Himmel und Erde.)

A. Die Trennung des Himmelvaters von der Erdmutter. — Anknüpfend an das, was wir oben unter Welteltermythe schon gesagt haben, wollen wir kurz auf die Hauptversionen der polynesischen, nordwestafrikanischen, japanischen und griechischen Mythe eingehen. — In Polynesien liegen im Uranfange Rangi und Papa, Himmel und Erde dicht aufeinandergepreßt. Himmel und Erde werden als Erzeuger der Menschen und Ursprung aller Dinge bezeichnet. Die Mythe von Neuseeland erzählt, daß sie nie getrennt gewesen seien, und daß die Kinder des Himmels und der Erde danach gestrebt hätten, den Unterschied zwischen Licht und Finsternis zu entdecken — zwischen Tag und Nacht; denn die Menschen waren zahlreich geworden, aber die Finsternis währte noch fort. So ratschlagten die Söhne Rangis (des Himmels) und Papas (der Erde) miteinander und sprachen: „Lasset uns Mittel suchen, um Himmel und Erde zu vernichten, oder sie voneinander zu scheiden." Und es beschlossen die Kinder des Himmels und der Erde, ihre Eltern voneinanderzureißen. Nach dem Bemühen der andern gelang es endlich Tane-Mahuta, dem Waldgott, sie auseinanderzudrängen. Da wehklagte der Himmel und rief die Erde: „Weshalb dieser Mord? Warum diese große Sünde? Warum willst du uns vernichten? Warum willst du uns trennen?" Doch Tane gelang das Trennungswerk. Er ist es, der die Nacht vom Tage getrennt hat. — In Yoruba müssen wir eine Rekonstruktion vornehmen. Wir haben hier zwei Mythen vorliegen, die vielleicht seinerzeit ein einheitliches Ganzes bildeten. Einmal hören wir, daß Obatala und Odudua, der Himmel und die Erde, im Anfange eng aufeinandergepreßt lagen, und daß Odudua von ihrem Gatten im Zwist getrennt und bei dieser Gelegenheit blind wurde. Das ist der erste Teil. Der zweite Teil der Mythe wird von den Kindern Oduduas erzählt. Der Knabe Aganju (das Firmament) und das Mädchen Jemaja (die Wassergöttin) heiraten einander und gebieren den Sohn Orungan, wieder einen Himmelsgott, in dessen Name aber Orun, die Sonne, stark hervortritt. Orungan verliebt sich in seine Mutter, und da sie sich weigert, seiner Leidenschaft zu willfahren, verfolgt und vergewaltigt er sie. Jemaja springt gleich darauf wieder auf die Füße und rennt jammernd von dannen. Der Sohn verfolgt sie, um sie zu beschwichtigen, und als er sie endlich fast erreicht hat, stürzt sie rittlings zu Boden. Ihr Körper beginnt zu schwellen. Zwei Wasserströme quellen aus ihren Brüsten und der Körper zerberstet. Ihrem zerklüfteten Leibe entspringen 15 Götter, von denen der erste Dana, der Gott der Pflanzen, und der zweite Schango, der Gott des Blitzes, ist. Als letzte werden jedesmal in der stets gleichlaufenden Aufzählung die Sonne und der Mond genannt. Rekonstruieren wir den Fall, so werden wir ein einziges Götterpaar zu setzen haben, nämlich den Gott des Himmels und die Göttin der Erde. Der Sohn ist der trennende Gott. — Eine ähnliche Fassung finden wir, wie gesagt, in Japan. Die beiden Urgötter Izanagi und Izanami repräsentieren Himmel und Erde. Izanami bringt alle Gottheiten der Erdoberfläche hervor, zuletzt gebiert sie den Gott des Feuers. Darauf verschied sie göttlich. Izanagi rief jetzt aus: „Die Erde, meine vortreffliche jüngere Schwester, ist für ein einziges Kind hingegeben worden!“ Er kroch auf seinem Scheitel umher, er kroch auf seinen Füßen umher und weinte. Izanami wurde in dem Reiche der Bäume begraben. Darauf nahm Izanagi sein Schwert und zerteilte den Gott des Feuers, wobei wieder mehrere andere Götter entstanden. Der Gott wollte hierauf seine jüngere Schwester Izanami besuchen und gelangte, indem er ihr nachsetzte, zu dem Reiche der Unterwelt. Izanami trat aus der Türe der Halle und ging ihm entgegen. Izanagi sprach mit ihr und sagte: „Meine geliebte jüngere

Schwester! Da das Reich, welches wir beide aufgebaut haben, im Baue noch nicht vollendet ist, so mögest du zurückkehren.“ Izanami sprach: „Es ist schmerzlich, da du nicht schnell gekommen bist, habe ich an der Tür der Unterwelt gegessen. Da dessen ungeachtet, o Geehrter, mein schöner älterer Bruder, deine Ankunft Ehrfurcht gebietend ist, so will ich zurückkehren, ich möchte früher jedoch in Kürze mich mit den Göttern der Unterwelt besprechen. Mögest du nicht auf mich blicken, o Geehrter, mein älterer Bruder!“ (*Orpheusmotiv.*) Nachdem sie dies gesagt hatte, ging sie in die Hütte zurück. Da sehr viel Zeit verging, konnte der Gatte nicht warten. Er nahm daher einen männlichen Balken des in seinem linken Haarknoten gesteckten Kammes der hundert Nägel, zündete ein Licht an, trat ein und blickte auf die Göttin. Da wanden sich auf ihr angesammelte Larven und auf ihrem Haupte befand sich der große Donner, auf ihrer Brust befand sich der Feuerdonner usw. Izanagi fürchtete sich und wandte sich zur Flucht. Seine jüngere Schwester Izanami sprach jetzt: „Du hast mich beschämt!“ Mit diesen Worten hieß sie ihn durch die häßlichen Weiber der Unterwelt verfolgen. Es folgt nun die Geschichte von der magischen Flucht, über die im letzten Kapitel dieses Buches näheres nachzusehen ist. Es sei vorausgesandt, daß diese Flucht anscheinend stets den Sonnenaufgang repräsentiert. Pfirsichbäume sind es, die dem Gotte auf seiner Flucht von größtem Nutzen sind. Diese Bäume gehören nicht unbedingt in die magische Flucht und können demnach als Spezialerscheinung im Gebiet dieser Sagenform unser Interesse in Anspruch nehmen. — Zum vierten endlich haben wir uns kurz mit der griechischen Sage abzufinden. Uranos und Gäa, der Himmel und die Erde, befruchten sich unausgesetzt miteinander. Da der offenbar eng aufliegende Himmel der Mutter Erde das Gebären erschwert und der eigene Vater die letzten Riesenkinder in den Leib der Mutter Erde zurückstößt, sucht Mutter Gäa sich selbst von solcher Plage ihres Leibes zu entledigen. Sie macht also aus Eisen eine gewaltige Sichel, ruft ihre Söhne, die Titanen, und fordert sie auf, die Mutter an dem Vater zu rächen. Genau wie in Polynesien schrecken alle Kinder davor zurück, bis auf einen, hier den listigen Kronos. Gäa gibt ihm die schneidend scharfe Waffe in die Hand und sagt ihm, was zu tun ist. Wieder kommt Uranos zur nächtlichen Liebesumarmung, da packt ihn Kronos aus seinem Verstecke und schneidet jählings mit der Sichel das Zeugungsglied des Vaters ab.

In allen vier Mythen haben wir die Sage der Urzeit. Ich zeigte schon oben, wie im Anfange Himmel und Erde aufeinanderliegen. Die Naturvölker sagen dies auch aus. Ich habe diese Aussagen in Nord- und Ostafrika, in Mela- und Polynesien, in Indonesien, bei den Nordwestamerikanern usw. gefunden. Es ist eine harmlose, einfache Berichterstattung, die aber genau die gleichen Elemente enthält, wie die vier Mythen der Kulturvölker, die ich soeben kurz wiedergegeben habe. In diesen vier Mythen sehen wir immer den Vater auf der Mutter in mehr oder weniger ausgeprägter geschlechtlicher Verbindung liegen. Die Kinder revoltieren. Es sind schon viele geboren worden, und diese wollen nun ans Tageslicht. Eins ist nun sehr merkwürdig, und wir werden uns mit dieser Frage nachstehend beschäftigen müssen: Der natürlichen Anschauung würde es entsprechen, wenn der Sonnengott im Sonnenaufgang den Himmelsvater von der Erdmutter trennen würde; wie kommt es nun, daß der Waldgott Tane in Polynesien das Werk vollführt, daß in Yoruba die Pflanzengottheit zuerst geboren wird?

Die Antwort ist vielleicht zu finden, und kann ich beim Eingehen auf sie sogleich noch die Reste einer anderen älteren Weltelternmythe vorführen. Im allgemeinen ist es das Feuer, welches trennt; der Feuergott, der Sonnenaufgang. In sehr schöner Beziehung finden wir nunmehr Feuererzeugung und Geschlechtsakt bei den Indern. Wenn der Inder Feuer entzündet, dann spricht er ein heiliges Gebet, welches auf eine Mythe Bezug nimmt. Er ergreift ein Stück Holz mit den Worten: „Du bist des Feuers Geburtsort“, legt darauf zwei Grashalme: „Ihr seid die beiden Hoden“ — darauf ergreift er das unten liegende Holz: „Du bist Urvaçi“. Darauf salbt er das Holz mit Butter und sagt dabei: „Du bist Kraft“, stellt es dann auf das liegende Holz und sagt dazu: „Du bist Purûravas“ usw. Er faßt also das liegende Holz mit seiner kleinen Höhlung als das Bild der Urvaçi und das stehende Holz als Purûravas auf. Diese beiden Personen entstammen einer offenbar uralten Mythe, die wir nachfolgend näher besprechen werden, die uns aber darauf hinführt, daß das liegende Holz mit seiner Öffnung als die Repräsentation der empfangenden Göttin und das stehende Holz als das Geschlechtsglied des begattenden Gottes aufzufassen ist. Das Feuerquirlen, wie es bei den meisten Völkern zu finden ist, repräsentiert also bei den alten Indern den Geschlechtsakt. Es sei mir erlaubt, gleich darauf hinzuweisen, daß die alten Inder in dieser Auffassung nicht allein dastehen. Die Südafrikaner haben nämlich dieselbe Anschauung. Das liegende Holz heißt bei ihnen „weibliche Scham", das stehende „das Männliche". Schinz hat dies seinerzeit für einige Stämme erklärt, und seitdem ist die weite Verbreitung dieser Anschauung in Südafrika, und zwar besonders bei den im Osten wohnenden Stämmen aufgefunden worden.

Gehen wir von dieser Feststellung der Bedeutung des Feuerquirlens aus, dann treffen wir in Indien im Weiterspüren auf die Sage von der Schöpfung aus dem Milchmeere. In derselben Weise, wie Feuer gequirlt wird, gewannen die Götter und Asuras aus dem Milchmeere das Amritam (Ambrosia). Bei diesem Quirlen, welches unbedingt die Bedeutung des Geschlechtsaktes hatte, da der als Quirlholz dienende Berg direkt als Phallus bezeichnet wird, entstanden eine große Anzahl von göttlichen Wesen. Ich brauche mich auf eine weitere Beweisführung nicht einzulassen, da Kuhn in seiner schönen Schrift: „Die Herabkunft des Feuers" diese Zeugungsform der altindischen Mythe eingehend erörtert hat. Wenn aber diese indische Schöpfungsmythe eine Zeugung darstellt, dann haben wir auch hier den Rest der Weltelternmythe.

Wir können aber noch weiter gehen. Wir sahen oben, daß die Südafrikaner das liegende Feuerholz als weiblich, das stehende als männlich bezeichnen, wir sahen, daß das Feuergeben der Inder die gleiche Anschauung verrät. Nun finden wir dasselbe sowohl in Deutschland, wie auch unter den nördlichen Mongoloiden. Die Schweizer nannten früher das gleiche Feuerquirlen: „Den Teufel entmannen". Da haben wir wieder den gleichen Kreis der Vorstellung, demzufolge der Drehstab ein Zeugungsglied ist. Die finnische Feuerbeschwörung weiß ebenfalls davon zu reden, daß dem Panu die Manneskraft geraubt werden soll.

Fassen wir dies zusammen, so sehen wir etwa folgendes Bild der Welteltermmythe: „Im Anfange liegen Vater-Himmel und Mutter-Erde dicht aufeinander gepreßt. Sie begatten einander, und diese Begattung entspricht der Feuerentzündung. Indem das Feuer auf diese Weise von den Weltеltern gequirlt wird, entsteht die Tagesgottheit; als daraufhin die Sonne aufgeht, werden Himmel und Erde gewalttätig getrennt.“ — Jetzt können wir auch erkennen, warum zuweilen statt der Feuergottheit resp. statt des Sonnengottes an erster Stelle eine Baum- oder Pflanzengottheit hervortritt: Die Pflanzenwelt liefert ja die Stoffe zur Feuerentzündung, die Feuerstäbe. Und diese Anschauung finden wir nun wieder in einem andern Bereiche erhalten, in dem Bereiche gar vieler Angaben, welche aussagen, daß zum Feuerbohren besonders solche Hölzer geeignet seien, die sich schon in der Natur liebend umschlungen halten. Kuhn hat solche Angaben schon beigebracht. Die Materiale über die Naturvölker führen noch eine große Bereicherung an Angaben über diesen Stoff zu. Hierher gehört auch eine sehr merkwürdige Angabe: Die Ellice-Insulaner erzählen, daß sie das Feuer entdeckten, als sie sahen, wie zwei gekreuzte Zweige eines Baumes im Winter aneinander gerieben wurden: die Tyrier lernten das Feuer aus der Reibung zweier Baumstämme im Winde kennen; die Wogulen erzählen, daß ein Waldbrand dadurch häufig seinen Anfang nehme, daß ein Baum durch den Sturm geknickt und auf einen andern geworfen wird, darauf aber bei heftiger Hin- und Herbewegung beider Stämme Feuer zum Vorschein komme; die Einwohner von Buru sagen, daß sich ein gewisser Baum (Kleinhovia hospita L.) in außergewöhnlich trocknen Jahren sehr leicht ohne Zutun der Menschen durch Reibung seiner Äste entzündet. — Das ist so eine von diesen Versionen, die naturwissenschaftlich unwahrscheinlich, mythologisch aber verständlich werden. Eine Begattung kann hier ursprünglich angenommeu worden sein.

Doch ich möchte auf eines hinweisen: Ich halte diese Zusammensetzung der Welteltermmythe nicht ohne weiteres für eine a-priori-Mythe. Das Naturbild der Nacht gibt nicht ohne weiteres Veranlassung zu einer derartigen Begattungsvorstellung. Das Feuerentzündungsmotiv gehört in die Sonnenaufgangsagen. Wir haben dasselbe nicht nur fast durchgehend in der Walfischmythe angetroffen, wo die Stellung dieses Motives eine überzeugende Kraft darstellt, sondern wir werden es auch in den nachfolgenden Feuerdiebstahl- und Ogremythen wiederfinden. Dagegen verleiht uns die Mythe für ein anderes Gebiet eine wertvolle Erkenntnis. Ich werde im zweiten Bande unter anderem eine Skizze der Verbreitung der heiligen Feuer bringen und werde zeigen, daß es überall Frauen sind, welche dieses heilige Feuer unterhalten. Das ist so in Süd- und Zentralamerika, in Südafrika, in Südasien und Europa usw. Diese Feuerhüterin verdankt entschieden ihre Entstehung der Urmutter. Die Weltmutter Erde ist ihr Vorbild. Wenn ich es mir auch leider versagen muß, den Beweis für diese Tatsache hier durchzuführen, so will ich doch wenigstens einen Anhaltepunkt geben. Wenn ein junges Ehepaar heiratet, wird das heilige Feuer entzündet. Das ist das Herdfeuer, welches in den Häusern junger Eheleute der Indogermanen, der Japaner, der Südafrikaner usw. usw. emporloht. Dieses Feuer repräsentiert die schöpferische Kraft, die der Mutter Erde in der Begattung aus dem Weltvater-Himmel erwachsen ist.

Blicken wir nunmehr nochmals zurück. Sollte sich nicht aus den gewonnenen Bildern allerhand Erklärung für früher hier zusammengebrachte Übereinstimmungen gewinnen lassen? -- Doch wohl! Die Welteltermythe tritt uns in so fester Gliederung entgegen, daß wir wohl auf ihr fußen dürfen, ohne fürchten zu müssen, auf Sand aufzubauen. — Die Eingeschlossenheit im Ei und im Bambus oder Faß (bei der Aussetzung) hat jede ihre eigene Mythenverwandtschaft. Immerhin besteht doch wohl auch eine Beziehung zur Welteltermythe. Wie die Kinder der Welteltern zwischen diesen eingesperrt liegen, so die jungen Sprossen in der Aussetzungsmythe. Der Bambus, das Faß, das Ei usw. entsprechen also in gewissem Sinne den Welten Himmel und Erde. — Er wird also mythologischer Pleonasmus, wenn in Yoruba Vater und Mutter in der Calebasse aufeinander gedrängt, wenn bei vorchristlichen Mongoloiden Vater und Mutter mit dem Kinde im Fasse eingeschlossen liegen; denn die Calebassen und das Faß sind schon die Welteltern. (Vergl. S. 268/9.)

Ist diese Folgerung richtig, dann ergibt sich naturgemäß die

Frage, ob die Jungfraumutter nicht ihrer Entstehung nach die von der Sonne geschwängerte Erde sein sollte. Es müßte jedoch noch weiteres Material zum Beweise erbracht werden.

B. Die Erdmutter als Weltgebierende. — Da wir uns hier hauptsächlich mit den Göttinnen zu beschäftigen haben, sei im besonderen noch in aller Kürze darauf hingewiesen, welche schöpferische Kraft der Weltmutter innewohnt, als der Himmelsvater sie begattet. In Yoruba erwachsen ihr 15 Götter. In Indien entstehen beim Milchmeerbuttern die Apsarasen, die Meeresgöttin, die Kuh des Überflusses, einer der Bäume aus Indras Paradies, die Weingöttin, die Gemahlin Wischnus usw. usw. In Griechenland erwachsen die Titanen, die Cyklopen usw., in Japan eine Unmenge von Gestalten, deren Wiedergabe bei Pfitzmaier ganze Seiten in Anspruch nimmt, in Polynesien alle Götter des Landes und des Meeres. Schauen wir uns nun um, ob wir vielleicht noch Entsprechendes in diesem Zusammenhange finden, so entdecken wir in Südafrika den Stein, der getrennt wird und aus dem die Tiere, ersten Menschen usw. herauskommen und in Parallele dazu in Melanesien den Stein, dem Quat mit seinen Brüdern, den Pflanzengeschöpfen, entsteigt. Bei den nordischen Völkern haben wir eine hochinteressante Umbildungsform in Ymir, der ein zwiegeschlechtlich Wesen (also Himmel und Erde) ist, und aus dem die Welt gebildet ward (also Trennung der Welteltern). Und in Mexiko gehört dazu die Atlalteutli, die Erdgöttin, — und so treten wir wieder in den Kreis der bekannten Mythen ein, die sich ja überall berühren und sich gegenseitig befruchtet haben. — Es sei aber darauf hingewiesen, daß wir nunmehr als Quellen der Schöpfungsmythen zweierlei Anschauung schon festgestellt haben, nämlich einmal das tiamatähnliche Wesen, welches der Walfischmythe nachgebildet wurde, und dann das Welt-elternpaar, das in der Begattung das Feuer der aufgehenden Sonne schafft.

C. Die Orpheusmythe. — In der Welteltermythe findet sich eingeschoben im japanischen Text oben das Wort *Orpheusmotiv*. Es ist mit diesem Motiv eine wunderliche Sache. Die

Verbreitung desselben zwingt mich zu der Überzeugung, daß wir es mit einem alten echten Stück der Mythologie zu tun haben. Eine andere Frage ist es, ob dies Motiv in der Welteltermythe eigentlich heimisch ist oder nicht. Hat es sich mit dieser Mythe zusammen entwickelt, oder ist es aus einem andern Bereich in dieselbe hineingetragen worden?

Die Mythe erzählt uns, wie Izanagi seiner toten Gattin in die Unterwelt folgt und sie bittet, zurückzukehren. Sie erklärt sich bereit, sagt ihm aber gleichzeitig: „Mögest du nicht auf mich blicken!“ Der Gott entzündet mit seinem Kamm, das heißt aus einem männlichen Balken desselben (hier haben wir das stehende Holz der Feuerentzündung) Licht und verliert darauf seine Gemahlin. Er muß entfliehen.

Ich erwähnte oben die Mythe von Urvaçi und Purûrava. Die Apsaras-Urvaçi liebte Purûravas. Sie liebt ihn unter der Bedingung, daß sie ihn nie nackt sähe. Sie bleibt lange bei ihm und wird schwanger. An ihr Lager ist ein Schaf und sind zwei kleine Widder angebunden. Die Gandharven rauben diese Widder. Entrüstet hierüber springt Purûravas auf. Er nimmt sich nicht die Zeit, einen Mantel umzuhängen. Da blitzt es, und die Geliebte sieht ihn nackend. Sie entflieht. Als er ihr nun nachstrebt, findet er sie am Lotosteich mit anderen Apsaras als Wasservogel schwimmend. Er fleht sie zurück. Unter großen Schwierigkeiten gelingt ihm dies auch. Er muß in geheimnisvoller Weise ein Feuer anzünden.

Vergleichen wir die beiden Stücke, dann erkennen wir, daß die Mythe auf jeden Fall in einer bestimmten Beziehung zur Feuerentzündung, d. h. also zum Tagesanbruch steht. Das eigentliche Orpheusmotiv (die Bedingung, daß der Gatte sie nicht ansehen, anrühren oder ansprechen oder das Gefäß, indem sie enthalten ist, öffnen darf) tritt deutlich zutage. Das Sehen bringt die Trennung als zwingende Folge mit sich. Insofern stimmen beide Mythen genau überein, und insofern wäre es sehr wohl denkbar, daß das Motiv mit der Welteltermythe zusammen entstanden ist. Denn die Begattung der Welteltern ist ja die Feuerentzündung, die Feuerentzündung der Sonnenaufgang, und wenn die Sonne aufgeht, dann werden die zur Nachtzeit eng aneinander geschmiegten Welteltern Himmel und Erde gleichsam getrennt. Also insofern ließe sich hiergegen nichts sagen. Bedenklich ist es aber, daß die indische Mythe gerade das Wiederfinden mit der Feuerentzündung in Zusammenhang bringt. Nun will ich aber darauf aufmerksam machen, daß diese indische Mythe gleichzeitig noch die Motive verschiedener anderer Mythen enthält. Ich gebe es zu, daß die Beraubung der jungen Widder etwa der Revolution der eng eingeschlossenen Kinder entsprechen könnte, muß mich aber dagegen auflehnen, Urvaçi als eine Weltmutter-Erde anzusehen. Denn Urvaçi ist nicht allein. Die Weltmutter ist immer nur einzig vorhanden, denn es gibt ja eben immer nur die Erde. Apsaras gibt es aber Unmengen. Man lese darüber die Arbeit von Elard Hugo Meyer (Gadharven) durch. Ich glaube sogar eine Beziehung zwischen der Menge der Apsaras und der Schwanenjungfrauenmythe feststellen zu können. Denn als Urvaçi wiedergefunden wird, da schwimmt sie als Schwan auf dem Lotosteich! — Man könnte somit wohl nur annehmen, daß hier die Motive der Welteltern mythe (Orpheusmotiv) in das Bereich der Schwanenjungfrauenmythe übertragen sind. Also gibt uns das Material der indischen Mythe keinen Anhaltepunkt zur Lösung der Frage, ob das Orpheusmotiv der Welteltern mythe entstammt. Wir werden umsomehr schwankend, wenn wir daran denken, daß die deutsch-esthnischen Melusinenmärchen, die doch sicherlich kaum mit einer Welteltern mythe in Zusammenhang gebracht werden können, dies Orpheusmotiv ebenfalls enthalten.

Also lassen wir den Ursprung dieser Mythe unberücksichtigt und begnügen wir uns damit, die Verbreitung des Orpheusmotives zu verfolgen. — In Siam geht ein Kaufmann auf Reisen. Das Schiff verliert den Weg, und nach langen Verschlagungen läuft es endlich in den Hafen einer Stadt ein, in welche sich sofort einige Leute begeben, um Einkäufe zu machen. Sie erzählen dem Schiffsherrn, daß sie eine Frau getroffen haben, die seiner Gattin aufs Haar ähnlich sieht. Zum Glück geht der Kaufmann nicht in die Stadt. Die Frau besucht ihn aber und warnt ihn davor, etwa in das Reich des Todesgottes, der hier herrsche, einzutreten. Alle diejenigen, auf die der Blick seines Auges fällt, müßten sterben (*Orpheusmotiv*). Sie selbst sei kurz nach seiner

Abreise verschieden. Die Flucht gelingt dem Kaufmanne. In polynesischen Mythen gelingt es verschiedenen Häuptlingen auf schwierigen Umwegen, ihre verstorbene Gattin aus der Unterwelt zurückzuholen. Wenn die Wanderung in die Unterwelt nun also auch häufig erzählt wird, so kann ich doch nur für Samoa einen festeren Anhaltepunkt finden, da eine Frau, die ihren Gatten zurückholen will, von Angst gepackt aus der Unterwelt wieder entflieht. Das eigentliche Orpheusmotiv fehlt aber auch hier. — Ist in dem Übergangsgebiet Ozeanien, also in diesem Falle eine gute Erhaltung der Mythe nicht nachzuweisen, so strömt uns in Nordamerika überreicher Segen entgegen. Ich finde die Mythe in guter Erhaltung bei den Völkern Kaliforniens, am Frasariver, am Thompsonriver, bei den Schiroki, Irokesen, Schawano, Algonkin usw. Die Mythe ist hier so lebendig und verbreitet, daß schon ein alter Missionar schreibt: „Unter tausenderlei fabelhaften Erzählungen, welche Homers und Virgils ihren sehr ähnlich sind, führet man auch eine an, welche die Begebenheit mit dem Orpheus und der Euridice so ähnlich ist, daß man fast nur die Namen ändern darf."

Im allgemeinen stirbt eine Gattin. Der Mann macht sich auf, sie zu holen. Nach vielen Gefahren gelangt er in die Unterwelt. Man gibt ihm die Seele der Toten unter der Bedingung mit, daß er dieselbe nicht anrühre, daß er die Büchse, in der sie verschlossen ist, nicht öffne, daß er sie nicht anrede usw. Der Mann kann aber seiner Begierde nicht wiederstehen, öffnet die Büchse oder spricht die Gattin an oder drückt sie an sich, und sie ist wieder in das Totenreich zurückgeeilt. Einige Varianten dieser Mythe sind hochinteressant. Bei den Schiroki, welche mehrere Versionen besitzen, finden wir unter anderem die Angabe, daß der Tod der betreffenden Frau durch den Biß der Schlange herbeigeführt wird. Aber diese Schirokimythe, welche erzählt, daß die Gebissene die Tochter der Sonne sei, ist kombiniert aus verschiedenen anderen Mythen. Kursiert doch sogar die Version, daß die Gebissene die Sonne selbst gewesen sei, und damit sind wir denn aus dem Bereiche der Orpheusmythen in das der Seite 198 ff. besprochenen Sonnenwendmythen gekommen. Hierhin kann aber die Mythe nicht gehören, denn allen charakteristischen Zügen entsprechend, ist es ausgeschlossen, daß in der ursprünglichen Version die Rückkehr der Gattin erreicht wird. — Wichtig sind aber noch einige kleine Parallelen. Wenn in Nordamerika jemand, der über den Styx in das Reich der Toten gelangt ist, von der dort gebotenen Speise genießt, dann gehört er wie Izanami der Totenwelt an. Das ist das Motiv der Totenspeise, welche demjenigen der Sonnenspeise genau entgegengesetzt ist (siehe unter diesen beiden Worten im Index des zweiten Bandes).

Ob die Orpheusmythe, deren griechische Form ich wohl ohne weiteres als bekannt voraussetzen darf, eine aus dem Bereiche der Welteltermythe entstandene märchenartige Form ist, will ich also dahingestellt sein lassen. Sollte dies der Fall sein, dann haben wir, um auf die einleitenden Worte dieses Kapitels zurückzugreifen, einen sehr interessanten Beleg für den oben ausgesprochenen Satz, daß die bei den Kulturvölkern durchgeführte Stammbaumkosmonogie bei den Naturvölkern verloren geht und in einer gleichartigen Schicht mythischer und mehr märchenhafter Formen sich auflöst.

Doch wenden wir uns nunmehr dem zweiten Typus des Liebeslebens zu. — Weiteres über die Lichtscheu siehe im vierten Buche. (Kap. XVI.)

2. Die Lichtelternmythe. (Sonne und Mond.)

D. Sonne und Mond als Ehepaar. Es gibt keine größere Völkergruppe, aus deren Bereich nicht einmal die Nachricht gekommen wäre: „Sie halten Sonne und Mond für zwei sich Liebende." Es ist nur ein Unterschied. Wir werden denselben später als ein außerordentlich charakteristisches Kennzeichen der Weltanschauungszugehörigkeit zu vermerken haben: es gibt zwei verschiedene Geschlechtsauffassungen. Für die einen ist der Mond, für die andern die Sonne der Gatte. Für die Frage der geographischen Verbreitung und Verschiebung der solaren Mythologie ist es von allerhöchstem Werte, feststellen zu können, daß die Verbreitung der maskulinen und femininen Mondauffassung keine willkürliche ist. — Unter dem Transozean verstehe ich das Gebiet zwischen der Westküste Amerikas und der Ostküste Afrikas und zwischen den Gebieten der Beringsstraße und Neuhollands. In diesem transozeanischen Gebiet hat sich die Völker- und Mythenverschiebung des Zeitalters der solaren Weltanschauung abgespielt, und ich kann feststellen, daß in den sämtlichen Küstengebieten dieser Region bis auf ganz bestimmte Grenzgebiete der so gefaßten Ökumene der Mond feminin und die Sonne ihr Gatte ist. Männlich ist dagegen der Mond bei den Völkern des Nordrandes, bei den nördlichen Nordamerikanern, den östlichen und südlichen Südamerikanern, den Neuholländern, den Westafrikanern und bei einigen kleinen dazwischen gestreuten „verlorenen“ Stämmen. Gemischte Anschauungen finden wir bei den Mexikanern, den Babyloniern und bei den Indogermanen. Bei diesen ist es sehr interessant, feststellen zu können, daß Mythologie und Volksanschauung sich in diesem Punkte nicht decken.

Es ist mir natürlich nicht möglich, hier vollständig zu referieren, und gehört das auch nicht hierher. Ich muß jedenfalls betonen, daß die eigentlich solare Mythologie den Mond nur als Weib und die Sonne als Mann kennt. Dagegen läßt sich die ältere Anschauung nicht verleugnen, welche in dem Monde ein männliches Wesen sieht, das in bestimmter Weise mit dem Leben der Menschen in Beziehung steht. Diesen älteren Anschauungen nachzuspüren ist sehr schwierig, und wir werden uns damit zunächst begnügen müssen, die Tatsache eines uralten Monddämones aus der Urzeit in das Zeitalter des Sonnengottes hineinragen zu sehen.

Die Naturvölker sagen in dem von uns umschriebenen Rahmen von der Liebe des Sonnenhelden zum Monde nicht viel aus. Das wenige, das vorzubringen ist, werden wir sogleich zu fassen suchen. Die einfachen Vorgänge sind verständlich. Die Sonne besucht den Mond in den Eklipsen. Die Mondfrau wird schwanger und bringt die Sterne hervor. Wir werden uns im Bereiche der eigentlichen geschichtenerzählenden Mythologie umzusehen haben, wenn wir nähere Details aus diesem Liebesleben erfahren wollen. Die Stämme im Norden Südamerikas erzählen: Der Mond ist ein Mädchen, die Sonne ihr Bruder. Sie besucht ihren Bruder heimlich des Nachts, wird aber zuletzt entdeckt, als dieser mit schwarzen Händen über ihr Gesicht hinfährt (*Handabdruck*). Dieselbe Mythe kommt nicht nur auf Panama vor, sondern muß auch in Ozeanien existiert haben, denn Bastian sagt einmal, daß der Mond zeitweise durch die Hand Mauis (des Sonnengottes) verdüstert sei (*Handabdruck*), und der Mond ist in diesen Gegenden weiblich. Tina ist auch die Schwester Mauis, also würde alles zusammenpassen. In Amerika verbleibend, sehen wir bei den Schiroki in jüngerer Zeit die Auffassung von der femininen Eigenschaft der Sonne vordringen, denn in älteren Zeiten wurden die Gebete an den „Herrn“ Sonne gerichtet. Infolgedessen ist es nicht undenkbar, daß die Mythe, die wir jetzt erzählen, umgekehrt war. Sonne, ein junges Weib, lebte im Osten, Mond, ihr Bruder, im Westen. Die junge Frau hatte einen Liebhaber, der pflegte sie in der Dunkelheit zu besuchen. Er kam zur Nacht und verließ sie vor Tagesanbruch. Sie wunderte sich, wer es wohl wäre. Um dies herauszubekommen, rieb sie eines Nachts mit Asche einige Zeichen in sein Gesicht (*Handabdruck*.) Als in der nächsten Nacht der Mond aufstieg, war sein Gesicht mit Flecken bedeckt. Und da wußte denn seine Schwester, daß ihr Bruder sie besucht habe. Die Schwester schämte sich so sehr, daß sie sich seitdem möglichst weit entfernt von ihrem Bruder aufhält usw. — Bei den den Indianern benachbarten Eskimo liebt im Anfang nur ein Mann und seine Schwester. Beide sind bildschön. Der Bruder sucht nachts heimlich seine Schwester auf, die, um den fremden Geliebten endlich festzustellen, sein Gesicht mit Ruß beflekt (*Handabdruck*.) Am andern Morgen erkennt sie den Bruder. Sie flieht. Er verfolgt sie — bis heute verfolgt er sie, ohne sie erreichen zu können. Das ist eine Geschichte von Sonne und Mond. Dieselbe Sage kehrt bei den Grönländern wieder. Auch hier ist der Mond weiblich und wird allabendlich im Dunklen durch einen jungen Mann besucht. Der Mann ist ihr Bruder, der Mond. Sie hat auf seine weiße Jacke aber einige Rußflecke (*Handabdruck*) gemacht und erkennt ihn als solchen wieder. Das Weib schneidet sich die Brüste ab usw. Sie flieht. Das Weib wird zur Sonne, der Bruder zum Mond.

Verfolgen wir das Motiv des *Handabdruckes*, das augenscheinlich in diesen Mythenkreis gehört, so begegnen wir in Nordwestamerika einer großen Anzahl von Varianten. Hammer und Späne sowohl als Hunde besuchen nachts ein junges Weib. die den Mann durch Händeabdruck kennzeichnet. Mit dem Händeabdruck geht aber nun eine ganz eigenartige Verschiebung vor sich: Der Händeabdruck wird nicht mehr schwarz, sondern er wird rot. Und während wir ohne weiteres den schwarzen Händeabdruck auf den Mond beziehen müßten, und uns demnach die Auffassung der Nordamerikaner, wie wir sie eben kennen lernten. durchaus als möglich erscheinen könnte, wird uns mit dem roten Händeabdruck in den Mythen der Nordwestamerikaner die weibliche Auffassung des Mondes und die männliche des mit rotem Händedruck rot aufsteigenden Sonnengottes verständlicher. Und wenn wir uns nach anderen Gebieten umsehen, in denen das gleiche Motiv eine wesentliche Rolle spielt, so treffen wir wieder auf die männliche Sonne und den weiblichen Mond. Bei den Toboltataren verliebt sich ein Jüngling in die Fürstentochter. Da der Fürst ihm die Tochter auf keinen Fall zur Frau geben würde, läßt er sie jede Nacht in geheimnisvoller Weise durch einen aus Holz geschnitzten Menschen in sein Haus bringen. Morgens wird die Fürstentochter wieder heimbefördert. Sie wird schwanger. Der Fürst weiß nur ein Mittel, festzustellen, wohin seine Tochter nachts gerät: er heißt sie sich die Hand mit Lack bestreichen und damit das Haus kennzeichnen (*Handabdruck.*) Wie man das Haus aber erkennen will, da hat der Schlaue schon alle Häuser mit Lack bemalt. Zuletzt zwingt der Jüngling den Herrscher, ihm seine Tochter zu geben, indem er ihn mit Hilfe des unterstützenden Mulla in ein zum Meere umgewandeltes Wasserbecken stürzt und ihn auch wieder herausholt. — (Eine Geschichte indischen Ursprunges.)

Denselben Kreis der Anschauung vermögen wir aber, dem Motive des Handabdruckes und des nächtlichen Besuches nachgehend, auch noch in einer anderen Mythe zu erkennen, in der Mythe vom *Gewandverbrennen.*

Ich sagte schon, daß in Nordwestamerika sich dem Mädchen zuweilen nachts ein junger Mann nähert und sie beschläft. Als sie den mit dem Händeabdruck Gekennzeichneten am Tage aufsucht, sieht sie, daß es der alte triefäugige Hund ihres Vaters ist. Sie wird schwanger und bringt junge Hunde zur Welt. Das ganze Dorf verläßt sie. Sie ist mit den Kindern allein. Als sie eines Tages nach Hause kommt, hört sie Kindergeschrei. Sie sieht kleine Kinder vor ihrer Tür spielen, bemerkt auch, daß einige Hundefelle daneben liegen, ergreift die Hundefelle, wirft sie ins Feuer und befreit so die Kinder von ihrer Hundeverwandlung. Damit sind wir zu dem Motiv der *Gewandverbrennung* gekommen. Die Verbreitung ist außerordentlich charakteristisch: Zentrale Eskimo, die Indianer des Mackenziebecken, Tlinkit, Nordwestamerikaner, Tsetsaut, Thompsonriverindianer. Schon Franklin hat die Mythe notiert. Dazu finden wir sie bei den südlichen und nordwestlichen Mongoloiden Asiens und Europas, bei den Slaven, Nordvölkern, auf Island, in Italien und endlich in Südafrika. In Nordamerika haben wir immer das Verbrennen der Hundehaut, bei den Mongoloiden Asiens haben wir das Verbrennen einer Vogelhaut, ebenso in Südafrika. Bei den Russen wird, wenn es sich um einen verzauberten Mann handelt, ein Bockfell, wenn es sich um ein verzaubertes Weib handelt, ein Froschfell verbrannt, in Italien haben wir einen Mantel und eine Schlangenhaut, in Deutschland eine Igelhaut und ein Eselfell, in Island eine Löwenhaut, ein Sperlingsfell und eine Hundehaut. Bei den Esthen treffen wir wie bei den Russen neben dem Manne wieder ein verzaubertes Weib und ist dieses Weib zu einem Wolf verwandelt.

Wir haben also meistenteils einen Mann, der tagsüber in ein Tier verwandelt ist, der Abends seine Haut ablegt und als Mann heimlich das Weib besucht, das Weib nimmt die Haut dieses Mannes und verbrennt sie. Darauf ist der Mann von seiner Verzauberung errettet.

Nun wollen wir uns das Bild am Himmel vergegenwärtigen. Den schwarzen Handabdruck erkennen wir ja nicht unschwer in den Flecken am Monde. Vom Händeabdruck am Monde hören wir auch bei den Völkern Neuguineas und bei den Westafrikanern. Wir haben hier ein Motiv, das nicht unbedingt in diesen jüngeren solaren Kreis gehört, denn dies Motiv äußert sich bei den Westafrikanern und bei den Stämmen Neuguineas in einer absolut anderen Form, die mit unseren Mythenkreisen gar nichts zu tun hat. Es sind das einfache, natürliche Fabeln, die nicht unbedingt in das Gesamtbild der uns interessierenden Mythen gehören.

Klarer tritt uns das Bild im Motiv des Gewandverbrennens entgegen. Wenn des Morgens die Sonne aufgeht, dann ist das wie ein Feuer, dann sehen wir. Dann erkennt und errettet das Mondweib ihren Mann. Der Schatten, der beim abnehmenden Monde langsam über das weibliche Nachtgestirn hinzieht, ist danach der Sonnengatte. — In dieser Weise möchte ich die Reihe dieser Motive vorläufig erklären, und glaube ich so ein Verständnis für diese Mythenkreise gewinnen zu können. Die vorgelegte Ansicht ist nicht ausschlaggebend und wäre eine eingehendere Untersuchung dieser Motivreihen durchaus wünschenswert. — Wesentlich für unsere Zwecke ist es, einmal wieder die geographische Verbreitung einer Mythe nachgewiesen zu haben. Die Mythe von der Gewandverbrennung und von dem nächtlich auftauchenden, verwandelten Hundegeliebten ist über den Nordrand sowohl nach Amerika hinüber als auch bis nach Island hin gewandert. Wir haben also ein Gegenstück zu anderen Mythen, die von Südasien über Ozeanien nach Amerika gepilgert zu sein scheinen. — Ich habe mich hierbei so lange aufgehalten, weil es für unsere Zwecke wünschenswert ist, die Verbreitung bestimmter Mythen festzustellen, auch wenn wir noch kein ausschlaggebendes Urteil über ihre Bedeutung zu geben wagen.

E. Die Mondgöttin. — Sowohl dem Altersgrad als ihren Eigenschaften nach nimmt die Gottheit des Mondes bei den Naturvölkern ganz verschiedene Stellungen ein. Merkwürdig ist es nur, daß sich eigentlich immer bei allen Völkern die sämtlichen Mythen, die sich auf die Mondgottheit beziehen, vorkommen. Es ist das wohl ähnlich, wie mit der Seelenwanderung, der zufolge die einzelnen Teile der menschlichen Seele verschiedene Schicksale erleiden. Just so ist es mit der Mondgottheit, die in den verschiedenen nebeneinander herlaufenden Mythen die verschiedensten Eigenarten annimmt. Bald ist die Mondgottheit die „Uralte“, bald ist sie eine „schöne Frau“, bald ist sie die „junge, schöne Schwester“, die ihren Bruder innig liebt. Wir werden deshalb hier die wichtigsten Eigenarten der Mondgottheit nacheinander besprechen müssen.

a. Die Todes- und Schicksalsgöttin. Als Maui in den Rachen der Hine-nui-te-po schlüpft und als er seinen Tod findet, da ist auch das Schicksal der Menschen besiegelt. Die Maori erzählen: „Wenn Maui nicht gestorben wäre, brauchten die Menschen auch nicht zu sterben.“ Man muß aber wissen, daß Hine oder Hina der Mond ist. Es klingt uns verwandtschaftlich an, wenn Brinton aus Wortvergleichungen bei Algonkin und Azteken einen Zusammenhang von „Mond“, „Wasser“ und „Tod“ findet. Bei den Heiltsuk leben die Toten auf dem Monde. Die Todesmythe hängt in Neuholland, im östlichen Melanesien, in Südafrika, bei den Grönländern usw. stets mit dem Monde zusammen. (Siehe darüber „Weltanschauung der Naturvölker“). Wichtig ist eine Variante: Der Mond wechselt sein Kleid, wenn er alt wird und wird dadurch wieder jung. Wir werden im Nachfolgenden unter e. die große Bedeutung von Stoffen und Kleidern für die Mondgottheit erkennen. — Die sympathische Verbindung des Menschen- und Mondlebens möchte ich dagegen, bis sich bessere Belehrung einstellt, für eine ältere Errungenschaft des Menschen halten.

b. Die Wassergöttin. In der altchaldäischen Mythe sahen wir Omorka als anfängliche Mond- und Wassergöttin. (Siehe Seite 163.) Der Mond steht bei allen solaren Völkern im Gerüchte des Wassertragens. Merkwürdig häufig werden Menschen, die just Wasser in einem Eimer holen, in den Mond versetzt. So in Polynesien, Nordwestamerika und in deutschen Märchen. Bei den alten Ägyptern ist in der Darstellung der alten Mondgöttin Neith das Wellenwasserzeichen vor die Hände gezeichnet, woran man sie deutlich als Wasserspenderin erkennen kann. Sehr schön tritt der Kreis dieser Beziehungen in Amerika hervor. Bei den Muyscas ruft die bildschöne, aber bösartige Gattin des Schöpfergottes die Flut hervor und wird darum in den Mond versetzt, — wie auch in Neuholland der Mond der Fluterzeuger ist. Im alten Mexiko wird der Sohn Quetzalcoatls die Sonne, der Sohn Tlalocs, des Wassergottes, der Mond. Bei den Navahos birgt der Mond alle Arten des Wassers, und die Schiroki wenden sich mit ihren Gebeten um Regen und Schnee an den Mond.

Die Bedeutung von Wasser und Mond in der altchinesischen Auffassung hat Schlegel festgestellt und last not least sei darauf hingewiesen, daß heute noch im Volke hinsichtlich der Regenzeiten der Glaube herrscht, daß die Regenperioden mit dem Wechsel des Mondes zusammenhingen. Nachdem schon früher auf das Irrtümliche dieser Anschauung hingewiesen wurde, ist der Meteorologe W. Ellis auf Grund der Beobachtungen zu Greenwich in den Jahren 1862—1901 zu dem Schluß gekommen, daß gar keine Beziehung zwischen den Mondphasen und der Regenmenge besteht. Wir haben es hier also mit einer alt-mythologischen Meinung des Volkes zu tun. Wichtiger ist eine andere Meinung der Naturvölker, welche die Höhe der Fluten mit der Größe oder Kleinheit des Mondes in Zusammenhang bringen. Ohne mich auf Einzelheiten einzulassen, möchte ich darauf hinweisen, daß möglicherweise nach den alten Mythenbegriffen des solaren Zeitalters der Mond nicht nur über der Flut, sondern auch über der Regenzeit präsidierte.

c) Die webende Mondgöttin. Und nun kommen wir zu einer merkwürdigen Übereinstimmung: Im Monde sitzt eine Frau (nur sehr selten ist es ein Mann), die spinnt oder webt. Nach der Algonkinmythe sitzt im Monde eine Frau, die ein Stirnband webt. Eine neben ihr sitzende Katze zerreißt aber je einmal im Monat den Faden, sodaß sie nie fertig wird. Sie wird erst am Ende der Dinge fertig. Bei den Potowatomi ist die Frau eine Korbflechterin, während sie bei den Oschibwä am Webstuhl sitzt und an einem nicht vollendeten Gürtel arbeitet. Bei den Schiroki treffen wir das Stirnband wieder, und die alte webende Spinne der Navahosmythe, die den jungen Helden den Rat gibt, wie er sich beim Sonnengotte zu benehmen habe, dürfte auch nur als Mondgöttin zu verstehen sein. Überspringen wir den Ozean, so treffen wir in Indonesien allenthalben Spinner und Weber im Monde. Bei Batak und Alfuren ist es ein Weib. Auf Timor ein Schlingenverfertiger. Interessant ist es, wenn bei den Orang Benua Tiere die Fäden wieder zernagen. Das erinnert wieder an amerikanische Formen. In China spinnt die Mondgottheit den Faden, der die Ehen verbindet. Suchen wir nun nach einem Übergang zwischen diesen Zentral-ozeanischen und den ostozeanischen oder amerikanischen Anschauungen, so ergibt sich eine ganz merkwürdige, aber außerordentlich beweiskräftige Form des Überganges. Die Polynesier weben nicht. Sie haben vielmehr für Kleidungszwecke die Herstellung von Rindenstoffen zu einer außerordentlich entwickelten Kunst geschaffen. Und siehe da: Ina, Sina, Hine usw. die Mondgöttin klopft ihre Tapastoffe. Hier hat uns die Mythologie einmal einen Beweis gebracht, was sie zu leisten vermag. Es dürfte sehr schwer sein, aus der Technik, nachzuweisen, daß die Polynesier das Weben einmal verstanden haben. Höchstens ließe sich aus der Verfertigungsweise der Fäden die Anschauung rekonstruieren, daß sie in alten Zeiten einmal das Spinnen verstanden hätten. Indem aber an die Stelle der spinnenden Mondgöttin die Tapa schlagende Mondgöttin getreten ist und gleichzeitig in beiden Niederschlagsgebieten des Ozeans sich das Spinnen und Weben in der spinnenden und webenden Mondgöttin erhalten hat, beweist der Tatbestand der Mythologie, auf welchen Wegen die Kunst von Asien nach Amerika gezogen sein dürfte und daß sie in dem Übergangsgebiet nur untergegangen ist. — In den nordwestlichen Gebieten hat sich die Mondspinnerin in phantastischer Weise weitergebildet. Schlicht und einfach ist es noch, wenn Neith, die Göttin zu Sais, die alte Mondgöttin der Ägypter, mit dem Schleier bedeckt ist, „den noch kein Sterblicher gelüftet hat". Der Schleier zu Sais erinnert uns daran, daß die Mondgöttin und das Schicksal in dem Gewandwechselmotiv über dem Leben der Menschen präsidiert, und der Schleier von Sais ist eine Erinnerung an die spinnende Mondgöttin, denn die Mondgöttin Neith wird stets dargestellt mit einem Weberschiffchen über dem Haupte. Sie heißt deswegen auch die Erfinderin des Webens. Nun die Arioiden. Aus dem alten Gesange eines indischen Brahmanenschülers: „Hier in der Unterwelt sind zwei jugendliche Mädchen, Tuch webend jeglicher Art, die da ewig hervorbringen weißes und schwarzes Tuch, immer wieder zum Dasein führend die Welten und was sie bewohnt." Die indische Mythologie hat die alten solaren Stoffe in eigener Weise weiter entwickelt und umgeformt, so daß es oftmals schwer ist, die alten Typen wiederzuerkennen und gutes Material beizubringen. Daher sind wir doppelt erfreut, derart schöne Reste anzutreffen, zumal wenn die

Beziehungen zu den verwandten Stoffen bei den westlichen Arioiden so unverkennbar wie hier hervortreten. Denn ich brauche nur an die Mören, die Parzen und die Nornen zu erinnern, um den Beziehungsreichtum ahnen zu lassen. Doch Stück für Stück wollen wir hier vornehmen. Simrock berichtet, daß in einer Reihe deutscher und italienischer Märchen der Mond Spinnräder verschenkt, und Kuhn weiß in seinen märkischen Volkssagen von einem Weibe zu erzählen, das in den Mond versetzt ward, weil sie am Sonntag gesponnen hat. Sollte das Bertha, die Spinnerin sein? Und sollten nicht vielleicht, entsprechend der Umbildung der Mondspinnerin in eine Mondkorbflechterin, bei den Nordwestamerikanern die Männer mit dem Reisigbündel, die so häufig bei uns aus den Mondflecken auftauchen, mit dem Seiler im Monde in Verbindung stehen? Aber dann: Die Nornen wurden unter Einwirkung der Schwanenjungfrauen zu Walküren, und diese Walküren sitzen nach der Nialssage in einer Kammer mit einem Gewebe beschäftigt, Menschenhäupter sind statt der Gewichtssteine, Gedärme statt des Zettels und Einschlages, ein Schwert statt des Schlagbrettes, ein Pfeil statt des Kammes; dabei singen sie ein Lied mit dem Kehrreim: Winden wir, winden wir das Gewebe der Schlacht. Zuletzt reißen sie das Gewebe von oben herab in Stücke, und jede behält das ihre in der Hand, besteigen die Pferde und reiten davon. Da klingt alte, starke Anschauung nach. Der webenden Mondgöttin wird das Gewerk immer zerrissen, in Nordamerika von einer Katze, in Indonesien von einer Ratte; die dritte Norne aber schneidet regelmäßig den gesponnenen Lebensfaden ab! — Doch noch ein lieblicheres Bild zum Abschluß! Proserpina, die Bringerin des Lebens und des Todes, die Würgerin und Eröffnerin, webt das Kleid der Toten. Es ist nicht nötig, an die webenden Göttinnen Kleinasiens zu erinnern, an Ilithyia, die webende Mutter des Eros, an die kleinasiatische Mondgöttin Athene, die das Licht der Sonne hervorbringt und mit Rocken und Spindel dargestellt wird. Wir wollen nur den alten Homer zitieren und wollen ihm die Frage vorlegen, ob er es wohl noch gewußt hat, was es bedeutet, wenn die edle Penelope in nächtlicher Zeit das große Gewebe wieder aufreißt, das sie am Tage gesponnen?

d) Tiere im Monde. Es handelt sich um zwei: Hase und Frosch. Der Hase befindet sich im Monde nach der Anschauung der Inder, Kalmücken, Tibeter, Chinesen, Japaner, während bei den Griechen, Römern, Russen, Litthauen usw. Hase und Kaninchen in bestimmte Beziehung zum Monde treten. In Südafrika ist Kaninchen oder Hase der Bote des Mondes, der die Todes- oder Lebensnachricht bringt. Und nun die andere Seite des Ozeans. Im Norden Kaliforniens und in Mexiko sitzt ein Kaninchen im Monde. — Ist das Zufall? Und was bedeutet dieses? Sollte die Spur zur Lösung des Rätsels nicht im Gebiete der Todesmythen zu finden sein? — Verständlicher ist uns das Hervortreten des anderen Tieres im Monde. Ein Frosch oder eine Kröte sitzen nach süd- und ostasiatischer Anschauung im Monde. Ich gab oben Seite 319ff. eine Mythe aus Südafrika wieder, in deren Verlauf der Frosch den Verkehr mit dem Monde unterhält. Dazu nun das Material aus Amerika. Die Mandan sehen eine Kröte im Monde, ebenso die Indianer am Thompsonriver. Bei östlichen Indianerstämmen durchbohrt der Sonnenheld den Riesenfrosch, der in der Dürre das Wasser aufgesogen hat. Frösche werden verehrt bei den Chipcha usw. - Die Beziehung zwischen Mond und Frosch ist klar: der Mond präsidiert ja dem Wasser und der Frosch lebt im Wasser!

Es ist also ein reiches Leben, das die Mythologie um den Mond gesponnen hat. Denn wir haben den Stoff hier bei weitem noch nicht erschöpft! Es wäre noch mancherlei z. B. über den Baum im Monde zu sagen, der zumal in Ozeanien eine ganz hervorragende Rolle spielt, dessen Erscheinungen aber auch in Asien und Europa hervortreten. Außerdem könnte man ja von einem andern Standpunkte aus den gleichen Stoff behandeln. Es sei hier nämlich darauf aufmerksam gemacht, daß jede der drei Gestirnarten (Sonne, Mond und Sterne) eine eigene Art der Belebung nach Aussage der Naturvölker und auch vieler Kulturvölker erfahren haben. Wir wollen das hier als Formel festlegen:

1. Der Sonnenheld folgt der Sonne: die Seelen der Verstorbenen folgen der Sonne; kurz und gut, die Sonne ist nicht das eigentlich Belebte, und die Symbolisierung respektiert meist und in gewisser Hinsicht die Eigenart der Sonne als Objekt.

2. Der Mann wird in den Mond versetzt, die Frau wird in den Mond versetzt, die Kröte wird in den Mond versetzt, der Baum wird in den Mond versetzt usw., kurz und gut: der Mond ist gleichsam eine Behausung (wie ja auch viele Mythologien von den Mondhäusern, wenn auch in anderer Beziehung, oft sprechen).

3. Es wird eine Jungfrau oder ein Mann an den Himmel versetzt und dort werden sie zu Sternen. Dem entspricht es, wenn bei den meisten Völkern dann und wann die Anschauung auftritt, daß die Toten als Sterne an den Himmel versetzt sind. Was hat nicht alles die griechische Mythologie an solchen Wesen an den Himmel versetzt, die Zwillinge, den Orion usw. usw. Ebenso machen es die Neuholländer, die Ozeanier, die Amerikaner. Also die Sterne sind an den Himmel versetzte Wesen.

Von solchem Gesichtspunkte ausgehend und nach dieser Richtung studierend sind sicherlich reiche Ergebnisse zu erzielen. Denn die verschiedenartige Belebung der drei Gestirnsarten, wie ich sie eben zu skizzieren suchte, tritt überall und immer wieder in den Vordergrund. Wir werden uns einer derartigen Variante des dritten Typus, der Sternmythen, nunmehr zuwenden.

3. Die Plejadenmythe.

Als Beitrag zu der eben gebotenen Auffassung von der Bedeutung der Sterne in der Mythologie als an den Himmel gesetzter Lebewesen möchte ich nachfolgend eine Mythe der nordamerikanischen Wabi auszugsweise wiedergeben, welche den Übergang zu einer hübschen Erkenntnis ohne Schwierigkeiten bietet.

F. Sternmythe der Wabi. Wabi, der weiße Falke, ist ein berühmter Jäger, der in einsamer Hütte tief im finsteren Walde lebt. Auf der Jagd kommt er einst in eine große Prärie. Es fallen ihm schön geformte Fußstapfen auf, die er verfolgt. Er gelangt in einen geheimnisvollen Kreis, setzt sich hinter einen dicken Baum und wartet, was sich ereignen wird. Unter eigenartigen zauberischen Tönen senkt sich ein großer Korb hernieder, aus dem 12 schöne Mädchen heraufsteigen. Ein hell leuchtender Feuerball erklingt; er wird wie eine Trommel geschlagen. Die Mädchen beginnen zu tanzen. Trotzdem sie alle schön sind, gefällt ihm eine am besten. Er stürzt auf dieselbe zu, aber im gleichen Moment springen die Mädchen in den Korb und verschwinden dem Himmel zu. Am nächsten Tage, als Wabi zu dem Kreise zurückgekehrt ist, spielt sich die Geschichte in derselben Weise ab. Am dritten endlich sinnt er eine List aus, um sich eines der Mädchen zu bemächtigen. Er findet in der Nähe des Kreises einen halbverfaulten Baumstamm, in welchem viele Mäuse hausen. Er schleppt den Baumstamm in die Mitte des Kreises und verwandelt sich selbst in eine Maus, die mit den andern zusammen in den alten Waldkadaver schlüpft. Alsbald senkt sich auch der Korb mit den Mädchen wieder hernieder. Eine, die Jüngste, ist über die Lage des Baumstammes verwundert. Die andern schenken ihm keine Beachtung, lassen sich nieder, schlagen mit ihren Stöcken darauf und bewirken es so, daß die erschrockenen Mäuse eilig fortlaufen. Sie ergreifen sie und schlagen sie tot. Nur Wabi entgeht ihnen, er verwandelt sich schnell in seine eigentliche Gestalt und packt die Jüngste der Verfolgerinnen mit beiden Armen. Die andern entschwinden. Wabi tröstet sein Opfer, und es gelingt ihm, ihre Liebe zu erobern. Sie heiraten sich. Im nächsten Frühjahr wird ein Knabe geboren. Die Frau ist aber doch betrübt, denn sie ist die Tochter der Sterne und sehnt sich in ihre Heimat. Als Wabi sich nun eines Tages auf der Jagd befindet, hört die Frau ihren Vater oben im Himmel laut weinen und wehklagen. Da kann sie die Sehnsucht nicht überwinden. Sie flechtet einen Korb, füllt ihn mit allerhand Gegenständen von der Erde, ergreift ihren Sohn, geht in den Zauberkreis und wird darauf unter dem Geräusch der zauberischen Töne zum Himmel emporgehoben. Wabi hört die Töne, er kommt und sieht es just noch, wie seine Frau oben von den Sternen in Empfang genommen wird. Er versinkt nun in große Traurigkeit. Die Frau scheint ihn vergessen zu haben, Doch eines Tages wird sie durch ihren eigenen kleinen Sohn an den Mann erinnert, empfindet Sehnsucht nach ihrem Gatten und bittet ihren Vater, die Erde einmal besuchen zu dürfen. Sie erscheint ihm also eines Tages wieder, erzählt ihrem Manne von der Schönheit der oberen Welt und fordert ihn auf, mitzukommen, doch solle er immer von jedem Tiere oder Vogel der Erde Fuß, Flügel oder Kralle mitbringen. Wabi jagd nun tagaus, tagein, er bringt die erwünschten Gegenstände zusammen. Der Zauberkorb trägt ihn dann gen oben. Oben wird ein Fest abgehalten. Jeder der Geladenen ergreift ein Stück der Erdenbeute, und so werden einige zu Vögeln, andere zu Vierfüßlern usw. Wabi nimmt die Federn eines weißen Falken und ebenso seine Frau und sein Sohn. Sie werden zu weißen Falken, fliegen zur Erde hinab und gründen den Stamm der Wabi oder weißen Falken.

Jedem, der die Texte des XIII. Kapitels mit Aufmerksamkeit durchgelesen hat, wird die Ähnlichkeit mit den Schwanenjungfrauenmythen auffallen. Wir haben einen Jäger auf der einen Seite und eine Gruppe von schwebenden jungen Mädchen auf der anderen. Wie in der Micmacmythe und in der Lappländer-Version bemüht sich der Held mehrmals vergebens, eine der Jungfrauen zu erhaschen, bis ihm dieses endlich mit List gelingt. Wie in den anderen Schwanenjungfrauenmythen entschwebt die Gattin auch, nachdem sie einen Sohn zur Welt gebracht hat und wie in der Tawhaki- und Utahagimythe gelangt der Mann auch in den Himmel und kehrt er zur Erde zurück. Die Mädchen sind im allgemeinen nicht als Vögel bezeichnet, doch verwandelt sich zum Schlusse die Familie in weiße Falken. Wir würden natürlich diese Mythe unbedingt zu den Schwanenjungfrauen zählen, wenn die Motive des Schleierdiebstahls vorhanden wären. Immerhin lassen uns die Analogien und der Grundtypus doch zu dem Schluß kommen, daß wir hier eine Version der Schwanenjungfrauenmythen vorliegen haben, wodurch der Kreis der geographischen Verbreitung noch etwas erweitert wird. Es soll nun im folgenden meine Aufgabe sein, es noch wahrscheinlicher zu machen, daß diese Mythe in die erwähnte Gruppe gehört. Gelingt dies, dann haben wir für das Verständnis der Schwanenjungfrauenmythen ein neues wesentliches Stück gewonnen. — In dieser Wabimythe sind nämlich die jungen Mädchen direkt als Sterne bezeichnet, und wenn es auch leider (ich werde ein andermal zeigen können, weshalb dies der geographischen Verbreitung nach so sein muß) nicht gesagt wird, welche Sterne oder welches Sternbild wir mit den Jungfrauen identifizieren dürfen, so werden wir doch daran erinnert, daß auch in anderen Mythen diese Jungfrauen in einem Sternbilde wieder erkannt werden. Vor allen Dingen ist dies bei den Neuholländern der Fall, und da dieses primitive Volk die alten Mythen nicht weiter entwickelt, sondern sie in seinem Gedächtnis gerade wegen seiner Primitivität besonders klar und deutlich erhalten hat, so wende ich mich der Besprechung dieser Mythen im speziellen zu.

G. Die Plejaden- und Schwanenjungfrauenmythe der Neuholländer. Ich habe oben Seite 309ff. unter G. eine entsprechende Mythe der Narran wiedergegeben. Dies ist nicht das einzige Material, welches wir besitzen. Wir wollen hier in lokaler Untersuchung einmal etwas tiefer und eingehender schürfen als sonst. In der Narranmythe raubt der Jäger die Grabstöcke. Dieser Punkt entspricht dem Schleierdiebstahl. Bei den Pirtkopan-noot geht die Sage, daß die Plejaden eine Königin namens Gneeanggar und ihre 6 Begleiterinnen darstellten. Vor langen Jahren hatte sich der Stern Canopus (die Krähe) in diese Königin verliebt. Es gelang ihm aber nicht, ihre Neigung zu gewinnen, und so beschloß er, sich ihrer durch eine List zu bemächtigen. Kurz nach ihrer Weigerung, sein Weib zu werden, erfuhr er auf irgend eine Weise, daß die Königin mit ihren 6 Gefährtinnen ausging, um weiße Raupen zu suchen, die sie sehr gern hatten. Als Waa (Krähe) dies hörte, kam er auf den Gedanken, sich selbst in eine Raupe zu verwandeln. In dieser Gestalt bohrte er sich in einen Baumstamm, wo er sicher war, von der Königin und ihren Dienerinnen entdeckt zu werden. Er war auch noch nicht lange in seinem Versteck, als eine von jenen ihn bemerkte und mit einem kleinen hölzernen Haken, wie ihn die Frauen gewöhnlich zum Herausziehen der Raupen gebrauchen, in das Loch fuhr. Er brach die Spitze des Hakens ab und machte es mit den Geräten der Begleiterinnen ebenso. Da trat die Königin hinzu und steckte einen schönen Knochenhaken in das Loch. Waa wußte, daß dies ihr Haken war, ließ sich daher herausziehen. verwandelte sich sogleich in einen Riesen und rannte mit ihr davon. Seit dem Verschwinden der Königin gibt es hier nur noch 6 Sterne in den Plejaden, welche die 6 Dienerinnen darstellen. — Als einige Freunde Bastians, denen das Manuskript dieser Erzählung bekannt wurde, Zweifel über ihre Authentizität äußerten, weil sie eine sehr auffallende Ähnlichkeit mit Erzählungen der griechischen Mythologie zeigt, so stellte Mr. William Goodall. Vorsteher der Framlingham Aboriginal Station, die sorgfältigsten Nachforschungen an, deren Resultat war, daß die Erzählung bestätigt und nachgewiesen wurde, sie sei im Westbezirke und, mit einigen Veränderungen, auch in Südaustralien wohl bekannt. — Schon ältere Angaben besagen dasselbe. Brough Smyth sagt aus, daß die Plejaden in Victoria eine Gruppe von jungen Mädchen darstellen, die mit einer Anzahl junger Männer, die im Orion tanzen, spielen. — Nach anderen Angaben verbirgt sich eine der Plejadenmädchen wegen ihrer Unvollkommenheit, und werden außerdem die Jünglinge Berai-Berai an den Himmel versetzt, als sie die schönen Plejaden verfolgen. Der Orion stellt sonst auch wohl zwei jagende Jünglinge dar. — Nach Andree gebe ich hier eine von Greenway aufgezeichnete Mythe aus Victoria: Die Plejaden (Miai-Miai) waren vor langer Zeit auf der Erde lebende schöne Mädchen. Da wurden die Beriberi (junge Männer, das Sternenbild des Orion) in sie verliebt und verfolgten sie. Die Mädchen erkletterten hohe Bäume und sprangen von hier in das Himmelsgewölbe, wo sie in Lichtwesen verwandelt wurden. Das am wenigsten schöne blieb hinter den sechs zurück, und das ist Gurrigurri, die Scheue, der am wenigsten sichtbare Stern der Plejaden. Nachdem die Plejaden an den Himmel versetzt waren, werden auch die Beriberi (Orion) in den Himmel gehoben, wo sie mit Bumerang und Gürtel erscheinen. — Bei den Kuurnk-kopan-noot heißen die Plejaden „Schwarm von weißen Papageien". Auch hier gelten sie als weiblich. — Es ist wohl nicht nötig, viel hinzuzufügen. Die Schwanenjungfrauenmythe erweist sich hier klar ausgesprochen als eine Sternenmythe. Wichtig ist es, daß der verfolgende Jäger überall auch als Orion bezeichnet wird. Der Orionjäger versteckt sich bald hinter einem Baume, bald in einem Baume. Die Wabimythe und diejenige Neuhollands sind hierin gleichlautend. und das Verstecken des Verfolgers findet sich ebenso als dem Scheierdiebstahl vorhergehend in den weitaus meisten der anderen Mythen.

Im Frühjahr geht zuerst das Sternbild der Plejaden auf. Die Oriongruppe ist dann noch nicht zu sehen, d. h. die jungen Mädchen tanzen dort oben, und der Orion hat sich noch versteckt. — Doch prüfen wir nun nach, ob andere Schwanenjungfrauenmythen uns ebenfalls einen Anhaltepunkt für diese Deutung ihres Ursprunges geben. Wir werden nach drei Seiten prüfen müssen. Erstens, ob die Plejaden auch anderweitig als Frauen gelten, zweitens, ob wir in ihnen die Schwäne oder Vögel wiedererkennen können und drittens, ob die Mythe in irgend einem sonstigen Zusammenhange mit dem Auftauchen oder Verschwinden der Plejaden am nächtlichen Himmel steht.

H. Die Plejaden als Frauen. Unsere Umschau nach solcher Erklärung findet noch in weiteren drei Gebieten zutreffendes Material. In dem Neuholland benachbarten Westmelanesien und zwar auf Florida gelten die Plejaden als eine Gruppe von Mädchen. In Nordostasien bei den Tschuktschen gelten die Plejaden als eine Gruppe von Weibern, die von einem Bogenschützen im Orion verfolgt werden. Bei den alten Griechen galten die Plejaden als sieben göttliche Mädchen, die von dem Riesen Orion verfolgt werden, worauf Zeus die bedrängten Frauen und den lüsternen Jäger dorthin an den Himmel setzte. wo sie auf unseren Sternenkarten noch heute verzeichnet sind. Anschließend hieran sei bemerkt, daß in der deutschen Legende Christus die Frau und die sechs Töchter des geizigen Bäckers als Henne und Küchlein in dem Sternbild der Plejaden an den Himmel setzt. — Einige Einzelheiten überraschen in ihrer Übereinstimmung. Wie sich in Neuholland eine der sieben Plejaden schamhaft verbirgt, so auch in Griechenland. Das ist der siebente Stern, der so schwer zu erkennen ist. Die Siebenzahl kehrt aber sonst noch wieder. Ich darf wohl daran erinnern. daß es in der Utahagimythe auch sieben Jungfrauen sind. die zum Bade an das Meer herabfliegen. Auch eine ältere persisch-arabische Form kennt sieben badende Taubenmädchen. Doch gehen wir zu diesen Taubenmädchen über.

I. Die Plejaden als Vögel. In Neuholland erscheinen die sieben Plejaden auch wohl als weiße Papageien, in der Wabimythe verwandeln sich die Gestirne in weiße Falken. Es sei hier eine kleine Mythe der Malaien eingeschoben. Als ein Rajah und Oberpriester nach seinem Tode verbrannt werden soll, stürzten sich seine sieben Frauen mit Tauben auf dem Kopfe in die Flammen. Diese Tauben, die (wie es wörtlich heißt) „wenn sie über die Glut davonfliegen, den Malaien ein Sinnbild der aufwärts fliegenden Seele sind", möchte ich umsomehr als Plejaden in Anspruch nehmen, als die Malaien überhaupt geneigt sind, die Seelen ihrer bekannten Toten in den Sternen wieder aufzusuchen. Sind doch auch die sieben Utahagimädchen Tauben. In der Schwanenjungfrauenmythe der Tarantschi lassen sich Schwärme von Tauben nieder, und nur die geliebte Peri ist ein weißer Papagei. So vereinigt sich die Version der Neuholländer mit der der Indonesier, und als Papageien gelten — um einen sehr großen Schritt zu machen — die Plejaden auch wohl in Brasilien. Sonst aber treten im Osten und im Nordwesten von Indien in den Plejaden nicht die Tauben, sondern Hühner in den Vordergrund. Die Kambodjaer nennen die Plejaden die Hühner, die Siamesen die Sterne der Kücken oder Hennenkinder. Daß in Deutschland die Bäckersfrau mit ihren Töchtern als Henne und Kücklein in die Plejaden versetzt werden, erwähnte ich schon. — Haben wir somit für die Tauben und für die Papageien die Übereinstimmung von Mythe und Sternennamen gewonnen, so gelingt dies hinsichtlich der eigentlichen Schwanenjungfrauen nicht. Wenn man überhaupt einen direkten Anhaltepunkt für die Entstehung dieser Schwanenjungfrauenmythe gewinnen will, dann wird man feststellen müssen, ob es ein Gebiet gibt, in welchem die Taubenschwärme im Zuge gleichzeitig mit den Plejaden am Himmel erscheinen. Auch Gänse und Schwäne sind Zugvögel, und es wäre von außerordentlicher Wichtigkeit, auch hier Analogien festzustellen. Die Mythologie ist eine so schwierige Wissenschaft, daß wir froh sein müssen, wenn wir irgendwo einen festen Anhaltepunkt für Entstehungsgebiete der Mythen in pflanzen- oder tiergeographischen, in meteorologischen oder astronomischen Gebieten auffinden können. Ein wichtiges derartiges Stück liegt zur Prüfung in der Plejaden-Taubenmythe vor.

Ich möchte hier noch eine Kleinigkeit, die mir nicht unwesentlich scheint, anfügen. Der alte Ferdinand Christian Baur hat schon vor langen Jahren darauf hingewiesen, daß der Prophet Jonas dem Namen nach Taube heißt. Er weist gleichzeitig auf die Verwandtschaft mit dem Namen Oannes hin und meint, Oannes, Johannes, Jannes, Janna, Johannas, Jonas seien wohl desselben Ursprungs. Ich kann mich dieser Ansicht nur anschließen und möchte darauf hinweisen, daß wie Oannes den alten Babyloniern aus dem Meere emporsteigt (oder Jonas aus dem Fischbauche), um zu lehren und zu predigen, um vor allen Dingen im Ackerbau zu unterrichten, daß ebenso das Tauben-Plejadengestirn auch aufgeht, wenn die Zeit zum Ackerbaue geeignet ist, und daß es würdig den Frühlingssonnengott repräsentiert. Und damit komme ich zum nächsten Punkt.

K. Die Plejaden und der Ackerbau. Wir haben noch eine Taubenmythe nachzutragen: Wenn die Plejaden im Sommer zuerst wieder am Himmel erscheinen und so das Signal zur Ernte geben, bringen sie nach altgriechischer Auffassung dem Vater Zeus als nährende Tauben aus dem Wunderlande des Okeanos Ambrosia. Das Erscheinen der Plejaden bedeutet in Griechenland den Augenblick der Ernte. Das ist für uns neben der Bedeutung der „Taubenartigkeit" an eben zitiertem Satz das Wichtigste. Anders ist der Fall auf den Inseln der Südsee, wo teilweise die Ernte des Yams durch das Erscheinen der Plejaden angezeigt wird (Banksinseln und nördliche Neuhebriden), während in Indonesien und z. B. auf Sumatra das Pflanzen mit dem Aufgang der Plejaden beginnt. So werden diese Sterne zum Zeitmesser der Landwirtschaft, und es wundert uns nicht, wenn dem entsprechend Südamerikaner bald Mehlklumpen, bald Blütenbüschel in ihnen erkennen. Der Beginn des Jahres wird so gekennzeichnet. Mit dem Plejadenaufgang beginnt das Jahr der Polynesier, und der Aufgang der Plejaden, hier charakteristischerweise „Markt" genannt, führt im alten Mexiko nach Ablauf einer 552jährigen Periode zur Feierlichkeit ersten Ranges, zur Entzündung des neuen Feuers. So ist das Plejadengestirn überall mehr oder weniger mit dem Garten- und Ackerbau in Verbindung gebracht. Ja, vielleicht gehört hierzu sogar der Tanz der durch Nahrung bereicherten festlich gestimmten Menschheit. In der Wabimythe wird getanzt, die griechischen Plejadenmädchen tanzen; in Nordamerika tanzen in den Plejaden nicht junge Mädchen, aber wohl junge Burschen, und sie verschwinden dort erst, als sie keine Nahrung bekommen, worin wir wieder eine Reminiszenz erkennen.

Aber in einem ganz wundervollen Beispiele können wir das Verwachsen der verschiedenen Motive in zwei Gebieten erkennen. Wenn in der Quat- und Tagaroschwanenjungfrauenmythe das gefangene Weib den Yams berührt, dann ist er reif, wenn es eine Banane berührt, dann ist sie reif. Es ist hier nicht gesagt, daß das des Schleiers beraubte Mädchen eine Plejade ist, und dennoch können wir es daran erkennen, daß die Verbindung besteht: 1. Wenn die Plejaden aufgehen, ist damit die Ernte des Yams angezeigt. 2. Wenn das Schwanenmädchen den Yams berührt, ist er reif. — Eine klarere Übereinstimmung kann ich mir kaum denken. — Und noch eins. Die Landdajak geben an, den Ackerbau von der Plejadengottheit empfangen zu haben. Die nördlichen Dajak richten sich im Ackerbau nach den Plejaden und beginnen die Aussaat nicht, bevor nicht diese Sternengruppe in der Morgendämmerung am Horizonte sichtbar wird, und dann wieder ist das Geheimnis der angebrannten Reisähre mit der Flügeljungfrau verbunden. Als sie entdeckt ist, entflieht sie, und seitdem muß der Reis gestampft werden, d. h. wenn das Jahr so weit fortgeschritten ist, daß man an das Stampfen des Reises geht, dann verschwinden die Plejaden.

Und noch eins: In der Seite 311ff. unter H. wiedergegebenen Mythe der Tschuktschen ist die Geschichte von dem Wurzeln suchenden Mädchen auch enthalten. Nur ist die Entwicklung gerade umgekehrt. Das Mädchen bringt nicht Reife, sondern findet nur Grasstengel. Ein gleicher Zug wie in Melanesien, nur ist die Bedeutung just entgegengesetzt, — so daß wir logisch folgernd erkennen, wie in anderer Aufgangszeit der Sterne die Mythen sich umbilden. Erstaunlich wirkt aber die Übereinstimmung. wenn auch hier die Mutter schilt etc.

Ich glaube, wir haben somit das genügende Material beigebracht. Die Schwanenjungfrauenmythe enthüllt sich als eine Sternenmythe. Es ist sogar gelungen, einen Fingerzeig dafür zu gewinnen, in welcher Gegend wohl etwa die Mythe entstanden sein könnte und wäre also in dieser Richtung eine Untersuchung vorzunehmen. So unbedeutend die Mythe im allgemeinen erscheint. so hervorragend wird ihr Wert, wenn es an der Hand der ja nun in hübscher Fülle zusammengebrachten Materiale gelingt. die Wanderzüge der Mythe und vielleicht sogar ihr Ursprungsgebiet festzustellen.

Aber gleichzeitig wollen wir auch in der Theorie etwas lernen. Ich sagte Seite 41—42, daß es der Sonnengott sei. der die Schwanenjungfrau liebe. und habe diese Jungfrau als den Mond bezeichnet. Ich bin da einer alten Überzeugung gefolgt, die nicht ohne weiteres falsch genannt werden kann. denn in vielen Mythen ist es für die heute lebenden Völker sicherlich der Sonnengott, der die Schwanenjungfrau liebt. (Z. B. Melanesien.) Jetzt sehen wir aber, daß die Geschichten dieses Sonnengottes für ihn ebenso aus anderen Gebieten genommen wird. wie sich ja keine junge Religion davor scheut. der älteren die Stoffe zu stehlen. um mit ihnen die eigenen Göttern zu bekleiden. Das ist eine ernste Warnung. Ebensowenig wie hier der verfolgende Jäger ursprünglich der Sonnengott. sondern vielmehr der Orion und wie die Schwanenjungfrau ursprünglich nicht der Mond war. sondern eine Plejade. ebenso gut ist sicherlich von dem alles beherrschenden Sonnengott in den jüngeren Epochen des solaren Zeitalters mancherlei Geschichte in Anspruch genommen worden, die andere Wesen in Wahrheit ausführten.

Halten wir uns das stets vor Augen! Was wir Sonnengott nennen und was für viele Völker auch Sonnengott ist. braucht noch lange nicht als Sonnengott entstanden zu sein. Das ist eine wichtige Erkenntnis, die wir gewonnen zu haben glauben.

Und nun wollen wir den einmal entdeckten Sternen folgen. Wir steigen hinab in das Reich der Gefährten des Orion. in das Nachtreich der Sterne.

VIERTES BUCH

RIESEN (OGREN)

XV.

Menschenfresser- und Feuerdiebstahlmythen.

„Und Verwandtes“ — sollte ich zu der Überschrift dieses Kapitels eigentlich noch hinzufügen. Denn wir treten nunmehr in das Bereich von Mythenstoffen, die früher einmal eine ganz hervorragende Rolle gespielt haben müssen, die den verschiedenartigsten Varianten das Leben gaben und heute noch in einer unendlichen Fülle von Erzählungen nachzuweisen sind.

Wenn wir den bis jetzt verfolgten Arbeitstypus auch hier zur Anwendung bringen wollten, dann müßten wir die Texte nebeneinandersetzen und dem Leser so die Möglichkeit bieten, Differenzen und Übereinstimmungen selbst herauszufinden. Aber das würde viel zu weit führen. Wir haben schon mit der Darstellung der Walfisch- und Drachenmythen einen vielleicht allzu großen Bruchteil gefüllt. Die Unzahl der Texte kann zudem, wenn sie nicht mehr übersichtlich ist, verwirrend statt klärend wirken. Und da diese Gefahr gerade bei den Ogrenmythen sehr nahe liegt, wollen wir eine eingehende Textwiedergabe vermeiden. Schwer wird es mir allerdings, mit wenig Sätzen und in knappen Kapiteln die Einheitlichkeit dieser Stoffe zu beweisen. Es wird dies um so schwieriger, als es zum mindesten außerordentlich zweifelhaft ist, ob diese oftmals heute sich so ähnlich sehenden Mythen nur auf eine ursprüngliche Mythenfabel zurückzuführen sind. Ich bezeichne dies mindestens als außerordentlich zweifelhaft. Das Verbindende in diesen Mythen ist, daß der Held den ärgsten Gefahren ausgesetzt ist. Entweder er gerät in die Höhle der Menschenfresser, denen er nur mit Mühe wieder entrinnt. Oder der Held steigt in ein Götterreich, raubt das Feuer und kehrt glücklich, wenn auch arg bedroht, wieder zurück. Oder auch der Held wandert in ein Göttergebiet, wird ganz besonders merkwürdigen Proben ausgesetzt, die er in wunderbarer Weise besteht. und kehrt ebenfalls glücklich heim.

Bezeichnen wir die drei eben erwähnten Mythen als erstens die Menschenfressermythe, zweitens die Feuerdiebstahlmythe und drittens die Probenmythe! In einzelnen Mythologien scheint der Held, der diese wunderbaren Schicksale erfährt, der gleiche zu sein. Deshalb ist die Mythologie schon mehrfach auf den Gedanken gekommen, den Helden als den Sonnengott zu bezeichnen, — den Sonnengott, der im Laufe des Jahres die verschiedenartigsten Schicksale durchläuft. Der bisher eingeschlagenen und diesem Buche zugrunde liegenden Arbeitsweise schließen wir uns zunächst besagter Anschauung an, behalten aber im Auge, daß die Textkritik auch hier nicht ohne weiteres äußeren Wahrscheinlichkeiten folgen darf.

Ich sagte oben, daß es nicht leicht festzustellen sei, ob es sich bei den in Frage kommenden Mythengruppen um Verzweigungen einer einzigen Mythenfabel oder um der Wurzel nach verschiedenartige Bildungen handle. Ich sage dies, weil diese Mythengruppen mannigfache Motive gemeinsam haben, und weil wir Motive, die uns auf den ersten Blick einem bestimmten der drei Typen zugehörig erscheinen, bei eingehenderem Nachforschen alsbald auch in den anderen beiden Typen wahrnehmen, wenn sie auch bei einem vorzuherrschen scheinen. Aber nicht nur dieses läßt uns zur Vorsicht mahnen, sondern auch die andere Erscheinung, daß der Heldengewinn in den drei Typen oftmals arg verschoben wird. So soll z. B. in der Feuerdiebstahlmythe der Held eigentlich das Feuer mitbringen. Aber an Stelle des Feuers tritt zuweilen ein junges Mädchen oder auch wohl ein Vogel oder auch ein goldener Apfel usw. Die Sonnendiebstahlmythe, die wir Seite 227ff. zitiert haben, möchte man zunächst auch in eine Feuerdiebstahlmythengruppe bringen. Aber bei solcher Variation des gestohlenen Gutes wird der Forscher unsicher. Noch größer wird unsere Unsicherheit aber, wenn wir nun etwa alle Feuerdiebstahlmythen der Erde in die gleiche Gruppe bringen wollen. Da hört die Einheitlichkeit auf, und wir machen bei solchem Versuche gar bald die Entdeckung, daß der Feuerdiebstahl allerdings wohl und wahrscheinlich in einer ganz bestimmten einheitlichen

Mythe der Wurzel nach entstanden ist, daß er aber später entschieden in andere Mythenkreise übertragen wurde. Ich brauche die Kenner der arioiden Mythologie nur daran zu erinnern, welche Verwirrung schon die Identifizierung des Somaraubes und des Feuerraubes herbeigeführt hat.

Noch schlimmer wie mit dem Feuerdiebstahl ist es mit den Proben. Auf weiten Flächen erscheinen häufig gleiche Formen und in großen Entfernungen ähnliche Varianten. Einige Beispiele mögen erwähnt werden. In der mongolischen Gessermythe wandert der Held erst in die Schlangengrube, dann in die Ameisengrube, dann in die Läusehöhle, dann in die Wespenhöhle, dann in die Höhle der wilden Tiere, dann in die Höhle der Dunkelheit: dann wird er in das Meer geworfen, dann wird er in das Feuer geworfen, dann soll er durch Lanzen getötet werden. Natürlich entrinnt er jedesmal glücklich. Im Popol Vuh wandern die beiden Helden erst in das Dunkelhaus, dann in das Lanzenhaus, dann in das Eishaus, dann in das Tigerhaus, dann in das Feuerhaus, dann in das Fledermaushaus. Die entsprechende Mythe der Mandan kennt eine Probe durch Essen, eine solche durch Rauchen, eine solche durch Weiber. Ganz schlimm sind die Proben, die der Held der Nawahos durchmachen muß, und die lange Reihe der verschiedenartigen Hindernisse, die den Maiduhelden entgegenstehen, mögen mit folgenden kurzen Worten charakterisiert werden: Rosenhecke, Schlangen, Sturm, Eis, Eisfluß, Tal der Alten und Sterbenden, Eisschwitzhaus, Giftspeise, Holzblock, Fischzug, Bärenjagd. In Nordwestamerika haben wir den Steinsitz, glühende Steine im Munde, Zähne in den Mädchenscheiden, Holzspalt, Bootfahrt und dann noch Ratten, Schlangen, Fischgefahren. Der Held der japanischen Mythe hat sich glücklich aus der Schlangenhöhle, vor dem Gewürm, aus dem Feuerkreise und vor den Läusen zu retten. In der mikronesischen Mythe spielen Haifische, Höhlen, Verfolgung durch den Donnerer und die Tötung durch den Fisch Fela eine große Rolle. Vielleicht gehört die aus dem alten Indien stammende Geschichte von dem goldenen Vogel, der goldenen Jungfrau, dem goldenen Pferd usw., welche Gegenstände alle durch den Helden besorgt werden müssen, hierher. Die Verbreitung dieser Mythe zieht sich bis tief nach Nordafrika hinein. Aber auch sonst ermangelt es nicht an Proben im arioiden Völkerkreise. Thor muß die Proben bei den Riesen bestehen und Jason im fernen Lande des Fließbesitzers. Nur durch ein Proberingen gelangt zudem der Held in den Besitz des Feuers, und so sind wir wieder bei dem andern Typus angelangt.

Es begegnet uns also bei solcher Umschau ein wunderliches Durcheinander oftmals übereinstimmender und ebenso oft bis zur Unkenntlichkeit differenzierter Erscheinungen, deren verständlichste immer noch die zwölf Taten des Herakles bleiben, trotzdem es deren eigentlich noch mehr gibt. Und gerade auf dem Wege über Herakles sind wir in älteren Zeiten zu der Anschauung gekommen, daß es sich hier um Mythen des Sonnengottes handle.

Ich habe diese vereinzelten Probestücke aus dem überreich gefüllten Exzerptenkasten, der gerade hier seinen Stoff kaum zu fassen vermag, deswegen ausgeworfen, um die Schwierigkeiten, die unseren Forschungen entgegenstehen und die gar oftmals den Proben der Sonnenhelden entsprechen, zu kennzeichnen. Ich will damit gesagt haben, daß die einfache Übereinstimmung des Grundtypus nicht immer ohne weiteres beweisenden Wert in Fragen des Zusammenhanges besitzt, und daß wir uns nach einer beweiskräftigeren Untersuchungsmethode umsehen müssen, wenn wir zu überzeugenden Schlüssen gelangen wollen. Aber wenn ich auch selbst mich beeile, die Schwierigkeiten und Widersprüche in den Vordergrund zu schieben, so will ich doch hier gleichzeitig der Überzeugung Ausdruck geben, daß diese Schwierigkeiten uns heute nicht mehr vor dem Ausschreiten zurückschrecken dürfen, da die erlösenden Erkenntnisse mit großer Gewalt gegen unsere Türen pochen und uns auffordern, die Fensterläden dem Frühlingssonnenschein der Mythologie zu öffnen. Denn allenthalben, wo solche Differenzierung, wo die verwirrenden Übereinstimmungen und wo die rätselhaften Verschiedenartigkeiten zu eingehender Forschung herausforderten, da war das Ergebnis klar und reich. Und wenn ich es mir auch versagen muß, die größeren und wichtigeren Konstruktionsteile hier schon nach ihren Belastungs- und Traggesetzen vorzuführen, so will ich doch auf der andern Seite als ergänzendes Stück zu allem Vorhergehenden wenigstens in einem Punkte andeuten, in welchen Gebieten die Lösung dieser wunderlichen Mythenrätsel zu finden ist.

Denn wir haben noch einen Typus mit einigen Worten zu skizzieren, der nicht weniger Variantenreichtum zeigt, wie die anderen, und diesen Typus wollen wir hier zunächst einmal in seiner geographischen Verbreitung skizzieren, um ihn in den nachfolgenden Kapiteln ein wenig mit den Röntgenstrahlen der modernen Mythologie zu beleuchten.

Die Menschenfressermythe. Welches Kind hat nicht schon von den bösen Menschenfressern der Märchenwelt gehört! — Doch halt, ich vergesse soeben, daß unsere Zeit ja eine Umwälzung mit sich bringt: wir alle haben noch als Kinder vom alten, echten Märchenbrunnen unser Tränklein erhalten; moderne Jugend wird aber mit modernen Produktchen abgespeist. Aber wie gesagt, wir haben noch vom Menschenfresser gehört, und jene großen Mythologen, die um die Mitte des vorigen Jahrhunderts das große Werk der Wiedererweckung deutscher Märchen- und Mythenwelten unternahmen, haben sich eingehend mit dem Entstehungsproblem dieser Menschenfressermythen beschäftigt. Und sie haben die Mythe in einem Namen charakterisiert: „Polyphem"! Schon Wilhelm Grimm zeigte, daß dieser griechische Unhold auch in der alten fränkischen Sage, bei einigen Tataren und anschließend daran in südslavischen, finnischen und deutschen Sagen und endlich in der alten persischen Geschichte (in „Tausend und eine Nacht") heimisch ist. Heute nun wollen wir diesen Kreis erweitern. Aber sogar auf diesem kleinen Gebiete werden wir uns einer Beschränkung unterwerfen müssen, wenn wir es vermeiden wollen, uns in weitschweifiger Darstellung zu verlieren. — Indem ich auf die Seite 110, 111 und 117 schon wiedergegebenen Mythen der Afrikaner verweise, und die Kenntnis der griechischen Polyphemmythe voraussetze, erwähne ich nur noch, daß bei den deutschen und bei afrikanischen Völkern an die Stelle des Menschenfressers oftmals die Menschenfresserin oder Hexe getreten ist. Mögen nun einige Proben in auszugsweiser Wiedergabe folgen:

1. Island. — Die Königskinder sind in dem schwimmenden Stein an das fremde Eiland getrieben. Der Jüngling geht auf die Jagd, das Mägdlein bleibt daheim. Feuer fehlt ihnen. Es

gelingt dem Jüngling Sigurd, einem alten blinden Weibe glühende Asche wegzunehmen und heimzutragen. Die Schwester läßt das Feuer stets wieder ausgehen; dem Jüngling gelingt der Diebstahl immer wieder. Die Schwester will ihn durchaus begleiten. Er warnt sie, auf dem Feuerdiebstahlzuge zu lachen. Sie lacht doch. Sie werden gefangen. Die Alte füttert die Kinder. Infolge der bekannten Hänsellist gelingt es aber, die Alte zu täuschen. Sigurd wird endlich frei. Die beiden schlachten zwei Schweine, ziehen ihnen die Haut ab und kriechen in ihre Bälge. Sie sind glücklich auf der Flucht, als das Mädchen wieder lachen muß und die Alte sie nunmehr verfolgt, bei der Verfolgung aber in einem Graben ihren Tod findet. Die beiden entkommen im Schiff. (Vergl. das deutsche Märchen von Hänsel und Gretel.)

2. Lappland. — Es sind zwei Typen vorhanden: der einen zufolge ist die Überwundene eine Riesin, ein Trollweib, der andern zufolge ein Stalo. Folgen wir der letzteren Form. Ein Aschenputtel ist verirrt und ist in die Wohnung eines Stalo gekommen, der immer, wenn er einen kleinen Lappenjungen erwischt, diesen mästet und dann verzehrt. Der Stalo ist Schafhirt. Der Lappe ersinnt eine List, den Stalo blind zu machen. Er stellt sich, als ob er außerordentlich scharfsichtig wäre. Und als der Stalo ihm erklärt, daß er auch so vorzügliche Augen erhalten will, sagt er ihm, er müsse sich geschmolzenes Blei in die Augen gießen lassen. Der Stalo ist einverstanden. Aschenputtel erklärt Stalo, er würde aber zunächst eine Zeitlang blind werden, womit der Stalo ebenfalls einverstanden ist. So lange der Stalo blind ist, soll der Junge den Haushalt führen. Der Junge sucht einen kräftigen Widder heraus und schlachtet diesen und ebenso einen alten Hund. Beide kocht er und setzt dem Stalo den Hund vor. Der Stalo will sich nun rächen, da er endlich den Betrug merkt. Als Aschenputtel im Schafstall ist, um die Tiere zu zählen, stellt sich Stalo in die Tür und ruft dem Jungen zu, daß er sich jetzt rächen wolle. Der Junge hüllt sich aber beim Herauslassen der Schafe in die Haut des größten Widders und entkommt so glücklich.

3. Osseten. — Die Narten haben nichts zu essen. Urysmag fordert sie auf, ihm auf der Jagd zu folgen. Sie treffen auf einen riesigen einäugigen Hirten, der eine Schafherde weidet. Urysmag

hat allein den Mut, auf dem Pferde hinzujagen und den Versuch zu machen, ein Tier zu rauben. Doch der Riese erwischt ihn, steckt ihn in seine Hirtentasche und nimmt ihn beim Sonnenuntergange mit heim. Urysmag muß selbst den Bratspieß herανbringen, an dem er zubereitet werden soll. Der Riese spießt ihn auf, doch gleitet sein Spieß, ohne den Helden zu verletzen, zwischen Körper und Kleid hindurch. Als der Riese sich niedergelegt hat, um schlafend das Garwerden seines Opfers abzuwarten, schlüpft der Held herab, macht den Bratspieß am Feuer glühend und stößt ihn dem Riesen in das Auge. Urysmag erschlägt auch den Sohn des Riesen. Am Morgen wälzt der Riese den Felsblock vom Eingang der Höhle, um die Schafherde herauszulassen. Er entflieht wie der lappische Knabe. Der einäugige Riese stirbt vor Ärger als er merkt, daß Urysmag ihm entflohen ist. Urysmag treibt die Herde heim und wird zum angesehenen Manne.

4. Schwarzwaldtataren. — Drei Brüder, von denen der eine töricht ist, reiten aus und kommen an ein verschlossenes Haus, dessen Tür sie mit einem Steine aufsprengen. Drin steht ein gedeckter Tisch. Der Törichte setzt sich hin und ißt. Als ein sausender Wind weht, kriechen alle drei in einen Keller, wo drei Mädchen liegen. Da fliehen sie wieder heraus und essen nun. Inzwischen kommt der siebenköpfige Jälbägän und wittert die Menschen. Einer der Brüder, und zwar der jüngste, wird nun von den Mädchen geholt, um im Ofen gebraten zu werden. Er erklärt, nicht zu wissen, wie er hineingelange, läßt sich dies von dem Mädchen ganz wie Gretel von der alten Hexe vormachen und wirft das Mädchen in den Ofen. Er brät deren Leber und setzt sie dem Jälbägän vor. Als Jälbägän eine zweite Leber haben will, brät der Törichte das zweite Mädchen und endlich auch das dritte. Nun verläßt Jälgäbän das Haus, verschließt es aber mit einem Stein (!). Der Schluß entspricht aber nicht der Odysseussage. Jälbägän kommt zurück und kämpft mit dem Törichten, der ihn überwindet, ihm die sieben Köpfe abschneidet, eine Hand abschneidet, einen Fuß abschneidet und dann flieht. Ein zwölfköpfiger Jälbägän verfolgt nun die drei Brüder, die auf einen Baum flüchten etc.

5. Tibetmongolen. — Im vierten Kapitel des Bogda Gesser

Chan wird die Gattin des Helden Aralgho Goa von dem zwölfköpfigen Riesen geraubt. Der Raub erinnert insofern an die Drachensagen, als nach verschiedenen Andeutungen das Weib verschlungen wird. Gesser macht sich auf und überwindet die verschiedenen Gefahren, die ihm auf dem Wege ins Jenseits drohen. Er setzt über den zauberischen Fluß, gelangt glücklich durch die Klappfelsen und kämpft in der Gestalt des Vogels zum erstenmal mit dem Riesen, der im See liegt. Endlich kommt er an die Schloßhöhle des Riesen und trifft daselbst dessen Gemahlin. Er überwindet die gefährlichen Tiere am Eingange und wird dann von dessen Gemahlin in einer Grube, die mit einer weißen Steinplatte, Erde usw. bedeckt ist, versteckt. Der heimkehrende Riese wittert zwar Gesser, läßt sich aber betören. Gessers Frau entlockt dem Riesen, der sich als Menschenfresser erweist, das Geheimnis, wie er zu töten sei. Am nächsten Morgen beginnen die Kämpfe, die in magischer Weise dargestellt sind. Zuletzt aber überwindet Gesser den Riesen, muß aber im Kampfe mit der letzten Verwandlung fliehen und siegt nur durch das Zerbrechen des goldenen Spiegels und der kupfernen großen Nadel ob.

6. Heiltsuk. -- Vier auf die Jagd ausgehende Söhne werden gewarnt, nicht in das Haus zu gehen, aus dem rötlicher Rauch aufsteigt. In diesem Hause wohnt der Menschenfresser, dessen ungeheuerlicher Name auf Deutsch „Der zuerst an der Flußmündung immer Menschenfleisch fraß“ heißt. Trotz der Warnung gehen sie in das Haus. Sie treffen eine Frau und ihr Kind daheim. Das Kind erweist sich als ausgestattet mit den echten Neigungen der Menschenfresserei. Die Brüder erschrecken. Der älteste Bruder schießt nun einen Pfeil ab, den ein anderer holen soll. Er schießt drei Pfeile ab und so kommen drei Brüder hinaus. Der fragenden Frau erklärt er, daß seine Brüder gleich wiederkommen würden. Er schießt dann aber noch einen Pfeil ab und entflieht selbst. Die Frau ruft nun laut ihrem Manne: „Komm nach Haus. Ich habe unser gutes Essen fortlaufen lassen.“ Der Mann kommt. Er verfolgt die fliehenden vier Brüder. Der älteste wirft Wetzstein, Kamm und Fischöl hinter sich, woraus ein Berg, ein Gestrüpp und ein großer See entstehen. Als der Menschenfresser dennoch endlich an das Haus der Brüder kommt, wird er

in eine Grube gestürzt und mit nachgeworfenen glühenden Steinen getötet.

7. Thompsonriverindianer. — Zwei Brüder kommen an das Haus eines Kannibalen. Nur dessen Frau ist daheim. Als der Menschenfresser heimkehrt, beschützt sie die Brüder. Nachts wechseln die Brüder mit den Söhnen des Kannibalen den Platz, stehlen den magischen Stab des Kannibalen und entfliehen. Mit Hilfe des Stabes gelangen sie über den Fluß. Inzwischen tötet der Kannibale eins seiner eigenen Kinder und verfolgt, als er die Verwechslung entdeckt, die Brüder. Er kann jedoch den Fluß nicht überschreiten. Später stiehlt der jüngere das Feuer des Kannibalen, dem er Salz ins Essen streut, sodaß dieser, um seinen Durst zu löschen, trinken geht. Er stiehlt ihm noch mehr Dinge und zuletzt den Kannibalen, den er betrunken gemacht hat, selbst. — Indem ich den amerikanischen Boden verlasse, weise ich darauf hin, daß in den sämtlichen Schichten der amerikanischen Mythologie ähnliche Mythen vorkommen. Bei den Navahos überwindet, wie wir es später sehen werden, der Coyote den Riesen, im Popol Vuh vollbringen die göttlichen Jünglinge das Werk, und in Südamerika fällt eine gleiche Aufgabe Aboré zu. Einzelheiten aller dieser interessanten Versionen gebe ich noch in den folgenden beiden Kapiteln.

8. Neuseeland. — Tawhaki und sein jüngerer Bruder wollen sich für den Tod ihres Vaters rächen, der von den unter den Wassern in einem großen Hause und dort auf einem trocknen Lande nachts lebenden Ponaturi getötet worden ist. Diese hatten auch die Mutter Tawhakis mit fortgeschleppt. Die beiden Brüder machen sich auf den Weg und erreichen das Haus der Ponaturi zu einer Zeit, als dieselben nicht zu Hause sind. Sie treffen ihre Mutter, die nahe an der Tür sitzt, und sehen die Gebeine ihres Vaters oben im Hause hängen. Die Mutter unterrichtet sie, daß sie die Wächterin dieses Hauses ist und daß sie es den Ponaturi stets angeben muß, wenn die Sonne aufgeht, weil sie dann schleunigst das Haus verlassen. Die beiden Brüder verbergen sich auf dem Dache in Höhlungen der Bedeckung. Als der Tag sich neigt und es Nacht wird, kommen die Ponaturi nach Hause und wittern umher, da sie die Ankunft der Brüder riechen. Dann legen sie sich

nieder. um zu schlafen. Die Mutter ruft nun die Brüder herunter und sie beschließen, die Ponaturi durch die Sonne zu töten, da sie beim Tageslicht vergehen. Als die Ponaturi die Mutter fragen, ob es nicht bald Tag werde, antwortet diese immer mit nein, bis endlich die Sonne am Horizont steht und die nun erwachenden Riesen sterben. — Weitere Menschenfressersagen erwähnt Cook. Ich glaube, daß aber auch der polynesischen Feuerdiebstahlmythe die wesentlichen Gedanken der Menschenfressermythe innewohnen, und werden wir bei der Besprechung der Motive einiges hierher Gehörige erwähnen.

9. Aurora. — Der Menschenfresser Taso hat die Schwester Quatus, welche gerade schwanger war, totgeschlagen. Im vermodernden Leichnam lebt aber das Zwillingspaar weiter und sucht sich seinen eigenen Weg. Sie sind mit wunderbaren, weißen Haaren versehen. Sie kommen zu Quatu, der seine Neffen aufzieht. Als sie stark genug sind, lassen die Brüder ein Todeszeichen zurück und brechen zur Behausung Tasos auf. Er ist aber nicht zu Hause, sondern befindet sich am Bache, um seine Zähne zu schleifen. Nur Tasos Mutter ist daheim. Die Brüder warten auf Taso. Tasos Mutter ruft ihren Sohn, daß er nach Hause komme und die Jünglinge verspeise. Taso hört dies und kommt. Die Zwillinge haben sich vorbereitet. Mit rotglühenden Steinen werfen sie ihn. Taso und seine Mutter werden getötet; darauf wird das Haus abgebrannt.

10. Banksinseln. Quat und seine Brüder kommen zu dem Kannibalen Quasavara. Des nachts kriechen sie in einen Balken und werden so nicht gefunden, als Quasavara mit seinen Leuten kommt, um sie totzuschlagen. Dies geht Tag für Tag so. Sie kriechen immer in einen anderen Balken. Quasavara kommt jede Nacht umsonst. Er beschließt endlich, die Brüder auf eine andere Weise und zwar beim Mahle ums Leben zu bringen. Aber Quat trifft seine Vorrichtungen. Er pflanzt einen Baum. Als es nun zum Essen geht, fehlt Wasser. Zwei Brüder Quats gehen hinaus, um solches zu holen. Als sie nicht wiederkommen, werden zwei andere geschickt. Und so, bis endlich alle Brüder, die draußen auf den neugepflanzten Baum geklettert sind, hinausgegangen sind. (Vgl. dieselbe List mit Pfeilabschießen in Nr. 6.)

Nunmehr will aber Quasavara über Quat herfallen. Sie jagen sich um den Ofen herum. Quat nimmt aber alle Speise mit und läuft dann zu seinen Brüdern hinaus. Er klettert auch auf den Baum. Der Baum wächst und trägt die Quatbrüder immer weiter nach oben. Auch Quasavara klettert hinauf. Der Baum neigt inzwischen seinen Gipfel wieder zur Erde. Die Brüder springen hinab. und nun schnellt der Baum zurück und schleudert Quasavara fort, der am Himmel zerschlagen wird und als Stein zur Erde fällt.

11. Betsimisaraka. — Das auf dem Wasser ausgesetzte Kind wird von einer reichen kinderlosen Frau erzogen. beschließt aber endlich, seine Eltern aufzusuchen. Auf der Wanderung begegnet ihm ein kleiner Unfall. Er stürzt über einen Strauch, der ihm rät. ihn mitzunehmen. Der Stock, den er aus ihm schnitzt, gibt ihm alle Weisungen. In dem Dorf, durch welches sie kommen, wohnen böse Menschen. Der Jüngling soll ja nicht das Essen zu sich nehmen, das ihm vorgesetzt wird, sondern dasjenige. welches zur Seite steht, rät der Zauberstock. Es geschieht so. Sie steigen bei einem Manne ab, bei dem sie, als er das Haus einmal verläßt, die nicht gebotene Speise verzehren. Der Mann ißt selbst die vergiftete Speise und stirbt. Die Reisenden kommen zur Hütte eines anderen bösen Mannes, bei dem der Jüngling mit seinen Dienern absteigt. Die jüngere Frau des bösen Mannes ist daheim, während die erste in einem benachbarten Dorfe wohnt. Der Mann läßt den Reisenden durch seine Frau alles hübsch zurechtmachen, und die Frau rät ihnen heimlich, zu entfliehen, da ihr Mann sehr grausam sei und sie nur töten wolle. Sie bleiben. und der Stock wird über der Tür angebracht. Wenn nun der Mann nachts kommt, um nach seinen Gästen zu sehen und um sich zu überzeugen, daß dieselben schlafen, antwortet stets der Stock über der Tür. Mittlerweile verlieben sich im Hintergrunde der reisende Jüngling und die Frau des Menschenfressers ineinander. Der Jüngling entflieht mit der Frau des Briganten und dieser wird totgeschlagen.

12. Haussa. — Ein Jüngling kauft sich für die Hand seiner Mutter ein Pferd und reist dann an das Ende der Welt. Sein Freund, die Spinne, schließt sich ihm an, indem sie sich auf ein

Baumblatt setzt. Am Ende der Welt kommen sie in das Land der Hexe, bei der sie absteigen. Spinne hat einen eisernen Stock. Als sie zu Nacht gegessen haben und schlafen gegangen sind, schleift die Hexe ihr Messer. Ein Hahn ruft dem Jüngling zu. und warnt sie. Am Tage darauf essen sie den Hahn. Nachts sagt Spinne zu dem Jüngling, daß er vorsichtig sein muß. Spinne nimmt den eisernen Stock und setzt sich hinter die Tür. Als die Hexe ihr Messer geschärft hat und näher kommt und den Kopf in das Zimmer steckt, zerschlägt Spinne ihr das Haupt mit dem Eisenstock. Die Hexe geht aber zurück und leckt ihr Blut auf und kehrt, als sie denkt, daß die beiden eingeschlafen sind. zurück. Wieder wird ihr der Kopf abgeschlagen. Dreimal kämpfen die beiden miteinander. Als es Tag wird. fragt die Frau, ob sie gut geschlafen hätten. Sie bejahen es und treten dann die Rückreise an. Die Erwähnung der nun folgenden Flucht erfolgt im XVII. Kapitel. — Eine Menschenfressersage der Kabylen, siehe Seite 117ff.

13. Zulu. — Von der außerordentlichen Zahl der entsprechenden. bei den Zulu kursierenden Mythen wurde Seite 110ff. schon eine Probe gegeben. Es mag hier noch ein weiteres Beispiel folgen. Uzembeni, eine alte Frau. ist eine Menschenfresserin. Sie wird „Langzeh" genannt. weil ihr Zeh so weit vorragt, daß man ihn immer eher sieht, als die Frau selbst. Sie hat zwei bildschöne Töchter, von denen sie eine auch einst fressen wollte. wovon sie aber wieder Abstand nahm. als sie bitter schmeckte. Als Uzembeni einst auf der Jagd ist. kommt der Held und Königssohn Usikulumi zu Besuch. Die beiden Mädchen graben eine Höhle und verstecken ihn darin. Uzembeni wittert heimkehrend den Fremden. wird aber beschwichtigt. Morgens bricht die Alte wieder auf, um zu jagen. Usikulumi und die von ihm geliebte eine Tochter der Menschenfresserin entfliehen. Als Uzembeni am nächsten Abend nach Hause kommt, findet sie nur noch eine Tochter vor. Sie macht sich sofort auf zur Verfolgung. Am nächsten Mittag sehen die beiden Fliehenden Uzembeni herannahen. Da klettern sie auf einen Baum. Uzembeni beginnt sofort mit einer Axt den Baum zu fällen. Als der Baum auch schon beinah zu fallen droht, fallen die Hunde Usikulumis über

Langzeh her, reißen ihr den Kopf ab, den Arm, die Glieder usw. und schleppen sie auf einige Entfernung fort. Sogleich wächst der Baum wieder in seinen ursprünglichen Zustand zurück. Uzembeni lebt aber wieder auf, ihre Glieder finden sich wieder zusammen. Sie erhebt sich, ergreift die Axt und beginnt von neuem mit aller Macht auf den Baum einzuschlagen. Als er abermals wieder dem Umsturz nahe ist, reißen die Hunde der Alten abermals wieder Kopf und Glieder ab, schleppen dieselbe zum Felsen am Ufer und mahlen sie mit Steinen zu Staub, den sie in das Wasser werfen. Darauf eilen die jungen Leute in großer Fröhlichkeit heim.

14. Angola. — Einer der Makischi hat ein kleines Mädchen geraubt. Die Genossen des Dikischi raten ihm zwar, die kleine Samba zu fressen, sie aber erfreut ihn durch ihren Gesang und so heiratet er sie. Samba schenkt ihrem Dikischi drei Kinder. Als die Makischi einst auf dem Felde sind, nimmt Samba ihre Kinder, packt ihre Sachen zusammen und flieht. Dem Dikischi wird das hinterbracht und er verfolgt sie. Er sieht sie in der Entfernung und ruft ihr einen Vers nach. Sie antwortet mit einem andern, nimmt gleichzeitig Hirse aus einer Kallebasse und streut sie am Boden aus. Er kommt herzu und beginnt eifrig die Hirse aufzusammeln, indem er gleichzeitig einen Vers singt, in dem er sagt, man dürfe nichts umkommen lassen. Samba ist inzwischen weitergeflohen. Doch der Dikischi erreicht sie wieder. Sie streut aus einer Kallebasse Sesamum. Es wiederholt sich das gleiche wie vorher. Als er ihr wieder sehr nahe ist, wirft sie Eleusine hin. Während der Dikischi diese aufsammelt, kommt Samba mit ihren Kindern an den Fluß und setzt hinüber. Als der Dikischi an den Fluß kommt, ist er so geschwollen, daß es kein Hinübergelangen gibt. Samba ist gerettet. (Vgl. auch die Mythe H. Seite 113ff.)

Mit diesen Beispielen wollen wir es hier genügen lassen. Es ist so eine, wenn auch nicht sehr vollständige und nur kurze Übersicht über die Tatsachen gegeben, an deren Hand der Forscher mit Leichtigkeit weitere Materiale zu vereinigen im stande sein wird. Es wird nunmehr meine Aufgabe sein, die wesentlichsten Motive dieser Mythen in einigen Punkten zu beleuchten, sodaß wir womöglich ein Verständnis für die Bedeutung dieser Geschichten zu gewinnen vermögen.

Auf bestimmte charakteristische Eigenschaften sei aber hier schon hingewiesen: Während wir z. B. im Osten überall einen Menschenfresser antreffen, wird dies im Westen schwankend und bei den deutschen Stämmen Europas, bei Italienern, Nord- und Südafrikanern tritt an Stelle des typischen Kannibalen eine Kannibalin, eine Hexe. Ich werde zu zeigen haben, daß die Frau in den Ogrenmythen eine ganz spezielle Stellung einnimmt, die aber mit Leichtigkeit derart verschoben wird, daß sie ebenfalls zur Kannibalin wird. Des weiteren möchte ich darauf hinweisen, daß wir eine Verschmelzung mit verschiedenen anderen Mythen zu verzeichnen haben. Wie die mehrfachen Hinweise auf Texte im zweiten Buche der Walfischdrachenmythen schon andeuten, sind dort mehrfach solche Mischformen wiedergegeben worden. Die Mischung mit den Walfischdrachenmythen wird um so interessanter, als die Riesen nicht nur manchmal, sondern sehr oft mit dem Wasser in Verbindung stehen. Der typische Kannibale Nordwestamerikas ist der, „der an den Flußmündungen zuerst Menschenfleisch fraß“. Der zwölfköpfige Riese des Gesser Chan steht in innigster Beziehung zum Wasser. Die Menschenfresserin der Warrau vermag sich in einen Frosch zu verwandeln. Die Ponaturi Neuseelands leben in einem Lande unter dem Wasser. Polyphem ist meines Wissens ein Sohn des Poseidon usw. Die Beziehung liegt darin, daß der Weg in das Land dieser Riesen wohl meistenteils über das Wasser führt, und daß der Drache resp. Walfisch als eine Personifikation des erdumspannenden Wassers anzusehen ist, geht wohl aus der Gesamtheit der Texte im zweiten Buche hervor.

Wer sind nun jene jenseits des Wassers lebenden Ogren?

XVI.

Zur Naturgeschichte der Ogren.

Ich nenne diese Wesen Ogren. In ihre Reihe gehören an bekannten Erscheinungen der Cyklop der Griechen, der bekannte Riese mit den Siebenmeilenstiefeln im deutschen Märchen. Jedes Mythen erzählende Volk der Erde hat einen Vertreter dieser Art. Oft mag der allgemeinen Erscheinung nach seine Wesenseigenart unklar sein, so z. B. wenn die Neuholländer von einem menschenfressenden Adler erzählen. Wir brauchen aber nur zu hören, daß dieser Adler in einer abgelegenen Höhle wohnt, daß ihm beim Kampfe mit den Listigen ein Arm ausgerissen und daß er zuletzt verbrannt, beim Verbrennen dann aber als Stern an den Himmel versetzt wird, und wir wissen sogleich, daß wir es mit einem Ogre zu tun haben. Das soll heißen: Diese Ogren haben überall ganz ausgeprägte, wenn auch mehr oder weniger deutlich hervortretende Eigentümlichkeiten, einerseits in ihrer Lebens- und andererseits in ihrer Schicksalsform. Diese Eigenarten geben uns die Möglichkeit, die Ogren gerade so zu schildern, wie wir etwa in einem naturgeschichtlichen Lesebuch irgend ein Tier beschreiben. Derartige feste Fassung mythologischer Personen ist eine der wesentlichsten Aufgaben unserer jungen Form dieser Wissenschaft, und wir werden auch allmählich darin Tüchtiges leisten, und wenn ein gelehrter Paläontologe in der Lage ist, mir etwa den Ichthyosaurus und sein Leben zu schildern, so mache ich mich anheischig, ihm als Gegenstück dazu eine naturwissenschaftliche Beschreibung sowohl des Ogren als jeder anderen mythologischen Figur zu bringen, — d. h. sie muß natürlich erst entdeckt sein. Und die mythologische Entdeckungsfahrt haben wir angetreten. Wir werden auf unserem Wege noch manche hübsche derartige Naturbeschreibung liefern können. Haben wir nicht schon die Plejadendamen aufgefunden?

Wir entfernen uns damit vom Sonnengotte. Schon jetzt dämmert es uns, daß unter der Maske des Sonnengottes mancherlei anderes Mythenwesen noch verborgen ist. Aber lassen wir das. Wir werden sie alle schon noch entlarven, und wenn es nicht heute ist, so wissen wir, daß es einmal geschehen wird. Ein Ogre hat sich aber wohl nie unter solarem Schutzmäntelchen verkrochen, denn die Ogren sind die Feinde des Sonnengottes. Man höre nun, was ich im allgemeinen und in aller Kürze — denn es drängt uns zum Schlusse dieses ersten Bandes — über die Ogren zu sagen habe.

1. Allgemeine Eigenschaften der Ogren. — Daß die Ogren im allgemeinen Riesen sind, das wird von vornherein einleuchten, das geht schon aus der kurzen Zusammenfassung der Texte im vorigen Kapitel hervor. Mit diesem Geschlechte der Riesen haben wir uns also zu beschäftigen. Wo ein Riese auftritt, da werden wir den Ogren vermuten dürfen, und wenn ich das Wort Ogre an Stelle des Wortes Riese verwende, so geschieht dies, um dem Typus, den wir als solchen hier enthüllen wollen, einen nicht allzu marktgängigen und mit mancherlei falschen Vorurteilen schon versehenen Namen zu geben.

Was uns an den Ogren zunächst auffällt, ist ihre zeitliche Stellung in der Geschichte des Weltwerdens. Sie ist außerordentlich bezeichnend. Wo wir nämlich auf der Erde verschiedene Perioden der Götter, Halbgötter, Patriarchen usw. antreffen, wo also die Stammbaumbildung des Werdens noch klar und deutlich zu erkennen ist, da existiert das Volk der Ogren vor der Götterschöpfung. In Südamerika und zwar in der Inkamythologie und in Zentralamerika treffen wir ein Volk der Riesen, das vor der Sonnenbildung lebt. Wir werden sehen, daß dies Volk durch die Sonne untergeht. Die Übermütigen, der Stamm des Vukub-Cakix, wird von den jungen Göttern im Anfang der jüngeren Kulturperiode überwunden. Diese Riesen sind als Ogren aufzufassen. Bastian weiß zu erzählen, daß auch auf Neuseeland vor der Einwanderung der Götterhelden Riesen lebten. Die alten Griechen berichteten, daß die Leute vor der Heroenzeit mächtiger gewesen sein. Man sehe, was Pausanias und Herodot hierüber gesagt haben. Und was Deutschland anbelangt, so darf ich daran erinnern, daß die Erde aus dem Leibe eines Riesen geschaffen wird, daß die nordische Mythologie das Riesenvolk zur älteren Generation macht.

Der Wohnort der Riesen ist eigenartig. Die Ogren sind nämlich Höhlenbewohner. Wie man zu diesen Höhlen gelangt und wie man von ihnen wieder zur Erde zurückkommt, werde ich nachgehend noch berichten. Hier will ich nur auf dieses Höhlenbewohnen hinweisen. Von den Nordamerikanern und zwar von den Menomini hat dies Hoffman, von anderen Stämmen Shoolcraft, Smith, Carvin etc. berichtet. Auf den amerikanischen Inseln wohnt im Urbeginne der Riese Maracael. Seine Aufgabe ist es, eine Höhle zu bewachen, in der die Menschen sind. Diese Menschen sollen nicht das Sonnenlicht erblicken. Der Riese selbst darf aber auch die Sonne nicht sehen, und als er sich eines Tages zu weit entfernt hat und nicht mehr vor dem Morgengrauen in seine Höhle zurück und es so nicht mehr verhindern kann, daß die Sonne ihm ins Gesicht scheine, da geht er unter dem Sonnenlichte zugrunde. Wir ahnen hier schon, daß diese Riesen die Hüter irgend einer Nachthöhle sind, daß sie die Feinde der Sonne sein müssen, und wir denken unwillkürlich daran, daß riesige einäugige Wächter bei den Herero am Himmelsrande stehen und darauf achten, daß der Himmel nicht verrückt werde, und dann denken wir an die Cyklopen, die ähnliche Höhlenwächter sind, an die Höhlen bewachenden Riesen des Nordens, Indiens usw.

Wir werden aber an noch eine eigenartige Mythe erinnert. Die Riesen sind mächtige Bauherren. Eine schwache Spur der Mythe mag aus der Angabe der Herero herauszulesen sein, andere Mythologien wissen hierüber aber sehr viel mehr zu berichten. Im Norden bauen die Riesen Walhalla, in Mexiko haben die Riesen die berühmte Pyramide von Cholula erbaut, und große Bauwerke der Peruaner stammen von Riesenhänden. Dann die unendliche Flut europäischer Riesenmärchen. Wenn die Bezeichnung

Cyklopenmauern heute bei uns noch üblich ist, so bezieht sich das dem Ursprunge nach nicht auf die Verwendung unbehauener Steine zu Mauerwerk, sondern auf die Altertümlichkeit, und die heutigen Griechen wissen sehr wohl noch auf diese Bedeutung hinzuweisen. Als Baumeister tritt uns der Ogre aber auch sonst entgegen. Bogda Gesser Chan trifft auf einen Riesen, namens Ik Tongörok, der auf der Spitze der sehr hohen, gegen den Himmel anstrebenden Pyramide Kurmee seinen Sitz hat. „Dieser Riese entzog dadurch den südlich von der Pyramide wohnenden Menschen den Anblick der Morgensonne, den westlich wohnenden Leuten den Anblick der Mittagsonne, und den nördlich wohnenden Leuten den Anblick der Abendsonne. Er konnte in der Entfernung einer Tagereise einen Menschen erblicken und in der Entfernung einer halben Tagereise ihn erschnappen und verschlingen.“ — Da haben wir ganz deutlich den hoch droben wohnenden Baumeister.

Schon jetzt steigt uns eine Ahnung auf, wo wir das Volk der Riesen im Bereiche der Natur wohl aufzusuchen haben. Aber es wird uns noch deutlicher. Man vergegenwärtige sich: im östlichen Polynesien steigt der Riese Honoura, „dessen Haut in den Sternen glitzerte“, über die Inseln von Tahiti nach Rajatea. Auf Neuholland wird der die Plejaden verfolgende Riese zum Stern Canopus. Als in Indien zwei verkleidete Riesen beim Buttern des Milchmeeres geholfen und vom Amrita getrunken hatten, wurden sie durch Sonne und Mond entdeckt und als die Sterne Ketu und Rahu in die Sterne versetzt. In Neuholland wird der menschenfressende Adler erst verbrannt und dann als Morgenstern an den Himmel versetzt. In der nordischen Mythe wird der Riese Thiassi erst verbrannt und dann wird sein Auge als Stern in den Himmel versetzt. — Der Riese Orion glänzt als Stern am Himmel. — Auch Amerika weiß uns von verwandten Erscheinungen zu erzählen: Bei den Kathlamet ist der Abendstern ein Menschenjäger, bei den Tsimschian sind Sterne Räuber und Verfolger.

Wären also diese Riesen als Sterne aufzufassen, und das erinnert uns an eine andere Eigenschaft der Riesen, die hiermit durchaus in Einklang gebracht werden kann. Diese Riesen-Ogren haben nämlich entweder nur ein Auge (die Cyklopen und die Himmelswächter der Herero) oder sie zeichnen sich durch Vieläugigkeit und Vielgliederigkeit aus. Schon die alten Griechen kannten hundertarmige und fünfzighäuptige, dreihäuptige und sechshäuptige usw. Riesengeschöpfe. Grimm weist darauf hin, daß der Norden sechshäuptige Riesensöhne usw. kennt. Dazu kommen die sieben- und zwölfköpfigen Riesen der Innerasiaten. Aber noch anderes kommt hierzu. Gar oft weiß die Mythe zu erzählen, daß der Held der Mythe dem feindlichen Wesen ein Haupt nach dem anderen abschlagen muß, daß immer ein neues herauswächst. Es ist das Drachenkopfmotiv, welches Seite 116 und 118 schon aufgeführt wurde. — Ich glaube, daß wir diese Eigenart der Ogren, die sich uns soeben als Sterne vorgestellt haben, ziemlich einfach erklären können: der einäugige Ogre der Südafrikaner, Griechen und alten Inder ist ein Stern. Der so häufig vorkommende vielköpfige und vielarmige Riese ist dagegen ein Sternbild. Und ich darf bei dieser Erklärung an eine Schilderung des Zeus bei Apollodor erinnern, der ihn als einen Riesen von menschlicher Gestaltung schildert, der so groß war, daß er alle Berge überragte und sein Haupt häufig bis zu den Sternen reichte. Seine Hände dehnten sich ausgestreckt vom Aufgang der Sonne bis zum Untergange aus, und aus ihnen ragten 100 Drachenköpfe hervor. Das ist eine Schilderung des Himmels, und diese Drachenköpfe, dies Hineinreichen in die Sterne, das sind Motive, deren eines aus der Ogrenmythe und deren anderes aus der offenbar mit dieser verwandten Drachenmythe stammte.

Und noch eins fällt uns an den Ogren auf: die Ogren sind anscheinend stets Menschenfresser. Das ist es, was uns schon die Verwandtschaft der Ogren und Drachen, von der ich schon mehrmals gesprochen habe, andeutet. Denn auch die Drachen fordern ihr Menschenopfer, wenn dies — und das ist das Trennende — auch meist Jungfrauen sind. — Ich will hier auf das Menschenfressertum der Ogren nicht weiter eingehen. Soll einmal der Zusammenhang des ganzen mythologischen Gebäudes und das Netz der Personenbeziehungen rekonstruiert werden, dann wird sich das von selbst ergeben. Vergessen wir nicht, daß dem ganzen Bilde nach die Sterne ja die Feinde des Sonnengottes sein müssen. Denn die Sterne erscheinen in der Zeit der Schwäche und des Unterganges des Sonnengottes und sie erblassen in der Zeit des Sonnenaufganges. Und oben sahen wir schon, wie der Riese der zentral-amerikanischen Inseln sorgsam darüber wacht, daß die Menschen nicht den Aufgang der Sonne erschauen und daß der Riese selber beim Aufgange der Sonne untergeht. Es wird hier also jeder den Naturerscheinungen entsprechend den Zusammenhang ahnen. Meinerseits will ich aber auf ein Motiv hinweisen, das so recht deutlich das Menschenfressertum der Ogren erkennen läßt: ich meine das Motiv der *Menschenwitterung*.

Wenn der wandernde Gott in das Heim des Ogren gekommen ist, dann trifft er meist nur ein Weib daheim. Sie ist in dem Gedanken an das dem Gaste drohende Unheil entsetzt und rät dem Gotte zu fliehen. Als er das nicht will, versteckt sie ihn wenigstens, so daß er den Augen des Ogren entgehe. Zur Nachtzeit — der Ogre kommt immer zur Nachtzeit heim und ist nur in dieser Zeit zu Hause, da die Sterne ja nur in dieser Zeit strahlen — kommt der Ogre nach Hause. Er schnuppert um sich. „Ich rieche, rieche Menschenfleisch!“ ruft er aus. Das ist das Motiv der *Menschenwitterung*. Der alte Grimm hat schon festgestellt, daß sich dies Motiv bei allen europäischen Völkern indogermanischer Verwandtschaft vorfindet. Er hat aber nur einen kleinen Teil des riesigen Verbreitungsgebietes damit charakterisiert. Gubernatis ist dies Motiv auch aufgefallen und er sagt, daß, als der Held naht, der Dämon in der indischen Mythe einfach Menschenfleisch, derjenige in orientalischen Erzählungen Christenfleisch und derjenige in russischen Märchen Russenfleisch wittere. Aber auch damit ist nur der allerkleinste Teil umschrieben. Alle Mongoloiden Innerasiens kennen das Motiv. Seine Verbreitung reicht in Asien bis hinauf zu den Tschuktschen, also jenen Völkern, die mit den Nordwestamerikanern in mythologischem Zusammenhange stehen, es kehrt wieder bei den Tinnestämmen, und in der Navahosmythe wittern die elf Brüder die Anwesenheit des von ihrer Schwester versteckten Coyote. Nach der andern Seite uns wendend, tritt es uns in vielen Mythen der Südostafrikaner entgegen, und hier erinnert es uns an eine merkwürdige Übereinstimmung. Der Ausruf heißt im deutschen Märchen: „Ich rieche, rieche Menschenfleisch!“ Bei den Mongoloiden heißt es: „Uf. uf, den Geruch von Menschen rieche ich!“ Und die alte Ogre in Südafrika ruft: „Eh. eh! In meinem Hause ist heute ein herrlicher Geruch!“ Ich werfe hier die Frage auf, ob diese kurze Wiederholung irgend eine Bedeutung hat. Daß dies Motiv nicht allein mit dem Menschenfressertume der Ogren zu erklären ist, versteht sich ja von selbst und muß es uns demnach gelingen, noch eine besondere Erklärung für diese merkwürdige Ausbildung des Geruchsinnes der Ogren zu finden. Ich glaube die letzte Provinz, für die wir hier das häufige Vorkommen dieses Motives festzustellen haben, vermag uns noch die beste Auskunft zu geben. Ozeanien, um welches es sich hier handelt, hat nämlich eine eigene Variante dieses Motives. die von größter Bedeutung sein dürfte.

Wenn der Gott in die Unterwelt kommt. dann wittert die Unterweltsgottheit, die ich aus mehreren Gründen als Ogrenerscheinung auffassen möchte. nach den verschiedenen Himmelsrichtungen, um festzustellen. aus welcher Gegend der Hernahende kommt. Besonders klar ist dies ausgebildet in jener von Grey wiedergegebenen Version vom Besuche Mauis bei Muri-rangawhenua, die ihm den Kinnbacken gibt. Muri wittert erst nach Süden, dann von Süden nach Norden, nach Osten und dann wittert sie nach Westen. Dabei erweitert sich ihr Leib, und er schwillt im Herumwittern mächtig empor. Als sie aber merkt. daß Maui von Westen kommt. erkennt sie, daß Maui einer ihrer Nachkommen ist, und da beginnt ihr gewaltig aufgeschwollener Leib einzufallen und sich wieder zusammenzuziehen. Wenn Muri Maui nicht nach dieser Richtung hin gewittert hätte. heißt es, würde sie ihn sicher verschlungen haben. Wir haben hier fraglos, wie dies auch aus den anderen Versionen hervorgeht, eine Betonung der Richtung. Das Wittern erstreckt sich nicht allein auf das Menschenfressen, sondern es erstreckt sich auf das Feststellen der Gegend, aus der jener Gott herannaht. Und dann möchte ich auch annehmen. was hier wohl früher noch maßgebend gewesen sein könnte: die witternden Ogren waren blind. Diese Annahme der Blindheit spricht in gewissem Sinne gegen andere

Erscheinungen und ist deshalb mit großer Vorsicht aufzunehmen. Immerhin will ich hier nachfolgend in einem Absatze unter No. 3 (die Hilfsalte) auf einige Möglichkeiten hinweisen.

Jedenfalls stellt die polynesische Form des Motives der *Menschenwitterung* eine hochinteressante Erscheinung dar. Die Verbreitung derartiger Kleinigkeiten ist, wie ich immer wieder betonen muß, im Rahmen der allgemeinen Übereinstimmung von größter Beweiskraft für die Theorie entwicklungsgeschichtlichen Zusammenhanges des ganzen Mythengebäudes und entwicklungsgeschichtlich zusammenhängender Verbreitung der einzelnen Teile. Ich werde im zweiten Bande darauf hinzuweisen haben, daß die Übereinstimmung des Ganzen für die Bedeutung der Mythologie und ihre Erklärung von außerordentlicher Wichtigkeit, daß aber die Übereinstimmung der einzelnen, uns wie krampfhaft festgehalten erscheinenden Motive für die Verfolgung der einzelnen älteren Kulturströmungen und Völkerwanderungen von größerer Beweiskraft ist.

Nunmehr aber werden wir uns einer ganz besonderen Eigenart der Ogren zuwenden müssen.

2. Der Tod der Ogren. — Wir erwähnten oben schon, daß bei den Algonkin der Riese erst verbrannt wird und dann als Stern an den Himmel kommt, daß in Neuholland der Adler erst verbrannt und dann an den Himmel als Morgenstern gesetzt wird, daß in der Edda Thiassi erst verbrannt und sein Auge dann an den Himmel gesetzt wird. — Die Riesen sterben im allgemeinen nicht eines natürlichen Todes. Es gibt ganz wunderbare Todesarten. Der Tod hängt aber meistenteils mit dem Feuer zusammen. Hier werden sie verbrannt; anderweitig ist es noch deutlicher: In der neuseeländischen Mythe, die wir Seite 377 unten auszugsweise kennen lernten, rät die Mutter dem wandernden Gotte, mit den Riesen nicht zu streiten, sondern deren Tötung der Sonne zu überlassen. Und als die Sonne aufgeht, und die Riesen nicht früh genug geflohen sind, da müssen sie sterben. Wir sahen vorhin, daß der Riese Westindiens stirbt, als die Sonne ihn beleuchtet und er nicht schnell genug in seine Höhle geflohen

ist. Bei den Inka wird das aus dem Meere entstandene Geschlecht der menschenfressenden Riesen durch die Sonne von der Erde vertilgt. Und die alte Mythologie hat schon festgestellt, daß unsere europäischen Ogren sterben, wenn die Sonnenstrahlen sie berühren. Der schlaue Held hält deshalb den Riesen so lange im Gespräch fest, bis unerwartet ein Sonnenstrahl auf ihn fällt. Dann stirbt der Ogre. In Lappland streiten sich der Teufel und der Riese um das gemeinsam besessene Auge, das ihnen der Held heimlich entwendet hat. Sie balgen sich herum bis der Tag anbricht; da zerspringen sie.

Das ist alles außerordentlich einleuchtend und klar. Wenn die Sonne aufgeht, dann verschwinden ja die Sterne. Hier ist nicht viel Grübeln nötig. Es gibt aber hübsche kleine Einzelheiten, auf die ich hier doch hinweisen möchte. Ich habe eine so außerordentliche große Vorliebe für die feinen kleinen Züge in der Mythologie. Was ich hier kurz nachgehend erwähne, möchte ich als das Motiv der *Sonneneiseele* taufen, während ich bei dem allgemeinen Sterben unter dem Sonnenaufgange von dem Motiv der *Lichtscheu* spreche.

Es ist eine drollige Sache mit dieser Sonneneiseele. Man höre eine lappländische Form der Mythe. Ein Riese kämpft lange Jahre mit einem Manne um den Besitz der Frau des letzteren und gelangt endlich zu seinem Ziel, indem er den Mann tötet. Die Frau hat einen Sohn, welcher beschließt, seinen Vater zu rächen, was ihm aber weder mit Feuer, noch mit Schwert gelingt. Die Frau beschließt endlich, den Riesen auszuhorchen, was es denn mit seinem Leben für eine Bewandtnis habe, und der Riese berichtet: Draußen auf einem brennenden Meere ist eine Insel, auf der Insel ist eine Tonne, in der Tonne ein Schaf, in dem Schaf eine Henne, in der Henne ein Ei und in dem Ei steckt das Leben des Riesen. Der Held macht sich nun mit befreundeten Tieren auf und gelangt auch glücklich über das feuerflammende Meer zu der Insel. Die Tonne wird gefunden; es wird ihr der Boden eingeschlagen. Das Schaf wird in Stücke zerrissen, die Henne zerfleischt, aus der Henne fällt das Ei in das Meer und versinkt. Ein Seetaucher aber gleitet hinab in die Flut und bringt das Ei herbei. Alsbald zündet nun der junge

Mann auf dem Ufer ein großes Feuer an und legt, als es gehörig emporloht, das Ei mitten hinein. Alsdann rudert er unverzüglich heimwärts, und als er anlangt, sieht er, daß der Riese just ebenso verbrennt, wie das Ei auf der Insel. — Das Auffinden der Sonneneiseele ist nicht immer so schwierig. In russischen Märchen ist eines der meist empfohlenen Mittel zur Vernichtung der Ungeheuer, das in der unter dem Baum in der Mitte des Meeres liegenden Ente befindliche Ei zu nehmen und es dem Ungeheuer an die Stirn zu schleudern. Das Ungeheuer stirbt dann sogleich, und dann können sich die beiden jungen Liebenden, die Tochter, Gattin oder Schwester des Ungeheuers einerseits und der junge Held andererseits, heiraten. — Solche Anschauung ist durch ganz Innerasien und über Europa hin verbreitet. Boas hat ähnliches auch bei den Nordwestamerikanern gefunden. Es ist ein goldener Gegenstand, ein goldenes Ei, das aus dem Meere emporgebracht werden muß und dessen Erschauen den Tod des Riesen herbeiführt. Die sympathische Verbindung der Existenzform des Ogre und der guten Erhaltung dieses goldenen Eies ist eine jüngere Form. In Wahrheit geht der Ogre zugrunde, wenn das Sonnenei aus dem Wasser emportaucht, — wenn die Sonnenstrahlen das Licht der Sterne auslöschen.

Die Lichtscheu der Gestirnwelt der Nacht spricht aber nicht nur aus dieser Sonnentötung der Riesen. Die gleiche Lichtscheu erscheint auch in anderen Mythen. Ich greife zurück: Hohodemi darf seine Geliebte nicht bei Tage auf dem Lande erschauen; hier gliedert sich das ganze Getriebe der Melusinenmärchen an. Dann denken wir an Amor und Psyche. Psyche darf den Geliebten nicht sehen. Und dann denken wir an die Mahrensagen Europas. Und wie ist es mit dem Orpheusmotiv? Gehört es hierher, wenn Orpheus sich nicht nach der Geliebten umwenden darf? — Die *Lichtscheu* erinnert uns an allerhand Zusammenhang, der insofern berechtigt sein dürfte, als mit dem Aufgange der Sonne die scheuen, matten Erscheinungen der Nacht zu Tode verblassen.

Da wir hier vom Sonnenaufgang reden, mag noch ein phantastischer Gedanke Erwähnung finden, der sich mir mehrfach beim Hinschauen über diese Tatsachen aufgedrängt hat, wenn er auch vielleicht sehr kühn ist. Ich gebe es zu: Die poetische Schöpferkraft der mythologischen Bildersprache ist so gewaltig, daß wir uns selbst immer wieder davor warnen müssen, in ihrem Sinne etwa weiter zu entwickeln, statt rückwärts aufzulösen. Dennoch auf der andern Seite: wie können wir es hoffen, dies alte Sinngedicht der Völker lesen zu lernen, ohne selbst uns in die Eigenart der Stoffverwertung und Stoffumwertung zu vertiefen? Mag auch einmal ein kühnerer Gedanke hier Anwendung finden, auch wenn er vielleicht über das Ziel hinaus schießt! — Also: Was hat der Held bei den Ogren zu schaffen? Er hat zunächst die Aufgabe, auszufragen. Es sind oft wunderliche Dinge, die er als Fragen vorlegt. Es sind Geheimnisse, die er erkundet. Das ist so bei den Mongoloiden Asiens und bei den Indogermanen Europas, bei den Ozeaniern ist es dagegen nicht so. Hier gilt es, das Feuer zu gewinnen. Nicht allein um ein Feuerscheit handelt es sich. Es handelt sich vielmehr darum, das Geheimnis des eigentlichen Feueranzündens zu gewinnen. In gewaltigen Bildern schildern diese Mythen, wie dieses Ziel der Gewinnung des Feuergeheimnisses von dem Heldengotte erreicht wird. Der Sonnengott kämpft mit dem Feuerbesitzer.

So weit wäre ich und nun kommt mein Gedanke: Der Gott gewinnt natürlich in diesem Wettstreit. Aber was tut er? Er dreht dem Feuerbesitzer den Arm aus und dann hat er gesiegt. Dieses Armausdrehen ist besonders schön auf Samoa, wo der Ogre Mafuike den Helden fragt: „Was bist du?“ — „Taudreher“, sagt Maui, der Gott, und dreht jenem den Arm aus. Dieses Armausdrehen gilt es zu verstehen. Dies Armausdrehen kommt in Südafrika, in Neuholland, in Japan, in Indien, bei den Griechen und in der nordischen Mythologie vor. Merkwürdigerweise erzählen außerdem die Neuholländer, deren wundervolles Gedächtnis wir schon gelegentlich der Plejadenmythe kennen gelernt haben, sowohl als auch die Nordamerikaner, daß sich in der Gegend der Hyaden ein ausgerissener Arm befinde, während auf einer arabischen Karte im Gegensatze hierzu Orion ohne Arm sich vorfindet. Dieses „Armausdrehen“ muß entschieden in irgend einer Beziehung zu dem Feuerdiebstahl des Morgens stehen, denn die Feuergötter zeichnen sich sehr häufig durch den Mangel eines Gliedes aus. Dazu nun folgende Parallele: So wie der Gott dem Ogren hier einen Arm ausdreht, so dreht Odysseus dem edlen Polyphem das Auge aus, worauf die Sonne dann geheimnisvoll am Himmel emporkriecht. Sollte dies Feuerandrehen und das Armausdrehen in einem Zusammenhang stehen? — So, das ist meine phantastische Idee. Das Weiterdenken ist nicht schwer. Parallelen sind überall leicht gefunden, ganz besonders aber hier. Liegt in meinem Gedanken etwas Zutreffendes, dann wäre festzustellen, ob die Sonne im Frühjahr in irgend einem Sternbilde aufginge, dem ein armloser Gott präsidierte. So oder ähnlich wäre nachzuschauen, und träfe hier ein glücklicher Schuß etwa in ein zugehöriges Zentrum, dann würde sich die große Gruppe der Ogrenmythen mit aller Leichtigkeit erklären lassen, dann hätten wir vor allen Dingen wieder einmal ein hübsches kleines geographisches Problem: Wo und wann war die Konstellation unserer Lösung der Mythe günstig?

Ich wollte hier nur anregen. —

Wir haben noch eine sehr anziehende kleine Mythe zu besprechen, die uns in schon bekannte Gefilde führt. Auf Seite 302 wies ich auf die Merkwürdigkeit des Motives der *Trugheilung* hin. Auf den vorhergehenden Seiten ist das Motiv mehrmals angeführt. Der Gott hat mit einem Schuß ein feindliches Wesen getroffen. Er verfolgt die Spur und kommt an ein Haus, aus dem ihm Klagetöne entgegenschallen. Diese Klagetöne werden ihm alsbald erklärt: drinnen liegt von einer unsichtbaren Waffe tödlich verwundet der Herr oder die Herrin und niemand vermag zu heilen. Unser Held geht hinein. Er sieht, was nur er sehen kann, daß es nämlich seine Waffe ist, die die Krankheit hervorruft. Er erklärt sich bereit, zu heilen, aber während er sich nähert, um die Waffe herauszuziehen, beschließt er schon das Entgegengesetzte zu tun: er tötet den Kranken. Dies Motiv nannte ich die *Trugheilung*.

Haben wir oben das fragliche Motiv in Korea, bei den Kalmücken und in Tibet angetroffen, so werden wir nunmehr die europäischen Parallelerscheinungen im Bereiche der Ogrenmythen zu erwähnen haben. Es sind wieder Mongoloide, die über das voll erhaltene Motiv verfügen. Es ist bei den Esthen, Finnen und Lappen heimisch. Ein Bursch ist von dem Ogren festgenommen worden und weiß nicht so recht, wie er freikommen kann.

Er sinnt eine List aus und berichtet dem erstaunten Ogren von der wunderbaren Sehkraft seiner Augen. Der Ogre meint dazu, solche Scharfsichtigkeit müßte sehr schön sein; er selbst leide leider an Kurzsichtigkeit. Da weiß aber der Bursch zu erzählen, daß es nichts einfacheres gäbe, als solche Krankheit zu heilen. Der Riese solle sich nur hinlegen und sich das Auge mit flüssigem Blei ausgießen lassen. Er habe das auch mit sich so machen lassen. Allerdings werde man für einige Zeit erst blind, doch stelle sich bei solcher Kur alsbald Scharfsichtigkeit in erhöhtem Maße ein. Gesagt, getan. Der Riese wird gebunden, damit er nicht so sehr strampele, dann wird ihm das Auge mit flüssigem Blei ausgegossen.

Man sieht sofort die Verwandtschaft. Auf der einen Seite die Polyphemmythe, auf der andern Seite das Motiv der *Trugheilung*. Und was hier schon klar ersichtlich ist, das sehen wir fast noch deutlicher in Amerika, das uns diesmal in seinen zentralen Teilen herrliche Beute gewährt. Man vergleiche, was an diesem Motive in XII. Kapitel geliefert ist und höre folgenden Textauszug aus dem Popol Vuh. Der Urogre Vukub-Cakix besitzt den großen Nanzebaum, der ihm mit seinen Früchten die Nahrung bietet. Hunahpu und Xbalanque stehlen die Früchte. Sie verstecken sich im Gezweig. Hunhun-Ahpu schießt mit dem Blaserohr auf den Ogren, der reißt dem Helden dagegen einen Arm aus und nimmt ihn mit nach Haus (das Armausreißen ist hier offenbar auf die falsche Person übertragen). Der Ogre kommt mit verletztem Gebiß nach Haus und hängt den ausgerissenen Arm an das Feuer. Inzwischen schließen sich Hunhun-Ahpu und Xbalanque ein paar alten Leuten an, die zu Vukub-Cakix gehen und sagen sollen, diese Kleinen seien ihre Enkel. Als ihren Beruf sollen die Alten angeben „Tirer les vers des dentes“. Gesagt, getan. Sie kommen zu dem Ogren. Dieser beschwört sie, sein Zahnleiden zu heilen, denn seine königliche Schönheit und Würde stamme von seinen Zähnen und aus seinen Augen. Es werden ihm nun die Zähne ausgezogen und an ihre Stelle setzen die Schlauen nichts als Kerne von weißem Mais. Sofort wich der Glanz und die königliche Würde von ihm. Da haben wir wieder den Arzt und die allerdings ein wenig verdrehte *Trugheilung*.

Amerika bietet aber noch mehr Beispiele für derartige Umbildung. Bei den Navahos strebt Coyote nach dem Besitze des bildschönen Mädchens, um welches sich Sonne und viele hervorragende Götter schon umsonst beworben haben, und welches nach vierfacher Anfrage endlich erklärt, daß sie vor allen Dingen keinen Mann heiraten würde, der nicht einen Anaye, das ist einen Ogren, getötet habe. Coyote hat sich nun in den Dienst eines solchen Anaye, des braunen Riesen, begeben, dem er erzählt: wenn er (der Riese) zuweilen nicht sieghaft sei, so läge das daran, daß er nicht schnell genug laufen könne: er (Coyote) wolle ihm aber helfen; er solle sich nur zunächst ein Schwitzhaus bauen. Coyote führt nun den Betrug aus. Heimlich hat er einen großen Knochen mitgebracht. Er tut so, als ob er sich den Schenkelknochen herausnähme und ihn dann bearbeite. Es ist das aber nicht sein Schenkelknochen, sondern der mitgebrachte Knochen. Dann zeigt er wieder das vollkommen gesundete Bein vor. Da ist der dumme Riese von der wunderbaren Heilung überzeugt und glaubt Coyote, daß solchem Herausnehmen und Bearbeiten des Schenkelknochens wirklich eine besondere Stärkung nach dem Zuheilen der Wunde folge. Und der Riese gibt sich dazu her; Coyote schneidet ihm den Knochen heraus und dann stirbt der Riese.

Wir haben in der Mythe des Popol Vuh eine Analogie zu der asiatisch mongoloiden *Trugheilung*. In der Mythe der Navahos liegt dagegen eine Parallele zu der oben aufgeführten Lappen- und Finnenversion vor. Eine Variante zu der letzten Navahosmythe spielt übrigens den Abschluß des zweiten Teiles des Popol Vuh, des Kampfes der Licht- und Schattengötter, sodaß wir in diesem Buche also beide Varianten vorfinden. Ein Verständnis für dieses Motiv und diese Todesart der Ogren finden wir sehr leicht, wenn wir daran denken, daß die Beziehung zum Ausbohren des Auges in der Polyphemmythe liegt, daß auch in der Polyphemmythe der Held den Ogre ganz gehörig betrügt. — Am Schluß dieser Betrachtung sei darauf hingewiesen, daß noch eine Form des Betruges im Typus des Hänsel- und Gretelmärchens enthalten ist. Der gefangene Kleine tut so, als wenn er nicht wüßte, wie er sich in den Backofen hineinschieben lassen solle. Der Ogre legt sich als Beispiel auf die Schaufel und wird so in die Hitze befördert. Etwas ähnliches haben wir oben von den Tataren erwähnt. Bei den Menomini haben wir dieselbe Sache in Nordamerika, dann habe ich sie noch in Südafrika bei den Zulu, bei den Ostjaken und bei europäischen Völkern gefunden.

Mit letzterem Beispiel des Hinschlachtens der Ogren sei es im Feuerofen, sei es im Topf mit kochendem Wasser sind wir wieder beim „heißen“ Tode angelangt. Es wird aber nicht schwer fallen, auch für das Motiv der Trugheilung eine Beziehung zu der Sonne oder zu den Sonnenstrahlen zu finden. — Ganz kurz erwähne ich nun noch einige andere Todesarten. 1. Der Tod durch den Glutstein. Der Ogre wird veranlaßt, einen glühenden Stein zu verschlingen. Wir haben das in der Tasomythe (siehe Seite 378), in einer Tahitimythe, dann Seite 70 und im Rotkäppchenmärchen (Seite 185, 186 etc.). Aber auch in Nordwestamerika wird der Ogre auf solche Weise ums Leben gebracht. Das Glutsteinmotiv erklärt sich vielleicht so, daß der Sonnenstrahl von einem Westgeschöpf (einem Sternbild im Westen?) verschlungen wird, was den Tod herbeiführt. Diese Deutung ist fraglich. — 2. Der Riese wird versteinert. Das erinnert uns daran, daß in den Mythen die Riesen meist mit Steinen um sich werfen. Möglicherweise haben wir hier eine Anlehnung an Meteorerscheinungen. In irgend einer Beziehung muß diese Auffassung zu derjenigen von der Bauherrlichkeit der Ogren stehen. — 3. Der Riese wird in Stücke zerrissen und weithin zerstreut. Eine Beziehung liegt hier zur Verbrennungsmythe vor, da es zuweilen heißt, die Asche des verbrannten Riesen sei weithin ausgestreut worden. Dies ist wahrscheinlich auf die großen Sterngruppen zu beziehen.

Wir befassen uns hier nicht mit der Frage, inwieweit einzelne Sternbilder etwa als wesentliche und hervorragende Typen der Ogren in den Vordergrund treten. Es genügt uns, einige Andeutung hier und da gegeben zu haben und es somit der weiteren Forschung zu erleichtern, herauszusuchen, was gefunden werden muß. Jedenfalls glaube ich, daß die Auffassung der Ogren als Sterne, vielleicht als Sterne des Winterhimmels, nichts Wesentliches als Widerspruch antreffen dürfte. Jetzt wollen wir uns aber noch einem Wesen zuwenden, das eine außerordentlich große Rolle im Bereiche der Ogren spielt.

3. Die Hilfsalte. — Die menschfressenden Riesen der Mythologie, die Ogren, treten oftmals als Gruppe auf. Wenn der Held auch zumeist nur mit einem Ogre kämpft, so dürfen wir doch stets annehmen, daß im Hintergrunde noch eine Mehrzahl von Genossen vorhanden ist. Ganz anders verhält sich das mit den weiblichen Figuren, die in dieser Gruppe von Mythen eine Rolle spielen. Es ist nämlich fast stets nur eine Frau, die, sei es nun handelnd, sei es untätig, auftritt. Weitere Frauen werden im allgemeinen nicht erwähnt. Ihren Eigenschaften nach gehört das Weib im allgemeinen nicht zu der menschenfressenden Rasse, wie die mit ihr zusammenlebenden Mannsleute. Es ist meistenteils ein wohlwollendes Wesen, das dem in der Höhle beherbergten Gotte behilflich ist. Sie versteckt den Helden. Sie fragt für den Helden den Riesen aus, ja, sie hilft dem Helden sogar bei der Tötung der Ogren. Es ist sehr wichtig, festzustellen, wer dieses Hilfsweib ist, und da die Mythologie in diesem Punkte fraglos die verschiedensten Widersprüche gezeitigt hat, so wollen wir zunächst auf diese eingehen. Bei einigen Völkern wird nämlich diese Hilfsalte zur Menschenfresserin, zur Hexe. Da ist vor allen Dingen die alte Hexe im Hänsel- und Gretelmärchen. Da ist ferner die Menschenfresserin der Zulu, die allerdings auch wieder, wenigstens in einigen Mythen, der Hilfsalten weicht. Des ferneren ist die Froschmenschenfresserin der Warrau, die Krötenfrau der Ojibwa zu erwähnen. — Also einige menschenfressende Ausnahmen, die der großen Menge der gutartigen Hilfsalten gegenüber wenig in Betracht kommen. Naheliegend ist diese Umwandlung allerdings gewesen, und wir werden im folgenden sehen, daß sie nicht ganz sinnlos ist.

Vergegenwärtigen wir uns nun demgegenüber die große Menge der richtig wirkenden Hilfsalten: da ist zunächst auf Neuseeland, in der Ponaturimythe die Mutter Tawhakis, welche den Helden den Rat gibt, wie die Ogren zu töten seien. Dann ist auf Manihiki Ina die Blinde zu erwähnen, die Maui auf der Wanderung in die Unterwelt kennen lernt, sehend macht und die ihn über alles dort unten Vorkommende unterrichtet. In Amerika haben wir bei den Bilqula eine alte Frau mit großen Händen und Füßen und entsprechendem Mund, die in einer alten, echten Ogrenmythe dem

Mädchen die Fluchtingredienzien gibt. Bei den Indianern am Thompsonriver beschützt die Frau des Kannibalen die beiden Brüder. Auf der Wanderung zum Sonnengotte lehrt ein altes Spinnenweib die Helden, auf welche Weise sie die großen Gefahren des Weges zu überwinden vermögen. Auf Madagaskar unterstützt die Frau des Briganten die Helden, und als der Knabe der Zulumythe mit dem Vogel aus der Kannibalenhütte entflieht, trifft er eine alte, auf einem großen Stein sitzende Frau, die ihm Fett sowie den Rat gibt, demzufolge er auch glücklich den Kannibalen entrinnt. Eine alte Frau, die mit der einen Hälfte im Schatten, mit der anderen im Lichte weilt und arbeitet, gibt dem Angolahelden Sudika-mbambi Unterweisung betreffend den Weg in die Unterwelt. Im Bogda Gesser Chan ist es die eigene, von Riesen entführte Gattin, die es dem Riesen ablauscht, wie man ihm das Leben nehmen könne, und in Lappland versteht es die Mutter des Helden, wie wir eben sahen, dem Riesengemahle das Geheimnis der Sonneneiseele zu entlocken. In den deutschen Märchen holt die Ellermutter des Teufels die Antworten aus dem Teufel heraus, die Frau aus dem Vogel Greif und dann wieder die Großmutter des Teufels aus dem Teufel. In einer altitalienischen Ogrenmythe eilt eine alte Frau dem vom Riesen mitgenommenen Mädchen zu Hilfe, indem sie die, die magische Flucht ermöglichenden Söhne herbeibringt. Endlich kommen wir zu der Hilfsalten des Ciannamärchens, die folgendermaßen beschrieben wird: — „wirst du eine hochbejahrte Alte finden, deren Kinn die Erde berührt und deren Buckel bis in den Himmel reicht, während die Haare wie der Schwanz eines Schimmels ihr die Versen bedecken; ihr Angesicht aber, dessen Falten durch das Stärkemehl der Zeit gesteift sind, gleicht einer gerippten Halskrause. Die Alte nun sitzt auf einer Uhr. — — — Die Gewichte dieser Uhr muß Cianna packen und sie darf sie nicht loslassen, bis die Alte bei den Flügeln ihres Sohnes schwört. Also geschieht es auch. Die Alte schwört bei den „Zähnen, die alle irdischen Dinge zernagen". Sie legt dann, nachdem sie Cianna versteckt hat, dem hereinkommenden Sohne die gewünschten Fragen vor.

Mit dieser letzten Schilderung glaube ich in die Frage eintreten zu können, wer diese Alte sein könne. Es scheint mir ausgeschlossen, daß wir hier mit einer einfachen Sterndeutung auskommen. Ich habe mich deshalb bei allen alten Weibern der Mythologie nach charakteristischen Merkmalen umgesehen und glaube deren auch eine genügende Zahl gefunden zu haben, um eine wenigstens einigermaßen befriedigende Antwort geben zu können. Ich fange gleich bei der verehrten Alten im Ciannamärchen an: Das Kinn reicht bis zur Erde, der Buckel bis zum Himmel. Die Alte in der Bogda Gesser Chanmythe wurde uns (Seite 293) folgendermaßen beschrieben: Ein altes Weib mit grauen Haaren, dessen Hauzähne der unteren Kinnlade gegen den Himmel strebten, während die Hauzähne der oberen Kinnlade die Erde berührten und mit zwei Brüsten, welche herabhängend die Erde bedeckten. Die Menschenfressermythe, die uns Cook von Tahiti erzählt, berichtet, daß die vernichteten Ogren auch ein Weib gehabt hätten, das aber kein Menschenfleisch gegessen hätte und die nach ihrem Tode eine Gottheit wurde. Diese Frau war nun durch zwei ungeheuer große Zähne ausgezeichnet, welche Eigenschaft so auffallend war, daß sie heute noch jedes Tier mit großen Zähnen nach ihr benennen. Wir sahen, daß die Hilfsalte bei den Bilkula mit großen Händen und Füßen und entsprechendem Munde ausgerüstet war. In Südafrika hat die zur Menschenfresserin umgebildete Hilfsalte Uzembeni ihren Namen „Langzeh“ der Eigenschaft zu verdanken, daß ihr Zeh immer bedeutend vor ihr her zu sehen war, so groß war er. Im deutschen Märchen haben wir die alten Spinnerinnen mit der langen Lippe, dem langen Finger etc., — und diese Eigenschaft erinnert uns daran, was wir Seite 353ff. schon gezeigt zu haben glauben, daß nämlich die alte Spinnerin im Monde zu suchen ist. Ist das so, haben wir in der Alten den Mond zu erblicken, dann ist es auch nicht auffallend, wenn im Navahosgebiet die Hilfsalte zur Spinne wird. Wenn die Hilfsalte in Angola halb im Schatten liegt und halb im Lichte ihren Acker hackt, wenn die Alte im Pentamerone die Uhr darstellt resp. auf der Uhr sitzt, dann verstehen wir die großen Hände, die langen Zähne, die herabfallenden Brüste, die hervorragenden Zehen usw. als die Mondhörner. Und damit wäre dann ein Anhaltepunkt für festere Beweismittel geliefert. (Betreffend die Frosch- und Krötenweiber der Amerikaner vergleiche S. 356).

Wenn uns demnach die Hülfsalte in der Ogrenmythe als Mond wahrscheinlich wird, dann wird dadurch aber auch unsere Annahme von der Sterneneigenschaft der Ogren bestärkt. Denn der Mond lebt ja mitten unter den Sternen.

Ich habe aber hier noch einen kleinen Hinweis zu bringen, wieder eine jener wunderhübschen Parallelerscheinungen, die uns den Völkergedanken so ganz fremdartig und unnatürlich erscheinen lassen. Ich meine das Motiv vom *Augenspiel.* Ganz kurz will ich auf die zu diesem Motiv gehörige Geschichte eingehen.

Als Tawhaki nach der Flucht seiner Himmelsgattin an den Ranken in den Himmel gelangt ist, trifft er oben die alte Wächterin dieser Strickleitern, ein blindes Weib, das just sein Mahl aus Tarowurzeln bereitet. Unbemerkt stiehlt er ihr einige der Wurzeln. Als sie den Raub entdeckt, sucht sie den Dieb vergebens zu erreichen. Tawhaki gibt ihr einen Schlag ins Gesicht und macht sie, ihre Augen berührend, sehend. Vor Freude weinend, erkennt sie den Enkel. Sie gibt ihm guten Rat auf den Weg. Auf Mangaja trifft Tane im Unterweltland eine alte Frau, die gerade Yams kocht. Es ist Kui-die-Blinde. Er nimmt ihr, ohne daß sie es merkt, die Speise fort. Als sie den Diebstahl entdeckt, erzürnt sie. Sie wirft den Angelhaken aus und fängt ihn nach mehrmaligem Versuche. (Vergleiche das Märchen B Seite 133). Dann erkennt sie den Enkel. Dieser steigt auf den Baum und überwindet die bewachenden Ungeheuer. Zwei Nüsse, die er oben gepflückt hat, bringt er mit und wirft sie in Kuis Augen, die darauf wieder sehend wird. Auf Manihiki trifft Maui in der Unterwelt eine alte blinde Frau, Ina-die-Blinde, die sich just ihr Essen bereitet. Maui nimmt von einem dort wachsenden Baume einen Apfel, beißt ein Stück ab und wirft es in ein Auge der Alten, die sofort sehen kann. Er wiederholt das Gleiche mit dem andern Auge, und nun kann sie auch auf diesem schauen. Als auf Samoa der Jüngling seine verstorbene Schwester wieder zurückgewinnen will, sendet die Gönnerin ihn mit folgenden Worten fort: „Jetzt gehe und suche den Platz auf, wo die alte blinde Frau, die Matamolali heißt, wohnt. Brich das Ende eines Kokosnußblattes ab und schlage damit ihre blinden Augen.“ Der Held tut also und macht Matamolali, die sich als Herrin der Toten erweist, sehend. Sie besorgt ihm zur Belohnung die Rückkehr der verstorbenen Schwester.

Sobald wir uns aus dem geschlossenen Gebiet des eigentlichen zentral-mythologischen Polynesien entfernen, verändert sich das Motiv ein wenig, und wir haben schon in Hawai eine etwas abgewandelte Form. Ich werde aber auch aus angrenzenden Provinzen Verwandtes bringen.

Als der nach dem Tode seiner Frau in die Unterwelt herabgestiegene Häuptling Hawais im Reiche der Toten angelangt ist, schaut er eine Weile den Spielen zu und schlägt dann ein neues Spiel vor: Es sollen sich alle die Augen ausreißen und diese dann auf einen Haufen werfen. Der Vorschlag gefällt und jeder folgt ihm schnell; doch der Häuptling hat acht, wo die Augen Milus hinfallen. Er greift sie im Fluge auf und verbirgt sie in seinem Kokosnußbecher. Da alle blind sind, kann er unbemerkt entfliehen. Nach längeren Verhandlungen erhält Milu seine Augen unter der Bedingung wieder, daß er die Seele der verstorbenen Frau ausliefere. Damit ist der Anschluß an die Form Samoas gegeben.

Bei den Nordwestamerikanern ist das Motiv häufig. Wenn der Held in das Jenseits wandert, um ein Weib zu gewinnen, dann trifft er zunächst mehrere alte blinde Frauen, die Enten, welche Wurzeln kochen. Wenn die Wurzeln gekocht sind, nimmt eine der Frauen sie aus dem Kessel und will sie unter die Genossinnen verteilen. Der Held nimmt sie aber fort. Dann schelten sie untereinander und beschuldigen sich gegenseitig, die Wurzelbündel gestohlen zu haben. Endlich wittern die Entenweiber den Helden. Der Held speit ihnen in die Augen und macht sie sehend. Auf der Vancouverinsel sind bei den Nutka diese Weiber beratende Hülfsalte. Etwas ähnliches soll bei den Tonka vorkommen und bei den Menomini kommt der Speisendiebstahl bei den alten blinden Leuten vor. Eine an das Augenspiel erinnernde Geschichte treffen wir ferner bei den Navahos.

Nun nach der andern Seite. Als Perseus seine große Tat vollbringen will, helfen ihm Hermes und Athena. Sie verschaffen ihm Wehr und Waffen gegen das gräßliche Ungetüm und bringen ihn vor allen Dingen zu den Gräen, die am äußersten Ende der Welt wohnen. Diese haben alle drei nur ein Auge und einen Zahn, die sie abwechselnd benutzen. Perseus nimmt ihnen diesen einzigen Zahn und das einzige Auge und zwingt sie so. ihm den Weg zu den Nymphen zu zeigen, von denen er das Zaubergerät erhält. Sie spielen also in gewissem Sinne die Rolle der Hülfsalten. In ähnlicher Weise tritt diese Erzählung in einer Menschenfressermythe Norwegens auf. Als ein paar Buben im Walde sind, kommen drei Trolde. die nur ein Auge haben. Einer geht voran. Es ist der Sehende. der just das Auge hat. Die andern folgen blindlings. Infolge einer List der Knaben fällt das Auge heraus. Der eine Knabe ist gleich zur Hand und nimmt es weg. Das Auge ist so groß. daß man es nicht in einen Kesseltopf legen könnte. und so klar, daß. als der Knabe hindurchsieht. ein heller Tag leuchtet. obgleich es dunkle Nacht ist. Die Knaben geben das Auge nicht eher heraus. als bis das Weib der Riesen Eimer. gefüllt mit Gold und Silber und ein paar Stahlbogen bringt. Ähnlich verläuft die Geschichte bei den Lappländern in einer der Goldapfelvogelmythen. die ich nachstehend zum Schluß noch einmal erwähnen werde. Der Riese und der Teufel wollen den Goldblätterschmuck des Baumes stehlen. den der Held bewacht. Sie haben beide zusammen nur ein Auge. Der eine steigt hinauf, der andere soll das Auge hinaufreichen. Doch der Held fährt mit der Hand dazwischen. Riese und Teufel balgen sich, indem jeder vom anderen annimmt. er besitze das Auge. Sie balgen sich. bis sie beide entzweispringen, als der Tag anbricht. (Siehe oben über den Tod der Ogren.)

Wenn ich nun noch erwähne. daß bei den Tarantschi, also Mongoloiden Asiens, die auch sonst im Besitze guter alter Mythentypen sind, das Mädchen ihrem erblindeten Bruder einen Apfel sendet, damit er sich mit diesem die blinden Augen reibe, worauf er sehend wird, und daß die Annamiten hübsche kleine Erzählungen haben, in denen der Schlaue alten blinden Leuten das Mahl in gleicher Weise, wie wir es nun schon mehrmals gesehen haben. raubt, habe ich das Wesentlichste über die Verbreitung dieses merkwürdigen Motives gesagt, und es wäre nun zu erwägen, inwieweit dasselbe mit unserer guten biederen Hülfsalten in Beziehung steht. In Ozeanien, Nordwestamerika und bei den Griechen ist die Hülfsalte klar durchgedrückt. Sonst verschwindet die eigentliche Frau und löst sich das Motiv in einer gewissen scherzhaften Form auf. Immerhin glaube ich, daß wir damit einen Stoff gefunden haben, der eine klare Bedeutung haben muß, und wird es auch nicht schwer fallen, den Zusammenhang zu finden.

Ohne mich aber weiter in eine eingehende Besprechung über die Bedeutung der Ogren und der, wie ich gezeigt zu haben glaube, zu ihnen gehörigen Hülfalten einzulassen, möchte ich doch noch ein wenig über die Ereignisse reden, die auf dem Wege zu den Ogren stattfinden. Vielleicht bieten gerade die merkwürdigen Tatsachen, die auf der Wanderung zu den Ogren und auf der Flucht vor den Ogren stattfinden, einen wesentlichen Bestandteil des Zusammenhanges, und bieten sie somit wohl weitere Anhaltepunkte für das Verständnis, sei es einerseits der geographischen Verbreitung dieser Mythentypen und sei es andererseits für die innere Bedeutung und das Wesen der Mythenentwicklung.

4. Auf der Fahrt zu den Ogren. — Verschiedene Motive kehren in den Geschichten von der Wanderung zu den Ogren immer wieder und bilden so den festen Bestand der eigentlichen Mythe, die sich uns im Verlauf dieses Buches immer mehr als eine Komposition, als ein Mosaik aus verschiedenen Motivsteinchen erwiesen hat. Hätten wir so breiten Raum zur Verfügung, daß wir den Stoff jeder einzelnen Mythe so breit und behaglich wiedergeben könnten wie den der Walfischdrachenmythe, dann würden wir zeigen können, wie diese Motive untereinander verbunden sind, daß jede Mythe eben ein Mosaik aus bestimmten Farbensteinchen darstellt, wobei sowohl eine Verschiebung in der Reihenfolge der einzelnen Motive als eine verschiedene Umrahmung stattfinden kann. Dieser Raum fehlt uns aber, und somit müssen wir uns damit begnügen, einzelne Motive herauszugreifen und in der Verfolgung ihrer Verbreitung wenigstens einige Anhaltepunkte für die Bedeutung und — was uns ja im vorliegenden zumeist kulturgeographischen Werke mindestens ebenso wertvoll ist — die geographische Verbreitung, d. h. ihre Wanderung gewinnen.

Zwei Hauptpunkte mögen hier noch Beachtung finden: Das Motiv der Klappfelsen und die Geschichte der Flucht.

Das Motiv der *Klappfelsen* mag in drei verschiedenen Erscheinungen vorgeführt werden. Auf dem Wege in das Bereich der Ogren trifft der Gott eine große Gefahr. Sein Weg führt zwischen zwei Felsen hindurch, die sich stets, wenn jemand den Durchgang passieren will, schnell schließen und den Wanderer so zermalmen. Wir kennen das Motiv schon von den alten Griechen, wo es in der Argonautensage eine hervorragende Rolle spielt. Die Tauben, die dem Zeus Ambrosia bringen, müssen diese Klappfelsen passieren und die letzte der hindurchfliegenden Gruppe wird immer zermalmt. Dies Motiv kehrt nun häufig wieder. Wenn Maui in die Unterwelt fährt, so muß er die auf- und niederfahrenden Felsen passieren, und nur das Hersagen des der Mutter abgelauschten Spruches bewahrt den Gott davor, zermalmt zu werden. Wenn Bogda Gesser Chan zu dem Ogren fährt, um seine Gattin aufzusuchen, dann hat er die Klappfelsen zu passieren. Das Felstor schließt sich in Korea, die Klappfelsen donnern im alten Mexiko sowohl wie bei den Nordindianern hinter den Seelen der ins Jenseits schwebenden Seeligen zusammen. Zuweilen mag dies Motiv umgebildet sein und in Nordwestamerika tritt eine beißende Tür an die Stelle der Klappfelsen und auch der hier sowohl wie in Japan unter den Proben auftretende zusammenklappende Baumstamm mag in diese Gruppe gehören. Interessant ist es des ferneren, daß auf Samoa eine Teilung des Motives in Gruppen auftritt und ebenso in Amerika bei den Navahos. Tiitii muß auf der Fahrt in der Unterwelt das Schilf passieren, das Schilf öffnet sich seinem Zauberspruche. Dann muß er die Felsen passieren und die Felsen öffnen sich seinem Zauberspruche, und bei den Navahos müssen die zur Sonne wandernden erst zwischen den Felsen hindurch, dann über das zerschneidende Schilfrohr hinweg, dann über das alleszerreisende Kaktusrohrfeld, dann über die aufkochende Sandöde hinfort, und nun erst passieren sie die verschiedenen Torwächter, die sich mit aufgerissenem Rachen und mit zückender Wut gegenüberstehen: Zwei Bären, zwei Schlangen, zwei Winde, zwei Blitze. Das alles müssen sie passieren, das ist in diesem Sinne die höchste Entwicklung dieses Motives.

Den Höhepunkt des Interesses erreicht diese Mythe aber erst, wenn das Motiv noch eine kleine Anhangserweiterung erfährt, wenn es geschildert wird, wie der Held so haarscharf zwischen den Klappfelsen hindurchgelangt, daß der letzte Teil seines Fahrzeuges abgequetscht wird. Ich erinnerte eben schon daran, daß von den Plejadentauben des Zeus immer die letzte abgeklemmt wird. Wenn auf der Argonautenfahrt dies berühmte Schiff auch glücklich zwischen diesen ebenso berühmten Felsen hindurchgleitet, so ereignet sich doch ein kleines Unglück. Es vermögen nämlich nicht einmal Vögel hindurchzufliegen, und so hat Phineus den Rat gegeben, eine Taube voranfliegen zu lassen und wenn diese hindurchkomme, mit kühnem Mute nachzufahren: sonst müßten sie auf die ganze Fahrt verzichten. Wirklich schwang sich die Taube hindurch, nur die Schwungfedern wurden durch die zuklappenden Felsen abgeschnitten. Also warteten denn die Griechen, bis das Tor sich wieder öffnete, setzten dann alle die Ruder ein und hindurch schossen sie, — nur daß der ragende Schmuck des Steuers verloren gegangen ist. Als auf Mangaia Maui in die Unterwelt fliegt, um seine Eltern zu besuchen und das Feuer zu holen, also auf einer Ogrefahrt, da muß er auch die Klappfelsen passieren. Maui hat sich die rote Taube Tanes geliehen, und auf ihr reitet er in das Jenseits. Auf die magischen Worte, die Maui von der Mutter erlauscht hat, öffnet sich zu seiner großen Freude der Fels, um aber sofort wieder zusammenzuschließen, als Maui hindurchfährt. Glücklich ist er hindurchgelangt, aber o weh, der schönen Taube ist der prächtige Schwanz abgequetscht. — Hie Griechenland — hie Mangaia!

Aber es kommt der Mythe absolut nicht darauf an, auf welchem Gefährt der tapfere Held in das Jenseits gleitet — der Schwanz muß weg. Bei den Tarantschi, also in Innerasien, jagt der Held auf dem Kamele zwischen den Klappfelsen hindurch, — dem Kamel wird der Schwanz abgequetscht. Und während wir in Nordostasien wieder den abgeschnittenen Vogelschwanz treffen, büßt bei den Eskimo der die zuklappenden Eisberge Passierende das Ende des Kajak ein. In Nordwestamerika geht einerseits der begleitende Freund bei der Durchfahrt verloren, andererseits treffen wir aber bei Kwakiutl und Chihalis wieder den abgeschnittenen Vogelschwanz an. so daß wir sagen können, daß wahrscheinlich dieser Vogelschwanz die ursprüngliche Form des Motives darstellt. während alles andere mehr oder weniger der geographischen Provinz angepaßte Fahrzeuge darstellen. Ist dem so. dann ist es nicht undenkbar. daß wir unter dem Vogel wieder das Plejadengestirn zu verstehen haben. das in einer bestimmten Jahreszeit verschwindet, in einer Jahreszeit. in der der Sonnengott sich auf den Weg macht. eine dunklere Region aufzusuchen. aus der er erst im Frühling zurückkehrt. — Ist dem so. dann haben wir einen feinen Wink erhalten. in welcher Richtung wir die Zentralbedeutung der Ogrenmythen zu suchen haben. — Kehrt dann nicht etwa der Gott im Frühjahr mit dem Sonnenbrande. mit der jungen Sonne wieder?

Ich möchte aber noch wenigstens ganz kurz auf eine dritte Gruppe von Erscheinungen. die mit diesem Motive in Berührung stehen könnten. hinweisen: Oftmals schließt sich ein Felsen, sei es auf der Flucht vor den Ogren. sei es infolge des Machtspruches der Ogren. Es ist das Sesam. Sesam öffne dich! — daß wir aus 1001 Nacht kennen. Wir haben hier vielleicht überhaupt das Höhlenmotiv, denn bekanntlich schließt auch ein großer Teil der Ogren seine Höhle mit einem Felsblock. (Siehe Polyphem.) Steine. die sich auf das Wort, auf einen Wortzauber hin schließen. sind nicht selten und wir treffen sie in Südafrika. bei den Neuholländern, bei allen Arioiden. bei Nordindianern usw. Literatur hierüber findet sich in der zugehörigen Anmerkung. Ich möchte nur auf eines hinweisen. das mir von außerordentlicher Wichtigkeit ist.

In Südafrika findet sich die Felshöhle Itsche Likantunjambili, ein Felsen. der nicht mehr mit den Händen. sondern durch einen Zauberspruch zu öffnen ist. Man muß den Felsen dann bei Namen rufen und laut schreien: „Felsen Untunjambili öffne dich, damit ich eintreten kann.“ Der Stein kann aber. wenn er sich dem betreffenden Manne nicht eröffnen will. dann antworten: „Der Fels wird nicht durch Kinder geöffnet: er wird geöffnet durch die Schwalben, die in der Luft fliegen!“ — Dieser Mythenteil ist mir deswegen so wertvoll. weil ich geneigt bin, darin einen Rest der soeben besprochenen zweiten Variante des Klappfelsenmotives zu erblicken. Es ist hier nicht die Rede davon, daß den Vögeln, den Schwalben, der Schwanz abgeschnitten würde; es genügt vielleicht aber überhaupt eine Erinnerung an das Hindurchfliegen der Vögel, um einen Anhaltepunkt an die von mir vermutete Plejadenmythe zu gewinnen. Denn man darf nicht vergessen, daß die Plejadenmythe in unserem Sinne der astronomischen Erscheinungswelt zufolge in Südafrika nicht erhalten bleiben konnte, weil diese Sterngruppe dort unten in anderem Verhältnis zu den Jahreszeiten steht.

Doch wenden wir uns nunmehr der anderen Gruppe von Motiven, die noch zu besprechen sind, den Motiven der Flucht zu.

Wenn der Gott den Feuerdiebstahl vollendet hat und flieht, verfolgt ihn die Ogrenschaft. Es gibt verschiedene Formen dieser *Flucht.* Als Odysseus flieht, verfolgt ihn der Zorn des Meeres. Als Manabozho flieht, steigt hinter ihm das Wasser empor usw. In einem gewissen Gegensatze hierzu gelingt es den Fliehenden oftmals, einen Fluß zu durchschreiten, in dem dann die Verfolgenden untergehen. Es ist das die Geschichte, die wir aus dem alten Testament gelegentlich der Flucht der Juden aus Ägypten über das rote Meer hinweg kennen. Dieselbe Geschichte kehrt in Südafrika bei Zulu, Hottentotten usw. wieder. Wir kennen sie aus dem Norden (Schottland) und sie kehrt in gewissem Sinne auch in Amerika wieder, denn bei den Thompsonriverindianern vermag der verfolgende Ogre nicht über den Strom zu setzen, den der fliehende Jüngling schon passiert hat.

Eine weitere Gruppe dieses Motives kennen wir aus dem deutschen Märchen: Der verfolgte Held streut Körner aus, worauf die Verfolger schleunigst ein emsiges Aufsammeln beginnen und dadurch dem Fliehenden ein glückliches Entkommen ermöglichen. Im Siddhi-Kür gelingt dem Chanohn auf gleiche Weise die Flucht vor den gefährlichen Toten. Bei den Teleuten die Flucht vor den Russen und in Skalda C. 44 dem Hrolf Kraki die Flucht vor den Schweden. Dasselbe in Südafrika, wo bei den Angolanegern erst Hirse, dann Sesamum und Eleusine vor den verfolgenden Ogren ausgestreut wird, während bei den Zulu von Zeit zu Zeit hingeworfenes Fett dieselben Dienste leistet. Hinsichtlich Amerikas kann ich nur auf eine verwandte List bei den Tsimschian hinweisen. Als der Mann seinen Sohn aus dem Bereiche der Sterne, die diesen geholt haben, zurückbringt und sie ihn verfolgen, wirft er Tabak, rote Farbe und blaue Schleudersteine hinter sich. Während nun die Sterne diese aufsammeln und verwenden (woraus die verschiedene Farbe der Sterne zu erklären ist), entfliehen Vater und Kind. — Letztere Notiz ist mir deswegen wertvoll, weil hier ausdrücklich die Sterne als Verfolger bezeichnet sind, weil hier also direkt die Sterne die Stelle der Ogren einnehmen.

Am interessantesten ist aber jedenfalls eine Erzählung von der Flucht, deren Eigenartigkeit Franz Boas zuerst aufgefallen ist. Boas weist auf die Angabe von Castren hin, der zufolge in einem samojedischen Mythenstück zwei Mädchen die Flucht vor einem Menschenfresser auf folgende Weise gelingt: Eine wirft einen Schleifstein über die Schultern. Derselbe wird zur Schlucht. Sie wirft einen Feuerstein, derselbe wird zum Berg. Sie wirft einen Kamm, derselbe wird zum Dickicht. Es ist Boas aufgefallen, daß dieselbe Geschichte bei den Nordwestamerikanern häufig auftritt, und er hat das Motiv als das der *magischen Flucht* getauft. Boas weist darauf hin, daß meist ein Stein zum Berg, Öl zum See und Kamm zum Gestrüpp wird. Bei den Tsimschian wird die Geschichte ganz kompliziert.

Was Boas für zwei Punkte an Übereinstimmung aufgefallen ist, hat in Wahrheit eine außerordentliche Verbreitung. Inzwischen hat Bogoras bei den Tschuktschen die klare Form der Nordwestamerikaner gefunden. Ein Kamm wird zum Wald, ein Stern zum Berg, ein mit dem Feuer in Verbindung stehender Gegenstand zum Fluß oder Feuer. Während im allgemeinen im zentralen Asien dies Motiv zu fehlen scheint, tritt es im nordwestlichen Asien wieder gehäuft auf. Bei den Russen wird der Kamm zum undurchdringlichen Walde, das Tuch zum Feuersee. Bei den Kirgisen wird der Kamm zum dichten Wald, der Spiegel zum See. Nun ein Sprung: Auf Island werden zurückgeworfene Schwanzhaare erst zum Fluß, drei weitere Schwanzhaare zum brennenden Scheiterhaufen, drei weitere Schwanzhaare zum Berg. Und als Sigurd vor dem Riesen flieht, wird ein Zweig zum dichten Wald und ein Stoß mit einem Stock auf die weiße Seite des Zaubersteines ruft das Hagelwetter herab. In Kleinasien treffen wir den zurückgeworfenen Topf als Meer, das Rasiermesser als schneidenden Wald und den Kamm als ein Stachelfeld. Und das erinnert uns daran, welche merkwürdige Rolle die schneidenden Rasiermesser in dem Haussamärchen auf der Flucht vor der Ogrehexe spielen. Dazu einige Notizen aus dem Süden Europas. Im italienischen Rapunzelmärchen wird der erste zurückgeworfene Gallapfel zum Hund, der zweite zum Löwen, der dritte zum Wolf, und als das Mädchen vor dem Waldriesen flieht, helfen ihr die Söhne der Hülfsalten mit folgenden Zaubermitteln: Der eine speit aus und macht ein Seifenmeer, der zweite wirft ein Stück Eisen zur Erde, worauf ein Feld von Schereisen (vergleiche, was oben von dem Rasiermesser der kleinasiatischen und der Haussaform gesagt wurde) entsteht, der dritte wirft den Span aus dem der Wald emporwächst, aus dem Wasserstrahl wird dann der Strom, aus dem Stein der Turm usw. In Südafrika haben wir auf der Flucht das zurückgeworfene Ei, das zum Nebel wird, den Milchsack, der zur Wasserfläche wird, den Topf, aus dem die Finsternis emporsteigt und den glatten Stein, der sich zum mächtigen Felsen ausdehnt.

Wenn in Südafrika außerdem ein Stück Fett zurückgeworfen wird, das auf einen Stein fällt, um den sich dann die verfolgenden Riesen balgen, so erinnert uns diese schwache Variante an den Fels, den Jason unter die Drachenzahnmänner wirft, an den Stein, den Odhin unter die Sensenmänner wirft, welche Riesen und Drachenzahnmänner und Sensenmänner sich dann immer gegenseitig hinmorden. Diese Erinnerung hat deswegen Wert, weil wir besagte Sensenmänner und damit eine Ogrengruppe am Himmel unter den Sternen aufzufinden vermögen. Doch ich schweife ab.

In Japan ist die magische Flucht in der Izanagi- und Izanamimythe enthalten. Als Izanagi verfolgt wird, wirft er erst die schwarze Perrücke zurück, die zu Früchten von Weinreben werden. Die verfolgenden Weiber sammeln sie schnell auf und erinnern uns damit an die vorher besprochene Form der Flucht. Izanagi wirft darauf den Kamm der hundert Nägel zurück, der sich in Bambussprossen verwandelt, die die häßlichen Weiber nun schnell pflücken und verzehren; — eine Verbindung der vorigen Form der Flucht mit der magischen Flucht, der der Kamm angehört.

Endlich noch einiges zur Klarstellung der Verbreitung des Motives in Amerika. Bei den Odjibwa kommt die Flucht in der Mythe von der Krötenfrau vor, die hier die Hexe darstellt. Der große Stein, das zurückgeworfene Messer fallen in das Gebiet der magischen Flucht. Bei den Nawahos bricht nach dem Schuß mit dem Blitzpfeil ein Blutstrom hervor, aber es springt schon vorher hinter dem Verfolgten eine Yucca und dann ein Kaktusrohr und wieder eine Yucca und ein Kaktusrohr empor. Die Mythologie der Nawahos enthält einen großen Prozentsatz sehr alten und schönen Mythenbesitztumes, nur muß man es verstehen die durch ein wunderbares Priesterleben stark umgebildeten Formen zu enträtseln.

Es ist nicht nur das Bild der geographischen Verbreitung, das dies Motiv so außerordentlich interessant erscheinen läßt. Es ist vielmehr ein Spiel mit den Erscheinungen der Naturwelt, das geradezu erstaunlich naiv ist. Es besteht eine große Wahrscheinlichkeit, daß diese Bildung des aus der Unterwelt entfliehenden Gottes mit dem Morgenaufgang und mit der Frühlingssonne zusammenhängen. Wenn dies wahr ist, so wird dem Leser das Verständnis sehr leicht werden. Doch noch einen Punkt habe ich zu erwähnen.

Ein kurzes Wort über das Motiv vom *Baumwuchs*. Der verfolgte Held klettert auf einen Baum und der wächst und wächst und wächst. Er wächst bis in den Himmel. Dies eigenartige Motiv besitzen vor allen Dingen die Melanesier in der Quasavaramythe (siehe oben Seite 378). Des ferneren treffen wir es in Nordwestamerika, bei den Thompsonriverindianern, bei den Zentralamerikanern, Algonkin, Schiroki, dann noch bei den Neuholländern und, wenn ich nicht irre, in Cambodja. Und das erinnert mich daran, daß der Held sehr oft auf der Flucht vor den Ogren auf einen Baum klettert. Das ist so im deutschen Märchen, das ist in Südafrika so, das ist bei den Türken usw. usw., und das erinnert uns wieder daran, daß der Weg in das Jenseits oft an einem Baum entlangführt. Und nun komme ich zu der ganz einfachen Frage: was bedeutet dieser Baum? Es ist das die letzte Frage, die ich in diesem Buche vorlege. Man höre:

Tane holt von dem großen Baum der Kui, unter dem die Alte sitzt, mit allerhand Gefahren die Nüsse herunter, mit der er sie sehend macht. So auf Mangaia. Etwas ähnliches haben wir auf Manahiki, auf Samoa und damit kommen wir zu dem Baum der Quiche, von dem der Ogre Vukub Cakix seine Nahrung holt und den die jungen Lichtgötter bestehlen, und von Zentralamerika gehen wir in eiligem Fluge zurück über den Weltbaum der Hinterindier, über den Weltbaum der Inder, den Weltbaum der Perser, der Kleinasiaten, und dann sind wir angelangt bei der alten guten Yggdrasill. Unter ihr sitzen ja auch alte Weiber!

Und nun zum Schluß das brave liebe Märchen. Da ist die Geschichte von dem Goldapfelbaum, die alle Europäer besitzen: die Italiener, die Deutschen, die Serben, die Böhmen, die Walachen, die Albaner, die Russen, die Esthen, die Lappen, sowie noch manches Volk in Asien (siehe Tarantschi) und in Afrika (siehe Tuarek). Und diesem Goldapfelbaum, von dem sie so gerne ein Goldfrüchtlein stehlen, jener Baum, der sich über die ganze Welt ausdehnt, der ist schon längst erkannt worden als der Weltbaum, das Bild des mächtigen Himmels, an dem die Goldblättlein oder Goldäpfelein als Sterne prangen. — Wir sind auf altem guten Boden angekommen; jetzt wissen wir uns wieder daheim. Wir haben wieder ein Stück gefunden, das die Mythologie der Naturvölker mit unserer alten, edlen, klassischen Mythologie und mit unserem lieben trauten Märchen verbindet.

Weit dehnt sich über uns dieser Baum aus; mag er uns ein Symbol der Einheitlichkeit aller alten guten Mythologie sein. — Mit welchem Wunsche wir zunächst schließen.

ANMERKUNGEN

Literaturnachweise.

In der Annahme, daß die Quellennachweise nur für die Fachgenossen von Bedeutung sein können, habe ich mich auf die Wiedergabe der wesentlichsten Quellliteratur beschränkt. Allgemeine Bearbeitungen, die zur Genüge bekannt sind, wurden im Text soweit sie von größerer Bedeutung waren, erwähnt. Betreffend die altmythologischen Testamente der asiatisch-europäischen Völker kamen die überall registrierten Opera in Frage und ist eine Aufführung hier sicher nicht von Nöten. Ähnlich verhält es sich hinsichtlich der amerikanischen Kulturvölker, über deren Mythologie in Bancrofts zusammenfassender Arbeit Bd. III und Index Bd. V, in Bastian, „Die altamerikanischen Kulturvölker". bei Müller. „Amerikanische Urreligionen". bei Brinton usw. näheres zu verfolgen ist. — Eine Zusammenfassung wie in meiner Arbeit „Die Weltanschauung der Naturvölker" konnte nicht wiederholt werden. Die einfache Aufzählung nahm damals schon fast einen Druckbogen in Anspruch; heute würde sie etwa den dreifachen Raum benötigen, was eine allzugroße Belastung für das Buch ergeben würde. Also hier nur das Allernötigste.

Quellen zu Kapitel IV Seite 59ff.

R. H. Codrington: „The Melanesians" Oxford 1891 S. 365ff. 403/4. Alfr. C. Haddon: „Legends from Torres Straits" in „Folk-Lore Journal" London 1890 S. 56ff. John Williams: „A narrative of a Missionary Enterprise in the South Sea Islands" Third thousand. London 1837. George Turner: „Nineteen Years in Polynesia" London 1861 S. 497. S. a. Meinicke: Zeitschr. f. Allg. Erdk. Bd. IX S. 238. William Wyatt Gill: „Myths and Songs from the South Pacific" London 1876. S. 142ff. Emile Petitot: „Traditions Indiennes du Canada Nord-Quest". Alençon 1887 (Urtextausgabe) S. 311. George Grey: „Polynesian Mythology" London 1855 S. 54ff. S. 18ff. über Mauis Geburt siehe auch White: „The ancient History of the Maori" Wellington 1887 B. II in mehrfachen Versionen. Schirren „Wandersage der Neuseeländer" Riga 1856 übersetzt nicht ganz richtig. Van Balen in A. Bastian: „Allerlei aus Volks- und Menschenkunde." Bd. I Berlin 1888 S. 443/4. Sierich im Intern. Arch. f. Ethnogr. Leiden. Bd. XV S. 167/8. Die Tunamythe nach White Bd. II. a. versch. Orten viele Versionen. R. Brough Smyth: „The Aborigines of Victoria" London 1878 Bd. I, S. 432. R. Langloh Parker: „Australian Legendary Tales" London 1897 S. 11ff. E. B. Tyler: „Forschungen über die Urgeschichte der Menschheit". Leipzig S. 422ff. Kubary in „Allerlei aus Volks- und Menschenkunde" Bd. I S. 57. Seidel nach Sundermann in „Anthologie aus der asiatischen Volksliteratur". Weimar 1898 S. 297ff. A. Bastian: „Sumatra und Nachbarschaft". Berlin 1886 S. 59/60.

Quellen zu Kapitel V Seite 80ff.

Franz Boas: „Indianische Sagen von der Nord-Pacifischen Küste Amerikas" Berlin 1895. S. 51. 101. 171. 315 ferner S. 51, 75, 212, 256. Edward William Nelson: „The Eskimo About Bering Strait" in Eighteenth Annual Report of the Bureau of American Ethnology" Washington 1899 Bd. I. S. 464ff. Emile Petitot (Urtextausgabe; siehe oben) S. 309. H. R. Schoolkraft: „The Myth of Hiawatha" Philadelphia 1856 S. 21 ff. u. a. O. z. B. Algic Researches I S. 145 ff. III 318 ff. etc. (Bearbeitungen in deutscher, nicht schlechter Übersetzung von Knortz 1871 und 1880). Waldemar Bogoras: „The Folklore of Northeastern Asia, as Compared with that of Northwestern America" in „American Anthropologist" New-York 1902 S. 645 und 675. Franz Boas: „Indianische Sagen" S. 3 und 212. Derselbe: „Zur Mythologie der Indianer von Washington und Oregon" im Globus Bd. LXIII S. 173. Derselbe: „Chinook Texts" Washington 1894 S. 119 ff. Stephen H. Long: „Account of an expedition from Pittsbourgh to the Rocky Mountains" Philadelphia 1823 Bd. I S. 278/9. Weiteres bei Schoolcraft siehe oben. James Mooney: „Myths of the Cherokee" in: „Ninteenth An. Rep. o. the B. o. Am. Ethn". Washington 1900 Bd. I S. 320/1. Das wichtige Werk von James Owen Dorsey: „The Cegiha Language" Washington 1890, in welchem sich Seite 34 eine Walfischmythe befinden muß, war mir nicht erreichbar. Franz Boas: „Indianische Sagen" S. 64 und 196 etc. Vergleiche auch Boas: „Kathlamet Texts" S. 58 ff. James Teit: „Traditions of the Thompson River Indians of British Columbia" Boston 1898 S. 79. Washington Matthews: „Navaho Legends" Boston 1897 S. 116 ff. Im Thurn: „Among the Indians of Guiana". London 1883 S. 385. Karl von den Steinen: „Durch Zentral-Brasilien". Leipzig 1886. S. 284. Derselbe: „Unter den Naturvölkern Zentral-Brasiliens". Berlin 1894 S. 377.

Quellen zu Kapitel VI Seite 105 ff.

B. J. Haarhoff: „Die Bantustämme in Südafrika". Berlin 1890 S. 17 ff. Wangemann: „Lebensbilder aus Südafrika". Berlin 1871. S. 82 ff. A. Merensky: „Beiträge zur Kenntnis Südafrikas". Berlin 1875. Endemann: „Die Basuto" i. „Zeitschrift für Ethnologie". Berlin 1874. Bd. VI S. 43/4. Henry Callaway: „Nursary Tales, Traditions and Histories of the Zulus". Natal und London 1866. Bd. I S. 331 ff. Vergleiche auch S. 55 ff. Mc. Call Theal: „Kaffir Folk-Lore". London 1886. Second Edition S. 84/85 und S. 137 ff. Folk-Lore Journal, edited by the Working Committee of South African Folk-Lore Society. Cape Town 1879 Bd. I S. 27/8. W. H. J. Bleek: „A Brief Account of Bushman Folk-Lore". London 1875. S. 14 und a. a. O. L. C. Lloyd: „A Short Account of further Bushman Material". London 1889 S. 6 u. a. a. O. Heli Chatelain: „Folk-Tales of Angola." Boston 1894 S. 93 ff. S. 113. J. Rivière: „Recueil de Contes Populaires de la Kabylie du Djurdjura". Paris 1882. S. 193 ff. L. J. B. Bérenger-Férand: „Recueil de Contes Populaires de la Sénégambie". Paris 1885. S. 185 ff. J. F. Schön: „Magána Hausa. Native Literature in the Hausa Language". London 1885. S. 90/91. C. F. Schlenker: „A Collection of Temne Traditions, Fables and Proverbs". London 1861. S. 45 ff. Weiteres über die Spinnenmythen vergleiche meine „Völkerkunde in Charakterbildern". Bd. I S. 278 ff und „Weltanschauung der Naturvölker". S. 294 sowie in vorliegendem Werk das Kapitel über die Flucht des Sonnengottes. Adolf Burdo: „Am Niger und Benue." Leipzig 1886. S. 163. Samuel Crowther and John Taylor: „The Gospel on the Banks of the Niger". London 1859. S. 233.

Quellen zu Kapitel VII Seite 127 ff.

„Die Taten Bogda Gesser Chan's etc. Eine ostasiatische Heldensage" aus dem Mongolischen übersetzt von J. J. Schmidt. St. Petersburg 1839. S. 89 ff. W. Radloff: „Proben der Volksliteratur der türkischen Stämme Süd-Sibiriens". St. Petersburg. Bd. I 1866. S. 39 ff. 351 ff. Bd. III 18. S. 315 ff. u. a. a. O. Über den ostasiatischen Drachen zumal in China vergleiche: N. B. Dennys: „The Folk-Lore of China". London 1876. S. 106 ff; Gustav Schlegel: „Uranographie Chinoise". Leyde 1875 Bd. S. 49 ff; Ernst Ruhstrat: „Aus dem Lande der Mitte". Berlin X. S. 14; C. Netto und G. Wagener: „Japanischer Humor". Leipzig 1901. S. 58 ff. und das merkwürdige Werk: Charles Gould: „Mythical Monsters". London 1886 etc. etc. Dennys S. 109. 110. G. Dumoutier: „Les Chants et les Traditions Populaires der Annamites". Paris 1890. S. 193/97. David Brauns: „Japanische Märchen und Sagen". Leipzig 1885. S. 112. S. 154. Batchelor in einem Separatabzug (wahrscheinlich aus den Berichten der „Asiatic Society of Yapan at Tokyo"?) S. 120 ff.

Quellen zu Kapitel VIII Seite 155 ff.

Für die Semitoiden und Ägypter die bekannten Arbeiten von Baur, Smith, Jenssen, Delitzsch Winkler, Munter, Goldziher, Wiedemann, Erman, Wilkinson, Prichard, Burgsch etc. Fur die alten Ariorden, die Verarbeitungen von Schwartz und de Gubernatis, dann Rhode, Kuhn, Weber, Lefmann, E. Schmidt, Jacobi etc., Grimm: Myth. III. Ausg.; Simrock: Myth. II. Ausg.; Grimm: „Märchen", Bibliotheksausgabe; Preller: „Myth." III. Ausg.; Kreuzer: Symbolik" III. Ausgabe; Pentamerone-Übersetzung von Liebrecht; Epenübersetzungen zumal von Simrock; Auszüge der russischen Märchen nach de Gubernatis; Roskoff, Kuhn und Schwartz, Benfey etc. etc.

Quellen zu Kapitel IX Seite 193 ff.

Gestirnverschlingen: Eine gute Zusammenstellung bei A. Bastian in der „Zeitschrift für Ethnologie". Bd. IV S. 373 ff. sowie: J. G. Müller: „Geschichte der amerikanischen Urreligionen"

Basel 1867. S. 395/6, die aber merkwürdigerweise die Mexikaner übersehen hat. Ferner: Bastian: „Reisen im indischen Archipel". Jena 1869. S. 167. Grimm: „Myth." II S. 670. Schadenberg in der „Zeitschrift für Ethnologie". Bd. XVII S. 32. J. Ch. Ed. Buschmann: „Aperçu de la langue des Iles Marquises et de la langue Taitienne". Berlin 1843. S. 41/42. A. Bastian: „Molukken". S. 80. E. B. Tyler: „Forschungen über die Urgeschichte der Menschheit". Leipzig. S. 209/10. Gill. S. 47. von Martius: „Zur Ethnographie Amerikas zumal Brasiliens". Leipzig 1867. S. 467. 585. Buchanan in: „Neueste Beiträge zur Kunde von Indien". II. Bd. S. 42/3. Joh. Barrow: „Reise durch China im Gefolge der großbritannischen Gesandtschaft etc." S. 744. Für Nordwestafrika vergleiche: Hugh Gohdie: „Dictionary of the Efik Language". Stargow 1862. S. 73 und 330 wo die Form für Morgensonne die Bedeutung der von der Eidexe verschlungenen und hervorkommenden Sonne hat etc. etc.

Eigentliche Rimumythe. v. d. Steinen: „Naturvölker". S. 375. Boas: „Sagen". S. 38 und 61 etc. Bogda Gesser Chan S. 101 ff. Radloff Bd. IV S. 320. Bd. VI S. 234. Stucken: „Astralmythen". S. 1 ff. Die russische Form de Gubernatis. S. 144/5. Grimm: „Mythol." II. Bd. S. 901. 874. Simrock: „Mythol." S. 222. Vergl. auch Pentamerone. Bd. II S. 112 wo auf dem toten Ozen die Brüder ihre Vogelgestalt verlieren; Wiedemann: „Ägypt. Relig." S. 30 ff., 36.

Sonnenschlingenfang, Manning bei A. Bastian: „Die heilige Sage der Polynesier". Leipzig 1881. S. 210 ff. Daniel Tyerman and George Bennet: „Journal of Voyages and Travels". London 1831. B. II S. 40/1. William Yate: „An account of New Zealand". London 1875. S. 143. Wilson: „Missionsreise". S. 208/9. Schirren S. 38. Sierich im „Intern. Arch. f. Ethn." Bd. XV, S. 171 ff. Grey S. 35—38. Bastian: „Hawai" S. 17. Turner S. 248. Thomson: „New Zealand" Bd. I S. 110. W. Rosenberg; „Der malayische Archipel". Schoolcrast in „Hiawatha", „Onesta" etc. Franklin: „Zweite Reise an die Küsten des Polarmeeres." Weimar 1829. S. 709/10. V. Hoffmann im XIV An. Rep. of the Bureau of Am. Ethn. S. 181/2. A. Bastian: „Kambodja" S. 174, 175. Taylor hat schon eine hübsche Zusammenstellung. Ferner: Radloff I, S. 69. Bogda Gesser Chan. S. 54 98. 100.

Landangelmythe in Polynesien: Manning bei Bastian: „Heilige Sage". S. 213/4. Pollack I, S. 12. Hochstetter S. 50. Taylor S. 26. Earle S. 266. Yate S. 142/3. Thomson I, S. 109. Dieffenbach II, S. 88/89. Nickolas S. 36. Grey S. 38 ff. Gill S. 48. Rienzi II, S. 462/3. Mariner S. 428. Prichard: „Oceanien". S. 114. Bastian: „Oceanien". S. 1. 36. 28. 99. 153.

Landangelmythen etc. anderweitig: Kubary S. 64. Bastian: „Oceanien". S. 113. Derselbe: „Sumatra". S. 59/60. Meinicke i. d. „Zeitschr. f. Allg. Erdk." Bd. IX S. 334. Brauns S. 98. Siebold: „Nippon". II. Aufl. B II, S. 3 und 9. Pfizmaier 1861. S. 10 ff. Im Thurm. S. 381. Vergl. auch die deutschen Messsagen bei Schwartz. S. 261/2 und 267.

Arionmythe Flacourt: „Histoire de la grande Isle Madagaskar". Paris 1658. S. 62/3. Balmond: „Vocabul. et Gramm. pour les langues Malgaches". 1842. p. 117—119. Gabriel Ferrand: „Contes Populaires Malgaches". Paris 1893. S. 145 ff. Brauns S. 141. Ztschrft. f. Ethnol. 1893. S. 534. Rand, Poestion, Stephenson etc.

Ringmythen Poestion: „Lappland". S. 102/3. Radloff I, S. 109 ff. III. S. 375 ff. VI, S. 172 ff. Arnous: „Korean. Märch." S. 53 ff. Steller: „Kamtschatka." S. 263. Pentamerone II, S. 3 ff. Dann die russische Iwanmythe etc.

Quellen zu Kapitel X Seite 223 ff.

Bastian: „Oceanien". S. 232. 45/6. Grey S. 116. Taylor (Neuseeland) S. 34. Sierich i. Intern. Arch. f. Eth. XV, S. 170 ff. Turner (Samoa) S. 248/9. Parkinson i. Intern. Arch. f. Ethn. II, S. 104/5. Haddon: „Legends". S. 50. Kubary (Religion-Pelau). S. 65. A. Erman i. d. Ztschr. f. Ethnol. II, S. 372/3. Boas: „Sagen". S. 92, 108, 136, 172, 274, 55, 105, 184, 208 etc. Derselbe im Globus Bd. LXIII S. 191. Vergleiche auch derselbe: „Tsimshiantexts". S. 239 und 94 ff. Krause: „Tlinkit". S. 254. Nelson im XIIX. An. Rept. Smiths Inst. 1899. I, S. 260/1. Bogoras im Am. Anthrop. 1902. S. 645. Catlin: „Die Indianer Nordamerikas" 1851. S. 152. Wied: (Reise Nordamerika). Bd. II, S. 156. Washington Matthews. S. 105/6. Brinton: „The Myths of the New World". S. 172, 203. James Mooney XIX. An. Rept. Bd. I, S. 242. Schoolcraft div. loc. Stephens: „Reiseerlebnisse", S. 527/8. Vergl. Clavigero, Mendieta etc. Popol Vuh S. 93, 107. Brett: „The Indian Tribes of Guiana". London 1868. S. 390 ff. Im Thurm. S. 378/9. Steinen (Naturvölker). S. 370, 373. Müller: „Am. Urr." S. 255. Callaway I, S. 335—339, 72/73, 105—108, 66/67. Theal S. 148 ff. Hahn. vergl. Weltansch. d. Naturv. Rivière S. 225, 230. Radloff Bd. III, S. 82, IV, S. 7, Poestion: „Lappländer". S. 98 ff., 100. Castren S. 284. Ferner: Radloff I, S. 204/5, 388 ff., III S. 137, IV 405 ff. 7—10, 488/9, VI S. 96 u. a. a. O. A. Bastian: „Geschichte der Indochinesen". S. 416, 453, 354/5. Derselbe: „Ind. Arch." S. 94. Vollmer unter: „Puzza", Schall, Jacobi etc. etc. Die russischen Analogien nach de Gubernatis. Ferner: Kreutzwald: „Esthnische Märchen". S. 343. Pentamerone I, S. 124 ff u. a. O. Poestion: „Island". S. 137.

Quellen zu Kapitel XI Seite 264 ff.

Der Oktopus in Ozeanischer und Nordwestamerikanischer Kosmogon. Tyermann und Bennet I, S. 526. Bastian: „Samoa" S. 13, 39 u. a. a. O. Derselbe: „Oceanien". S. 20/21, 37, 226. Derselbe: „Hawai". S. 27. In Indonesien scheint ein Taschenkrebs eingetreten. (?) Krause: „Tlinkit". S. 257. Boas a. v. O.

Das Urmeer. Jagor: „Reisen in den Philippinen." S. 238. Bastian: „Borneo". S. 42, 45. Derselbe: „Timor". S. 2. Olivier Bd. II, S. 375/6. Ribbe: „Groß Seram". XII. Jahresbericht d. V. f. E. Dresd. S. 179. Brenner. S. 227. Nelson im XIIX. Rep. S. 482. Dixon: „The Hunting Kalifornia Expedition." S. 39. James Mooney. S. 239. Wied (Nordamerika) Bd. II, S. 221, 152/3. Catlin, Heckewelder: „Nachricht von den etc. Indianischen Völkerschaften". Göttingen 1821. S. 430 ff. Franklin, Schoolcraft, Emil Petitot etc. etc. Popol Vuh. S. 7. Gramatzka Globus Bd. 83, S. 364. Bastian: „Gesch. d. Indochinesen". S. 205, 236/7, 138/9. Fonseca. S. 8 ff. Weber etc. Ssanang Ssetsen Chungtaidschi (Ausgabe: Schmidt) S. 3. Radloff I, S. 175. Schlegel: „Uranographie" II, S. 665 u. a. a. O. Bastian: „Allerlei". Bd. I, S. 223; Bd. II. S. 19 ff. Siebold Bd. II, S. 8. Brauns S. 98. Castren S. 283/4, 287/8 etc.

Welteltern mythe. Stuhr: „Religionsformen heidn. Völk." I S. 92. Schlegel S. 494. Lefmann S. 44. Muys: „Griechenland" S. 293/240. Böklen: Sintflut im „Archiv für Religionswissenschaft" 1903 S. 37. Cushing im Anual Report 1891/2 S. 379. Schirren S. 41. Grey S. 1 ff. White Bd. I Kap. II. Crowther, Vokabulary S. 207. Ellis: „The Yoruba" S. 42. Dies nur einige Anhaltepunkte. „Weltanschauung der Naturvölker" S. 354 ff.

Einst lag der Himmel auf der Erde. Literatur für Afrika und Oceanien in „Weltanschauung der Naturvölker" Kapitel XX. Dementsprechend Höhlenursprung der Amerikaner: Schoolcraft, Martius, Müller etc. Wied (Nordam.) II S. 160 ff. 226/7. Heckewelder S. 430/1. 451/2. Catlin S. 131 Lewis & Clarke S. 199. Brett S. 389/90. vergl. d. gl. bei Im Thurn und Bastian: „Oceanien" S. 17 betreffend die Markesaner.

Welteimythe. Kellgren: „De ovo mundano". Castren S. 290. Pollack: „Manners" I S. 17. Ellis: Poll. Res." II S. 43 Tyerman & Bennet II S. 31. Ellis: „Hawai" S. 439. Parker II S. 28 ff. Brenner S. 217. Bastian: „Ind. Archip." S. 113. 115. Forbes I S. 208. Bastian: „Sumatra" S. 14. 31. „Borneo" S. 8. 9. 12. 10. 11. „Oceánien" a. v. O. Nelson S. 452/3. Stephens S. 527. „Globus" Bd. 83 S. 364. „Neueste Kunde v. Indien" Bd. II S. 83/4. Tylor: „Urgeschichte" S. 430. Dumoutier S. 162. Landis im „Journal of Am. Folk-Lore." 1897 S. 290. 292. Arnous S. 40 ff. 44 ff. Kreuzwald: „Märchen" S. 343 etc.

Blüten- und Rohrursprungsmythe. Plutarch „Isis & Osiris" Kap. 11. Arnous S. 123. Ferrand S. 115. Fonseka S. 32/33. „Globus" Bd. 83. S. 364. Brenner S. 217. Brauns S. 97. Siebold etc. Vergl. De Gubernatis S. 602, eine italienische Variante. „Weltanschauung der Naturvölker" S. 203—213. Dazu Kubary S. 57/58. und vergl. hiermit Boas: „Sagen" S. 292 und 238/9. Washington Matthews S. 74/75. Literatur über die buddhistische Lotusblume bei Leffmann S. 564 und bei Carl Ritter. A. Bastian: „Gesch. d. Indochinesen" S. 111/12. 139. 15. 87. 123 und „Sumatra", „Borneo", „Timor" a. v. O.

Quellen zu Kapitel XII Seite 279 ff.

Kubary S. 59 ff. F. W. R. Müller in den „Verhandlungen der anthropol. Ges. in Berlin 1893 S. 524/5. Sierich im „Intern. Arch. f. Ethnogr." XV S. 170 ff. Bastian: „Oceanien" S. 277/8. Brauns S. 138 ff. Arnous S. 143/4. Siddhi-Kür S. 70/1. Bogda Gesser Chan S. 153 und 279. Poestion: „Lappland" S. 62 ff. Bogoras S. 59. Boas: „Sagen" S. 99. 149. 237/8 vergl. auch 94. 190. 258. 259. 352. Rand: „Micmacs" S. 83 ff. „Kameruner Schiffsschnabel" S. 78—81. Vergl. auch Popol Vuh S. 35—45.

Quellen zu Kapitel XIII Seite 304 ff.

„Zeitschrift für Ethnologie" 1903 S. 136/7. Kubary: „Pelau" S. 60 ff. Schmidtmüller in der „Zeitschrift der Deutsch. Morgenl. Ges." Bd. VI 1852 S. 536 ff. Spenser John: „Life in the Forests of the far east." London 1863 Bd. I S. 71. Bastian: „Molukken" S. 62. Ders.: „Ind. Arch." S. 10. 75. Ders.: „Borneo" S. 27. Ders.: „Sumatra" S. 132. Codrington S. 172. 397/8. Grey S. 66 ff. Mariner S. 433 ff. Withe I S. 115 ff. Stubel: „Samoanische Texte" 1896 S. 63/4. Parker Bd. I S. 43 ff. Weiteres hierüber siehe Seite 360 ff. Bogoras S. 611 ff. Boas im 6. Anual Report S. 615 ff. Rink S. 145 ff. Rand S. 1, 306 ff. Über die Wabimythe siehe Seite 357 ff. Ferrand S. 91/2. Calaway Bd. I S. 55 ff. Theal S. 133 ff. L. F.: „Der Kameruner Schiffsschnabel" S. 78 ff. Chatelain S. 131 ff. Brauns S. 349. Ders. S. 144. A. Pfizmaier in den Denkschriften der Kaiserl. Akad. d. Wissensch. XV Wien 1867 S. 45 ff. Vollmer unter „Puzza". Dennys S. 140/1. Bastian: „Molukken" S. 85 nach Schall. Radloff Bd. IV, S. 321/2. Bd. VI S. 122 ff. etc. Grimm: „Polyphem" S. 8. Poestion: „Lappland" S. 55 ff. Über die Urvaçi-Mythe später. Lane: „The Thousand and one Nigths" London 1877 Bd. III S. 480. Simrock, Grimm, Kuhn etc etc.

Quellen zu Kapitel XIV Seite 335ff.

Weltelternmythe siehe oben und „Weltanschauung der Naturvölker" Preller Bd. I Pfitzmaier, Ellis, Kuhn, Elard-Hugo-Meyer etc.

Orpheusmythe. Kuhn: „Herabkunft des Feuers". Bastian: „Geschichte der Indochinesen" S. 342ff. Ermine Smith im 2. Anual Report S. 103/4. James Mooney im 19. Anual Report S. 252/3. S. 437. Teit S. 85. Rand S. 235. Powers, Bancroft etc. Stübel, Sierich, Kubary, Bastian etc. Siddhi-Kür S. 96ff. Siehe auch Codrington S. 367.

Handabdruckmythen. Vor allem Harley: „Moon-Lore" London 1885, aus welchem Werke ich mir leider nur kurze Auszüge gemacht habe. Bastian: „Oceanien" S. 219. Petitot, Ausgabe von 1886 S. 7/8. Rink S. 276/7. Radloff IV S. 275/7. Dasselbe Märchen in Deutschland: Grimm Bibliotheksausgabe Bd. II S. 115ff. Boas: „Sagen" S. 27. 37. 41. 263.

Gewandverbrennen. Boas im Journ. of Am. F.-L. 1897 S. 37/39. Derselbe: „Sagen" S. 25. 114. 132. 265. 273. Rink, Petitot, Krause, Teit. Franklin 2. Reise S. 311. Gubernatis S. 628. 320. Siddhi-Kür S. 91. Pentamerone I S. 193ff. Poestion: „Island" S. 139ff. 246ff. 185. 122. 25. Kreutzwald S. 208. Theal S. 87.

Die webende Göttin. Smith im 2. An. Report S. 81. Tanner S. 318 Matthews S. 109. Brenner S. 217. Ders.: „Timor" S. 2. Ders.: „Sumatra" S. 87. 106. 107. Dennys S. 117. Annals of oriental Litterature" London 1821 S. 290ff. Grimm: „Myth." II S. 681. Simrock: „Myth." S. 420. 934ff. 364ff. Castren S. 58. Gill S. 44ff. Marines S. 437. Stübel, Turner, Ellis etc.

Todes- und Schicksalsgöttin sowie Wassergöttin. Da hierüber weitere Studien zu erwarten sind, muß ich mit vollständiger Quellenangabe bis auf weiteres vertrösten. Vorliegendes würde allein bei vorgenommener Raumbeschränkung zu viel Platz hier in Anspruch nehmen.

Tiere im Monde. Netto und Wagner: „Jap. Humor" S. 120/1. Bergemann: „Hom. Streifereien" Bd. III S. 39/40. Schlegel S. 607. Seler: „Abhandlgn." Bd. I S. 336/7. Dennys S. 117/8. Gubernatir S. 399ff. James Mooney S. 262. Brinton S. 196ff. Teit S. 91. Bastian: „Molukken" S. 54. Wied: „Nordam." Bd. II S 150. Teit S. 119. Chatelain S. 131ff. Bergemann III S. 204. Schlegel S. 607 etc. Vergl. über Hase und Todesmythe: „Weltanschauung der Naturvölker".

Plejadenmythe 1—3. (Seite 304—333). Schoolkraft: „Hiawatha" S. 116ff. Bastian: „Molukken" S. 104. Ders.: „Oceanien" S. 115. Brough Smyth I S. 434. Andree im „Globus" Bd. 64 S. 364/5. Codrington S. 349. Bogoras S. 592. Preller I S. 311ff. Simrock: „Myth." S. 25.

Plejadenmythe 4—5. Simrock S. 25. Bastian: „Siam" S. 242. Ders.: „Kambodja" S. 58. Pentamerone II S. 96ff. Bastian: „Ind. Arch." S. 230/1. Ders.: „Molukken" S. 104. Andree im „Globus" Bd. 64 S. 363. Codrington S. 348. 398. 172. Smith im 2. An. Rep. S. 80. Mooney im 19. An. Rep. S. 258/9. Schurtz: „Urgeschichte" S. 559 und 632. Bastian: „Borneo" S. 27. Ratzel: „Völkerkunde" 2. Aufl. Bd. I S. 180. Haebler: „Religion" S. 77/8. Martius: „Beiträge" S. 441. Gill S. 44 etc. etc.

Quellen zu Kapitel XV Seite 369ff.

Menschenfressermythen. Wilhelm Grimm: „Die Sage von Polyphem", aus den Abhandlungen der Königl. Akademie der Wissenschaften zu Berlin 1857. Poestion: „Lappland" S. 73. vergl. S. 172. Ders.: „Island" S. 389ff. Globus Bd. XLI S. 332. Radloff I S. 306ff. vergl. auch IV S. 233/4. Vergl. auch die japanischen Onisagen, z. B. Brauns, S. 217ff und die Momotaromythen. Bogda Gesser Chan S. 112.—158. Fur Indien ist dem Kabandha-Dämon im Ramayana nachzuspüren. Boas: „Sagen" 223/4. 240/1ff. vergl. auch Niblack. Teit S. 93/4. Popol Vuh S. 37ff. Brett S. 394ff vergl. auch Karl v. d. Steinen. Grey S. 61ff., wozu White ergänzend zu Rate zu ziehen ist. Cook dritte Reise französische Ausgabe Bd. II S. 307/8. Codrington S. 398ff. 163ff. vergl. L. F. „Weltanschauung d. Naturvölker" Kap. 6. Für Neuholland: Parker I S. 62ff. Schön: „African Proverbs, Tales etc." London 1886 S. 109ff. vergl. auch L. Frobenius: „Völkerkunde in Charakterbildern" Bd. I S. 292ff. Ferrand S. 93ff. Calaway I S. 47—52 vergl. ebenda S. 142ff. S. 16ff. Vergl. auch Folk-Lore Journal Bd. I S. 111ff. Bd. II S. 7ff. Eine entsprechende Mythe der Buschmänner „Cape Monthley Magazine" 1874 S. 9. Chatelain S. 97—101.

Quellen zu Kapitel XVI Seite 383ff. (Wenigstens das Allernötigste!)

Menschenwitterung. Grimm: „Myth" S. 454. Gubernatis S. 157. Vergl. auch Mahabharata. Poestion: „Island" S. 50. 149. 272. S. a. Campbell, Frank, Ravin etc. Radloff I S. 306ff. 35 VI S. 224. 122/3. u. a. a. O. Bogda Gesser Chan S. 145. Bogoras S. 618. Petitot S. 126. 314. Washington Matthews S. 94/5. Callaway I S. 49. Theal S. 138. 124 etc. Grey S. 33/4. 64 und als Ergänzung Gill, White etc.

Sonneneiseele. Poestion: „Lappland" S. 81. Vergl. Bogda Gesser Chan S. 81ff. 148ff. Gubernatis S. 642. Radloff I S. 39—42. VI S. 135/6. Die Tungusen betreffend siehe Georgi. Poestion: „Island" S. 52ff. Boas im „Globus" Bd. LXIII S. 192/193. Lichtscheu vergl. oben S. 335ff. Grey

S. 61 ff. Müller S. 179. 321. Kühn S. 93/4. Grimm „Myth." I S. 435. II S. 1195. Einleitung zum Pentamerone S. XX/XXI. Poestion: „Lappland" S. 107. J. Mooney S. 338/9.

Trugheilung. Arnus S. 143. Siddhi-Kür S. 71. Bogda Gesser Chan S. 153 und 279. Poestion: „Lappland" S. 152/3. Grimm: „Polyphem" S. 17 und 20/21. Popol Vuh S. 37 ff. und später. Washington Matthews S. 91—93. Boas Sagen S. 9.

Hülfsalte. Grey S. 61 ff. Gill S. 55. Boas: „Sagen" S. 268/9. Teit S. 133. Washington Matthews S. 109. Ferrand S. 93 ff. Theal S. 82. Chatelain S. 92/93. Bogda Gesser Chan S. 147. Poestion: „Lappland" S. 81—83. Grimm: „Märchen" No. 29. 125. 165. Pentamerone I S. 72. II S. 108 ff. Bogda Gesser Chan S. 153 ff. Cook 3. Reise S. 307/8. Callaway I S. 47 ff. Grimm: „Märchen" No. 14. Chatelain S. 92/3. Boas: „Sagen" S. 268/9. S. a. Brett S. 394.

Augenspiel. Grey S. 69 ff. Gill S. 109—113. S. 66. Sierich S. 178. Bastian: „Oceanien" S. 265/6. Boas: „Sagen" S. 18. 89 55. 65. 118. 135/6. 202. 236. Hoffmann S. 211—213. Washington Matthews S. 89/90. Grimm: „Polyphem" S. 24 ff. S. 28/9. Preller II S. 44—46 vergl. auch die Phineusmythe II S. 225/6. Poestion: „Lappland" S. 106/7. Radloff VI S. 227—29. G. Dumoutier: „Les Chants etc. des Annamites" Paris 1890 S. 176 ff. Boas: „Sagen" S. 8.

Klappfelsen. Einfache Form: Gesser Chan S. 132. 132/3. Haebler: „Relig. d. Mexikaner" S. 150, vergl. auch Thevet, Bacqueville, Rand etc. Arnous S. 139. Boas: „Sagen" S. 118 u. a. a. O. Brauns S. 120 etc. Stübel S. 65. Washington Matthews S. 109/110. Form mit Schwanzabschneiden: Preller II S. 227. I S. 386/7. Gill S. 53. Radloff VI S. 243. Bogoras S. 607/8. Rink S. 158/9. Boas: „Sagen" S. 274. Ders. im „Globus" Bd. LXIII S. 156. Ders.: Sozial-Organisation" S. 387 und 384. Für die einfache Felsenöffnungsform und den Zauberspruch: Schoolcraft, Callaway, Sierich, Grey, Parker I, Gubernatis, Rand, Theal Ogilby, Poestion: „Island" etc.

Magische Flucht. Boas: „Sagen" S. 352 u. a. a. O. Castren: „Ethnologische Vorlesungen" S. 165. Bogoras S. 626/7. Gubernatis S. 428/9. Radloff III S. 383. Poestion: „Island" S. 39 ff. 151 ff. Charles Comtier 1890. Pentamerone I S. 159 ff. 74 ff. L. F. „Völkerkunde in Charakterbildern" I, S. 292 ff. nach Schön. Theal S. 87/8. 82/3. A. Pfizmaier 1865 c. 95 ff. Schoolcraft: „Hiawatha" S. 246 ff. Washington Matthews S. 102/3. Hieran schließt sich in Europa die Verwandlung der Fliehenden an z. B. in Bach und Ente, Busch und Blüte, Luft und Mücke, Pferde, Singvögel etc. Kreuzwald: S. 198 ff. Poestion: „Island" S. 217 ff. Deutsche Märchen etc.

Baumwuchs (eigentlich magischer Baumwuchs). Siehe oben S. 379 nach Codrington. Teit S. 82. Washington Matthews S. 75. Boas im „Journal of American Folk-Lore" 1896 S. 262. Parker I S. 45/6. Popol Vuh S. 111 vergl. Seler: „Abhandlgn." I S. 479. Boas: „Sagen" S. 17 u. a. a. O. Schoolcraft: „Niawatha" S. 39. Mooney S. 255. Bastian: „Gesch. d. Indochin." S. 394, 435/6 (?). Baum am Ende der Flucht vor dem Menschenfresser: Afanasieff (Gubernatis), Radloff. Grimm, Theal, Callaway etc.

FSC
www.fsc.org
MIX
Papier | Fördert
gute Waldnutzung
FSC® C083411

Kolibri 360 GmbH
Ferdinand-Jühlke-Straße 7
99095 Erfurt, Deutschland
produktsicherheit@kolibri360.de